高等院校工科类、经济管理类数学系列辅导丛书

线性代数
同步练习与模拟试题

刘 强 孙 阳 孙激流◎编 著

U0361820

清华大学出版社
北 京

内容简介

本书是高等院校工科类、经管类本科生学习线性代数的辅导用书．全书分为两大部分，第一部分为"同步练习"，该部分主要包括五个模块，即章节知识结构图、内容提要，典型例题分析，习题精选和习题详解，旨在帮助读者尽快地掌握线性代数课程中的基本内容、基本方法和解题技巧，提高学习效率．第二部分为"模拟试题及详解"，该部分给出了10套模拟试题，并给出了详细解答过程，旨在检验读者的学习效果，快速提升读者的综合能力．

本书可以作为高等院校工科类、经管类本科生学习线性代数的辅导用书，对于准备报考硕士研究生的本科生而言，也是一本不错的基础复习阶段的数学参考书．

本书封面贴有清华大学出版社防伪标签，无标签者不得销售。
版权所有，侵权必究。举报：010-62782989，beiqinquan@tup.tsinghua.edu.cn。

图书在版编目(CIP)数据

线性代数同步练习与模拟试题/刘强，孙阳，孙激流编著．—北京：清华大学出版社，2015(2024.10重印)
(高等院校工科类、经济管理类数学系列辅导丛书)
ISBN 978-7-302-41517-6

Ⅰ．①线… Ⅱ．①刘… ②孙… ③孙… Ⅲ．①线性代数－高等学校－习题集
Ⅳ．①O151.2-44

中国版本图书馆CIP数据核字(2015)第213453号

责任编辑：彭 欣
封面设计：王新征
责任校对：王凤芝
责任印制：刘海龙

出版发行：清华大学出版社
网　　址：https://www.tup.com.cn，https://www.wqxuetang.com
地　　址：北京清华大学学研大厦A座　　**邮　　编**：100084
社 总 机：010-83470000　　**邮　　购**：010-62786544
投稿与读者服务：010-62776969，c-service@tup.tsinghua.edu.cn
质量反馈：010-62772015，zhiliang@tup.tsinghua.edu.cn
印 装 者：三河市铭诚印务有限公司
经　　销：全国新华书店
开　　本：185mm×260mm　　**印　　张**：14.5　　**字　　数**：335千字
版　　次：2015年10月第1版　　**印　　次**：2024年10月第14次印刷
印　　数：18401～18900
定　　价：36.00元

产品编号：064155-02

FOREWORD

前言

随着经济的发展、科技的进步，数学在经济、管理、金融、生物、信息、医药等众多领域发挥着越来越重要的作用，数学思想、方法的学习与灵活运用已经成为当今高等院校人才培养的基本要求.

然而，很多学生在学习的过程中，对于一些重要的数学思想和方法难以把握，对于一些常见题型存在困惑，常常感觉无从下手，对数学的理解往往只拘泥某些具体的知识点而体会不出蕴含在其中的数学思想.

为了让学生更好、更快地掌握所学知识，同时结合部分学生考研的需要，我们编写了高等院校工科类、经济管理类数学系列辅导丛书，该丛书包括“微积分”“高等数学”“线性代数”和“概率论与数理统计”四门数学课程的辅导用书，首都经济贸易大学的刘强教授担任丛书的主编.

本书为“线性代数”部分，编写的主要目的有两个，一是帮助学生更好地学习“线性代数”课程，熟练掌握教材中的一些基本概念、基本理论和基本方法，提高学生分析问题和解决问题的能力，以达到工科类、经管类专业对学生数学能力培养的基本要求；二是满足学生报考研究生的需要.本书结合编者多年来的教学经验，精选了部分经典考题，使学生对考研题的难度和深度有一个总体的认识.

本书内容分为两大部分，第一部分是同步练习，该部分分为6章，每章包括五个模块，即章节知识结构图、内容提要、典型例题分析、习题精选和习题详解.具体模块内容为：

一、章节知识结构图：本模块通过知识结构图对每章中所涉及的基本概念、方法进行系统梳理，使读者对每章的内容体系结构有一个全面的认识.

二、内容提要：本模块对基本概念、基本理论、基本公式等内容进行系统梳理、归纳总结，详细解答了学习过程中可能遇到的各种疑难问题.

三、典型例题分析：本模块是作者在多年来教学经验的基础上，创新性地构思了大量有代表性的例题，并选编了部分国内外优秀教材、辅导资料的经典题目，按照知识结构、解题思路、解题方法等对典型例题进行了系统归类，通过专题讲解，详细阐述了相关问题的解题方法与技巧.

四、习题精选：本模块精心选编了部分具有代表性的习题，帮助读者巩固和强化所学知识，提升读者学习效果.

五、习题详解：本模块对精选习题部分给出详细解答，部分习题给出多种解法，以开拓读者的解题思路，培养读者的分析能力和发散性思维.

第二部分是模拟试题及详解，该部分包括两个模块，即模拟试题与试题详解.

本部分共给出了10套模拟试题，并给出详细解答过程，主要目的是检验读者的学习效果，提高读者的综合能力和应试能力.

为了便于读者阅读本书，书中工科类要求、经管类不要求的内容将用“*”标出，有一定难度的结论、例题和综合练习题等将用“**”标出，初学者可以略过.

本书的前身是一本辅导讲义，在首都经济贸易大学已经使用过多年，其间修订过多版. 本次应清华大学出版社邀请，我们将该辅导讲义进行了系统的整理、改编，几经易稿，终成本书.

本书共分6章，其中第1、2章由孙阳编写；第3、4章由孙激流编写；第5、6章由刘强编写，最后由刘强负责统一定稿.

本书可以作为高等院校工科类、经管类本科生学习线性代数的辅导资料；对于准备报考硕士研究生的本科生而言，本书也是一本不错的基础复习阶段的数学参考用书.

本书在编写过程中，得到了北京工业大学程维虎教授、首都经济贸易大学纪宏教授、张宝学教授、马立平教授、吴启富教授、昆明理工大学的吴刘仓教授、北京化工大学李志强副教授和同事们的大力支持，清华大学出版社彭欣女士和刘志彬主任也为本丛书的出版付出了很多的努力，在此表示诚挚的感谢.

由于编者水平有限，尽管我们付出了很大努力，但书中仍可能存在疏漏之处，恳请读者和同行不吝指正. 我们的电子邮件：cuebliuqiang@163. com.

编　者

CONTENTS

目录

第一部分 同步练习

第二部分 模拟试题及详解

第一部分

同步练习

第1章

行 列 式

1.1　本章知识结构图

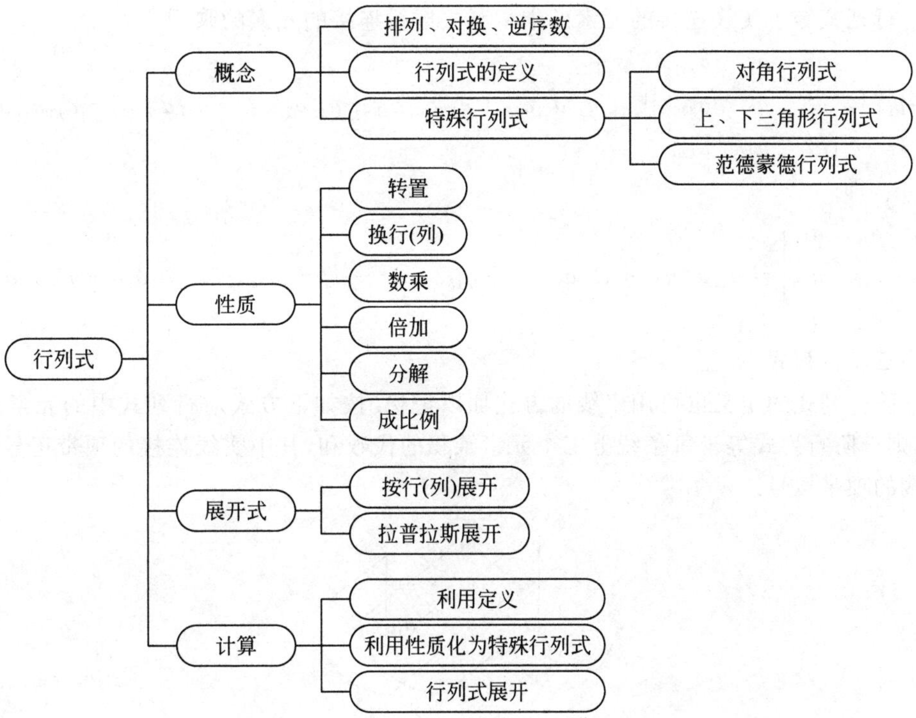

1.2 内容提要

1.2.1 二阶、三阶行列式

用符号$\begin{vmatrix} a_{11} & a_{12} \\ a_{21} & a_{22} \end{vmatrix}$代表 $a_{11}a_{22}-a_{12}a_{21}$，即

$$\begin{vmatrix} a_{11} & a_{12} \\ a_{21} & a_{22} \end{vmatrix}=a_{11}a_{22}-a_{12}a_{21},$$

称其为**二阶行列式**，其中 $a_{ij}(i=1,2;j=1,2)$称为行列式的**元素**.

二阶行列式的定义可用串线的方式加以记忆. 按如下方式对行列式中的元素进行连线，

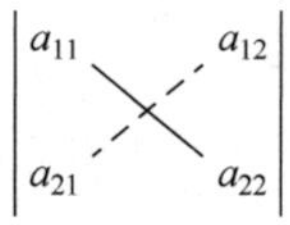

则二阶行列式等于实线连接的元素的乘积减去虚线连接的元素的乘积.

用符号$\begin{vmatrix} a_{11} & a_{12} & a_{13} \\ a_{21} & a_{22} & a_{23} \\ a_{31} & a_{32} & a_{33} \end{vmatrix}$代表 $a_{11}a_{22}a_{33}+a_{12}a_{23}a_{31}+a_{13}a_{21}a_{32}-a_{11}a_{23}a_{32}-a_{12}a_{21}a_{33}-a_{13}a_{22}a_{31}$，即

$$\begin{vmatrix} a_{11} & a_{12} & a_{13} \\ a_{21} & a_{22} & a_{23} \\ a_{31} & a_{32} & a_{33} \end{vmatrix}=a_{11}a_{22}a_{33}+a_{12}a_{23}a_{31}+a_{13}a_{21}a_{32}-a_{11}a_{23}a_{32}-a_{12}a_{21}a_{33}-a_{13}a_{22}a_{31},$$

称其为**三阶行列式**.

三阶行列式的定义也可用串线的方式加以记忆. 按如下方式对行列式中的元素进行连线，则三阶行列式等于每条线上三个元素乘积的代数和，其中实线连接的项带正号；虚线连接的项带负号.

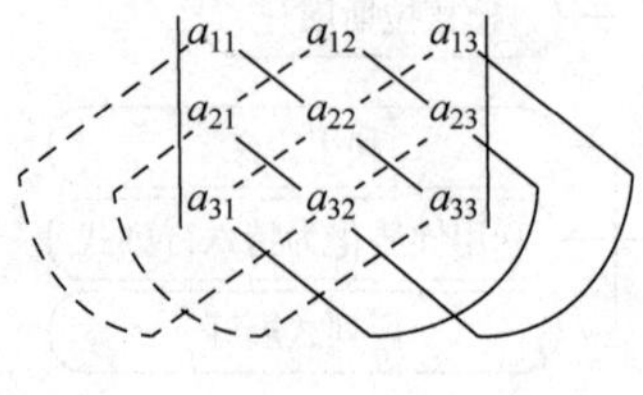

1.2.2 排列

把 n 个不同的元素排成一列，叫作这 n 个元素的**全排列**，简称**排列**，n 个不同元素的所有的排列的种数为 $P_n=n!$.

对于 n 个不同的元素，先规定各元素之间有个标准次序(常用的标准是从小到大)，于

是 n 个不同元素的任一排列中，某两个元素的先后次序与标准次序不同时，就说有一个**逆序**. 排列中逆序的总数称为这个排列的**逆序数**，逆序数为偶数的排列称为**偶排列**；逆序数为奇数的排列称为**奇排列**.

特别的，由 n 个自然数 $1,2,\cdots,n$ 组成的一个有序的数组称为一个 n **级排列**. n 级排列规定的标准次序为从小到大，也称为**自然序**. n 级排列 $i_1 i_2 \cdots i_n$ 的逆序数记为 $N(i_1 i_2 \cdots i_n)$；n 级排列的种数共有 $n!$ 个，其中奇排列、偶排列各占一半.

1.2.3 对换

将一个排列中的两个数对调，其余的数不动，就会得到一个新排列，称这样的一种变动为**对换**.

对换的性质：

(1) 经过一次对换，排列的奇偶性发生改变.

(2) 任意一个 n 级排列与排列 $12\cdots n$ 都可以经过有限次对换互变，并且所作对换的次数与这个排列有相同的奇偶性.

1.2.4 n 阶行列式

用符号 $\begin{vmatrix} a_{11} & a_{12} & \cdots & a_{1n} \\ a_{21} & a_{22} & \cdots & a_{2n} \\ \vdots & \vdots & & \vdots \\ a_{n1} & a_{n2} & \cdots & a_{nn} \end{vmatrix}$ 表示所有取自不同行、不同列的 n 个元素乘积 $a_{1j_1} a_{2j_2} \cdots a_{nj_n}$ 的代数和，称其为 n **阶行列式**，其中 $j_1 j_2 \cdots j_n$ 是一个 n 级排列，定义中的代数和是指每个乘积 $a_{1j_1} a_{2j_2} \cdots a_{nj_n}$ 前都冠以符号 $(-1)^{N(j_1 j_2 \cdots j_n)}$，即

$$\begin{vmatrix} a_{11} & a_{12} & \cdots & a_{1n} \\ a_{21} & a_{22} & \cdots & a_{2n} \\ \vdots & \vdots & & \vdots \\ a_{n1} & a_{n2} & \cdots & a_{nn} \end{vmatrix} = \sum_{j_1 j_2 \cdots j_n} (-1)^{N(j_1 j_2 \cdots j_n)} a_{1j_1} a_{2j_2} \cdots a_{nj_n},$$

这里 $\sum\limits_{j_1 j_2 \cdots j_n}$ 表示对所有的 n 级排列 $j_1 j_2 \cdots j_n$ 求和. n 阶行列式也可简记为 $D = |a_{ij}|_n$ 或 $\det(a_{ij})$，其中 $a_{ij}\,(i=1,2,\cdots,n; j=1,2,\cdots,n)$ 称为行列式的**元素**.

规定一阶行列式等于行列式中的元素，即 $|a|=a$，注意不要与绝对值的记号混淆.

注 显然二阶、三阶行列式是 n 阶行列式的特例.

n 阶行列式的等价定义

$$\begin{vmatrix} a_{11} & a_{12} & \cdots & a_{1n} \\ a_{21} & a_{22} & \cdots & a_{2n} \\ \vdots & \vdots & & \vdots \\ a_{n1} & a_{n2} & \cdots & a_{nn} \end{vmatrix} = \sum_{i_1 i_2 \cdots i_n} (-1)^{N(i_1 i_2 \cdots i_n)} a_{i_1 1} a_{i_2 2} \cdots a_{i_n n}.$$

1.2.5 行列式的性质

(1) **转置** 记

$$D=\begin{vmatrix} a_{11} & a_{12} & \cdots & a_{1n} \\ a_{21} & a_{22} & \cdots & a_{2n} \\ \vdots & \vdots & & \vdots \\ a_{n1} & a_{n2} & \cdots & a_{nn} \end{vmatrix},\quad D^{\mathrm{T}}=\begin{vmatrix} a_{11} & a_{21} & \cdots & a_{n1} \\ a_{12} & a_{22} & \cdots & a_{n2} \\ \vdots & \vdots & & \vdots \\ a_{1n} & a_{2n} & \cdots & a_{nn} \end{vmatrix},$$

D^{T} 称为 D 的**转置行列式**,行列式与其转置行列式相等,即有 $D=D^{\mathrm{T}}$.

(2) **换行(列)** 交换行列式的两行(列),行列式变号.以三阶行列式为例,即

$$\begin{vmatrix} a_{11} & a_{12} & a_{13} \\ a_{21} & a_{22} & a_{23} \\ a_{31} & a_{32} & a_{33} \end{vmatrix}=-\begin{vmatrix} a_{31} & a_{32} & a_{33} \\ a_{21} & a_{22} & a_{23} \\ a_{11} & a_{12} & a_{13} \end{vmatrix}.$$

(3) **数乘** 用数 k 乘行列式等于将 k 乘到行列式的某一行(列)中所有元素,反过来一个行列式可以按行(列)提取公因式.以三阶行列式为例,即

$$k\begin{vmatrix} a_{11} & a_{12} & a_{13} \\ a_{21} & a_{22} & a_{23} \\ a_{31} & a_{32} & a_{33} \end{vmatrix}=\begin{vmatrix} a_{11} & a_{12} & a_{13} \\ a_{21} & a_{22} & a_{23} \\ ka_{31} & ka_{32} & ka_{33} \end{vmatrix}.$$

特别的,若行列式中有一行元素为零,则行列式为零.

(4) **倍加** 将行列式某一行(列)的所有元素乘以一个数对应加到另一行(列)的元素上,行列式值不变.以三阶行列式为例,即

$$\begin{vmatrix} a_{11} & a_{12} & a_{13} \\ a_{21} & a_{22} & a_{23} \\ a_{31} & a_{32} & a_{33} \end{vmatrix}=\begin{vmatrix} a_{11} & a_{12} & a_{13} \\ a_{21} & a_{22} & a_{23} \\ a_{31}+ka_{11} & a_{32}+ka_{12} & a_{33}+ka_{13} \end{vmatrix}.$$

(5) **分解** 行列式某一行(列)的元素均为两数之和,可按这一行(列)将其分解为两个行列式相加.以三阶行列式为例,即

$$\begin{vmatrix} a_{11} & a_{12} & a_{13} \\ a_{21}+b_{21} & a_{22}+b_{22} & a_{23}+b_{23} \\ a_{31} & a_{32} & a_{33} \end{vmatrix}=\begin{vmatrix} a_{11} & a_{12} & a_{13} \\ a_{21} & a_{22} & a_{23} \\ a_{31} & a_{32} & a_{33} \end{vmatrix}+\begin{vmatrix} a_{11} & a_{12} & a_{13} \\ b_{21} & b_{22} & b_{23} \\ a_{31} & a_{32} & a_{33} \end{vmatrix}.$$

(6) **成比例** 一个行列式中若有两行(列)的元素对应成比例,则行列式的值为零.特别的,一个行列式中若有两行(列)元素相同,则行列式的值为零.

1.2.6 余子式、代数余子式

将行列式 $D=|a_{ij}|_n$ 的第 i 行,第 j 列元素去掉,剩余元素按原顺序构成的 $n-1$ 阶行列式,称为元素 a_{ij} 的**余子式**,记为 M_{ij};称 $A_{ij}=(-1)^{i+j}M_{ij}$ 为元素 a_{ij} 的**代数余子式**.

*1.2.7 子式、子式的余子式、子式的代数余子式

在 n 阶行列式 D 中任选 k 行 k 列,交叉位置的元素按原顺序构成的 k 阶行列式 D_k

称为 D 的一个 **k 阶子式**，去掉选定的 k 行 k 列元素后余下的元素按原顺序构成的 $n-k$ 阶行列式称为子式 D_k 的**余子式**，记为 M_k. 若选定的 k 行 k 列元素的行标为 $i_1,i_2,\cdots,i_k$，列标为 $j_1,j_2,\cdots,j_k$，则 $(-1)^{i_1+\cdots+i_k+j_1+\cdots+j_k}M_k$ 称为子式 D_k 的**代数余子式**.

1.2.8 行列式展开定理

(1) **按行列展开定理** 行列式等于它任意一行(列)的各元素与其对应的代数余子式乘积之和；行列式任意一行(列)的各元素与另一行(列)对应元素的代数余子式乘积之和为零. 即若 $D=|a_{ij}|_n$，则

$$a_{i1}A_{j1}+a_{i2}A_{j2}+\cdots+a_{in}A_{jn}=\begin{cases}D, & i=j,\\ 0, & i\neq j.\end{cases}$$

* (2) **拉普拉斯定理** 行列式等于它任意选定 k 行(列)的全部 k 阶子式与其代数余子式乘积之和. 若在 n 阶行列式 D 中任意取定 k 行后得到的子式为 $M_1,M_2,\cdots,M_t$，它们的代数余子式分别为 $A_1,A_2,\cdots,A_t$，则

$$D=M_1A_1+M_2A_2+\cdots+M_tA_t.$$

1.2.9 特殊的行列式的计算

(1) 上三角形行列式

$$\begin{vmatrix}a_{11} & a_{12} & \cdots & a_{1n}\\ 0 & a_{22} & \cdots & a_{2n}\\ \vdots & \vdots & & \vdots\\ 0 & 0 & \cdots & a_{nn}\end{vmatrix}=a_{11}a_{22}\cdots a_{nn}.$$

(2) 下三角形行列式

$$\begin{vmatrix}a_{11} & 0 & \cdots & 0\\ a_{21} & a_{22} & \cdots & 0\\ \vdots & \vdots & & \vdots\\ a_{n1} & a_{n2} & \cdots & a_{nn}\end{vmatrix}=a_{11}a_{22}\cdots a_{nn}.$$

(3) 对角形行列式

$$\begin{vmatrix}a_{11} & 0 & \cdots & 0\\ 0 & a_{22} & \cdots & 0\\ \vdots & \vdots & & \vdots\\ 0 & 0 & \cdots & a_{nn}\end{vmatrix}=a_{11}a_{22}\cdots a_{nn}.$$

(4) 分块上三角形行列式

$$\begin{vmatrix}x_{11} & \cdots & x_{1k} & y_{11} & \cdots & y_{1m}\\ \vdots & & \vdots & \vdots & & \vdots\\ x_{k1} & \cdots & x_{kk} & y_{k1} & & y_{km}\\ 0 & \cdots & 0 & z_{11} & \cdots & z_{1m}\\ \vdots & & \vdots & \vdots & & \vdots\\ 0 & \cdots & 0 & z_{m1} & \cdots & z_{mm}\end{vmatrix}=\begin{vmatrix}x_{11} & \cdots & x_{1k}\\ \vdots & & \vdots\\ x_{k1} & \cdots & x_{kk}\end{vmatrix}\begin{vmatrix}z_{11} & \cdots & z_{1m}\\ \vdots & & \vdots\\ z_{m1} & \cdots & z_{mm}\end{vmatrix}.$$

(5) 分块下三角形行列式

$$\begin{vmatrix} x_{11} & \cdots & x_{1k} & 0 & \cdots & 0 \\ \vdots & & \vdots & \vdots & & \vdots \\ x_{k1} & \cdots & x_{kk} & 0 & & 0 \\ y_{11} & \cdots & y_{1k} & z_{11} & \cdots & z_{1m} \\ \vdots & & \vdots & \vdots & & \vdots \\ y_{m1} & \cdots & y_{mk} & z_{m1} & \cdots & z_{mm} \end{vmatrix} = \begin{vmatrix} x_{11} & \cdots & x_{1k} \\ \vdots & & \vdots \\ x_{k1} & \cdots & x_{kk} \end{vmatrix} \cdot \begin{vmatrix} z_{11} & \cdots & z_{1m} \\ \vdots & & \vdots \\ z_{m1} & \cdots & z_{mm} \end{vmatrix}.$$

(6) 分块对角形行列式

$$\begin{vmatrix} x_{11} & \cdots & x_{1k} & 0 & \cdots & 0 \\ \vdots & & \vdots & \vdots & & \vdots \\ x_{k1} & \cdots & x_{kk} & 0 & & 0 \\ 0 & \cdots & 0 & z_{11} & \cdots & z_{1m} \\ \vdots & & \vdots & \vdots & & \vdots \\ 0 & \cdots & 0 & z_{m1} & \cdots & z_{mm} \end{vmatrix} = \begin{vmatrix} x_{11} & \cdots & x_{1k} \\ \vdots & & \vdots \\ x_{k1} & \cdots & x_{kk} \end{vmatrix} \cdot \begin{vmatrix} z_{11} & \cdots & z_{1m} \\ \vdots & & \vdots \\ z_{m1} & \cdots & z_{mm} \end{vmatrix}.$$

(7) 范德蒙德行列式

$$\begin{vmatrix} 1 & 1 & \cdots & 1 \\ a_1 & a_2 & \cdots & a_n \\ a_1^2 & a_2^2 & \cdots & a_n^2 \\ \cdots & \cdots & \cdots & \cdots \\ a_1^{n-1} & a_2^{n-1} & \cdots & a_n^{n-1} \end{vmatrix} = \prod_{n\geqslant i>j\geqslant 1} (a_i - a_j).$$

1.3 典型例题分析

1.3.1 题型一 排列问题

例 1.1 若 7 级排列 $214i5k6$ 是奇排列，确定 i,k 的值.

解 由于 $214i5k6$ 为一个 7 级排列，i,k 的可能取值为 3、7，当 $i=3,k=7$ 时 $N(2143576)=0+1+0+1+0+0+1=3$，排列为奇排列，故取 $i=7,k=3$，并且由对换的性质可知排列 2147536 为偶排列.

例 1.2 在 6 阶行列式中元素乘积 $a_{21}a_{34}a_{15}a_{63}a_{42}a_{56}$ 应该带什么符号?

解法 1 行标的逆序数 $N(231645)=0+0+2+0+1+1=4$，列标的逆序数 $N(145326)=0+0+0+2+3+0=5$，因此 $N(231645)+N(145326)=4+5=9$，故元素乘积 $a_{21}a_{34}a_{15}a_{63}a_{42}a_{56}$ 带负号.

解法 2 由交换律可知，元素乘积 $a_{21}a_{34}a_{15}a_{63}a_{42}a_{56}$ 与 $a_{15}a_{21}a_{34}a_{42}a_{56}a_{63}$ 相等，并且交换两个元素就会引起行标的逆序数与列标的逆序数奇偶性各变动一次，这样元素乘积 $a_{21}a_{34}a_{15}a_{63}a_{42}a_{56}$ 与 $a_{15}a_{21}a_{34}a_{42}a_{56}a_{63}$ 应带的符号相同，而后者的符号由列标排列的奇偶性决定，$N(514263)=0+1+1+2+0+3=7$，故元素乘积 $a_{21}a_{34}a_{15}a_{63}a_{42}a_{56}$ 带负号.

例 1.3　若规定排列 $a_1a_2\cdots a_n$ 的逆序数为 k，求排列 $a_na_{n-1}\cdots a_1$ 的逆序数.

解　若任意两个元素 a_i 和 a_j 在排列 $a_1a_2\cdots a_n$ 中产生逆序，则在排列 $a_na_{n-1}\cdots a_1$ 中就不产生逆序，反之亦然. 因此排列 $a_1a_2\cdots a_n$ 的逆序数与排列 $a_na_{n-1}\cdots a_1$ 的逆序数之和等于 n 个元素中取 2 个元素的组合数 C_n^2，从而排列 $a_na_{n-1}\cdots a_1$ 的逆序数为 C_n^2-k.

1.3.2　题型二　利用定义计算行列式

该题型适用于行列式中零元素足够多的情形，这样取自不同行、不同列的元素乘积可能不为零的项较少. 在使用定义计算时应注意两点：一是找齐取自不同行、不同列的元素乘积可能不为零的项；二是需要计算出匹配的正负号.

例 1.4　用行列式的定义计算 $D_4=\begin{vmatrix} 5 & 3 & 0 & x-1 \\ 1 & 0 & x-2 & -1 \\ 2 & x-3 & -2 & 1 \\ x-4 & 4 & 1 & 3 \end{vmatrix}$ 中 x^4 与 x^3 的系数.

解　x^4 与 x^3 来自行列式 D_4 展开中的 $(-1)^{N(4321)}(x-1)(x-2)(x-3)(x-4)$，故 x^4 前的系数为 $(-1)^{N(4321)}=1$，而 x^3 前的系数为 $(-1)^{N(4321)}(-1-2-3-4)=-10$.

例 1.5　用行列式的定义计算 $D_4=\begin{vmatrix} 0 & a_1 & a_2 & a_3 \\ b_1 & 0 & b_2 & 0 \\ c_1 & x & c_2 & 0 \\ 0 & d_1 & 0 & 0 \end{vmatrix}$.

解　根据行列式的定义，有

$$D_4=(-1)^{N(4132)}a_3b_1c_2d_1+(-1)^{N(4312)}a_3b_2c_1d_1=a_3b_1c_2d_1-a_3b_2c_1d_1.$$

注　选取乘积不为零的项时，为便于思考，元素的选择可不必按行(列)的自然顺序，但写出来的时候要按行标的自然序，这样可以简化乘积项前所带正负号的计算.

例 1.6　用行列式的定义计算 $D_4=\begin{vmatrix} 0 & y & 0 & x \\ x & 0 & y & 0 \\ 0 & x & 0 & y \\ y & 0 & x & 0 \end{vmatrix}$.

解　根据行列式的定义，有

$$\begin{aligned} D_4&=(-1)^{N(2143)}yxyx+(-1)^{N(2341)}yyyy+(-1)^{N(4123)}xxxx+(-1)^{N(4321)}xyxy \\ &=yxyx-yyyy-xxxx+xyxy=2x^2y^2-y^4-x^4. \end{aligned}$$

1.3.3　题型三　利用性质计算行列式

对于更一般的行列式，可利用行列式的性质通过化简建立其与**特殊行列式**之间的关联. 行列式性质中常用的有**换行**、**数乘**、**倍加**；具体的解题技巧有“**扫**”“**滚动**”等，做法是将一般行列式化为特殊行列式.

例 1.7　已知 $\begin{vmatrix} x_1 & y_1 & z_1 \\ x_2 & y_2 & z_2 \\ x_3 & y_3 & z_3 \end{vmatrix}=2$，求行列式 $D=\begin{vmatrix} x_1+y_1 & y_1+z_1 & z_1+x_1 \\ x_2+y_2 & y_2+z_2 & z_2+x_2 \\ x_3+y_3 & y_3+z_3 & z_3+x_3 \end{vmatrix}$ 的值.

解法 1

$$D=\begin{vmatrix} x_1+y_1 & y_1+z_1 & z_1+x_1 \\ x_2+y_2 & y_2+z_2 & z_2+x_2 \\ x_3+y_3 & y_3+z_3 & z_3+x_3 \end{vmatrix} \xlongequal{c_1+c_2+c_3} \begin{vmatrix} 2(x_1+y_1+z_1) & y_1+z_1 & z_1+x_1 \\ 2(x_2+y_2+z_2) & y_2+z_2 & z_2+x_2 \\ 2(x_3+y_3+z_3) & y_3+z_3 & z_3+x_3 \end{vmatrix}$$

$$=2\begin{vmatrix} x_1+y_1+z_1 & y_1+z_1 & z_1+x_1 \\ x_2+y_2+z_2 & y_2+z_2 & z_2+x_2 \\ x_3+y_3+z_3 & y_3+z_3 & z_3+x_3 \end{vmatrix} \xlongequal[c_3-c_1]{c_2-c_1} 2\begin{vmatrix} x_1+y_1+z_1 & -x_1 & -y_1 \\ x_2+y_2+z_2 & -x_2 & -y_2 \\ x_3+y_3+z_3 & -x_3 & -y_3 \end{vmatrix}$$

$$\xlongequal{c_1+c_2+c_3} 2\begin{vmatrix} z_1 & -x_1 & -y_1 \\ z_2 & -x_2 & -y_2 \\ z_3 & -x_3 & -y_3 \end{vmatrix} \xlongequal{c_1 \leftrightarrow c_2} -2\begin{vmatrix} -x_1 & z_1 & -y_1 \\ -x_2 & z_2 & -y_2 \\ -x_3 & z_3 & -y_3 \end{vmatrix} \xlongequal{c_2 \leftrightarrow c_3} 2\begin{vmatrix} -x_1 & -y_1 & z_1 \\ -x_2 & -y_2 & z_2 \\ -x_3 & -y_3 & z_3 \end{vmatrix}$$

$$=2\times 2=4.$$

解法 2 用行列式按列分解的性质，将行列式 D 分解为 $C_2^1\times C_2^1\times C_2^1=8$ 个行列式相加，但其中只有 $\begin{vmatrix} x_1 & y_1 & z_1 \\ x_2 & y_2 & z_2 \\ x_3 & y_3 & z_3 \end{vmatrix}$ 及 $\begin{vmatrix} y_1 & z_1 & x_1 \\ y_2 & z_2 & x_2 \\ y_3 & z_3 & x_3 \end{vmatrix}$ 的值不为零，其余的行列式都有两列元素相同，值为零. 故

$$D=\begin{vmatrix} x_1 & y_1 & z_1 \\ x_2 & y_2 & z_2 \\ x_3 & y_3 & z_3 \end{vmatrix}+\begin{vmatrix} y_1 & z_1 & x_1 \\ y_2 & z_2 & x_2 \\ y_3 & z_3 & x_3 \end{vmatrix}=\begin{vmatrix} x_1 & y_1 & z_1 \\ x_2 & y_2 & z_2 \\ x_3 & y_3 & z_3 \end{vmatrix}+\begin{vmatrix} x_1 & y_1 & z_1 \\ x_2 & y_2 & z_2 \\ x_3 & y_3 & z_3 \end{vmatrix}=2+2=4.$$

例 1.8 计算行列式 $D_4=\begin{vmatrix} a & b & b & b \\ b & a & b & b \\ b & b & a & b \\ b & b & b & a \end{vmatrix}$.

解 根据行列式的性质，有

$$D_4 \xlongequal{r_1+r_2+r_3+r_4} \begin{vmatrix} a+3b & a+3b & a+3b & a+3b \\ b & a & b & b \\ b & b & a & b \\ b & b & b & a \end{vmatrix}=(a+3b)\begin{vmatrix} 1 & 1 & 1 & 1 \\ b & a & b & b \\ b & b & a & b \\ b & b & b & a \end{vmatrix}$$

$$\xlongequal[r_4-br_1]{\substack{r_2-br_1 \\ r_3-br_1}} (a+3b)\begin{vmatrix} 1 & 1 & 1 & 1 \\ 0 & a-b & 0 & 0 \\ 0 & 0 & a-b & 0 \\ 0 & 0 & 0 & a-b \end{vmatrix}=(a+3b)(a-b)^3.$$

注 在行列式的计算中，一个常用的技巧是“**扫**”的方法，即首先构造出一个基本行（或基本列），然后利用基本行（或基本列）将其余行（或列）中相同元素化为 0，其核心思想是构造出尽量多的 0 元素.

例 1.9 计算行列式 $D_4=\begin{vmatrix} a & b & c & d \\ b & c & d & a \\ c & d & a & b \\ d & a & b & c \end{vmatrix}$.

解 根据行列式的性质,有

$$D_4 \xlongequal[r_4-r_2]{r_3-r_1} \begin{vmatrix} a & b & c & d \\ b & c & d & a \\ c-a & d-b & a-c & b-d \\ d-b & a-c & b-d & c-a \end{vmatrix} \xlongequal[c_2+c_4]{c_1+c_3} \begin{vmatrix} a+c & b+d & c & d \\ b+d & c+a & d & a \\ 0 & 0 & a-c & b-d \\ 0 & 0 & b-d & c-a \end{vmatrix}$$

$$\xlongequal{\text{按公式展开}} \begin{vmatrix} a+c & b+d \\ b+d & c+a \end{vmatrix} \begin{vmatrix} a-c & b-d \\ b-d & c-a \end{vmatrix}$$

$$=[(a+c)^2-(b+d)^2][-(a-c)^2-(b-d)^2].$$

注 利用行列式的性质,尽量将行列式化为特殊行列式,例如分块上三角形行列式、下三角形行列式,分块对角形行列式等,然后再使用公式降阶计算.

例 1.10 (**爪形行列式**) 计算行列式 $D_4=\begin{vmatrix} 1 & 1 & 1 & 1 \\ 1 & 2 & 0 & 0 \\ 1 & 0 & 3 & 0 \\ 1 & 0 & 0 & 4 \end{vmatrix}$.

解 根据行列式的性质,有

$$D_4 \xlongequal[c_1-\frac{1}{4}c_4]{c_1-\frac{1}{2}c_2 \\ c_1-\frac{1}{3}c_3} \begin{vmatrix} 1-\frac{1}{2}-\frac{1}{3}-\frac{1}{4} & 1 & 1 & 1 \\ 0 & 2 & 0 & 0 \\ 0 & 0 & 3 & 0 \\ 0 & 0 & 0 & 4 \end{vmatrix} = \left(1-\frac{1}{2}-\frac{1}{3}-\frac{1}{4}\right)\times 2\times 3\times 4=-2.$$

例 1.11 计算行列式 $D_3=\begin{vmatrix} a_2+a_3 & a_3+a_1 & a_1+a_2 \\ a_1 & a_2 & a_3 \\ a_1^2 & a_2^2 & a_3^2 \end{vmatrix}$.

解 利用行列式的性质将行列式化为范德蒙德行列式

$$D_3 \xlongequal{r_1+r_2} \begin{vmatrix} a_1+a_2+a_3 & a_1+a_2+a_3 & a_1+a_2+a_3 \\ a_1 & a_2 & a_3 \\ a_1^2 & a_2^2 & a_3^2 \end{vmatrix}$$

$$=(a_1+a_2+a_3)\begin{vmatrix} 1 & 1 & 1 \\ a_1 & a_2 & a_3 \\ a_1^2 & a_2^2 & a_3^2 \end{vmatrix} \xlongequal{\text{范德蒙德行列式}}$$

$$(a_1+a_2+a_3)(a_3-a_1)(a_3-a_2)(a_2-a_1).$$

例 1.12 计算行列式 $D_4=\begin{vmatrix} a_1 & a_2 & a_3 & a_4 \\ -b & b & 0 & 0 \\ 0 & -b & b & 0 \\ 0 & 0 & -b & b \end{vmatrix}$.

解 $D_4 \xlongequal{c_3+c_4} \begin{vmatrix} a_1 & a_2 & a_3+a_4 & a_4 \\ -b & b & 0 & 0 \\ 0 & -b & b & 0 \\ 0 & 0 & 0 & b \end{vmatrix} \xlongequal{c_2+c_3} \begin{vmatrix} a_1 & a_2+a_3+a_4 & a_3+a_4 & a_4 \\ -b & b & 0 & 0 \\ 0 & 0 & b & 0 \\ 0 & 0 & 0 & b \end{vmatrix}$

$$\xlongequal{c_1+c_2} \begin{vmatrix} a_1+a_2+a_3+a_4 & a_2+a_3+a_4 & a_3+a_4 & a_4 \\ 0 & b & 0 & 0 \\ 0 & 0 & b & 0 \\ 0 & 0 & 0 & b \end{vmatrix} = (a_1+a_2+a_3+a_4)b^3.$$

注 在行列式的计算中，一个常用的技巧是“**滚动**”的方法，即按照一定的顺序用前一行(或前一列)的结果处理后一行(或后一列)，例如本题中首先利用第 4 列处理第 3 列；然后再利用第 3 列处理第 2 列；最后再利用第 2 列处理第 1 列.

1.3.4 题型四 行列式按行或列展开

行列式按行(列)展开的性质建立了行列式与之较低一阶行列式之间的关系，使用公式对行列式进行升、降阶再进行计算.

例 1.13 计算行列式 $D_4=\begin{vmatrix} 1 & 3 & -5 & 1 \\ 5 & -2 & 7 & -2 \\ 2 & 1 & -4 & -1 \\ -3 & -4 & 6 & 3 \end{vmatrix}$.

解 $D_4 \xlongequal[r_4-3r_1]{\substack{r_2+2r_1\\ r_3+r_1}} \begin{vmatrix} 1 & 3 & -5 & 1 \\ 7 & 4 & -3 & 0 \\ 3 & 4 & -9 & 0 \\ -6 & -13 & 21 & 0 \end{vmatrix} \xlongequal{\text{按第 4 列展开}} -\begin{vmatrix} 7 & 4 & -3 \\ 3 & 4 & -9 \\ -6 & -13 & 21 \end{vmatrix}$

$$=3\times\begin{vmatrix} 7 & 4 & 1 \\ 3 & 4 & 3 \\ -6 & -13 & -7 \end{vmatrix} \xlongequal[r_3+7r_1]{r_2-3r_1} 3\times\begin{vmatrix} 7 & 4 & 1 \\ -18 & -8 & 0 \\ 43 & 15 & 0 \end{vmatrix} = 3\times\begin{vmatrix} -18 & -8 \\ 43 & 15 \end{vmatrix}$$

$$=3\times(-18\times15+43\times8)=222.$$

例 1.14 计算行列式 $D_4=\begin{vmatrix} a & b & b & b \\ b & a & b & b \\ b & b & a & b \\ b & b & b & a \end{vmatrix}$.

解

$$D_4=\begin{vmatrix} a & b & b & b\\ b & a & b & b\\ b & b & a & b\\ b & b & b & a\end{vmatrix}\xlongequal{\text{升阶}}\begin{vmatrix} 1 & 1 & 1 & 1 & 1\\ 0 & a & b & b & b\\ 0 & b & a & b & b\\ 0 & b & b & a & b\\ 0 & b & b & b & a\end{vmatrix}\xlongequal[i=2,3,4,5]{r_i-br_1}\begin{vmatrix} 1 & 1 & 1 & 1 & 1\\ -b & a-b & 0 & 0 & 0\\ -b & 0 & a-b & 0 & 0\\ -b & 0 & 0 & a-b & 0\\ -b & 0 & 0 & 0 & a-b\end{vmatrix}$$

$$\xlongequal[i=2,3,4,5]{c_1+\frac{b}{a-b}c_i}\begin{vmatrix} 1+\dfrac{4b}{a-b} & 1 & 1 & 1 & 1\\ 0 & a-b & 0 & 0 & 0\\ 0 & 0 & a-b & 0 & 0\\ 0 & 0 & 0 & a-b & 0\\ 0 & 0 & 0 & 0 & a-b\end{vmatrix}=\left(1+\frac{4b}{a-b}\right)(a-b)^4$$

$$=(a+3b)(a-b)^3.$$

例 1.15 计算 $n(n\geqslant 3)$ 阶行列式 $D_n=\begin{vmatrix} 1 & 3 & 3 & 3 & \cdots & 3\\ 3 & 2 & 3 & 3 & \cdots & 3\\ 3 & 3 & 3 & 3 & \cdots & 3\\ 3 & 3 & 3 & 4 & \cdots & 3\\ \cdots & \cdots & \cdots & \cdots & \cdots & \cdots\\ 3 & 3 & 3 & 3 & \cdots & n\end{vmatrix}$.

解 结合行列式的性质，利用“扫”的技巧，有

$$D_n=\begin{vmatrix} 1 & 3 & 3 & 3 & \cdots & 3\\ 3 & 2 & 3 & 3 & \cdots & 3\\ 3 & 3 & 3 & 3 & \cdots & 3\\ 3 & 3 & 3 & 4 & \cdots & 3\\ \cdots & \cdots & \cdots & \cdots & \cdots & \cdots\\ 3 & 3 & 3 & 3 & \cdots & n\end{vmatrix}\xlongequal[\substack{i=1,\cdots,n\\ i\neq 3}]{r_i-r_3}\begin{vmatrix} -2 & 0 & 0 & 0 & \cdots & 0\\ 0 & -1 & 0 & 0 & \cdots & 0\\ 3 & 3 & 3 & 3 & \cdots & 3\\ 0 & 0 & 0 & 1 & \cdots & 0\\ \cdots & \cdots & \cdots & \cdots & \cdots & \cdots\\ 0 & 0 & 0 & 0 & \cdots & n-3\end{vmatrix}$$

$$\xlongequal{\text{按第 3 列展开}}3\begin{vmatrix} -2 & & & & 0\\ & -1 & & & \\ & & 1 & & \\ & & & \ddots & \\ 0 & & & & n-3\end{vmatrix}=6(n-3)!.$$

例 1.16(带状行列式) 计算行列式 $D_n=\begin{vmatrix} a+b & b & 0 & \cdots & 0\\ a & a+b & b & \cdots & 0\\ 0 & a & a+b & \ddots & \vdots\\ \vdots & \vdots & \ddots & \ddots & b\\ 0 & 0 & \cdots & a & a+b\end{vmatrix}$.

(**例 1.16 前印有 ** 标记)

解

$$D_n \xlongequal{\text{将第1列分解}} \begin{vmatrix} a & b & 0 & \cdots & 0 \\ a & a+b & b & \cdots & 0 \\ 0 & a & a+b & \ddots & \vdots \\ \vdots & \vdots & \ddots & \ddots & b \\ 0 & 0 & \cdots & a & a+b \end{vmatrix} + \begin{vmatrix} b & b & 0 & \cdots & 0 \\ 0 & a+b & b & \cdots & 0 \\ 0 & a & a+b & \ddots & \vdots \\ \vdots & \vdots & \ddots & \ddots & b \\ 0 & 0 & \cdots & a & a+b \end{vmatrix}$$

$$\xlongequal[\substack{\text{后行列式按} \\ \text{第1列展开}}]{\substack{\text{前行列式} \\ r_i - r_{i-1} \\ i=2,\cdots,n}} \begin{vmatrix} a & b & 0 & \cdots & 0 \\ 0 & a & b & \cdots & 0 \\ 0 & 0 & a & \ddots & \vdots \\ \vdots & \vdots & \ddots & \ddots & b \\ 0 & 0 & \cdots & 0 & a \end{vmatrix}_n + b \begin{vmatrix} a+b & b & 0 & \cdots & 0 \\ a & a+b & b & \cdots & 0 \\ 0 & a & a+b & \ddots & \vdots \\ \vdots & \vdots & \ddots & \ddots & b \\ 0 & 0 & \cdots & a & a+b \end{vmatrix}_{n-1}$$

$$= a^n + bD_{n-1},$$

类似地，

$$D_n \xlongequal{\text{将第1列分解}} \begin{vmatrix} b & b & 0 & \cdots & 0 \\ a & a+b & b & \cdots & 0 \\ 0 & a & a+b & \ddots & \vdots \\ \vdots & \vdots & \ddots & \ddots & b \\ 0 & 0 & \cdots & a & a+b \end{vmatrix} + \begin{vmatrix} a & b & 0 & \cdots & 0 \\ 0 & a+b & b & \cdots & 0 \\ 0 & a & a+b & \ddots & \vdots \\ \vdots & \vdots & \ddots & \ddots & b \\ 0 & 0 & \cdots & a & a+b \end{vmatrix}$$

$$\xlongequal[\substack{\text{后行列式按} \\ \text{第1列展开}}]{\substack{\text{前行列式} \\ c_i - c_{i-1} \\ i=2,\cdots,n}} \begin{vmatrix} b & 0 & 0 & \cdots & 0 \\ a & b & 0 & \cdots & 0 \\ 0 & a & b & \ddots & \vdots \\ \vdots & \vdots & \ddots & \ddots & 0 \\ 0 & 0 & \cdots & a & b \end{vmatrix}_n + a \begin{vmatrix} a+b & b & 0 & \cdots & 0 \\ a & a+b & b & \cdots & 0 \\ 0 & a & a+b & \ddots & \vdots \\ \vdots & \vdots & \ddots & \ddots & b \\ 0 & 0 & \cdots & a & a+b \end{vmatrix}_{n-1}$$

$$= b^n + aD_{n-1},$$

从而有

$$\begin{cases} D_n = a^n + bD_{n-1} \\ D_n = b^n + aD_{n-1} \end{cases} \Rightarrow \begin{cases} aD_n = a^{n+1} + abD_{n-1} \\ bD_n = b^{n+1} + abD_{n-1} \end{cases} \Rightarrow (a-b)D_n = a^{n+1} - b^{n+1},$$

故

$$D_n = \frac{a^{n+1} - b^{n+1}}{a-b} = a^n + a^{n-1}b + a^{n-2}b^2 + \cdots + b^n.$$

例 1.17 设行列式 $A = \begin{vmatrix} 1 & 0 & 1 & 3 \\ -1 & 1 & -1 & 2 \\ 1 & 1 & -1 & 0 \\ -2 & 2 & 1 & 4 \end{vmatrix}$，求

(1) $A_{14}+A_{24}+A_{34}+A_{44}$； (2) $M_{41}+M_{42}+M_{43}+2M_{44}$.

解 (1) 由于 $A_{14}+A_{24}+A_{34}+A_{44} = 1\times A_{14}+1\times A_{24}+1\times A_{34}+1\times A_{44}$，因此用“1，1，1，1”替代行列式 A 中的第 4 列构造一个新的行列式，

$$B_1=\begin{vmatrix}1&0&1&1\\-1&1&-1&1\\1&1&-1&1\\-2&2&1&1\end{vmatrix},$$

可见 B_1 与 A 的第 4 列元素的代数余子式分别相同，因此将 B_1 按第 4 列元素展开恰好等于 $A_{14}+A_{24}+A_{34}+A_{44}$，故

$$A_{14}+A_{24}+A_{34}+A_{44}=B_1=\begin{vmatrix}1&0&1&1\\-1&1&-1&1\\1&1&-1&1\\-2&2&1&1\end{vmatrix}\xlongequal{r_3-r_2}\begin{vmatrix}1&0&1&1\\-1&1&-1&1\\2&0&0&0\\-2&2&1&1\end{vmatrix}$$

$$=2\times(-1)^{3+1}\begin{vmatrix}0&1&1\\1&-1&1\\2&1&1\end{vmatrix}$$

$$=2\begin{vmatrix}0&1&1\\1&-1&1\\2&1&1\end{vmatrix}\xlongequal{c_3-c_2}2\begin{vmatrix}0&1&0\\1&-1&2\\2&1&0\end{vmatrix}$$

$$=2\times2\times(-1)^{2+3}\begin{vmatrix}0&1\\2&1\end{vmatrix}=8.$$

(2) 由于 $M_{41}+M_{42}+M_{43}+2M_{44}=-A_{41}+A_{42}-A_{43}+2A_{44}$，因此用“$-1,1,-1,2$”替代行列式 A 中的第 4 行构造一个新的行列式，

$$B_2=\begin{vmatrix}1&0&1&3\\-1&1&-1&2\\1&1&-1&0\\-1&1&-1&2\end{vmatrix},$$

而 B_2 由于 2,4 行相同，其值为 0. 故 $M_{41}+M_{42}+M_{43}+2M_{44}=0$.

例 1.18 证明：$\begin{vmatrix}1&1&1\\a&b&c\\a^3&b^3&c^3\end{vmatrix}=(a+b+c)(c-b)(c-a)(b-a)$.

解 将行列式 $\begin{vmatrix}1&1&1\\a&b&c\\a^3&b^3&c^3\end{vmatrix}$ 升阶，构造新的行列式，

$$D_4=\begin{vmatrix}1&1&1&1\\a&b&c&x\\a^2&b^2&c^2&x^2\\a^3&b^3&c^3&x^3\end{vmatrix},$$

其为范德蒙德行列式，两个行列式之间的关联是前者为后者中元素 x^2 的余子式(用 M_{34}

表示),即 $\begin{vmatrix} 1 & 1 & 1 \\ a & b & c \\ a^3 & b^3 & c^3 \end{vmatrix} = M_{34}$.

对行列式 D_4 有两种计算方式,一是按范德蒙德行列式的公式,有

$$\begin{vmatrix} 1 & 1 & 1 & 1 \\ a & b & c & x \\ a^2 & b^2 & c^2 & x^2 \\ a^3 & b^3 & c^3 & x^3 \end{vmatrix} = (x-c)(x-b)(x-a)(c-b)(c-a)(b-a).$$

另一种计算方式是将行列式 D_4 按第 4 列展开,并由 $A_{ij}=(-1)^{i+j}M_{ij}$ 有

$$\begin{vmatrix} 1 & 1 & 1 & 1 \\ a & b & c & x \\ a^2 & b^2 & c^2 & x^2 \\ a^3 & b^3 & c^3 & x^3 \end{vmatrix} = A_{14} + xA_{24} + x^2A_{34} + x^3A_{44} = -M_{14} + xM_{24} - x^2M_{34} + x^3M_{44},$$

从而有

$$-M_{14} + xM_{24} - x^2M_{34} + x^3M_{44} = (x-c)(x-b)(x-a)(c-b)(c-a)(b-a),$$

上式两侧同为关于 x 的多项式,等式左右两侧 x^2 前系数相等,其中等式左侧 x^2 前系数为 $-M_{34}$,而等式左侧 x^2 前系数为

$$\begin{aligned} & -a(c-b)(c-a)(b-a) - b(c-b)(c-a)(b-a) - c(c-b)(c-a)(b-a) \\ & = -(a+b+c)(c-b)(c-a)(b-a), \end{aligned}$$

所以有 $M_{34}=(a+b+c)(c-b)(c-a)(b-a)=\begin{vmatrix} 1 & 1 & 1 \\ a & b & c \\ a^3 & b^3 & c^3 \end{vmatrix}$,命题得证.

*1.3.5 题型五 行列式按拉普拉斯方法展开

例 1.19 计算行列式 $D_{2n}=\begin{vmatrix} a_1 & & & & & b_1 \\ & \ddots & & & \iddots & \\ & & a_n & b_n & & \\ & & c_n & d_n & & \\ & \iddots & & & \ddots & \\ c_1 & & & & & d_1 \end{vmatrix}$.

解 由拉普拉斯定理可知

$$D_{2n}=\begin{vmatrix} a_1 & b_1 \\ c_1 & d_1 \end{vmatrix} \begin{vmatrix} a_2 & & & & & b_2 \\ & \ddots & & & \iddots & \\ & & a_n & b_n & & \\ & & c_n & d_n & & \\ & \iddots & & & \ddots & \\ c_2 & & & & & d_2 \end{vmatrix}_{2n-2}$$

$$= \begin{vmatrix} a_1 & b_1 \\ c_1 & d_1 \end{vmatrix} \begin{vmatrix} a_2 & b_2 \\ c_2 & d_2 \end{vmatrix} \begin{vmatrix} a_3 & & & & & b_3 \\ & \ddots & & & \iddots & \\ & & a_n & b_n & & \\ & & c_n & d_n & & \\ & \iddots & & & \ddots & \\ c_3 & & & & & d_3 \end{vmatrix}_{2n-4} = \cdots$$

$$= \begin{vmatrix} a_1 & b_1 \\ c_1 & d_1 \end{vmatrix} \begin{vmatrix} a_2 & b_2 \\ c_2 & d_2 \end{vmatrix} \cdots \begin{vmatrix} a_n & b_n \\ c_n & d_n \end{vmatrix} = \prod_{i=1}^{n} (a_i d_i - b_i c_i).$$

1.4 习题精选

1. 填空题.

(1) 排列 243156 的逆序数为________.

(2) 排列$(n-1)(n-2)\cdots 21n$ 的逆序数为________.

(3) 6 级排列 $j_1j_2j_3j_4j_5j_6$ 与 $j_6j_5j_4j_3j_2j_1$ 的逆序数之和为________.

(4) 若 9 级排列 $1274i56k9$ 是奇排列,则 $i=$________,$k=$________.

(5) 在 5 阶行列式中,元素乘积 $a_{21}a_{34}a_{15}a_{53}a_{42}$ 前应带的符号为________.

(6) 多项式 $f(x)=\begin{vmatrix} -1 & 1 & 1 \\ 1 & -1 & 1 \\ 1 & x & -1 \end{vmatrix}$ 中 x 的系数为________,常数项为________.

(7) 设行列式 $D=\begin{vmatrix} a_1 & a_2 & a_3 \\ b_1 & b_2 & b_3 \\ c_1 & c_2 & c_3 \end{vmatrix}=1$,则 $D_1=\begin{vmatrix} 4a_1 & 2a_1-3a_2 & a_3 \\ 4b_1 & 2b_1-3b_2 & b_3 \\ 4c_1 & 2c_1-3c_2 & c_3 \end{vmatrix}$ 的值为________.

(8) 若行列式 $D=\begin{vmatrix} 2 & 1 & x \\ 3 & 0 & 2 \\ 1 & 3 & 4 \end{vmatrix}$ 的余子式 $M_{22}=3$,则 $x=$________.

(9) 3 阶行列式 D 中,第 1 列元素分别为 $1,-3,2$,第 3 列元素的余子式依次是 $2,a,-2$,则 a 的值为________.

(10) 若行列式 $D=\begin{vmatrix} 1 & 1 & 1 \\ 1 & 2 & 3 \\ 1 & 4 & 9 \end{vmatrix}$,则 $M_{21}+M_{22}+M_{23}=$________.

2. 单项选择题.

(1) 下列元素乘积能成为 5 阶行列式 $|a_{ij}|_5$ 中的项的是(　　).

(A) $-a_{21}a_{34}a_{15}a_{53}a_{42}$;　　(B) $a_{42}a_{34}a_{52}a_{15}a_{21}$;

(C) $a_{42}a_{34}a_{53}a_{15}a_{21}$;　　(D) $a_{31}a_{14}a_{25}a_{52}a_{43}$.

(2) 行列式 $\begin{vmatrix} 0 & 1 & 4 \\ x & -2 & 2 \\ -5 & 5 & 1 \end{vmatrix}$ 中,元素 x 的代数余子式是(　　).

(A) $\begin{vmatrix} 5 & 1 \\ 1 & 4 \end{vmatrix}$； (B) $-\begin{vmatrix} 1 & 4 \\ 5 & 1 \end{vmatrix}$； (C) $-\begin{vmatrix} 5 & 1 \\ 1 & 4 \end{vmatrix}$； (D) $\begin{vmatrix} 1 & 4 \\ 5 & 1 \end{vmatrix}$.

(3) 若 3 阶行列式 $D=0$，则下列结论正确的是(　　).

(A) 行列式 D 中有一行或列的元素全为零；

(B) 行列式 D 中的元素全为零；

(C) 行列式 D 中有两行或列的元素对应成比例；

(D) 上述选项不一定成立.

(4) 行列式 $D=\begin{vmatrix} a_1 & b_1 & c_1 \\ a_2 & b_2 & c_2 \\ a_3 & b_3 & c_3 \end{vmatrix}=1$，则 $\begin{vmatrix} 4a_1 & -2b_1 & -8c_1 \\ -2a_2 & b_2 & 4c_2 \\ -2a_3 & b_3 & 4c_3 \end{vmatrix}=$(　　).

(A) 16； (B) -16； (C) 32； (D) -32.

(5) 关于行列式的性质下列表述不正确的是(　　).

(A)行列式转置值不变；

(B) 某一行元素乘以一个数对应加到另外一行，行列式值不变；

(C)数乘行列式等于将数乘到行列式的每一个元素上；

(D) 行列式中两行元素互换，行列式变号.

3. 计算下列行列式.

(1) $D_3=\begin{vmatrix} 3 & 1 & 301 \\ 1 & 2 & 102 \\ 2 & 4 & 199 \end{vmatrix}$；(2) $D_4=\begin{vmatrix} 1 & 2 & 3 & 4 \\ 2 & 3 & 4 & 1 \\ 3 & 4 & 1 & 2 \\ 4 & 1 & 2 & 3 \end{vmatrix}$；(3) $D_4=\begin{vmatrix} 1 & 1 & 1 & 1 \\ 1 & 2 & 3 & 4 \\ 1 & 3 & 6 & 10 \\ 1 & 4 & 10 & 20 \end{vmatrix}$

4. 计算行列式 $D_n=\begin{vmatrix} x & y & 0 & \cdots & 0 & 0 \\ 0 & x & y & \cdots & 0 & 0 \\ \cdots & \cdots & \cdots & \cdots & \cdots & \cdots \\ 0 & 0 & 0 & \cdots & x & y \\ y & 0 & 0 & \cdots & 0 & x \end{vmatrix}$.

5. 计算行列式 $D_n=\begin{vmatrix} a_0 & 1 & 1 & \cdots & 1 & 1 \\ 1 & a_1 & 0 & \cdots & 0 & 0 \\ 1 & 0 & a_2 & \cdots & 0 & 0 \\ \cdots & \cdots & \cdots & \cdots & \cdots & \cdots \\ 1 & 0 & 0 & \cdots & a_{n-1} & 0 \\ 1 & 0 & 0 & \cdots & 0 & a_n \end{vmatrix}$ $(a_1a_2\cdots a_n\neq 0)$.

6. 计算行列式 $D_{n+1}=\begin{vmatrix} 1 & a_1 & 0 & 0 & \cdots & 0 & 0 \\ -1 & 1-a_1 & a_2 & 0 & \cdots & 0 & 0 \\ 0 & -1 & 1-a_2 & a_3 & \cdots & 0 & 0 \\ \cdots & \cdots & \cdots & \cdots & \cdots & \cdots & \cdots \\ 0 & 0 & 0 & 0 & \cdots & 1-a_{n-1} & a_n \\ 0 & 0 & 0 & 0 & \cdots & -1 & 1-a_n \end{vmatrix}$.

7. 计算行列式 $D_n=\begin{vmatrix} x & y & y & \cdots & y & y \\ z & x & y & \cdots & y & y \\ z & z & x & \cdots & y & y \\ \cdots & \cdots & \cdots & \cdots & \cdots & \cdots \\ z & z & z & \cdots & x & y \\ z & z & z & \cdots & z & x \end{vmatrix}$.

8. 计算 n 阶行列式 $D_n=\begin{vmatrix} 1+a_1 & 1 & 1 & \cdots & 1 \\ 1 & 1+a_2 & 1 & \cdots & 1 \\ \cdots & \cdots & \cdots & \cdots & \cdots \\ 1 & 1 & 1 & \cdots & 1+a_n \end{vmatrix}$ $(a_1a_2\cdots a_n\neq 0)$.

9. 计算行列式 $D_n=\begin{vmatrix} a_1+1 & a_2 & \cdots & a_n \\ a_1 & a_2+1 & \cdots & a_n \\ \vdots & \vdots & \ddots & \vdots \\ a_1 & a_2 & \cdots & a_n+1 \end{vmatrix}$.

10. 计算行列式 $D_n=\begin{vmatrix} a_1^2+1 & a_1a_2 & \cdots & a_1a_n \\ a_2a_1 & a_2^2+1 & \cdots & a_2a_n \\ \vdots & \vdots & \ddots & \vdots \\ a_na_1 & a_na_2 & \cdots & a_n^2+1 \end{vmatrix}$.

11. 计算行列式 $D_n=\begin{vmatrix} 1 & 2 & 3 & 4 & \cdots & n \\ 1 & 1 & 2 & 3 & \cdots & n-1 \\ 1 & a & 1 & 2 & \cdots & n-2 \\ 1 & a & a & 1 & \cdots & n-3 \\ \cdots & \cdots & \cdots & \cdots & \cdots & \cdots \\ 1 & a & a & a & \cdots & 1 \end{vmatrix}$.

12. 计算行列式 $D_n=\begin{vmatrix} a+b & ab & 0 & \cdots & 0 & 0 \\ 1 & a+b & ab & \cdots & 0 & 0 \\ 0 & 1 & a+b & \cdots & 0 & 0 \\ \cdots & \cdots & \cdots & \cdots & \cdots & \cdots \\ 0 & 0 & 0 & \cdots & 1 & a+b \end{vmatrix}$ (其中 $a\neq b$).

13. 已知行列式 $D_4=\begin{vmatrix} 2 & 3 & 2 & 3 \\ 1 & 2 & 3 & 4 \\ 1 & 5 & 6 & 7 \\ 1 & 2 & 1 & 2 \end{vmatrix}=-6$,求 $A_{41}+A_{43}$ 及 $A_{42}+A_{44}$.

14. 计算行列式 $D_4=\begin{vmatrix} a_1^3 & a_1^2b_1 & a_1b_1^2 & b_1^3 \\ a_2^3 & a_2^2b_2 & a_2b_2^2 & b_2^3 \\ a_3^3 & a_3^2b_3 & a_3b_3^2 & b_3^3 \\ a_4^3 & a_4^2b_4 & a_4b_4^2 & b_4^3 \end{vmatrix}$.

15. 若 $i_1i_2\cdots i_n$ 为一个 n 级排列，证明：排列 $i_1i_2\cdots i_n$ 与排列 $i_ni_{n-1}\cdots i_1$ 的逆序数之和为$\frac{n(n-1)}{2}$.

16. 证明：$\begin{vmatrix} b+c & c+a & a+b \\ b_1+c_1 & c_1+a_1 & a_1+b_1 \\ b_2+c_2 & c_2+a_2 & a_2+b_2 \end{vmatrix}=2\begin{vmatrix} a & b & c \\ a_1 & b_1 & c_1 \\ a_2 & b_2 & c_2 \end{vmatrix}$.

17. 行列式中的每行元素之和等于零，证明：行列式的值为零.

18. 若行列式 $D_n(n\geqslant 2)$ 中所有的元素均为 1 或 -1，证明：行列式的值为偶数.

19. 证明奇数阶反对称行列式的值为零.

20. 设行列式 $D=\begin{vmatrix} a & b & c \\ a_1 & b_1 & c_1 \\ a_2 & b_2 & c_2 \end{vmatrix}$，证明：

$$\begin{vmatrix} a+x & b+y & c+z \\ a_1+x & b_1+y & c_1+z \\ a_2+x & b_2+y & c_2+z \end{vmatrix}=D+x\sum_{i=1}^{3}A_{i1}+y\sum_{i=1}^{3}A_{i2}+z\sum_{i=1}^{3}A_{i3},$$

其中的 $A_{ij}(i,j=1,2,3)$ 为 D 的代数余子式.

1.5 习题详解

1. 填空题.

(1) 4；**提示**　$N(243156)=0+0+1+3+0+0=4$.

(2) $\frac{(n-2)(n-1)}{2}$；

提示　$N((n-1)(n-2)\cdots 321n)=0+1+\cdots+(n-2)+0=\frac{(n-2)(n-1)}{2}$.

(3) 15；**提示**　由于本题为填空题，可以使用特例进行求解，例如取 $j_1j_2j_3j_4j_5j_6$ 与 $j_6j_5j_4j_3j_2j_1$ 分别为 123456 和 654321，计算逆序数之和为 15，更一般的方法见 1.4 节 15 题.

(4) 3,8；**提示**　$N(127435689)=5$ 为奇排列.

(5) 正号；**提示**　由 $N(51423)=0+1+1+2+2=6$，因此符号为正号.

(6) 2,2；

提示　将行列式按第 2 列展开有

$$f(x)=\begin{vmatrix} -1 & 1 & 1 \\ 1 & -1 & 1 \\ 1 & x & -1 \end{vmatrix}=-\begin{vmatrix} 1 & 1 \\ 1 & -1 \end{vmatrix}+(-1)\begin{vmatrix} -1 & 1 \\ 1 & -1 \end{vmatrix}-x\begin{vmatrix} -1 & 1 \\ 1 & 1 \end{vmatrix},$$

从而 x 的系数为$-\begin{vmatrix} -1 & 1 \\ 1 & 1 \end{vmatrix}=2$，常数项为$-\begin{vmatrix} 1 & 1 \\ 1 & -1 \end{vmatrix}+(-1)\begin{vmatrix} -1 & 1 \\ 1 & -1 \end{vmatrix}=2$.

(7) -12;

提示

$$D_1=\begin{vmatrix}4a_1 & 2a_1-3a_2 & a_3\\ 4b_1 & 2b_1-3b_2 & b_3\\ 4c_1 & 2c_1-3c_2 & c_3\end{vmatrix}=4\begin{vmatrix}a_1 & 2a_1-3a_2 & a_3\\ b_1 & 2b_1-3b_2 & b_3\\ c_1 & 2c_1-3c_2 & c_3\end{vmatrix}\xlongequal{c_2-2c_1}4\begin{vmatrix}a_1 & -3a_2 & a_3\\ b_1 & -3b_2 & b_3\\ c_1 & -3c_2 & c_3\end{vmatrix}$$

$$=(-3)\times 4\begin{vmatrix}a_1 & a_2 & a_3\\ b_1 & b_2 & b_3\\ c_1 & c_2 & c_3\end{vmatrix}=-12.$$

(8) 5;**提示** 由已知 $M_{22}=\begin{vmatrix}2 & x\\ 1 & 4\end{vmatrix}=8-x=3$,有 $x=5$.

(9) $\frac{2}{3}$;**提示** 行列式第 3 列元素的余子式依次是 $2,a,-2$,则第 3 列元素的代数余子式依次是 $2,-a,-2$,由行列式按行列展开的推论,有 $1\times2+(-3)\times(-a)+2\times(-2)=0$,解得 $a=\frac{2}{3}$.

(10) 16;**提示** $M_{21}+M_{22}+M_{23}=-A_{21}+A_{22}-A_{23}=\begin{vmatrix}1 & 1 & 1\\ -1 & 1 & -1\\ 1 & 4 & 9\end{vmatrix}=16$.

2. 单项选择题.

(1) C; (2) B; (3) D; (4) A; (5) C.

3. 计算下列行列式.

(1) $$\begin{vmatrix}3 & 1 & 301\\ 1 & 2 & 102\\ 2 & 4 & 199\end{vmatrix}\xlongequal{c_3-100c_1}\begin{vmatrix}3 & 1 & 1\\ 1 & 2 & 2\\ 2 & 4 & -1\end{vmatrix}\xlongequal{c_3-c_2}\begin{vmatrix}3 & 1 & 0\\ 1 & 2 & 0\\ 2 & 4 & -5\end{vmatrix}$$

$$=(-5)(-1)^{3+3}\begin{vmatrix}3 & 1\\ 1 & 2\end{vmatrix}=-25.$$

(2) $$\begin{vmatrix}1 & 2 & 3 & 4\\ 2 & 3 & 4 & 1\\ 3 & 4 & 1 & 2\\ 4 & 1 & 2 & 3\end{vmatrix}\xlongequal{r_1+r_2+r_3+r_4}10\begin{vmatrix}1 & 1 & 1 & 1\\ 2 & 3 & 4 & 1\\ 3 & 4 & 1 & 2\\ 4 & 1 & 2 & 3\end{vmatrix}\xlongequal[r_4-4r_1]{r_2-2r_1,\ r_3-3r_1}10\begin{vmatrix}1 & 1 & 1 & 1\\ 0 & 1 & 2 & -1\\ 0 & 1 & -2 & -1\\ 0 & -3 & -2 & -1\end{vmatrix}$$

$$=10\begin{vmatrix}1 & 2 & -1\\ 1 & -2 & -1\\ -3 & -2 & -1\end{vmatrix}\xlongequal{c_2-2c_3}10\begin{vmatrix}1 & 4 & -1\\ 1 & 0 & -1\\ -3 & 0 & -1\end{vmatrix}=10\times(-4)\times\begin{vmatrix}1 & -1\\ -3 & -1\end{vmatrix}$$

$$=10\times(-4)\times(-4)=160.$$

(3) $$\begin{vmatrix}1 & 1 & 1 & 1\\ 1 & 2 & 3 & 4\\ 1 & 3 & 6 & 10\\ 1 & 4 & 10 & 20\end{vmatrix}\xlongequal[r_2-r_1]{r_4-r_3,\ r_3-r_2}\begin{vmatrix}1 & 1 & 1 & 1\\ 0 & 1 & 2 & 3\\ 0 & 1 & 3 & 6\\ 0 & 1 & 4 & 10\end{vmatrix}=\begin{vmatrix}1 & 2 & 3\\ 1 & 3 & 6\\ 1 & 4 & 10\end{vmatrix}\xlongequal[r_2-r_1]{r_3-r_2}\begin{vmatrix}1 & 2 & 3\\ 0 & 1 & 3\\ 0 & 1 & 4\end{vmatrix}$$

$$=\begin{vmatrix}1 & 3\\ 1 & 4\end{vmatrix}=4-3=1.$$

4. $\begin{vmatrix} x & y & 0 & \cdots & 0 & 0 \\ 0 & x & y & \cdots & 0 & 0 \\ \cdots & \cdots & \cdots & \cdots & \cdots & \cdots \\ 0 & 0 & 0 & \cdots & x & y \\ y & 0 & 0 & \cdots & 0 & x \end{vmatrix} \xlongequal{\text{按第 1 列展开}} x\begin{vmatrix} x & y & & & \\ & x & \ddots & & \\ & & \ddots & \ddots & \\ & & & x & y \\ & & & & x \end{vmatrix}$

$+(-1)^{n+1}y\begin{vmatrix} y & & & & \\ x & y & & & \\ & \ddots & \ddots & & \\ & & \ddots & y & \\ & & & x & y \end{vmatrix}$

$=xx^{n-1}+(-1)^{n+1}yy^{n-1}=x^n+(-1)^{n+1}y^n$

5. $\begin{vmatrix} a_0 & 1 & 1 & \cdots & 1 & 1 \\ 1 & a_1 & 0 & \cdots & 0 & 0 \\ 1 & 0 & a_2 & \cdots & 0 & 0 \\ \cdots & \cdots & \cdots & \cdots & \cdots & \cdots \\ 1 & 0 & 0 & \cdots & a_{n-1} & 0 \\ 1 & 0 & 0 & \cdots & 0 & a_n \end{vmatrix} \xlongequal[\substack{\cdots \\ c_1-\frac{1}{a_n}c_{n+1}}]{\substack{c_1-\frac{1}{a_1}c_2 \\ c_1-\frac{1}{a_2}c_3}} \begin{vmatrix} a_0-\sum\limits_{i=1}^{n}\frac{1}{a_i} & 1 & 1 & \cdots & 1 & 1 \\ 0 & a_1 & 0 & \cdots & 0 & 0 \\ 0 & 0 & a_2 & \cdots & 0 & 0 \\ \cdots & \cdots & \cdots & \cdots & \cdots & \cdots \\ 0 & 0 & 0 & \cdots & a_{n-1} & 0 \\ 0 & 0 & 0 & \cdots & 0 & a_n \end{vmatrix}$

$=\left(a_0-\sum\limits_{i=1}^{n}\frac{1}{a_i}\right)\prod\limits_{i=1}^{n}a_i.$

6. $\begin{vmatrix} 1 & a_1 & 0 & 0 & \cdots & 0 & 0 \\ -1 & 1-a_1 & a_2 & 0 & \cdots & 0 & 0 \\ 0 & -1 & 1-a_2 & a_3 & \cdots & 0 & 0 \\ \cdots & \cdots & \cdots & \cdots & \cdots & \cdots & \cdots \\ 0 & 0 & 0 & 0 & \cdots & 1-a_{n-1} & a_n \\ 0 & 0 & 0 & 0 & \cdots & -1 & 1-a_n \end{vmatrix} \xlongequal[\substack{\cdots \\ r_{n+1}+r_n}]{\substack{r_2+r_1 \\ r_3+r_2}} \begin{vmatrix} 1 & a_1 & 0 & 0 & \cdots & 0 & 0 \\ 0 & 1 & a_2 & 0 & \cdots & 0 & 0 \\ 0 & 0 & 1 & a_3 & \cdots & 0 & 0 \\ \cdots & \cdots & \cdots & \cdots & \cdots & \cdots & \cdots \\ 0 & 0 & 0 & 0 & \cdots & 1 & a_n \\ 0 & 0 & 0 & 0 & \cdots & 0 & 1 \end{vmatrix}=1$

7. $D_n \xlongequal[\substack{\cdots \\ r_2-r_1}]{\substack{r_n-r_{n-1} \\ r_{n-1}-r_{n-2}}} \begin{vmatrix} x & y & y & \cdots & y & y \\ z-x & x-y & 0 & \cdots & 0 & 0 \\ 0 & z-x & x-y & \cdots & 0 & 0 \\ \cdots & \cdots & \cdots & \cdots & \cdots & \cdots \\ 0 & 0 & 0 & \cdots & x-y & 0 \\ 0 & 0 & 0 & \cdots & z-x & x-y \end{vmatrix}$

$\xlongequal[\substack{\cdots \\ c_{n-1}-c_n}]{\substack{c_1-c_2 \\ c_2-c_3}} \begin{vmatrix} x-y & 0 & 0 & \cdots & 0 & y \\ z-2x+y & x-y & 0 & \cdots & 0 & 0 \\ -z+x & z-2x+y & x-y & \cdots & 0 & 0 \\ \cdots & \cdots & \cdots & \cdots & \cdots & \cdots \\ 0 & 0 & 0 & \cdots & x-y & 0 \\ 0 & 0 & 0 & \cdots & z-2x+y & x-y \end{vmatrix}$

$$=(-1)^{1+n}y\begin{vmatrix} z-2x+y & x-y & & 0 \\ -z+x & z-2x+y & \ddots & \\ & \ddots & \ddots & x-y \\ 0 & & -z+x & z-2x+y \end{vmatrix}_{n-1}$$

$$+(-1)^{2n}(x-y)\begin{vmatrix} x-y & & & 0 \\ z-2x+y & x-y & & \\ & \ddots & \ddots & \\ 0 & & z-2x+y & x-y \end{vmatrix}_{n-1}=y\Delta_{n-1}+(x-y)^n,$$

而对于其中的 Δ_{n-1}，类似于例 1.16，可以得到

$$\Delta_{n-1}=(x-y)^{n-1}+(x-z)\Delta_{n-2},\quad \Delta_{n-1}=(x-z)^{n-1}+(x-y)\Delta_{n-2},$$

解得当 $y\neq z$ 时，$\Delta_{n-1}=\dfrac{(x-y)^n-(x-z)^n}{z-y}$，代回有 $D_n=\dfrac{z(x-y)^n-y(x-z)^n}{z-y}$，

当 $y=z$ 时 $\Delta_{n-1}=n(x-y)^{n-1}$，代回有 $D_n=[x+(n-1)y](x-y)^{n-1}$.

8. $$\begin{vmatrix} 1+a_1 & 1 & 1 & \cdots & 1 \\ 1 & 1+a_2 & 1 & \cdots & 1 \\ \cdots & \cdots & \cdots & \cdots & \cdots \\ 1 & 1 & 1 & \cdots & 1+a_n \end{vmatrix} \xlongequal{\text{升阶}} \begin{vmatrix} 1 & 1 & 1 & 1 & \cdots & 1 \\ 0 & 1+a_1 & 1 & 1 & \cdots & 1 \\ 0 & 1 & 1+a_2 & 1 & \cdots & 1 \\ 0 & \cdots & \cdots & \cdots & \cdots & \cdots \\ 0 & 1 & 1 & 1 & \cdots & 1+a_n \end{vmatrix}_{n+1}$$

$$\xlongequal[\substack{r_3-r_1\\ \cdots \\ r_{n+1}-r_1}]{r_2-r_1} \begin{vmatrix} 1 & 1 & 1 & 1 & \cdots & 1 \\ -1 & a_1 & 0 & 0 & \cdots & 0 \\ -1 & 0 & a_2 & 0 & \cdots & 0 \\ \cdots & \cdots & \cdots & \cdots & \cdots & \cdots \\ -1 & 0 & 0 & 0 & \cdots & a_n \end{vmatrix}_{n+1}$$

$$\xlongequal[\substack{c_1+\frac{1}{a_2}c_3\\ \cdots \\ c_1+\frac{1}{a_n}c_{n+1}}]{c_1+\frac{1}{a_1}c_2} \begin{vmatrix} 1+\sum\limits_{i=1}^{n}\frac{1}{a_i} & 1 & 1 & \cdots & 1 & 1 \\ 0 & a_1 & 0 & \cdots & 0 & 0 \\ 0 & 0 & a_2 & \cdots & 0 & 0 \\ \cdots & \cdots & \cdots & \cdots & \cdots & \cdots \\ 0 & 0 & 0 & \cdots & a_{n-1} & 0 \\ 0 & 0 & 0 & \cdots & 0 & a_n \end{vmatrix}_{n+1}$$

$$=\left(1+\sum_{i=1}^{n}\frac{1}{a_i}\right)\prod_{i=1}^{n}a_i.$$

9. $$\begin{vmatrix} a_1+1 & a_2 & \cdots & a_n \\ a_1 & a_2+1 & \cdots & a_n \\ \vdots & \vdots & \ddots & \vdots \\ a_1 & a_2 & \cdots & a_n+1 \end{vmatrix} \xlongequal{c_1+c_2+\cdots+c_n} \begin{vmatrix} 1+\sum\limits_{i=1}^{n}a_i & a_2 & \cdots & a_n \\ 1+\sum\limits_{i=1}^{n}a_i & a_2+1 & \cdots & a_n \\ \vdots & \vdots & \ddots & \vdots \\ 1+\sum\limits_{i=1}^{n}a_i & a_2 & \cdots & a_n+1 \end{vmatrix}$$

$$=\left(1+\sum_{i=1}^{n}a_i\right)\begin{vmatrix}1 & a_2 & \cdots & a_n\\1 & a_2+1 & \cdots & a_n\\\vdots & \vdots & \ddots & \vdots\\1 & a_2 & \cdots & a_n+1\end{vmatrix}\xlongequal[\substack{\cdots\\c_n-a_nc_1}]{\substack{c_2-a_2c_1\\c_3-a_3c_1}}\left(1+\sum_{i=1}^{n}a_i\right)\begin{vmatrix}1 & 0 & \cdots & 0\\1 & 1 & \cdots & 0\\\vdots & \vdots & \ddots & \vdots\\1 & 0 & \cdots & 1\end{vmatrix}$$

$$=\left(1+\sum_{i=1}^{n}a_i\right).$$

10. $$\begin{vmatrix}a_1^2+1 & a_1a_2 & \cdots & a_1a_n\\a_2a_1 & a_2^2+1 & \cdots & a_2a_n\\\vdots & \vdots & \ddots & \vdots\\a_na_1 & a_na_2 & \cdots & a_n^2+1\end{vmatrix}\xlongequal{\text{升阶}}\begin{vmatrix}1 & 0 & 0 & \cdots & 0\\a_1 & a_1^2+1 & a_1a_2 & \cdots & a_1a_n\\a_2 & a_2a_1 & a_2^2+1 & \cdots & a_2a_n\\\vdots & \vdots & \vdots & \ddots & \vdots\\a_n & a_na_1 & a_na_2 & \cdots & a_n^2+1\end{vmatrix}_{n+1}$$

$$\xlongequal[\substack{\cdots\\c_{n+1}-a_nc_1}]{\substack{c_2-a_1c_1\\c_3-a_2c_1}}\begin{vmatrix}1 & -a_1 & -a_2 & \cdots & -a_n\\a_1 & 1 & 0 & \cdots & 0\\a_2 & 0 & 1 & \cdots & 0\\\vdots & \vdots & \vdots & \ddots & \vdots\\a_n & 0 & 0 & \cdots & 1\end{vmatrix}_{n+1}$$

$$\xlongequal[\substack{\cdots\\c_1-a_nc_{n+1}}]{\substack{c_1-a_1c_2\\c_1-a_2c_3}}\begin{vmatrix}1+\sum\limits_{i=1}^{n}a_i^2 & -a_1 & -a_2 & \cdots & -a_n\\0 & 1 & 0 & \cdots & 0\\0 & 0 & 1 & \cdots & 0\\\vdots & \vdots & \vdots & \ddots & \vdots\\0 & 0 & 0 & \cdots & 1\end{vmatrix}_{n+1}$$

$$=1+\sum_{i=1}^{n}a_i^2.$$

11. $$\begin{vmatrix}1 & 2 & 3 & 4 & \cdots & n\\1 & 1 & 2 & 3 & \cdots & n-1\\1 & a & 1 & 2 & \cdots & n-2\\1 & a & a & 1 & \cdots & n-3\\\cdots & \cdots & \cdots & \cdots & \cdots & \cdots\\1 & a & a & a & \cdots & 1\end{vmatrix}\xlongequal[\substack{\cdots\\r_{n-1}-r_n}]{\substack{r_1-r_2\\r_2-r_3}}\begin{vmatrix}0 & 1 & 1 & 1 & \cdots & 1\\0 & 1-a & 1 & 1 & \cdots & 1\\0 & 0 & 1-a & 1 & \cdots & 1\\0 & 0 & 0 & 1-a & \cdots & 1\\\cdots & \cdots & \cdots & \cdots & \cdots & \cdots\\1 & a & a & a & \cdots & 1\end{vmatrix}$$

$$\xlongequal{\text{按第 1 列展开}}(-1)^{n+1}\begin{vmatrix}1 & 1 & 1 & \cdots & 1 & 1\\1-a & 1 & 1 & \cdots & 1 & 1\\0 & 1-a & 1 & \cdots & 1 & 1\\\cdots & \cdots & \cdots & \cdots & \cdots & \cdots\\0 & 0 & 0 & \cdots & 1-a & 1\end{vmatrix}_{n-1}$$

$$\xlongequal[r_{n-2}-r_{n-1}]{\substack{r_1-r_2\\ r_2-r_3\\ \cdots}}(-1)^{n+1}\begin{vmatrix} a & 0 & 0 & \cdots & 0 & 0\\ 1-a & a & 0 & \cdots & 0 & 0\\ 0 & 1-a & a & \cdots & 0 & 0\\ \cdots & \cdots & \cdots & \cdots & \cdots & \cdots\\ 0 & 0 & 0 & \cdots & 1-a & 1\end{vmatrix}_{n-1}=(-1)^{n+1}a^{n-2}.$$

12. $D_n=\begin{vmatrix} a+b & ab & 0 & \cdots & 0 & 0\\ 1 & a+b & ab & \cdots & 0 & 0\\ 0 & 1 & a+b & 0 & 0 & \\ \cdots & \cdots & \cdots & \cdots & \cdots & \cdots\\ 0 & 0 & 0 & \cdots & 1 & a+b\end{vmatrix}$

$$\xlongequal{\text{按第 1 列分解}}\begin{vmatrix} a & ab & 0 & \cdots & 0 & 0\\ 1 & a+b & ab & \cdots & 0 & 0\\ 0 & 1 & a+b & \cdots & 0 & 0\\ \cdots & \cdots & \cdots & \cdots & \cdots & \cdots\\ 0 & 0 & 0 & \cdots & 1 & a+b\end{vmatrix}+\begin{vmatrix} b & ab & 0 & \cdots & 0 & 0\\ 0 & a+b & ab & \cdots & 0 & 0\\ 0 & 1 & a+b & \cdots & 0 & 0\\ \cdots & \cdots & \cdots & \cdots & \cdots & \cdots\\ 0 & 0 & 0 & \cdots & 1 & a+b\end{vmatrix}$$

$$\xlongequal[\text{后行列式展开}]{\substack{\text{前行列式}\\ c_i-bc_{i-1}}}\begin{vmatrix} a & 0 & 0 & \cdots & 0 & 0\\ 1 & a & 0 & \cdots & 0 & 0\\ 0 & 1 & a & \cdots & 0 & 0\\ \cdots & \cdots & \cdots & \cdots & \cdots & \cdots\\ 0 & 0 & 0 & \cdots & 1 & a\end{vmatrix}+b\begin{vmatrix} a+b & ab & 0 & \cdots & 0\\ 1 & a+b & ab & \cdots & 0\\ 0 & 1 & a+b & \cdots & 0\\ \cdots & \cdots & \cdots & \cdots & \cdots\\ 0 & 0 & \cdots & 1 & a+b\end{vmatrix}_{n-1}$$

$=a^n+bD_{n-1}$,

从而有 $D_n=a^n+bD_{n-1}$,类似的

$$D_n=\begin{vmatrix} a+b & ab & 0 & \cdots & 0 & 0\\ 1 & a+b & ab & \cdots & 0 & 0\\ 0 & 1 & a+b & 0 & 0 & \\ \cdots & \cdots & \cdots & \cdots & \cdots & \cdots\\ 0 & 0 & 0 & \cdots & 1 & a+b\end{vmatrix}$$

$$\xlongequal{\text{按第 1 列分解}}\begin{vmatrix} b & ab & 0 & \cdots & 0 & 0\\ 1 & a+b & ab & \cdots & 0 & 0\\ 0 & 1 & a+b & \cdots & 0 & 0\\ \cdots & \cdots & \cdots & \cdots & \cdots & \cdots\\ 0 & 0 & 0 & \cdots & 1 & a+b\end{vmatrix}+\begin{vmatrix} a & ab & 0 & \cdots & 0 & 0\\ 0 & a+b & ab & \cdots & 0 & 0\\ 0 & 1 & a+b & \cdots & 0 & 0\\ \cdots & \cdots & \cdots & \cdots & \cdots & \cdots\\ 0 & 0 & 0 & \cdots & 1 & a+b\end{vmatrix}$$

$$\xlongequal[\text{后行列式展开}]{\substack{\text{前行列式}\\ c_i-ac_{i-1}}}\begin{vmatrix} b & 0 & 0 & \cdots & 0 & 0\\ 1 & b & 0 & \cdots & 0 & 0\\ 0 & 1 & b & \cdots & 0 & 0\\ \cdots & \cdots & \cdots & \cdots & \cdots & \cdots\\ 0 & 0 & 0 & \cdots & 1 & b\end{vmatrix}+a\begin{vmatrix} a+b & ab & 0 & \cdots & 0\\ 1 & a+b & ab & \cdots & 0\\ 0 & 1 & a+b & \cdots & 0\\ \cdots & \cdots & \cdots & \cdots & \cdots\\ 0 & 0 & \cdots & 1 & a+b\end{vmatrix}_{n-1}$$

$=b^n+aD_{n-1}$,

得到 $D_n=b^n+aD_{n-1}$，从而有

$$\begin{cases}D_n=a^n+bD_{n-1}\\D_n=b^n+aD_{n-1}\end{cases}$$

因此 $aD_n=a^{n+1}+abD_{n-1}$，$bD_n=b^{n+1}+abD_{n-1}$，故 $(a-b)D_n=a^{n+1}-b^{n+1}$，解得

$$D_n=\frac{a^{n+1}-b^{n+1}}{a-b}.$$

13. 由行列式按行展开的性质及推论有

$$\begin{cases}1A_{41}+2A_{42}+1A_{43}+2A_{44}=D_4=-6\\2A_{41}+3A_{42}+2A_{43}+3A_{44}=0\end{cases},$$

从而可解得

$$\begin{cases}A_{41}+A_{43}=18\\A_{42}+A_{44}=-12\end{cases}.$$

14. $$\begin{vmatrix}a_1^3 & a_1^2b_1 & a_1b_1^2 & b_1^3\\a_2^3 & a_2^2b_2 & a_2b_2^2 & b_2^3\\a_3^3 & a_3^2b_3 & a_3b_3^2 & b_3^3\\a_4^3 & a_4^2b_4 & a_4b_4^2 & b_4^3\end{vmatrix}\xlongequal{\text{每行提取公因式}}a_1^3a_2^3a_3^3a_4^3\begin{vmatrix}1 & \frac{b_1}{a_1} & \frac{b_1^2}{a_1^2} & \frac{b_1^3}{a_1^3}\\1 & \frac{b_2}{a_2} & \frac{b_2^2}{a_2^2} & \frac{b_2^3}{a_2^3}\\1 & \frac{b_3}{a_3} & \frac{b_3^2}{a_3^2} & \frac{b_3^3}{a_3^3}\\1 & \frac{b_4}{a_4} & \frac{b_4^2}{a_4^2} & \frac{b_4^3}{a_4^3}\end{vmatrix}$$

$$\xlongequal[\text{行列式}]{\text{范德蒙德}}a_1^3a_2^3a_3^3a_4^3\left(\frac{b_4}{a_4}-\frac{b_3}{a_3}\right)\left(\frac{b_4}{a_4}-\frac{b_2}{a_2}\right)\left(\frac{b_4}{a_4}-\frac{b_1}{a_1}\right)\left(\frac{b_3}{a_3}-\frac{b_2}{a_2}\right)\left(\frac{b_3}{a_3}-\frac{b_1}{a_1}\right)\left(\frac{b_2}{a_2}-\frac{b_1}{a_1}\right)$$

$$=(a_3b_4-a_4b_3)(a_2b_4-a_4b_2)(a_1b_4-a_4b_1)(a_2b_3-a_3b_2)(a_1b_3-a_3b_1)(a_1b_2-a_2b_1).$$

15. 排列 $i_1i_2\cdots i_n$ 中必含有 1，若 1 在排列 $i_1i_2\cdots i_n$ 中的逆序数为 s，则其在排列 $i_ni_{n-1}\cdots i_1$ 中的逆序数为 $n-s-1$，从而 1 在排列 $i_1i_2\cdots i_n$ 与 $i_ni_{n-1}\cdots i_1$ 的逆序数和为 $n-1$，类似地，2 在排列 $i_1i_2\cdots i_n$ 与 $i_ni_{n-1}\cdots i_1$ 的逆序数和为 $n-2$，依次类推，n 在排列 $i_1i_2\cdots i_n$ 与 $i_ni_{n-1}\cdots i_1$ 的逆序数和为 0，所以 $i_1i_2\cdots i_n$ 与 $i_ni_{n-1}\cdots i_1$ 的逆序数之和为 $1+2+\cdots+(n-1)=\frac{n(n-1)}{2}$.

16. 左$=\begin{vmatrix}b+c & c+a & a+b\\b_1+c_1 & c_1+a_1 & a_1+b_1\\b_2+c_2 & c_2+a_2 & a_2+b_2\end{vmatrix}\xlongequal{c_1+c_2+c_3}\begin{vmatrix}2(b+c+a) & c+a & a+b\\2(b_1+c_1+a_1) & c_1+a_1 & a_1+b_1\\2(b_2+c_2+a_2) & c_2+a_2 & a_2+b_2\end{vmatrix}$

$$=2\begin{vmatrix}b+c+a & c+a & a+b\\b_1+c_1+a_1 & c_1+a_1 & a_1+b_1\\b_2+c_2+a_2 & c_2+a_2 & a_2+b_2\end{vmatrix}\xlongequal[c_3-c_1]{c_2-c_1}2\begin{vmatrix}b+c+a & -b & -c\\b_1+c_1+a_1 & -b_1 & -c_1\\b_2+c_2+a_2 & -b_2 & -c_2\end{vmatrix}$$

$$\xlongequal{c_1+c_2+c_3}2\begin{vmatrix}a & -b & -c\\a_1 & -b_1 & -c_1\\a_2 & -b_2 & -c_2\end{vmatrix}=2\begin{vmatrix}a & b & c\\a_1 & b_1 & c_1\\a_2 & b_2 & c_2\end{vmatrix}=\text{右}.$$

17. 设行列式 $D=\begin{vmatrix} a_{11} & a_{12} & \cdots & a_{1n} \\ a_{21} & a_{22} & \cdots & a_{2n} \\ \cdots & \cdots & \cdots & \cdots \\ a_{n1} & a_{n2} & \cdots & a_{nn} \end{vmatrix}$，且满足 $\sum_{j=1}^{n} a_{ij} = 0, i = 1\cdots n$，则

$$D \xlongequal{c_1+c_2+\cdots+c_n} \begin{vmatrix} \sum_{j=1}^{n} a_{1j} & a_{12} & \cdots & a_{1n} \\ \sum_{j=1}^{n} a_{2j} & a_{22} & \cdots & a_{2n} \\ \cdots & \cdots & \cdots & \cdots \\ \sum_{j=1}^{n} a_{nj} & a_{n2} & \cdots & a_{nn} \end{vmatrix} = \begin{vmatrix} 0 & a_{12} & \cdots & a_{1n} \\ 0 & a_{22} & \cdots & a_{2n} \\ \cdots & \cdots & \cdots & \cdots \\ 0 & a_{n2} & \cdots & a_{nn} \end{vmatrix} = 0,$$

故命题成立.

18. 由行列式的定义

$$D_n = \sum_{j_1, j_2, \cdots, j_n} (-1)^{N(j_1, j_2, \cdots, j_n)} a_{1j_1} a_{2j_2} \cdots a_{nj_n},$$

$D_n(n\geqslant 2)$表示偶数个 1 或 -1 的和；若 1 的个数为奇数，则 -1 也为奇数，则和为偶数；若 1 的个数为偶数，则 -1 也为偶数，从而和也为偶数，所以命题成立.

19. 设反对称行列式 $D=\begin{vmatrix} 0 & a_{12} & a_{13} & \cdots & a_{1n} \\ -a_{12} & 0 & a_{23} & \cdots & a_{2n} \\ -a_{13} & -a_{23} & 0 & \cdots & a_{3n} \\ \cdots & \cdots & \cdots & \cdots & \cdots \\ -a_{1n} & -a_{2n} & -a_{3n} & \cdots & 0 \end{vmatrix}$，其中的 n 为奇数，则

$$D=\begin{vmatrix} 0 & a_{12} & a_{13} & \cdots & a_{1n} \\ -a_{12} & 0 & a_{23} & \cdots & a_{2n} \\ -a_{13} & -a_{23} & 0 & \cdots & a_{3n} \\ \cdots & \cdots & \cdots & \cdots & \cdots \\ -a_{1n} & -a_{2n} & -a_{3n} & \cdots & 0 \end{vmatrix} \xlongequal{\text{每行提}(-1)} (-1)^n \begin{vmatrix} 0 & -a_{12} & -a_{13} & \cdots & -a_{1n} \\ a_{12} & 0 & -a_{23} & \cdots & -a_{2n} \\ a_{13} & a_{23} & 0 & \cdots & -a_{3n} \\ \cdots & \cdots & \cdots & \cdots & \cdots \\ a_{1n} & a_{2n} & a_{3n} & \cdots & 0 \end{vmatrix}$$

$$= (-1)^n D^{\mathrm{T}} = -D^{\mathrm{T}},$$

再由 $D=D^{\mathrm{T}}$，故 $D=0$.

20. 由行列式的性质有

$$\begin{vmatrix} a+x & b+y & c+z \\ a_1+x & b_1+y & c_1+z \\ a_2+x & b_2+y & c_2+z \end{vmatrix} = \begin{vmatrix} a & b & c \\ a_1 & b_1 & c_1 \\ a_2 & b_2 & c_2 \end{vmatrix} + \begin{vmatrix} x & b & c \\ x & b_1 & c_1 \\ x & b_2 & c_2 \end{vmatrix} + \begin{vmatrix} a & y & c \\ a_1 & y & c_1 \\ a_2 & y & c_2 \end{vmatrix} + \begin{vmatrix} a & b & z \\ a_1 & b_1 & z \\ a_2 & b_2 & z \end{vmatrix}$$

$$= D + x\begin{vmatrix} 1 & b & c \\ 1 & b_1 & c_1 \\ 1 & b_2 & c_2 \end{vmatrix} + y\begin{vmatrix} a & 1 & c \\ a_1 & 1 & c_1 \\ a_2 & 1 & c_2 \end{vmatrix} + z\begin{vmatrix} a & b & 1 \\ a_1 & b_1 & 1 \\ a_2 & b_2 & 1 \end{vmatrix}$$

$$= D + x\sum_{i=1}^{3} A_{i1} + y\sum_{i=1}^{3} A_{i2} + z\sum_{i=1}^{3} A_{i3}.$$

第2章

矩　阵

2.1　本章知识结构图

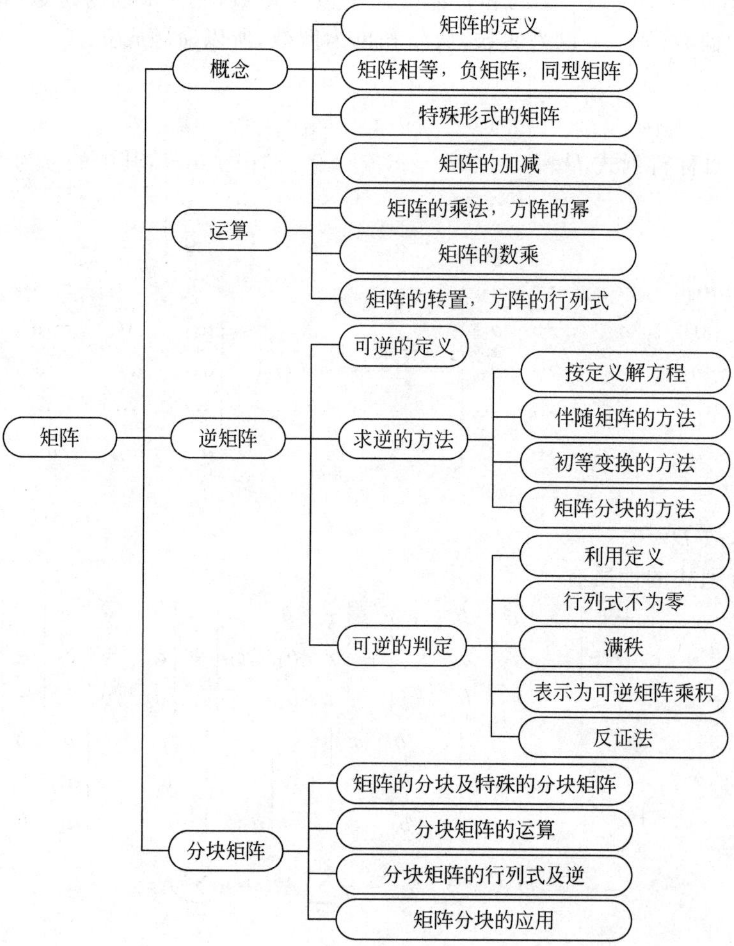

2.2　内容提要

2.2.1　矩阵的概念

由 $m\times n$ 个数 $a_{ij}(i=1,2,\cdots,m;j=1,2,\cdots,n)$构成的 m 行 n 列的**数表**称为 $m\times n$ **矩阵**，

$$\begin{pmatrix} a_{11} & a_{12} & \cdots & a_{1n} \\ a_{21} & a_{22} & \cdots & a_{2n} \\ \cdots & \cdots & \cdots & \cdots \\ a_{m1} & a_{m2} & \cdots & a_{mn} \end{pmatrix}$$

其中 $m\times n$ 表示矩阵的**型**，矩阵通常用大写的黑体英文字母表示，例如记为 $\boldsymbol{A}$ 或 $\boldsymbol{A}_{m\times n}$，其中 $a_{ij}(i=1,2,\cdots,m;j=1,2,\cdots,n)$称为矩阵 $\boldsymbol{A}$ 的(i,j)**元**(或**元素**)．以 a_{ij} 为(i,j)元的矩阵也记为(a_{ij})或$(a_{ij})_{m\times n}$．

规定 1×1 矩阵等于元素本身，即$(a)_{1\times 1}=a$．

若矩阵 $\boldsymbol{A}$ 和 $\boldsymbol{B}$ 行数、列数分别相等，则称 $\boldsymbol{A}$ 和 $\boldsymbol{B}$ 为**同型矩阵**；对于两个同型矩阵，若对应位置的元素分别相等，则称两个**矩阵相等**；矩阵 $\boldsymbol{A}=(a_{ij})_{m\times n}$，称$(-a_{ij})_{m\times n}$为矩阵 $\boldsymbol{A}$ 的**负矩阵**，记为 $-\boldsymbol{A}$．

2.2.2　一些特殊的矩阵

(1) $n\times n$ 型的矩阵

$$\begin{pmatrix} a_{11} & a_{12} & \cdots & a_{1n} \\ a_{21} & a_{22} & \cdots & a_{2n} \\ \cdots & \cdots & \cdots & \cdots \\ a_{n1} & a_{n2} & \cdots & a_{nn} \end{pmatrix}$$

称为 n 阶**方阵**．

(2) $1\times n$ 型的矩阵

$$(a_{11} \quad a_{12} \quad \cdots \quad a_{1n})$$

称为**行矩阵**，也称为**行向量**，也可记为$(a_{11},a_{12},\cdots,a_{1n})$．

(3) $n\times 1$ 型的矩阵

$$\begin{pmatrix} a_{11} \\ a_{21} \\ \vdots \\ a_{n1} \end{pmatrix}$$

称为**列矩阵**，也称为列向量．

(4) 如果矩阵中的所有元素都为 0，即

$$\begin{pmatrix} 0 & 0 & \cdots & 0 \\ 0 & 0 & \cdots & 0 \\ \cdots & \cdots & \cdots & \cdots \\ 0 & 0 & \cdots & 0 \end{pmatrix}$$

则称该矩阵为**零矩阵**,记为 $\boldsymbol{O}$.

(5) 对角线元素均为 1,其余位置的元素均为 0 的方阵

$$\begin{pmatrix} 1 & 0 & \cdots & 0 \\ 0 & 1 & \cdots & 0 \\ \cdots & \cdots & \cdots & \cdots \\ 0 & 0 & \cdots & 1 \end{pmatrix}$$

称为**单位矩阵**,记为 $\boldsymbol{E}$.

(6) 对角线元素相同,其余位置的元素均为 0 的方阵

$$\begin{pmatrix} k & 0 & \cdots & 0 \\ 0 & k & \cdots & 0 \\ \cdots & \cdots & \cdots & \cdots \\ 0 & 0 & \cdots & k \end{pmatrix}$$

称为**数量矩阵**,记为 $k\boldsymbol{E}$.

(7) 非对角线元素均为 0 的方阵

$$\begin{pmatrix} a_1 & 0 & \cdots & 0 \\ 0 & a_2 & \cdots & 0 \\ \cdots & \cdots & \cdots & \cdots \\ 0 & 0 & \cdots & a_n \end{pmatrix}$$

称为**对角矩阵**,记为$\boldsymbol{\Lambda}$ 或 $\mathrm{diag}(a_1,a_2,\cdots,a_n)$.

(8) 设矩阵 $\boldsymbol{A}=(a_{ij})_{n\times n}$,若 $a_{ij}=0(i>j,i,j=1,2,\cdots,n)$,则称 $\boldsymbol{A}$ 为**上三角形矩阵**;$a_{ij}=0(i<j,i,j=1,2,\cdots,n)$,则称 $\boldsymbol{A}$ 为**下三角形矩阵**.

$$\begin{bmatrix} a_{11} & a_{12} & \cdots & a_{1n} \\ & a_{22} & \cdots & a_{2n} \\ & & \ddots & \vdots \\ 0 & & & a_{nn} \end{bmatrix}(\text{上三角形矩阵});\quad \begin{bmatrix} a_{11} & & & 0 \\ a_{21} & a_{22} & & \\ \vdots & & \ddots & \\ a_{n1} & a_{n2} & \cdots & a_{nn} \end{bmatrix}(\text{下三角形矩阵}).$$

(9)设矩阵 $\boldsymbol{A}=(a_{ij})_{n\times n}$,若满足 $a_{ij}=a_{ji}(i,j=1,2,\cdots,n)$,则称 $\boldsymbol{A}$ 为**对称矩阵**;若满足 $a_{ij}=-a_{ji}(i,j=1,2,\cdots,n)$,则称 $\boldsymbol{A}$ 为**反对称矩阵**.

$$\begin{pmatrix} a_{11} & a_{12} & \cdots & a_{1n} \\ a_{12} & a_{22} & \cdots & a_{2n} \\ \cdots & \cdots & \cdots & \cdots \\ a_{1n} & a_{2n} & \cdots & a_{nn} \end{pmatrix}(\text{对称矩阵});\quad \begin{pmatrix} 0 & a_{12} & \cdots & a_{1n} \\ -a_{12} & 0 & \cdots & a_{2n} \\ \cdots & \cdots & \cdots & \cdots \\ -a_{1n} & -a_{2n} & \cdots & 0 \end{pmatrix}(\text{反对称矩阵}).$$

2.2.3 矩阵的运算

(1) **加法** 若矩阵 $\boldsymbol{A}=(a_{ij})_{m\times n}$,$\boldsymbol{B}=(b_{ij})_{m\times n}$,则称$(a_{ij}+b_{ij})_{m\times n}$为 $\boldsymbol{A}$ 与 $\boldsymbol{B}$ 的和,记为 $\boldsymbol{A}+\boldsymbol{B}$.

(2) 数量乘法 设 k 为常数,矩阵 $\boldsymbol{A}=(a_{ij})_{m\times n}$,则称$(ka_{ij})_{m\times n}$为数与矩阵的**数乘**,记为 $k\boldsymbol{A}$.

矩阵的加法和数量乘法统称为**矩阵的线性运算**,矩阵的线性运算满足的运算性质:

1) $\boldsymbol{A}+\boldsymbol{B}=\boldsymbol{B}+\boldsymbol{A}$;　　2) $(\boldsymbol{A}+\boldsymbol{B})+\boldsymbol{C}=\boldsymbol{A}+(\boldsymbol{B}+\boldsymbol{C})$;

3) $\boldsymbol{A}+\boldsymbol{O}=\boldsymbol{A}$;　　4) $\boldsymbol{A}+(-\boldsymbol{A})=\boldsymbol{O}$;

5) $1\boldsymbol{A}=\boldsymbol{A}$;　　6) $k(l\boldsymbol{A})=(kl)\boldsymbol{A}$;

7) $k(\boldsymbol{A}+\boldsymbol{B})=k\boldsymbol{A}+k\boldsymbol{B}$;　　8) $(k+l)\boldsymbol{A}=k\boldsymbol{A}+l\boldsymbol{A}$.

(3) **矩阵乘法**　若矩阵 $\boldsymbol{A}=(a_{ij})_{m\times s}$, $\boldsymbol{B}=(b_{ij})_{s\times n}$, 矩阵 $\boldsymbol{C}=(c_{ij})_{m\times n}$ 为矩阵 $\boldsymbol{A}$ 与 $\boldsymbol{B}$ 的**乘积**,记为 $\boldsymbol{C}=\boldsymbol{AB}$,其中

$$c_{ij}=a_{i1}b_{1j}+a_{i2}b_{2j}+\cdots+a_{is}b_{sj}.$$

矩阵的乘法运算满足:

1) $(\boldsymbol{AB})\boldsymbol{C}=\boldsymbol{A}(\boldsymbol{BC})$;　　2) $(\boldsymbol{A}+\boldsymbol{B})\boldsymbol{C}=\boldsymbol{AC}+\boldsymbol{BC}$;

3) $\boldsymbol{C}(\boldsymbol{A}+\boldsymbol{B})=\boldsymbol{CA}+\boldsymbol{CB}$;　　4) $k(\boldsymbol{AB})=(k\boldsymbol{A})\boldsymbol{B}=\boldsymbol{A}(k\boldsymbol{B})$.

注　矩阵的乘法一般不满足交换律、消去律. 若矩阵 $\boldsymbol{A}$,$\boldsymbol{B}$ 满足 $\boldsymbol{AB}=\boldsymbol{BA}$,则称 $\boldsymbol{A}$,$\boldsymbol{B}$ 是**可交换**的.

(4) **方阵的幂**　若矩阵 $\boldsymbol{A}$ 为方阵,可定义矩阵的幂. 规定

$$\boldsymbol{A}^0=\boldsymbol{E},\quad \boldsymbol{A}^n=\underbrace{\boldsymbol{AA}\cdots\boldsymbol{A}}_{n\text{个}}\quad (n\text{ 为自然数}).$$

矩阵的幂运算满足:

1) $\boldsymbol{A}^k\boldsymbol{A}^l=\boldsymbol{A}^{k+l}$;　　2) $(\boldsymbol{A}^k)^l=\boldsymbol{A}^{kl}$　(k,l 为自然数).

(5) **矩阵的转置**　若 $\boldsymbol{A}=(a_{ij})_{m\times n}$,则称

$$\begin{pmatrix} a_{11} & a_{21} & \cdots & a_{m1} \\ a_{12} & a_{22} & \cdots & a_{m2} \\ \vdots & \vdots & & \vdots \\ a_{1n} & a_{2n} & \cdots & a_{mn} \end{pmatrix}$$

为矩阵 $\boldsymbol{A}$ 的**转置矩阵**,记为 $\boldsymbol{A}^{\mathrm{T}}$.

矩阵转置的运算性质:

1) $(\boldsymbol{A}^{\mathrm{T}})^{\mathrm{T}}=\boldsymbol{A}$;　　2) $(\boldsymbol{A}+\boldsymbol{B})^{\mathrm{T}}=\boldsymbol{A}^{\mathrm{T}}+\boldsymbol{B}^{\mathrm{T}}$;

3) $(k\boldsymbol{A})^{\mathrm{T}}=k\boldsymbol{A}^{\mathrm{T}}$;　　4) $(\boldsymbol{AB})^{\mathrm{T}}=\boldsymbol{B}^{\mathrm{T}}\boldsymbol{A}^{\mathrm{T}}$.

(6) **方阵的行列式**　若矩阵 $\boldsymbol{A}$ 为方阵,由 $\boldsymbol{A}$ 中元素按原顺序构成的行列式,称为方阵 $\boldsymbol{A}$ 的行列式,记为 $|\boldsymbol{A}|$. 方阵的行列式满足的运算性质:

1) $|\boldsymbol{A}^{\mathrm{T}}|=|\boldsymbol{A}|$;

2) $|k\boldsymbol{A}|=k^n|\boldsymbol{A}|$ (n 为方阵的阶数,k 为常数);

3) $|\boldsymbol{AB}|=|\boldsymbol{A}||\boldsymbol{B}|$ ($\boldsymbol{A}$,$\boldsymbol{B}$ 为同阶方阵).

2.2.4 伴随矩阵

设有方阵 $\boldsymbol{A}=(a_{ij})_{n\times n}$,$\boldsymbol{A}_{ij}$ 为 a_{ij} 的代数余子式,以 $\boldsymbol{A}_{ij}$ 作为第 j 行第 i 列元素构成的矩阵称为 $\boldsymbol{A}$ 的**伴随矩阵**,记为 $\boldsymbol{A}^*$. 即

$$\boldsymbol{A}^*=\begin{pmatrix} \boldsymbol{A}_{11} & \boldsymbol{A}_{21} & \cdots & \boldsymbol{A}_{n1} \\ \boldsymbol{A}_{12} & \boldsymbol{A}_{22} & \cdots & \boldsymbol{A}_{n2} \\ \cdots & \cdots & \cdots & \cdots \\ \boldsymbol{A}_{1n} & \boldsymbol{A}_{2n} & \cdots & \boldsymbol{A}_{nn} \end{pmatrix}.$$

由伴随矩阵的定义可知，$\boldsymbol{A}\boldsymbol{A}^{*}=\boldsymbol{A}^{*}\boldsymbol{A}=|\boldsymbol{A}|\boldsymbol{E}$.

注 元素 a_{ij} 的代数余子式 $\boldsymbol{A}_{ij}$ 应该放在 $\boldsymbol{A}^{*}$ 的 (j,i) 位置.

2.2.5 可逆矩阵

对于方阵 $\boldsymbol{A}$，若存在同阶方阵 $\boldsymbol{B}$，使得

$$\boldsymbol{AB}=\boldsymbol{BA}=\boldsymbol{E},$$

则称 $\boldsymbol{A}$ 为**可逆矩阵**，或称 $\boldsymbol{A}$ **可逆**，并称 $\boldsymbol{B}$ 为 $\boldsymbol{A}$ 的**逆矩阵**. 矩阵的逆满足的运算性质：

(1) $(\boldsymbol{A}^{-1})^{-1}=\boldsymbol{A}$；　　(2) $(k\boldsymbol{A})^{-1}=\frac{1}{k}\boldsymbol{A}^{-1}$；

(3) $(\boldsymbol{AB})^{-1}=\boldsymbol{B}^{-1}\boldsymbol{A}^{-1}$；　　(4) $(\boldsymbol{A}^{\mathrm{T}})^{-1}=(\boldsymbol{A}^{-1})^{\mathrm{T}}$；

(5) $|\boldsymbol{A}^{-1}|=|\boldsymbol{A}|^{-1}$.

逆矩阵的几个主要结论：

(1) 若矩阵 $\boldsymbol{A}$ 可逆，则 $\boldsymbol{A}$ 的逆矩阵唯一；

(2) 矩阵 $\boldsymbol{A}$ 可逆的充分必要条件是 $|\boldsymbol{A}|\neq 0$，且 $\boldsymbol{A}$ 可逆时，$\boldsymbol{A}^{-1}=\frac{1}{|\boldsymbol{A}|}\boldsymbol{A}^{*}$；

(3) 若 $\boldsymbol{AB}=\boldsymbol{E}$(或 $\boldsymbol{BA}=\boldsymbol{E}$)，则 $\boldsymbol{B}=\boldsymbol{A}^{-1}$.

(4) 当 $\boldsymbol{A}=\begin{pmatrix}a & b\\ c & d\end{pmatrix}$ 可逆时，$\boldsymbol{A}^{-1}=\frac{1}{|\boldsymbol{A}|}\begin{pmatrix}d & -b\\ -c & a\end{pmatrix}$.

2.2.6 矩阵分块

将矩阵 $\boldsymbol{A}$ 用一些横线和竖线分成若干个小矩阵，每个小矩阵称为 $\boldsymbol{A}$ 的一个**子块**，以子块为元素的矩阵称为 $\boldsymbol{A}$ 的**分块矩阵**.

几种特殊的分块矩阵：

(1) 若方阵 $\boldsymbol{A}$ 经分块后可以表示为

$$\boldsymbol{A}=\begin{pmatrix}\boldsymbol{A}_1 & \boldsymbol{O} & \cdots & \boldsymbol{O}\\ \boldsymbol{O} & \boldsymbol{A}_2 & \cdots & \boldsymbol{O}\\ \vdots & \vdots & \ddots & \vdots\\ \boldsymbol{O} & \boldsymbol{O} & \cdots & \boldsymbol{A}_m\end{pmatrix},$$

其中 $\boldsymbol{A}_i(i=1,2,\cdots,m)$ 均为方阵，则称 $\boldsymbol{A}$ 为**分块对角矩阵**.

(2) 若方阵 $\boldsymbol{A}$ 经分块后可以表示为

$$\boldsymbol{A}=\begin{pmatrix}\boldsymbol{O} & \cdots & \boldsymbol{O} & \boldsymbol{A}_1\\ \boldsymbol{O} & \cdots & \boldsymbol{A}_2 & \boldsymbol{O}\\ \vdots & \iddots & \vdots & \vdots\\ \boldsymbol{A}_m & \cdots & \boldsymbol{O} & \boldsymbol{O}\end{pmatrix},$$

其中 $\boldsymbol{A}_i(i=1,2,\cdots,m)$ 均为方阵，则称 $\boldsymbol{A}$ 为**分块反对角矩阵**.

(3) 若方阵 $\boldsymbol{A}$ 经分块后可以表示为

$$\boldsymbol{A}=\begin{pmatrix}\boldsymbol{A}_{11} & \boldsymbol{A}_{12} & \cdots & \boldsymbol{A}_{1m}\\ \boldsymbol{O} & \boldsymbol{A}_{22} & \cdots & \boldsymbol{A}_{2m}\\ \cdots & \cdots & \cdots & \cdots\\ \boldsymbol{O} & \boldsymbol{O} & \cdots & \boldsymbol{A}_{mm}\end{pmatrix},$$

其中 $\boldsymbol{A}_{ii}(i=1,2,\cdots,m)$均为方阵，则称 $\boldsymbol{A}$ 为**分块上三角矩阵**.

（4）若方阵 $\boldsymbol{A}$ 经分块后可以表示为

$$\boldsymbol{A}=\begin{pmatrix}\boldsymbol{A}_{11} & \boldsymbol{O} & \cdots & \boldsymbol{O}\\ \boldsymbol{A}_{21} & \boldsymbol{A}_{22} & \cdots & \boldsymbol{O}\\ \vdots & \vdots & & \vdots\\ \boldsymbol{A}_{m1} & \boldsymbol{A}_{m2} & \cdots & \boldsymbol{A}_{mm}\end{pmatrix},$$

其中 $\boldsymbol{A}_{ii}(i=1,2,\cdots,m)$均为方阵，则称 $\boldsymbol{A}$ 为**分块下三角矩阵**.

2.2.7　分块矩阵的运算

（1）**加法**　若 $\boldsymbol{A}+\boldsymbol{B}$ 有意义，对 $\boldsymbol{A},\boldsymbol{B}$ 进行相同的分块后得到的分块矩阵可以相加，并且加法表现为对应的子块相加.

（2）**数量乘法**　数与分块矩阵的乘法表现为数乘到每个子块上.

（3）**矩阵乘法**　若 $\boldsymbol{AB}$ 有意义，对 $\boldsymbol{A},\boldsymbol{B}$ 进行分块时只要 $\boldsymbol{A}$ 的列分割方式与 $\boldsymbol{B}$ 的行分割方式相同，则得到分块矩阵可以相乘，并且乘法与普通矩阵的乘法运算一致.

（4）**转置**　把分块矩阵行上的子块换到同序数的列上，再对每个子块转置，得到的矩阵称为分块矩阵的转置矩阵.

（5）**分块矩阵的行列式**

分块对角矩阵、分块上三角矩阵和分块下三角矩阵的行列式都等于对角线上子块的行列式相乘，即

$$\begin{vmatrix}\boldsymbol{A}_{11} & & & \boldsymbol{O}\\ & \boldsymbol{A}_{22} & & \\ & & \ddots & \\ \boldsymbol{O} & & & \boldsymbol{A}_{mm}\end{vmatrix}=\begin{vmatrix}\boldsymbol{A}_{11} & \boldsymbol{A}_{12} & \cdots & \boldsymbol{A}_{1m}\\ \boldsymbol{O} & \boldsymbol{A}_{22} & \cdots & \boldsymbol{A}_{2m}\\ \vdots & \vdots & & \vdots\\ \boldsymbol{O} & \boldsymbol{O} & \cdots & \boldsymbol{A}_{mm}\end{vmatrix}=\begin{vmatrix}\boldsymbol{A}_{11} & \boldsymbol{O} & \cdots & \boldsymbol{O}\\ \boldsymbol{A}_{21} & \boldsymbol{A}_{22} & \cdots & \boldsymbol{O}\\ \vdots & \vdots & & \vdots\\ \boldsymbol{A}_{m1} & \boldsymbol{A}_{m2} & \cdots & \boldsymbol{A}_{mm}\end{vmatrix}$$

$$=|\boldsymbol{A}_{11}|\,|\boldsymbol{A}_{22}|\cdots|\boldsymbol{A}_{mm}|.$$

（6）**分块矩阵的逆矩阵**

1）若分块对角矩阵 $\boldsymbol{A}=\begin{pmatrix}\boldsymbol{A}_1 & & & \boldsymbol{O}\\ & \boldsymbol{A}_2 & & \\ & & \ddots & \\ \boldsymbol{O} & & & \boldsymbol{A}_m\end{pmatrix}$可逆，则 $\boldsymbol{A}^{-1}=\begin{pmatrix}\boldsymbol{A}_1^{-1} & & & \boldsymbol{O}\\ & \boldsymbol{A}_2^{-1} & & \\ & & \ddots & \\ \boldsymbol{O} & & & \boldsymbol{A}_m^{-1}\end{pmatrix}$；

2）若分块反对角矩阵 $\boldsymbol{A}=\begin{pmatrix}\boldsymbol{O} & & & \boldsymbol{A}_1\\ & & \boldsymbol{A}_2 & \\ & \iddots & & \\ \boldsymbol{A}_m & & & \boldsymbol{O}\end{pmatrix}$可逆，则 $\boldsymbol{A}^{-1}=\begin{pmatrix}\boldsymbol{O} & & & \boldsymbol{A}_m^{-1}\\ & & \iddots & \\ & \boldsymbol{A}_2^{-1} & & \\ \boldsymbol{A}_1^{-1} & & & \boldsymbol{O}\end{pmatrix}$；

3）若分块上三角矩阵$\begin{pmatrix}\boldsymbol{A} & \boldsymbol{C}\\ \boldsymbol{O} & \boldsymbol{B}\end{pmatrix}$可逆，则其逆为$\begin{pmatrix}\boldsymbol{A}^{-1} & -\boldsymbol{A}^{-1}\boldsymbol{CB}^{-1}\\ \boldsymbol{O} & \boldsymbol{B}^{-1}\end{pmatrix}$；

4）若分块下三角矩阵$\begin{pmatrix}\boldsymbol{A} & \boldsymbol{O}\\ \boldsymbol{C} & \boldsymbol{B}\end{pmatrix}$可逆，则其逆为$\begin{pmatrix}\boldsymbol{A}^{-1} & \boldsymbol{O}\\ -\boldsymbol{B}^{-1}\boldsymbol{CA}^{-1} & \boldsymbol{B}^{-1}\end{pmatrix}$.

2.2.8 线性方程组

含有 n 个未知数 $x_1,x_2,\cdots,x_n$ 的 m 个方程的方程组

$$\begin{cases} a_{11}x_1+a_{12}x_2+\cdots+a_{1n}x_n=b_1 \\ a_{21}x_1+a_{22}x_2+\cdots+a_{2n}x_n=b_2 \\ \cdots\cdots \\ a_{m1}x_1+a_{m2}x_2+\cdots+a_{mn}x_n=b_m \end{cases}$$

称为 **n 元线性方程组**，其中 $a_{ij}(i=1,2,\cdots,m;j=1,2,\cdots,n)$ 称为未知数的**系数**，$b_i(i=1,2,\cdots,m)$ 为**常数项**. 若常数项 $b_i(i=1,2,\cdots,m)$ 全为零，称线性方程组为**齐次线性方程组**，否则称为**非齐次线性方程组**.

若记

$$\boldsymbol{A}=\begin{pmatrix} a_{11} & a_{12} & \cdots & a_{1n} \\ a_{21} & a_{22} & \cdots & a_{2n} \\ \vdots & \vdots & & \vdots \\ a_{m1} & a_{m2} & \cdots & a_{mn} \end{pmatrix},\quad \boldsymbol{x}=\begin{pmatrix} x_1 \\ x_2 \\ \vdots \\ x_n \end{pmatrix},\quad \boldsymbol{b}=\begin{pmatrix} b_1 \\ b_2 \\ \vdots \\ b_m \end{pmatrix},$$

其中 $\boldsymbol{A}$ 称为线性方程组的**系数矩阵**，则线性方程组可表示为矩阵方程

$$\boldsymbol{Ax}=\boldsymbol{b}.$$

2.2.9 克莱姆法则

若线性方程组 $\begin{cases} a_{11}x_1+a_{12}x_2+\cdots+a_{1n}x_n=b_1 \\ a_{21}x_1+a_{22}x_2+\cdots+a_{2n}x_n=b_2 \\ \cdots\cdots \\ a_{n1}x_1+a_{n2}x_2+\cdots+a_{nn}x_n=b_n \end{cases}$ 的系数矩阵 $\boldsymbol{A}$ 的行列式不等于 0，即

$$|\boldsymbol{A}|=\begin{vmatrix} a_{11} & a_{12} & \cdots & a_{1n} \\ a_{21} & a_{22} & \cdots & a_{2n} \\ \vdots & \vdots & & \vdots \\ a_{n1} & a_{n2} & \cdots & a_{nn} \end{vmatrix}\neq 0,$$

则该线性方程组有唯一解，并且其解可表示为

$$x_1=\frac{|\boldsymbol{A}_1|}{|\boldsymbol{A}|},\quad x_2=\frac{|\boldsymbol{A}_2|}{|\boldsymbol{A}|},\quad \cdots,\quad x_n=\frac{|\boldsymbol{A}_n|}{|\boldsymbol{A}|},$$

其中 $\boldsymbol{A}_j$ 为将矩阵 $\boldsymbol{A}$ 的第 j 列元素 $a_{1j},a_{2j},\cdots,a_{nj}$ 对应换成 $b_1,b_2,\cdots,b_n$ 得到的矩阵.

由克莱姆法则容易得到如下结论：

(1) 如果非齐次线性方程组的系数矩阵的行列式不为零，则其有唯一解. 反之，若非齐次线性方程组无解或解不唯一，则它的系数矩阵的行列式为零.

(2) 如果齐次线性方程组的系数矩阵的行列式不为零，则其只有零解. 反之，若齐次线性方程组只有零解，则它的系数矩阵的行列式不为零.

2.3 典型例题分析

2.3.1 题型一 矩阵的乘法

在进行矩阵的乘法运算时应注意以下几点：

(1) 矩阵的乘法运算首先应考虑型的运算；然后才是元素的运算，即前行后列配对相乘再求和.

(2) 乘法运算一般不满足交换律，因此乘法分为左乘和右乘两种情况；在表达式整理中提取公因式时，也要注意是左侧提取还是右侧提取.

(3) 乘法的运算满足结合律，巧妙地使用结合律可以简化计算.

(4) 乘法的运算中消去律的使用是有条件的(与矩阵的可逆有关)，与数字运算中当 $a\neq 0$ 时，才能由 $ab=ac$ 得到 $b=c$ 类似.

(5) 矩阵幂的计算方法有很多，例如将矩阵分解为简单矩阵的和或乘积，再求幂；有的还可以采用相似对角阵的方法(参见第 5 章)；等等.

例 2.1 若 $\boldsymbol{A}=\begin{pmatrix} a_{11} & a_{12} & a_{13} \\ a_{21} & a_{22} & a_{23} \\ a_{31} & a_{32} & a_{33} \end{pmatrix}$，$\boldsymbol{B}=\begin{pmatrix} b_{11} & b_{12} & b_{13} \\ b_{21} & b_{22} & b_{23} \\ b_{31} & b_{32} & b_{33} \end{pmatrix}$，求 $(\boldsymbol{AB})^{\mathrm{T}}$ 的第 2 行第 3 列元素.

解法 1 $(\boldsymbol{AB})^{\mathrm{T}}$ 的第 2 行第 3 列元素为 $\boldsymbol{AB}$ 的第 3 行第 2 列元素，它是 $\boldsymbol{A}$ 的第 3 行元素 a_{31},a_{32},a_{33} 与 B 的第 2 列 b_{12},b_{22},b_{32} 对应相乘再求和得到的，即 $a_{31}b_{12}+a_{32}b_{22}+a_{33}b_{32}$.

解法 2 由 $(\boldsymbol{AB})^{\mathrm{T}}=\boldsymbol{B}^{\mathrm{T}}\boldsymbol{A}^{\mathrm{T}}$，$(\boldsymbol{AB})^{\mathrm{T}}$ 的第 2 行第 3 列元素即为 $\boldsymbol{B}^{\mathrm{T}}\boldsymbol{A}^{\mathrm{T}}$ 的第 2 行第 3 列元素，它由 $\boldsymbol{B}^{\mathrm{T}}$ 的第 2 行元素 b_{12},b_{22},b_{32} 与 $\boldsymbol{A}^{\mathrm{T}}$ 的第 3 列元素 a_{31},a_{32},a_{33} 对应相乘再求和得到，即 $a_{31}b_{12}+a_{32}b_{22}+a_{33}b_{32}$.

****例 2.2** 证明：上三角形矩阵的乘积与伴随阵仍然是上三角形矩阵，若其可逆，则其逆矩阵也是上三角形矩阵.

证 不妨设

$$\boldsymbol{A}=\begin{pmatrix} a_{11} & a_{12} & \cdots & a_{1n} \\ 0 & a_{22} & \cdots & a_{2n} \\ \vdots & \vdots & & \vdots \\ 0 & 0 & \cdots & a_{nn} \end{pmatrix},\quad \boldsymbol{B}=\begin{pmatrix} b_{11} & b_{12} & \cdots & b_{1n} \\ 0 & b_{22} & \cdots & b_{2n} \\ \vdots & \vdots & & \vdots \\ 0 & 0 & \cdots & b_{nn} \end{pmatrix},$$

矩阵 $\boldsymbol{A}$ 的第 i 行元素为 $0,0,\cdots,0,a_{ii},a_{i,i+1},\cdots,a_{in}$，矩阵 $\boldsymbol{B}$ 的第 j 列元素为 $b_{1j},b_{2j},\cdots,b_{jj},0,\cdots,0$，当 $i>j$ 时，矩阵 $\boldsymbol{AB}$ 的 (i,j) 位置元素 $a_{i1}b_{1j}+a_{i2}b_{2j}+\cdots+a_{in}b_{nj}$，显然为零，故 $\boldsymbol{AB}$ 为上三角形矩阵.

由于 $\boldsymbol{A}$ 为上三角形，因此当 $i<j$ 时，$|\boldsymbol{A}|$ 中元素 a_{ij} 的余子式 $\boldsymbol{M}_{ij}$ 为上三角行列式，且主对角线中含有 0 元素($a_{ii}=a_{i+1,i+1}=\cdots=a_{jj}=0$)，即

$$M_{ij}=\begin{vmatrix} a_{11} & \cdots & a_{1,i-1} & a_{1,i+1} & \cdots & a_{1n} \\ \cdots & \cdots & \cdots & \cdots & \cdots & \cdots \\ 0 & \cdots & a_{i-1,i-1} & a_{i-1,i+1} & \cdots & a_{i-1,n} \\ 0 & \cdots & 0 & 0 & \cdots & a_{i+1,n} \\ \cdots & \cdots & \cdots & \cdots & \cdots & \cdots \\ 0 & \cdots & 0 & 0 & \cdots & a_{nn} \end{vmatrix}=a_{11}a_{22}a_{i-1,i-1}0\cdots 0a_{j+1,j+1}\cdots a_{nn}=0,$$

进而 a_{ij} 的代数余子式 $A_{ij}=(-1)^{i+j}M_{ij}=0$，再由 A^* 的定义可知 A^* 为上三角形矩阵. 当 A 可逆时，由 $A^{-1}=\frac{1}{|A|}A^*$ 可知，A^{-1} 也是上三角形矩阵.

例 2.3 已知行向量 $\boldsymbol{\alpha}=(1,1,-1)$，$\boldsymbol{\beta}=(1,2,3)$，试求：$\boldsymbol{\alpha\beta}^{\mathrm{T}}$，$\boldsymbol{\alpha}^{\mathrm{T}}\boldsymbol{\beta}$ 及 $(\boldsymbol{\alpha}^{\mathrm{T}}\boldsymbol{\beta})^n$.

解 $\boldsymbol{\alpha\beta}^{\mathrm{T}}=(1,1,-1)\begin{pmatrix}1\\2\\3\end{pmatrix}=1+2-3=0$,

$$\boldsymbol{\alpha}^{\mathrm{T}}\boldsymbol{\beta}=\begin{pmatrix}1\\1\\-1\end{pmatrix}(1,2,3)=\begin{pmatrix}1&2&3\\1&2&3\\-1&-2&-3\end{pmatrix},$$

由于 $\boldsymbol{\beta\alpha}^{\mathrm{T}}=\boldsymbol{\alpha\beta}^{\mathrm{T}}=0$，因此

$$(\boldsymbol{\alpha}^{\mathrm{T}}\boldsymbol{\beta})^n=(\boldsymbol{\alpha}^{\mathrm{T}}\boldsymbol{\beta})\cdots(\boldsymbol{\alpha}^{\mathrm{T}}\boldsymbol{\beta})=\boldsymbol{\alpha}^{\mathrm{T}}\underbrace{(\boldsymbol{\beta\alpha}^{\mathrm{T}})\cdots(\boldsymbol{\beta\alpha}^{\mathrm{T}})}_{n-1}\boldsymbol{\beta}=0\,\boldsymbol{\alpha}^{\mathrm{T}}\boldsymbol{\beta}=\boldsymbol{O}.$$

例 2.4 已知 $\boldsymbol{A}=\boldsymbol{E}-\frac{2}{\boldsymbol{\alpha\alpha}^{\mathrm{T}}}\boldsymbol{\alpha}^{\mathrm{T}}\boldsymbol{\alpha}$，其中 $\boldsymbol{\alpha}$ 为行向量，证明：$\boldsymbol{A}$ 为对称矩阵，且 $\boldsymbol{A}^2=\boldsymbol{E}$.

解 由于

$$\begin{aligned}\boldsymbol{A}^{\mathrm{T}}&=\left(\boldsymbol{E}-\frac{2}{\boldsymbol{\alpha\alpha}^{\mathrm{T}}}\boldsymbol{\alpha}^{\mathrm{T}}\boldsymbol{\alpha}\right)^{\mathrm{T}}=\boldsymbol{E}^{\mathrm{T}}-\frac{2}{\boldsymbol{\alpha\alpha}^{\mathrm{T}}}(\boldsymbol{\alpha}^{\mathrm{T}}\boldsymbol{\alpha})^{\mathrm{T}}\\&=\boldsymbol{E}-\frac{2}{\boldsymbol{\alpha\alpha}^{\mathrm{T}}}\boldsymbol{\alpha}^{\mathrm{T}}(\boldsymbol{\alpha}^{\mathrm{T}})^{\mathrm{T}}=\boldsymbol{E}-\frac{2}{\boldsymbol{\alpha\alpha}^{\mathrm{T}}}\boldsymbol{\alpha}^{\mathrm{T}}\boldsymbol{\alpha}=\boldsymbol{A},\end{aligned}$$

故 $\boldsymbol{A}$ 为对称矩阵. 又因为

$$\begin{aligned}\boldsymbol{A}^2&=\left(\boldsymbol{E}-\frac{2}{\boldsymbol{\alpha\alpha}^{\mathrm{T}}}\boldsymbol{\alpha}^{\mathrm{T}}\boldsymbol{\alpha}\right)^2=\boldsymbol{E}^2-2\boldsymbol{E}\left(\frac{2}{\boldsymbol{\alpha\alpha}^{\mathrm{T}}}\boldsymbol{\alpha}^{\mathrm{T}}\boldsymbol{\alpha}\right)+\left(\frac{2}{\boldsymbol{\alpha\alpha}^{\mathrm{T}}}\boldsymbol{\alpha}^{\mathrm{T}}\boldsymbol{\alpha}\right)\left(\frac{2}{\boldsymbol{\alpha\alpha}^{\mathrm{T}}}\boldsymbol{\alpha}^{\mathrm{T}}\boldsymbol{\alpha}\right)\\&=\boldsymbol{E}-\frac{4}{\boldsymbol{\alpha\alpha}^{\mathrm{T}}}\boldsymbol{\alpha}^{\mathrm{T}}\boldsymbol{\alpha}+\left(\frac{2}{\boldsymbol{\alpha\alpha}^{\mathrm{T}}}\right)^2(\boldsymbol{\alpha}^{\mathrm{T}}\boldsymbol{\alpha\alpha}^{\mathrm{T}}\boldsymbol{\alpha})=\boldsymbol{E}-\frac{4}{\boldsymbol{\alpha\alpha}^{\mathrm{T}}}\boldsymbol{\alpha}^{\mathrm{T}}\boldsymbol{\alpha}+\frac{4}{(\boldsymbol{\alpha\alpha}^{\mathrm{T}})^2}\boldsymbol{\alpha}^{\mathrm{T}}(\boldsymbol{\alpha\alpha}^{\mathrm{T}})\boldsymbol{\alpha}\\&=\boldsymbol{E}-\frac{4}{\boldsymbol{\alpha\alpha}^{\mathrm{T}}}\boldsymbol{\alpha}^{\mathrm{T}}\boldsymbol{\alpha}+\frac{4}{\boldsymbol{\alpha\alpha}^{\mathrm{T}}}\boldsymbol{\alpha}^{\mathrm{T}}\boldsymbol{\alpha}=\boldsymbol{E},\end{aligned}$$

命题得证.

例 2.5 设 $\boldsymbol{A},\boldsymbol{B}$ 分别为 3 阶实对称矩阵与反实对称矩阵，且满足 $\boldsymbol{A}^2=\boldsymbol{B}^2$，证明

$$\boldsymbol{A}=\boldsymbol{B}=\boldsymbol{O}.$$

解 不妨设

$$\boldsymbol{A}=\begin{pmatrix}a_{11}&a_{12}&a_{13}\\a_{12}&a_{22}&a_{23}\\a_{13}&a_{23}&a_{33}\end{pmatrix},\quad \boldsymbol{B}=\begin{pmatrix}0&b_{12}&b_{13}\\-b_{12}&0&b_{23}\\-b_{13}&-b_{23}&0\end{pmatrix},$$

则

$$A^2=\begin{pmatrix}a_{11}&a_{12}&a_{13}\\a_{12}&a_{22}&a_{23}\\a_{13}&a_{23}&a_{33}\end{pmatrix}\begin{pmatrix}a_{11}&a_{12}&a_{13}\\a_{12}&a_{22}&a_{23}\\a_{13}&a_{23}&a_{33}\end{pmatrix}$$

$$=\begin{pmatrix}a_{11}^2+a_{12}^2+a_{13}^2&&*\\&a_{12}^2+a_{22}^2+a_{23}^2&\\*&&a_{13}^2+a_{23}^2+a_{33}^2\end{pmatrix},$$

$$B^2=\begin{pmatrix}0&b_{12}&b_{13}\\-b_{12}&0&b_{23}\\-b_{13}&-b_{23}&0\end{pmatrix}\begin{pmatrix}0&b_{12}&b_{13}\\-b_{12}&0&b_{23}\\-b_{13}&-b_{23}&0\end{pmatrix}$$

$$=\begin{pmatrix}-(b_{12}^2+b_{13}^2)&&*\\&-(b_{12}^2+b_{23}^2)&\\*&&-(b_{13}^2+b_{23}^2)\end{pmatrix},$$

由于 $A^2=B^2$，因此有 $a_{11}^2+a_{12}^2+a_{13}^2=-(b_{12}^2+b_{13}^2)$，从而 $a_{11}=a_{12}=a_{13}=b_{12}=b_{13}=0$，类似地，可得到 $a_{22}=a_{23}=a_{33}=b_{23}=0$，故 $A=B=O$.

****例 2.6** 设矩阵 $A=\begin{pmatrix}a&b&c\\0&a&b\\0&0&a\end{pmatrix}$，求 A^n.

解 记 $B=\begin{pmatrix}0&b&c\\0&0&b\\0&0&0\end{pmatrix}$，则

$$A=\begin{pmatrix}a&b&c\\0&a&b\\0&0&a\end{pmatrix}=\begin{pmatrix}0&b&c\\0&0&b\\0&0&0\end{pmatrix}+\begin{pmatrix}a&0&0\\0&a&0\\0&0&a\end{pmatrix}=B+aE,$$

由于 E 与 B 可交换，因此

$$A^n=(B+aE)^n=C_n^0B^0(aE)^n+C_n^1B^1(aE)^{n-1}+C_n^2B^2(aE)^{n-2}+\cdots+C_n^nB^n(aE)^0,$$

而

$$B^2=\begin{pmatrix}0&b&c\\0&0&b\\0&0&0\end{pmatrix}\begin{pmatrix}0&b&c\\0&0&b\\0&0&0\end{pmatrix}=\begin{pmatrix}0&0&b^2\\0&0&0\\0&0&0\end{pmatrix},$$

$$B^3=\begin{pmatrix}0&0&b^2\\0&0&0\\0&0&0\end{pmatrix}\begin{pmatrix}0&b&c\\0&0&b\\0&0&0\end{pmatrix}=\begin{pmatrix}0&0&0\\0&0&0\\0&0&0\end{pmatrix}=O,$$

故

$$A^n=C_n^0(aE)^nB^0+C_n^1(aE)^{n-1}B^1+C_n^2(aE)^{n-2}B^2$$

$$=a^nE+na^{n-1}EB+\frac{n(n-1)}{2}a^{n-2}EB^2$$

$$=\begin{pmatrix} a^n & 0 & 0 \\ 0 & a^n & 0 \\ 0 & 0 & a^n \end{pmatrix}+\begin{pmatrix} 0 & na^{n-1}b & na^{n-1}c \\ 0 & 0 & na^{n-1}b \\ 0 & 0 & 0 \end{pmatrix}+\begin{pmatrix} 0 & 0 & \frac{n(n-1)}{2}a^{n-2}b^2 \\ 0 & 0 & 0 \\ 0 & 0 & 0 \end{pmatrix}$$

$$=\begin{pmatrix} a^n & na^{n-1}b & na^{n-1}c+\frac{n(n-1)}{2}a^{n-2}b^2 \\ 0 & a^n & na^{n-1}b \\ 0 & 0 & a^n \end{pmatrix}.$$

2.3.2 题型二 矩阵可逆的判定及逆矩阵的求法

矩阵可逆的判定方法主要如下几种：

(1) 矩阵的行列式不为零；

(2) 两个方阵乘积为单位阵，则两个方阵都可逆，且互为逆矩阵；

(3) 一个矩阵可以表示为一些可逆矩阵的乘积，则该矩阵可逆；

(4) 方阵是满秩的，则其可逆(参见第 3 章)；

(5) 方阵的全部特征值不为零，则其可逆(参见第 5 章).

逆矩阵的求解方法主要有：

(1) 解方程组的方法. 这种方法计算上很麻烦，基本不用.

(2) 伴随矩阵的方法. 这种方法常在证明中使用的公式有

$$\boldsymbol{A}\boldsymbol{A}^*=\boldsymbol{A}^*\boldsymbol{A}=|\boldsymbol{A}|\boldsymbol{E},\quad \boldsymbol{A}^{-1}=\frac{1}{|\boldsymbol{A}|}\boldsymbol{A}^*,$$

在具体计算时，这种方法不常用，但应记住二阶方阵的逆矩阵公式.

(3) 矩阵的初等变换的方法. 求逆计算主要方法也是一个重要的考点，必须熟练掌握(参见第 3 章).

例 2.7 判断矩阵 $\boldsymbol{A}=\begin{pmatrix} 3 & 0 & 0 \\ 0 & 2 & 5 \\ 0 & 3 & 7 \end{pmatrix}$ 是否可逆，若可逆，用伴随矩阵的方法求其逆矩阵.

解 由于

$$|\boldsymbol{A}|=\begin{vmatrix} 3 & 0 & 0 \\ 0 & 2 & 5 \\ 0 & 3 & 7 \end{vmatrix}=3\begin{vmatrix} 2 & 5 \\ 3 & 7 \end{vmatrix}=3(14-15)=-3\neq 0,$$

故 $\boldsymbol{A}$ 可逆. 又因为

$$A_{11}=(-1)^{1+1}M_{11}=\begin{vmatrix} 2 & 5 \\ 3 & 7 \end{vmatrix}=-1,$$

$$A_{21}=(-1)^{2+1}M_{21}=-\begin{vmatrix} 0 & 0 \\ 3 & 7 \end{vmatrix}=0,$$

$$A_{31}=(-1)^{3+1}M_{31}=\begin{vmatrix} 0 & 0 \\ 2 & 5 \end{vmatrix}=0,$$

$$A_{12}=(-1)^{1+2}M_{12}=-\begin{vmatrix}0&5\\0&7\end{vmatrix}=0,$$

$$A_{22}=(-1)^{2+2}M_{22}=\begin{vmatrix}3&0\\0&7\end{vmatrix}=21,$$

$$A_{32}=(-1)^{3+2}M_{32}=-\begin{vmatrix}3&0\\0&5\end{vmatrix}=-15,$$

$$A_{13}=(-1)^{1+3}M_{13}=\begin{vmatrix}0&2\\0&3\end{vmatrix}=0,$$

$$A_{23}=(-1)^{2+3}M_{23}=-\begin{vmatrix}3&0\\0&3\end{vmatrix}=-9,$$

$$A_{33}=(-1)^{3+3}M_{33}=\begin{vmatrix}3&0\\0&2\end{vmatrix}=6,$$

故

$$\boldsymbol{A}^{-1}=\frac{1}{|\boldsymbol{A}|}\boldsymbol{A}^*=\frac{1}{|\boldsymbol{A}|}\begin{pmatrix}A_{11}&A_{21}&A_{31}\\A_{12}&A_{22}&A_{32}\\A_{13}&A_{23}&A_{33}\end{pmatrix}=\frac{1}{-3}\begin{pmatrix}-1&0&0\\0&21&-15\\0&-9&6\end{pmatrix}=\begin{pmatrix}\frac{1}{3}&0&0\\0&-7&5\\0&3&-2\end{pmatrix}.$$

例 2.8 讨论矩阵 $\boldsymbol{A}=\begin{pmatrix}1+a_1b_1&1+a_1b_2&\cdots&1+a_nb_n\\1+a_2b_1&1+a_2b_2&\cdots&1+a_2b_n\\\vdots&\vdots&&\vdots\\1+a_nb_1&1+a_nb_2&\cdots&1+a_nb_n\end{pmatrix}$ 是否可逆.

解 由于

$$\boldsymbol{A}=\begin{pmatrix}1+a_1b_1&1+a_1b_2&\cdots&1+a_nb_n\\1+a_2b_1&1+a_2b_2&\cdots&1+a_2b_n\\\vdots&\vdots&&\vdots\\1+a_nb_1&1+a_nb_2&\cdots&1+a_nb_n\end{pmatrix}=\begin{pmatrix}1&a_1&0&\cdots&0\\1&a_2&0&\cdots&0\\\vdots&\vdots&\vdots&&\vdots\\1&a_n&0&\cdots&0\end{pmatrix}\begin{pmatrix}1&1&\cdots&1\\b_1&b_2&\cdots&b_n\\0&0&\cdots&0\\\vdots&\vdots&&\vdots\\0&0&\cdots&0\end{pmatrix},$$

因此当 $n=1$ 时 $|\boldsymbol{A}|=1+a_1b_1$，当 $n=2$ 时 $|\boldsymbol{A}|=\begin{vmatrix}1&a_1\\1&a_2\end{vmatrix}\begin{vmatrix}1&1\\b_1&b_2\end{vmatrix}=(a_2-a_1)(b_2-b_1)$，当 $n>2$ 时，

$$|\boldsymbol{A}|=\begin{vmatrix}1&a_1&0&\cdots&0\\1&a_2&0&\cdots&0\\\vdots&\vdots&\vdots&&\vdots\\1&a_n&0&\cdots&0\end{vmatrix}\begin{vmatrix}1&1&\cdots&1\\b_1&b_2&\cdots&b_n\\0&0&\cdots&0\\\vdots&\vdots&&\vdots\\0&0&\cdots&0\end{vmatrix}=0,$$

故当阶数为 1 时，$a_1b_1\neq-1$，$\boldsymbol{A}$ 可逆；当阶数为 2 时，$a_2\neq a_1$ 且 $b_2\neq b_1$，$\boldsymbol{A}$ 可逆；而当阶数大于 2 时，$\boldsymbol{A}$ 不可逆.

例 2.9 设 $\boldsymbol{A}$ 为 n 阶方阵，且满足 $\boldsymbol{A}^2-5\boldsymbol{A}+6\boldsymbol{E}=\boldsymbol{O}$，判断 $\boldsymbol{A}+3\boldsymbol{E}$ 与 $\boldsymbol{A}-3\boldsymbol{E}$ 是否一定

可逆,如果可逆,求出其逆.

解 对于$\boldsymbol{A}+3\boldsymbol{E}$,由$\boldsymbol{A}^2-5\boldsymbol{A}+6\boldsymbol{E}=\boldsymbol{O}$,整理有

$$(\boldsymbol{A}+3\boldsymbol{E})(\boldsymbol{A}-8\boldsymbol{E})=-30\boldsymbol{E},$$

进而可得

$$(\boldsymbol{A}+3\boldsymbol{E})\left(\frac{4}{15}\boldsymbol{E}-\frac{1}{30}\boldsymbol{A}\right)=\boldsymbol{E},$$

故$\boldsymbol{A}+3\boldsymbol{E}$必可逆,且有

$$(\boldsymbol{A}+3\boldsymbol{E})^{-1}=\frac{4}{15}\boldsymbol{E}-\frac{1}{30}\boldsymbol{A}.$$

对于矩阵$\boldsymbol{A}-3\boldsymbol{E}$,由于

$$\boldsymbol{O}=\boldsymbol{A}^2-5\boldsymbol{A}+6\boldsymbol{E}=(\boldsymbol{A}-3\boldsymbol{E})(\boldsymbol{A}-2\boldsymbol{E}),$$

可见$\boldsymbol{A}=2\boldsymbol{E}$或$\boldsymbol{A}=3\boldsymbol{E}$都满足已知条件,当$\boldsymbol{A}=2\boldsymbol{E}$时,$2\boldsymbol{E}-3\boldsymbol{E}=-\boldsymbol{E}$,$\boldsymbol{A}$可逆;而$\boldsymbol{A}=3\boldsymbol{E}$时,$3\boldsymbol{E}-3\boldsymbol{E}=\boldsymbol{O}$,$\boldsymbol{A}$不可逆;因此$\boldsymbol{A}-3\boldsymbol{E}$不一定可逆.

例 2.10 已知$\boldsymbol{A},\boldsymbol{B},\boldsymbol{AB}-\boldsymbol{E}$均为可逆矩阵,证明矩阵$\boldsymbol{A}-\boldsymbol{B}^{-1}$及$(\boldsymbol{A}-\boldsymbol{B}^{-1})^{-1}-\boldsymbol{A}^{-1}$可逆.

证 由于

$$\boldsymbol{A}-\boldsymbol{B}^{-1}=\boldsymbol{AE}-\boldsymbol{B}^{-1}=\boldsymbol{ABB}^{-1}-\boldsymbol{B}^{-1}=(\boldsymbol{AB}-\boldsymbol{E})\boldsymbol{B}^{-1},$$

故$\boldsymbol{A}-\boldsymbol{B}^{-1}$可逆.

又因为

$$\begin{aligned}(\boldsymbol{A}-\boldsymbol{B}^{-1})^{-1}-\boldsymbol{A}^{-1}&=(\boldsymbol{A}-\boldsymbol{B}^{-1})^{-1}\boldsymbol{AA}^{-1}-(\boldsymbol{A}-\boldsymbol{B}^{-1})^{-1}(\boldsymbol{A}-\boldsymbol{B}^{-1})\boldsymbol{A}^{-1}\\&=(\boldsymbol{A}-\boldsymbol{B}^{-1})^{-1}[\boldsymbol{A}-(\boldsymbol{A}-\boldsymbol{B}^{-1})]\boldsymbol{A}^{-1}=(\boldsymbol{A}-\boldsymbol{B}^{-1})^{-1}(\boldsymbol{A}-\boldsymbol{A}+\boldsymbol{B}^{-1})\boldsymbol{A}^{-1}\\&=(\boldsymbol{A}-\boldsymbol{B}^{-1})^{-1}\boldsymbol{B}^{-1}\boldsymbol{A}^{-1},\end{aligned}$$

而$\boldsymbol{A}-\boldsymbol{B}^{-1}$可逆,因此$(\boldsymbol{A}-\boldsymbol{B}^{-1})^{-1}-\boldsymbol{A}^{-1}$也可逆.

例 2.11 设$\boldsymbol{A}=\begin{pmatrix}1&2&-1\\3&4&-2\\5&-3&1\end{pmatrix}$,$\boldsymbol{A}^*$是$\boldsymbol{A}$的伴随矩阵,求$(\boldsymbol{A}^*)^{-1}$.

解 由$|\boldsymbol{A}|=\begin{vmatrix}1&2&-1\\3&4&-2\\5&-3&1\end{vmatrix}=1$,可知$\boldsymbol{A}$可逆,从而$\boldsymbol{A}^*=|\boldsymbol{A}|\boldsymbol{A}^{-1}$,因此

$$(\boldsymbol{A}^*)^{-1}=(|\boldsymbol{A}|\boldsymbol{A}^{-1})^{-1}=\frac{1}{|\boldsymbol{A}|}(\boldsymbol{A}^{-1})^{-1}=\frac{1}{|\boldsymbol{A}|}\boldsymbol{A}=\boldsymbol{A}.$$

例 2.12 设$\boldsymbol{A}$和$\boldsymbol{B}$均为2阶矩阵,$\boldsymbol{A}^*$和$\boldsymbol{B}^*$分别为$\boldsymbol{A}$和$\boldsymbol{B}$的伴随矩阵.若$|\boldsymbol{A}|=2$,$|\boldsymbol{B}|=3$,求分块矩阵$\begin{pmatrix}\boldsymbol{A}&\boldsymbol{O}\\\boldsymbol{O}&\boldsymbol{B}\end{pmatrix}$的伴随矩阵.

解 由于$\begin{vmatrix}\boldsymbol{A}&\boldsymbol{O}\\\boldsymbol{O}&\boldsymbol{B}\end{vmatrix}=|\boldsymbol{A}||\boldsymbol{B}|=2\times3=6\neq0$,故$\begin{pmatrix}\boldsymbol{A}&\boldsymbol{O}\\\boldsymbol{O}&\boldsymbol{B}\end{pmatrix}$可逆,从而

$$\begin{pmatrix}\boldsymbol{A}&\boldsymbol{O}\\\boldsymbol{O}&\boldsymbol{B}\end{pmatrix}^*=\begin{vmatrix}\boldsymbol{A}&\boldsymbol{O}\\\boldsymbol{O}&\boldsymbol{B}\end{vmatrix}\begin{pmatrix}\boldsymbol{A}&\boldsymbol{O}\\\boldsymbol{O}&\boldsymbol{B}\end{pmatrix}^{-1}=6\begin{pmatrix}\boldsymbol{A}^{-1}&\boldsymbol{O}\\\boldsymbol{O}&\boldsymbol{B}^{-1}\end{pmatrix}=\begin{pmatrix}6\boldsymbol{A}^{-1}&\boldsymbol{O}\\\boldsymbol{O}&6\boldsymbol{B}^{-1}\end{pmatrix}$$

$$=\begin{pmatrix}3|\boldsymbol{A}|\boldsymbol{A}^{-1} & \boldsymbol{O}\\ \boldsymbol{O} & 2|\boldsymbol{B}|\boldsymbol{B}^{-1}\end{pmatrix}=\begin{pmatrix}3\boldsymbol{A}^* & \boldsymbol{O}\\ \boldsymbol{O} & 2\boldsymbol{B}^*\end{pmatrix}.$$

例 2.13 设可逆矩阵 $\boldsymbol{A}$ 的每行元素之和都等于常数 a，证明 $a\neq0$，且 $\boldsymbol{A}^{-1}$ 的每行元素之和都等于$\frac{1}{a}$.

证法 1 不妨设 $\boldsymbol{A}=\begin{pmatrix}a_{11} & a_{12} & \cdots & a_{1n}\\ a_{21} & a_{22} & \cdots & a_{2n}\\ \vdots & \vdots & & \vdots\\ a_{n1} & a_{n2} & \cdots & a_{nn}\end{pmatrix}$，由 $\boldsymbol{A}$ 可逆，有 $|\boldsymbol{A}|\neq0$，从而

$$|\boldsymbol{A}|=\begin{vmatrix}a_{11} & a_{12} & \cdots & a_{1n}\\ a_{21} & a_{22} & \cdots & a_{2n}\\ \vdots & \vdots & & \vdots\\ a_{n1} & a_{n2} & \cdots & a_{nn}\end{vmatrix}\xlongequal[i=2,\cdots,n]{c_1+c_i}\begin{vmatrix}\sum\limits_{j=1}^{n}a_{1j} & a_{12} & \cdots & a_{1n}\\ \sum\limits_{j=1}^{n}a_{2j} & a_{22} & \cdots & a_{2n}\\ \vdots & \vdots & & \vdots\\ \sum\limits_{j=1}^{n}a_{nj} & a_{n2} & \cdots & a_{nn}\end{vmatrix}=\begin{vmatrix}a & a_{12} & \cdots & a_{1n}\\ a & a_{22} & \cdots & a_{2n}\\ \vdots & \vdots & & \vdots\\ a & a_{n2} & \cdots & a_{nn}\end{vmatrix}$$

$$=a\begin{vmatrix}1 & a_{12} & \cdots & a_{1n}\\ 1 & a_{22} & \cdots & a_{2n}\\ \vdots & \vdots & & \vdots\\ 1 & a_{n2} & \cdots & a_{nn}\end{vmatrix}\neq0,$$

故 $a\neq0$. 再由 $\boldsymbol{A}^{-1}=\frac{1}{|\boldsymbol{A}|}\boldsymbol{A}^*$，及 $\boldsymbol{A}^*$ 的第 1 行元素为 $\boldsymbol{A}_{11},\boldsymbol{A}_{21},\cdots,\boldsymbol{A}_{n1}$ 可知，$\boldsymbol{A}^{-1}$ 的第 1 行元素之和为

$$\frac{1}{|\boldsymbol{A}|}(\boldsymbol{A}_{11}+\boldsymbol{A}_{21}+\cdots+\boldsymbol{A}_{n1})=\frac{1}{|\boldsymbol{A}|}\begin{vmatrix}1 & a_{12} & \cdots & a_{1n}\\ 1 & a_{22} & \cdots & a_{2n}\\ \vdots & \vdots & & \vdots\\ 1 & a_{n2} & \cdots & a_{nn}\end{vmatrix}=\frac{1}{|\boldsymbol{A}|}\frac{|\boldsymbol{A}|}{a}=\frac{1}{a},$$

命题得证.

证法 2 若设 $\boldsymbol{A}=\begin{pmatrix}a_{11} & a_{12} & \cdots & a_{1n}\\ a_{21} & a_{22} & \cdots & a_{2n}\\ \vdots & \vdots & & \vdots\\ a_{n1} & a_{n2} & \cdots & a_{nn}\end{pmatrix}$，则由已知有

$$\begin{pmatrix}a_{11} & a_{12} & \cdots & a_{1n}\\ a_{21} & a_{22} & \cdots & a_{2n}\\ \vdots & \vdots & & \vdots\\ a_{n1} & a_{n2} & \cdots & a_{nn}\end{pmatrix}\begin{pmatrix}1\\1\\ \vdots\\1\end{pmatrix}=\begin{pmatrix}a\\a\\ \vdots\\a\end{pmatrix},$$

再由 $\boldsymbol{A}$ 可逆，有 $a\neq0$，从而

$$\begin{pmatrix} a_{11} & a_{12} & \cdots & a_{1n} \\ a_{21} & a_{22} & \cdots & a_{2n} \\ \vdots & \vdots & & \vdots \\ a_{n1} & a_{n2} & \cdots & a_{nn} \end{pmatrix}^{-1} \begin{pmatrix} 1 \\ 1 \\ \vdots \\ 1 \end{pmatrix} = \begin{pmatrix} \frac{1}{a} \\ \frac{1}{a} \\ \vdots \\ \frac{1}{a} \end{pmatrix}$$

由矩阵乘法可知，$\boldsymbol{A}^{-1}$的每行元素之和都等于$\frac{1}{a}$.

****例 2.14** 已知 $\boldsymbol{A}=\begin{pmatrix} 0 & 0 & 1 & 2 \\ 0 & 0 & 1 & 3 \\ 4 & 2 & 0 & 0 \\ -1 & 0 & 0 & 0 \end{pmatrix}$，求行列式$|\boldsymbol{A}|$中所有元素的代数余子式之和.

解 由于伴随矩阵 $\boldsymbol{A}^*$ 是由$|\boldsymbol{A}|$的全部代数余子式构成的，因此当 $\boldsymbol{A}$ 可逆时，可以利用 $\boldsymbol{A}^*=|\boldsymbol{A}|\boldsymbol{A}^{-1}$求出 $\boldsymbol{A}^*$，再求全部代数余子式之和.

将 $\boldsymbol{A}$ 分块并记为$\begin{bmatrix} \boldsymbol{O} & \boldsymbol{A}_1 \\ \boldsymbol{A}_2 & \boldsymbol{O} \end{bmatrix}$，其中 $\boldsymbol{A}_1=\begin{pmatrix} 1 & 2 \\ 1 & 3 \end{pmatrix}$，$\boldsymbol{A}_2=\begin{pmatrix} 4 & 2 \\ -1 & 0 \end{pmatrix}$，由于$|\boldsymbol{A}_1|=\begin{pmatrix} 1 & 2 \\ 1 & 3 \end{pmatrix}=1\neq 0$，$|\boldsymbol{A}_2|=\begin{pmatrix} 4 & 2 \\ -1 & 0 \end{pmatrix}=2\neq 0$，因此 $\boldsymbol{A}_1$，$\boldsymbol{A}_2$ 可逆，且

$$\boldsymbol{A}_1^{-1}=\begin{pmatrix} 1 & 2 \\ 1 & 3 \end{pmatrix}^{-1}=\frac{1}{|\boldsymbol{A}_1|}\begin{pmatrix} 3 & -2 \\ -1 & 1 \end{pmatrix}=\begin{pmatrix} 3 & -2 \\ -1 & 1 \end{pmatrix},$$

$$\boldsymbol{A}_2^{-1}=\begin{pmatrix} 4 & 2 \\ -1 & 0 \end{pmatrix}^{-1}=\frac{1}{|\boldsymbol{A}_2|}\begin{pmatrix} 0 & -2 \\ 1 & 4 \end{pmatrix}=\frac{1}{2}\begin{pmatrix} 0 & -2 \\ 1 & 4 \end{pmatrix}=\begin{bmatrix} 0 & -1 \\ \frac{1}{2} & 2 \end{bmatrix},$$

从而

$$\boldsymbol{A}^{-1}=\begin{bmatrix} \boldsymbol{O} & \boldsymbol{A}_1 \\ \boldsymbol{A}_2 & \boldsymbol{O} \end{bmatrix}^{-1}=\begin{bmatrix} \boldsymbol{O} & \boldsymbol{A}_2^{-1} \\ \boldsymbol{A}_1^{-1} & \boldsymbol{O} \end{bmatrix}=\begin{bmatrix} 0 & 0 & 0 & -1 \\ 0 & 0 & \frac{1}{2} & 2 \\ 3 & -2 & 0 & 0 \\ -1 & 1 & 0 & 0 \end{bmatrix}.$$

$$|\boldsymbol{A}|=\begin{vmatrix} 0 & 0 & 1 & 2 \\ 0 & 0 & 1 & 3 \\ 4 & 2 & 0 & 0 \\ -1 & 0 & 0 & 0 \end{vmatrix}\xlongequal[r_2\leftrightarrow r_4]{r_1\leftrightarrow r_3}\begin{vmatrix} 4 & 2 & 0 & 0 \\ -1 & 0 & 0 & 0 \\ 0 & 0 & 1 & 2 \\ 0 & 0 & 1 & 3 \end{vmatrix}=\begin{pmatrix} 4 & 2 \\ -1 & 0 \end{pmatrix}\begin{pmatrix} 1 & 2 \\ 1 & 3 \end{pmatrix}=2,$$

因此

$$\boldsymbol{A}^*=|\boldsymbol{A}|\boldsymbol{A}^{-1}=2\begin{bmatrix} 0 & 0 & 0 & -1 \\ 0 & 0 & \frac{1}{2} & 2 \\ 3 & -2 & 0 & 0 \\ -1 & 1 & 0 & 0 \end{bmatrix}=\begin{bmatrix} 0 & 0 & 0 & -2 \\ 0 & 0 & 1 & 4 \\ 6 & -4 & 0 & 0 \\ -2 & 2 & 0 & 0 \end{bmatrix},$$

所以$|A|$的全部代数余子式之和为$(-2)+1+4+6+(-4)+(-2)+2=5$.

注　若矩阵可逆,则伴随矩阵常可以表示为$A^*=|A|A^{-1}$.

例 2.15　已知3阶非零实矩阵A满足$A^*=A^{\mathrm{T}}$,A^*为A的伴随矩阵,证明A是可逆矩阵.

证　不妨设$A=(a_{ij})_{3\times 3}$,由题意,则必有某个$a_{ij}\neq 0$,从而

$$AA^{\mathrm{T}}=\begin{pmatrix}a_{11}&a_{12}&a_{13}\\a_{21}&a_{22}&a_{23}\\a_{31}&a_{32}&a_{33}\end{pmatrix}\begin{pmatrix}a_{11}&a_{21}&a_{31}\\a_{12}&a_{22}&a_{32}\\a_{13}&a_{23}&a_{33}\end{pmatrix}=\begin{pmatrix}\sum_{k=1}^{3}a_{1k}^2&0&0\\0&\sum_{k=1}^{3}a_{2k}^2&0\\0&0&\sum_{k=1}^{3}a_{3k}^2\end{pmatrix}\neq \boldsymbol{O},$$

再由$A^*=A^{\mathrm{T}}$,有$AA^{\mathrm{T}}=AA^*=|A|E\neq \boldsymbol{O}$,故$|A|\neq \boldsymbol{O}$,因此$A$可逆.

2.3.3　题型三　矩阵的分块及分块运算

矩阵分块的主要目的是简化高阶矩阵运算,因此要注意分块的方式及分块运算怎么进行.合理分块后,分块矩阵之间的运算与矩阵的运算规则相似,矩阵分块常和矩阵的逆、行列式及矩阵的幂等知识点构成一些综合性题目.

例 2.16　设A为n阶方阵,若对任意的向量α都有$A\alpha=0$,证明$A=\boldsymbol{O}$.

证法1　由于对任意的向量α都有$A\alpha=\mathbf{0}$,特别取$\alpha=\varepsilon_i=(\underbrace{0,\cdots,0,\overset{i}{1},0,\cdots,0}_{n})^{\mathrm{T}}$,有$A\varepsilon_i=0(i=1,2,\cdots,n)$,从而有

$$\boldsymbol{O}=(\mathbf{0},\mathbf{0},\cdots,\mathbf{0})=(A\varepsilon_1,A\varepsilon_2,\cdots,A\varepsilon_n)=A(\varepsilon_1,\varepsilon_2,\cdots,\varepsilon_n)=AE=A,$$

命题得证.

证法2　将A按列向量分块,并记$A=(A_1,A_2,\cdots,A_n)$,由

$$A(\varepsilon_1,\varepsilon_2,\cdots,\varepsilon_n)=(A\varepsilon_1,A\varepsilon_2,\cdots,A\varepsilon_n)=(A_1,A_2,\cdots,A_n)=(0,0,\cdots,0),$$

有$A_i=0(i=1,2,\cdots,n)$,故$A=\boldsymbol{O}$.

例 2.17　已知$A=\begin{pmatrix}1&2&0&0\\0&1&0&0\\0&0&1&-3\\0&0&-1&3\end{pmatrix}$,求$|A^6|$及$A^8$.

解　A为分块对角矩阵,记$A_1=\begin{pmatrix}1&2\\0&1\end{pmatrix}$,$A_2=\begin{pmatrix}1&-3\\-1&3\end{pmatrix}$,则$A=\begin{pmatrix}A_1&0\\0&A_2\end{pmatrix}$,对于$A_1$有

$$|A_1|=\begin{vmatrix}1&2\\0&1\end{vmatrix}=1,$$

$$A_1^2=\begin{pmatrix}1&2\\0&1\end{pmatrix}\begin{pmatrix}1&2\\0&1\end{pmatrix}=\begin{pmatrix}1&2\times 2\\0&1\end{pmatrix},A_1^3=\begin{pmatrix}1&3\times 2\\0&1\end{pmatrix},\cdots,A_1^8=\begin{pmatrix}1&8\times 2\\0&1\end{pmatrix};$$

对于 $\boldsymbol{A}_2$ 有

$$|\boldsymbol{A}_2| = \begin{vmatrix} 1 & -3 \\ -1 & 3 \end{vmatrix} = 0,$$

$$\boldsymbol{A}_2^8 = \begin{pmatrix} 1 & -3 \\ -1 & 3 \end{pmatrix}^8 = \left(\begin{pmatrix} 1 \\ -1 \end{pmatrix}(1 \quad -3)\right)^8$$

$$= \begin{pmatrix} 1 \\ -1 \end{pmatrix}\underbrace{\left((1 \quad -3)\begin{pmatrix} 1 \\ -1 \end{pmatrix}\right)\cdots\left((1 \quad -3)\begin{pmatrix} 1 \\ -1 \end{pmatrix}\right)}_{7个}(1 \quad -3)$$

$$= 4^7\begin{pmatrix} 1 \\ -1 \end{pmatrix}(1 \quad -3) = 4^7\boldsymbol{A}_2,$$

由分块对角阵的运算规则可知,

$$|\boldsymbol{A}^6| = |\boldsymbol{A}|^6 = \begin{vmatrix} \boldsymbol{A}_1 & \boldsymbol{O} \\ \boldsymbol{O} & \boldsymbol{A}_2 \end{vmatrix}^6 = (|\boldsymbol{A}_1||\boldsymbol{A}_2|)^6 = 0,$$

$$\boldsymbol{A}^8 = \begin{pmatrix} \boldsymbol{A}_1 & \boldsymbol{O} \\ \boldsymbol{O} & \boldsymbol{A}_2 \end{pmatrix}^8 = \begin{pmatrix} \boldsymbol{A}_1^8 & \boldsymbol{O} \\ \boldsymbol{O} & \boldsymbol{A}_2^8 \end{pmatrix} = \begin{pmatrix} 1 & 8\times 2 & 0 & 0 \\ 0 & 1 & 0 & 0 \\ 0 & 0 & 4^7\times 1 & -4^7\times 3 \\ 0 & 0 & -4^7\times 1 & 4^7\times 3 \end{pmatrix}.$$

2.3.4 题型四 矩阵方程的求解

例 2.18 已知 $\boldsymbol{A},\boldsymbol{B}$ 为同阶方阵,且 $\boldsymbol{A}-\boldsymbol{B}$ 可逆,矩阵 $\boldsymbol{X}$ 满足

$$\boldsymbol{AXA} + \boldsymbol{BXB} = \boldsymbol{BXA} + \boldsymbol{AXB} + \boldsymbol{E},$$

求矩阵 $\boldsymbol{X}$.

解 由 $\boldsymbol{AXA}+\boldsymbol{BXB}=\boldsymbol{BXA}+\boldsymbol{AXB}+\boldsymbol{E}$,有

$$\boldsymbol{AXA} - \boldsymbol{AXB} - (\boldsymbol{BXA} - \boldsymbol{BXB}) = \boldsymbol{E},$$

整理得

$$\boldsymbol{AX}(\boldsymbol{A} - \boldsymbol{B}) - \boldsymbol{BX}(\boldsymbol{A} - \boldsymbol{B}) = \boldsymbol{E},$$

进而

$$(\boldsymbol{A} - \boldsymbol{B})\boldsymbol{X}(\boldsymbol{A} - \boldsymbol{B}) = \boldsymbol{E},$$

故 $\boldsymbol{X}=(\boldsymbol{A}-\boldsymbol{B})^{-2}$.

例 2.19 已知 $\boldsymbol{A}=\begin{pmatrix} 1 & 0 & 0 \\ 0 & 2 & 0 \\ 0 & 0 & -1 \end{pmatrix}$,矩阵 $\boldsymbol{X}$ 满足 $\boldsymbol{XA}^*=3\boldsymbol{X}+\boldsymbol{A}^{-1}$,求矩阵 $\boldsymbol{X}$.

解 方程两边右乘 $\boldsymbol{A}$,得

$$(\boldsymbol{XA}^*)\boldsymbol{A} = (3\boldsymbol{X} + \boldsymbol{A}^{-1})\boldsymbol{A},$$

整理得

$$\boldsymbol{X}(\boldsymbol{A}^*\boldsymbol{A}) = 3\boldsymbol{XA} + \boldsymbol{A}^{-1}\boldsymbol{A},$$

因此

$$\boldsymbol{X}|\boldsymbol{A}|\boldsymbol{E} = 3\boldsymbol{XA} + \boldsymbol{E}, \quad \boldsymbol{X}(|\boldsymbol{A}|\boldsymbol{E} - 3\boldsymbol{A}) = \boldsymbol{E},$$

故 $|\boldsymbol{A}|\boldsymbol{E}-3\boldsymbol{A}$ 可逆，且

$$\boldsymbol{X}=(|\boldsymbol{A}|\boldsymbol{E}-3\boldsymbol{A})^{-1},$$

而

$$|\boldsymbol{A}|=\begin{vmatrix}1&0&0\\0&2&0\\0&0&-1\end{vmatrix}=1\times2\times(-1)=-2,$$

所以

$$\boldsymbol{X}=(-2\boldsymbol{E}-3\boldsymbol{A})^{-1}=\left(\begin{pmatrix}-2&0&0\\0&-2&0\\0&0&-2\end{pmatrix}-\begin{pmatrix}3&0&0\\0&6&0\\0&0&-3\end{pmatrix}\right)^{-1}$$

$$=\begin{pmatrix}-5&0&0\\0&-8&0\\0&0&1\end{pmatrix}^{-1}=\begin{pmatrix}-\frac{1}{5}&0&0\\0&-\frac{1}{8}&0\\0&0&1\end{pmatrix}.$$

2.3.5　题型五　克莱姆法则的应用

克莱姆法则适用于方程数与未知数相等的线性方程组的求解问题. 该法则建立了方程组中系数，常数与方程组解之间的关系. 在利用该法则时，需要注意非齐次线性方程组系数行列式为零，方程组存在无解和无穷多解两种情况.

* **例 2.20**　设 a 为常数，讨论线性方程组 $\begin{cases}ax_1+x_2+x_3=1\\x_1+ax_2+x_3=a\\x_1+x_2+ax_3=a^2\end{cases}$ 解的情况.

解　方程组的系数矩阵的行列式

$$|\boldsymbol{A}|=\begin{vmatrix}a&1&1\\1&a&1\\1&1&a\end{vmatrix}\xlongequal[r_1+r_3]{r_1+r_2}\begin{vmatrix}a+2&a+2&a+2\\1&a&1\\1&1&a\end{vmatrix}=(a+2)\begin{vmatrix}1&1&1\\1&a&1\\1&1&a\end{vmatrix}$$

$$\xlongequal[r_3-r_1]{r_2-r_1}(a+2)\begin{vmatrix}1&1&1\\0&a-1&0\\0&0&a-1\end{vmatrix}=(a+2)(a-1)^2,$$

当 $a\neq1,a\neq-2$ 时，$|\boldsymbol{A}|\neq0$，由克莱姆法则可知，方程组有唯一解，否则方程组无解或有无穷多解，

当 $a=1$ 时，方程组化为 $\begin{cases}x_1+x_2+x_3=1\\x_1+x_2+x_3=1\\x_1+x_2+x_3=1\end{cases}$，其等价与 $x_1+x_2+x_3=1$，故其有无穷多解；

当 $a=-2$ 时，方程组化为 $\begin{cases}-2x_1+x_2+x_3=1\\x_1-2x_2+x_3=-2\\x_1+x_2-2x_3=4\end{cases}$，可推知 $0x_1+0x_2+0x_3=3$，显然方程

组无解；

例 2.21 求二次多项式 $f(x)$，使其满足 $f(1)=2, f(2)=6, f(3)=12$.

解 设 $f(x)=a+bx+cx^2$，由题意，可得到以 a,b,c 为未知数的线性方程组，即

$$\begin{cases} a+b+c=2 \\ a+2b+4c=6 \\ a+3b+9c=12 \end{cases},$$

其系数矩阵的行列式

$$|\boldsymbol{A}|=\begin{vmatrix} 1 & 1 & 1^2 \\ 1 & 2 & 2^2 \\ 1 & 3 & 3^2 \end{vmatrix}=\begin{vmatrix} 1 & 1 & 1 \\ 1 & 2 & 3 \\ 1^2 & 2^2 & 3^2 \end{vmatrix}=\!=\!=(3-2)(3-1)(2-1)=2,$$

因此，方程组有唯一解. 又因为

$$|\boldsymbol{A}_1|=\begin{vmatrix} 2 & 1 & 1^2 \\ 6 & 2 & 2^2 \\ 12 & 3 & 3^2 \end{vmatrix}\xlongequal{c_1-c_2-c_3}\begin{vmatrix} 0 & 1 & 1 \\ 0 & 2 & 3 \\ 0 & 2^2 & 3^2 \end{vmatrix}=0,$$

$$|\boldsymbol{A}_2|=\begin{vmatrix} 1 & 2 & 1^2 \\ 1 & 6 & 2^2 \\ 1 & 12 & 3^2 \end{vmatrix}\xlongequal{c_2-c_3}\begin{vmatrix} 1 & 1 & 1^2 \\ 1 & 2 & 2^2 \\ 1 & 3 & 3^2 \end{vmatrix}=2,$$

$$|\boldsymbol{A}_3|=\begin{vmatrix} 1 & 1 & 2 \\ 1 & 2 & 6 \\ 1 & 3 & 12 \end{vmatrix}\xlongequal{c_3-c_2}\begin{vmatrix} 1 & 1 & 1 \\ 1 & 2 & 2^2 \\ 1 & 3 & 3^2 \end{vmatrix}=2,$$

从而方程组的解为

$$a=\frac{|\boldsymbol{A}_1|}{|\boldsymbol{A}|}=\frac{0}{2}=0, b=\frac{|\boldsymbol{A}_2|}{|\boldsymbol{A}|}=\frac{2}{2}=1, c=\frac{|\boldsymbol{A}_3|}{|\boldsymbol{A}|}=\frac{2}{2}=1,$$

故二次多项式为 $f(x)=x+x^2$.

2.4 习题精选

1. 填空题.

(1) $\boldsymbol{A}=\begin{pmatrix} 1 & 0 & 2 \\ 0 & 1 & 3 \end{pmatrix}, \boldsymbol{B}=\begin{pmatrix} 1 & 0 \\ 0 & 1 \\ 4 & 5 \end{pmatrix}$，则 $\boldsymbol{AB}=$________.

(2) 设矩阵 $\boldsymbol{A}$ 可逆，且 $|\boldsymbol{A}|=2$，则 $\boldsymbol{A}$ 的伴随矩阵 $\boldsymbol{A}^*$ 的逆矩阵为________.

(3) 设 $\boldsymbol{A},\boldsymbol{B}$ 为 n 阶方阵，则 $(\boldsymbol{A}+\boldsymbol{B})^2=\boldsymbol{A}^2+2\boldsymbol{AB}+\boldsymbol{B}^2$ 的充要条件为________.

(4) 设 $\boldsymbol{A},\boldsymbol{B}$ 为 3 阶方阵，并且 $|\boldsymbol{A}|=2, |\boldsymbol{B}|=-3$，则 $|-((\boldsymbol{AB})^{\mathrm{T}})^{-1}|=$________.

(5) 已知 $\boldsymbol{A}=\begin{pmatrix} -3 & 2 & -2 \\ 2 & x & 3 \\ 3 & -1 & 1 \end{pmatrix}$，$\boldsymbol{B}$ 为非零矩阵，且 $\boldsymbol{AB}=\boldsymbol{O}$，则 $x=$________.

2. 单项选择题.

(1) 对于矩阵 $\boldsymbol{A}_{2\times 3}, \boldsymbol{B}_{3\times 2}, \boldsymbol{C}_{3\times 3}$,下列运算中无法进行的是(　　).

(A) $\boldsymbol{AB}$;　(B) $\boldsymbol{BA}$;　(C) $(\boldsymbol{A}+\boldsymbol{B})\boldsymbol{C}$;　(D) $\boldsymbol{BAC}$.

(2) 设 $\boldsymbol{A},\boldsymbol{B}$ 为同阶方阵,则下列表达式正确的是(　　).

(A) $\boldsymbol{AB}=\boldsymbol{BA}$;　(B) $|\boldsymbol{AB}|=|\boldsymbol{BA}|$;

(C) $|k\boldsymbol{AB}|=k|\boldsymbol{AB}|$;　(D) $|\boldsymbol{A}+\boldsymbol{B}|=|\boldsymbol{A}|+|\boldsymbol{B}|$.

(3) $\boldsymbol{A}$ 为 $n(n\geqslant 2)$ 阶可逆矩阵,$\boldsymbol{A}^*$ 是 $\boldsymbol{A}$ 的伴随矩阵,则 $|\boldsymbol{A}^*|$ 值为(　　).

(A) $|\boldsymbol{A}|^{n-1}$;　(B) $|\boldsymbol{A}|$;　(C) $|\boldsymbol{A}^{-1}|$;　(D) $|\boldsymbol{A}|^{n-2}$.

(4) $\boldsymbol{A}$ 为 $n(n\geqslant 2)$ 阶可逆矩阵,$\boldsymbol{A}^*$ 是 $\boldsymbol{A}$ 的伴随矩阵,则 $(\boldsymbol{A}^*)^*$ 等于(　　).

(A) $|\boldsymbol{A}|^{n+1}\boldsymbol{A}$;　(B) $|\boldsymbol{A}|^{n+2}\boldsymbol{A}$;　(C) $|\boldsymbol{A}|^{n-1}\boldsymbol{A}$;　(D) $|\boldsymbol{A}|^{n-2}\boldsymbol{A}$.

(5) 设 $\boldsymbol{A},\boldsymbol{B}$ 为同阶方阵,且满足 $\boldsymbol{A}^2-\boldsymbol{B}^2=(\boldsymbol{A}+\boldsymbol{B})(\boldsymbol{A}-\boldsymbol{B})$,则下列必成立的是(　　).

(A) $\boldsymbol{A}=\boldsymbol{E}$;　(B) $\boldsymbol{B}=\boldsymbol{E}$;

(C) $\boldsymbol{A}=\boldsymbol{B}$;　(D) $\boldsymbol{A},\boldsymbol{B}$ 可交换.

(6) 设 $\boldsymbol{A},\boldsymbol{B}$ 为同阶方阵,下列表述不正确的是(　　).

(A) $(\boldsymbol{AB})^{\mathrm{T}}=\boldsymbol{B}^{\mathrm{T}}\boldsymbol{A}^{\mathrm{T}}$;　(B) $(\boldsymbol{A}+\boldsymbol{B})^{-1}=\boldsymbol{A}^{-1}+\boldsymbol{B}^{-1}$;

(C) $(\boldsymbol{A}+\boldsymbol{B})^{\mathrm{T}}=\boldsymbol{A}^{\mathrm{T}}+\boldsymbol{B}^{\mathrm{T}}$;　(D) $(\boldsymbol{AB})^{-1}=\boldsymbol{B}^{-1}\boldsymbol{A}^{-1}$.

(7) 设 $\boldsymbol{A},\boldsymbol{B}$ 为同阶方阵,且满足 $(\boldsymbol{AB})^2=\boldsymbol{E}$,则下列选项一定正确的是(　　).

(A) $\boldsymbol{AB}=\boldsymbol{E}$;　(B) $\boldsymbol{BA}=\boldsymbol{E}$;　(C) $\boldsymbol{A}^{-1}=\boldsymbol{BAB}$;　(D) $\boldsymbol{A}^{-1}=\boldsymbol{B}$.

(8) $\boldsymbol{A},\boldsymbol{B}$ 均为 3 阶方阵,将 $\boldsymbol{A},\boldsymbol{B}$ 按列分块并记 $\boldsymbol{A}=(\boldsymbol{A}_1,\boldsymbol{A}_2,\boldsymbol{A}_3)$,$\boldsymbol{B}=(\boldsymbol{B}_1,\boldsymbol{B}_2,\boldsymbol{B}_3)$,$l$ 为常数,则下列运算错误的是(　　).

(A) $\boldsymbol{BA}=(\boldsymbol{BA}_1,\boldsymbol{BA}_2,\boldsymbol{BA}_3)$;

(B) $\boldsymbol{A}+\boldsymbol{B}=(\boldsymbol{A}_1+\boldsymbol{B}_1,\boldsymbol{A}_2+\boldsymbol{B}_2,\boldsymbol{A}_3+\boldsymbol{B}_3)$;

(C) $l\boldsymbol{A}=(l\boldsymbol{A}_1,l\boldsymbol{A}_2,l\boldsymbol{A}_3)$;

(D) $\boldsymbol{AB}=(\boldsymbol{A}_1\boldsymbol{B},\boldsymbol{A}_2\boldsymbol{B},\boldsymbol{A}_3\boldsymbol{B})$.

3. 已知矩阵 $\boldsymbol{A}=\begin{pmatrix}0&1&0\\0&0&1\\0&0&0\end{pmatrix}$,求与 $\boldsymbol{A}$ 可交换的一切矩阵.

4. 试求矩阵 $\boldsymbol{A}=\begin{pmatrix}x&x&x&x\\x&x&-x&-x\\x&-x&x&-x\\x&-x&-x&x\end{pmatrix}$ 的行列式 $|\boldsymbol{A}|$.

5. 已知 $\boldsymbol{A}=\begin{pmatrix}1&2&4\\0&1&2\\1&2&1\end{pmatrix}$,求 $(\boldsymbol{A}^*)^{-1}$.

6. 已知 $\boldsymbol{A}$ 为 3 阶方阵,$|\boldsymbol{A}|=\dfrac{1}{2}$,求 $|(2\boldsymbol{A})^{-1}-5\boldsymbol{A}^*|$.

7. 设 $\boldsymbol{A}$ 为 3 阶方阵,$|\boldsymbol{A}|=-2$,将 $\boldsymbol{A}$ 按列分块记为 $\boldsymbol{A}=(\boldsymbol{A}_1,\boldsymbol{A}_2,\boldsymbol{A}_3)$,求:(1) $|\boldsymbol{A}_1,2\boldsymbol{A}_2,\boldsymbol{A}_3|$;(2) $|\boldsymbol{A}_3-2\boldsymbol{A}_1,3\boldsymbol{A}_2,\boldsymbol{A}_1|$.

8. 设 $\boldsymbol{A},\boldsymbol{B}$ 为 n 阶方阵，满足 $2\boldsymbol{B}-\boldsymbol{A}-\boldsymbol{AB}=\boldsymbol{E},\boldsymbol{B}^2=\boldsymbol{B}$，判断 $\boldsymbol{A}-\boldsymbol{B}$ 是否可逆，如果可逆，求出其逆.

9. 矩阵 $\boldsymbol{A}=\begin{pmatrix}1&0&0\\0&1&1\\0&-1&1\end{pmatrix}$，且满足 $\boldsymbol{A}^*\boldsymbol{BA}=3\boldsymbol{BA}-6\boldsymbol{E}$，求矩阵 $\boldsymbol{B}$.

10. 矩阵 $\boldsymbol{A}$ 的伴随矩阵为 $\boldsymbol{A}^*=\begin{pmatrix}1&0&0&0\\0&1&0&0\\1&0&1&0\\0&2&0&8\end{pmatrix}$，且 $\boldsymbol{AB}^{-1}\boldsymbol{A}^{-1}=\boldsymbol{B}^{-1}\boldsymbol{A}^{-1}+3\boldsymbol{E}$，求矩阵 $\boldsymbol{B}$.

11. 齐次线性方程组 $\begin{cases}x_1+x_2+x_3+cx_4=0\\x_1+2x_2+x_3+x_4=0\\x_1+x_2-3x_3+x_4=0\\x_1+x_2+cx_3+dx_4=0\end{cases}$ 有非零解，试求 c,d 应满足的条件.

12. 设 n 阶方阵 A 的伴随方阵为 $\boldsymbol{A}^*$，证明：若 $|\boldsymbol{A}|=0$，则 $|\boldsymbol{A}^*|=0$.

13. 设 n 阶方阵 $\boldsymbol{A}$ 的伴随方阵为 $\boldsymbol{A}^*$，证明：$|\boldsymbol{A}^*|=|\boldsymbol{A}|^{n-1}$.

14. 设 $\boldsymbol{A},\boldsymbol{B}$ 均为可逆矩阵，证明：(1) $(\boldsymbol{A}^{\mathrm{T}})^{-1}=(\boldsymbol{A}^{-1})^{\mathrm{T}}$；(2) 乘积 $\boldsymbol{AB}$ 可逆.

15. 设 $\boldsymbol{A},\boldsymbol{B}$ 都是 n 阶矩阵，满足 $3\boldsymbol{AB}-\boldsymbol{B}-3\boldsymbol{A}=\boldsymbol{O}$，证明：$3\boldsymbol{A}-\boldsymbol{E}$ 可逆及 $\boldsymbol{A},\boldsymbol{B}$ 可交换.

**16. 设 $\boldsymbol{A},\boldsymbol{B},\boldsymbol{C},\boldsymbol{D}$ 都是 n 阶矩阵，其中 $|\boldsymbol{A}|\neq0$ 并且 $\boldsymbol{AC}=\boldsymbol{CA}$，试证明

$$\begin{vmatrix}\boldsymbol{A}&\boldsymbol{B}\\\boldsymbol{C}&\boldsymbol{D}\end{vmatrix}=|\boldsymbol{AD}-\boldsymbol{CB}|.$$

2.5 习题详解

1. 填空题.

(1) $\begin{pmatrix}9&10\\12&16\end{pmatrix}$.

(2) $\frac{1}{2}\boldsymbol{A}$；**提示** 由 $\boldsymbol{AA}^*=|\boldsymbol{A}|E=2\boldsymbol{E}$，有 $\left(\frac{1}{2}\boldsymbol{A}\right)\boldsymbol{A}^*=E$，故 $(\boldsymbol{A}^*)^{-1}=\frac{1}{2}\boldsymbol{A}$.

(3) $\boldsymbol{A},\boldsymbol{B}$ 可交换；**提示** 由于

$$(\boldsymbol{A}+\boldsymbol{B})^2=(\boldsymbol{A}+\boldsymbol{B})(\boldsymbol{A}+\boldsymbol{B})=\boldsymbol{A}^2+\boldsymbol{AB}+\boldsymbol{BA}+\boldsymbol{B}^2=\boldsymbol{A}^2+2\boldsymbol{AB}+\boldsymbol{B}^2,$$

可知其充要条件为 $\boldsymbol{BA}=\boldsymbol{AB}$，即 $\boldsymbol{A},\boldsymbol{B}$ 可交换.

(4) $\frac{1}{6}$；**提示** $|-((\boldsymbol{AB})^{\mathrm{T}})^{-1}|=(-1)^3\frac{1}{|(\boldsymbol{AB})^{\mathrm{T}}|}=-\frac{1}{|\boldsymbol{AB}|}=-\frac{1}{|\boldsymbol{A}||\boldsymbol{B}|}=-\frac{1}{2\times(-3)}=\frac{1}{6}$

(5) -3；**提示** 由已知 $\boldsymbol{B}$ 必有某一列向量 $\boldsymbol{B}_i$ 满足 $\boldsymbol{B}_i\neq\boldsymbol{O}$，且 $\boldsymbol{AB}_i=\boldsymbol{O}$，从而齐次线性

方程组 $\boldsymbol{Ax}=\boldsymbol{O}$ 有非零解，由克莱姆法则知 $|\boldsymbol{A}|=\begin{vmatrix}-3&2&-2\\2&x&3\\3&-1&1\end{vmatrix}=0$，可解得 $x=-3$.

2. 单项选择题.

(1) (C)； (2) (B)； (3) (A)； (4) (D)； (5) (D)； (6) (B)； (7) (C)；(8) (D).

3. 设与 $\boldsymbol{A}$ 可交换的矩阵 $\boldsymbol{B}=\begin{pmatrix}a&b&c\\a_1&b_1&c_1\\a_2&b_2&c_2\end{pmatrix}$，则有

$$\boldsymbol{AB}=\begin{pmatrix}0&1&0\\0&0&1\\0&0&0\end{pmatrix}\begin{pmatrix}a&b&c\\a_1&b_1&c_1\\a_2&b_2&c_2\end{pmatrix}=\begin{pmatrix}a_1&b_1&c_1\\a_2&b_2&c_2\\0&0&0\end{pmatrix},$$

$$\boldsymbol{BA}=\begin{pmatrix}a&b&c\\a_1&b_1&c_1\\a_2&b_2&c_2\end{pmatrix}\begin{pmatrix}0&1&0\\0&0&1\\0&0&0\end{pmatrix}=\begin{pmatrix}0&a&b\\0&a_1&b_1\\0&a_2&b_2\end{pmatrix},$$

由 $\boldsymbol{AB}=\boldsymbol{BA}$，有

$$a_1=0,\quad b_1=a,\quad c_1=b,\quad a_2=0,\quad b_2=a_1,\quad c_2=b_1,\quad b_2=0,$$

整理后代入矩阵 $\boldsymbol{B}$ 中，故矩阵 $\boldsymbol{B}=\begin{pmatrix}a&b&c\\0&a&b\\0&0&a\end{pmatrix}$.

4. 观察 $\boldsymbol{A}$ 中元素特点，并注意到

$$\begin{pmatrix}x&x&x&x\\x&x&-x&-x\\x&-x&x&-x\\x&-x&-x&x\end{pmatrix}\begin{pmatrix}1&1&0&0\\1&-1&0&0\\0&0&1&1\\0&0&1&-1\end{pmatrix}=\begin{pmatrix}2x&0&2x&0\\2x&0&-2x&0\\0&2x&0&2x\\0&2x&0&-2x\end{pmatrix},$$

从而有

$$\begin{vmatrix}x&x&x&x\\x&x&-x&-x\\x&-x&x&-x\\x&-x&-x&x\end{vmatrix}\begin{vmatrix}1&1&0&0\\1&-1&0&0\\0&0&1&1\\0&0&1&-1\end{vmatrix}=\begin{vmatrix}2x&0&2x&0\\2x&0&-2x&0\\0&2x&0&2x\\0&2x&0&-2x\end{vmatrix}$$

从而有 $4|\boldsymbol{A}|=-64x^4$，故 $|\boldsymbol{A}|=-16x^4$.

注 本题可以使用行列式的性质直接进行计算，这也是一种行列式计算的技巧.

5. $(\boldsymbol{A}^*)^{-1}=(|\boldsymbol{A}|\boldsymbol{A}^{-1})^{-1}=\dfrac{1}{|\boldsymbol{A}|}\boldsymbol{A}=-\dfrac{1}{3}\begin{pmatrix}1&2&4\\0&1&2\\1&2&1\end{pmatrix}$.

6. $$|(2\boldsymbol{A})^{-1}-5\boldsymbol{A}^*|=2|\boldsymbol{A}||(2\boldsymbol{A})^{-1}-5\boldsymbol{A}^*|=2|\boldsymbol{A}(2\boldsymbol{A})^{-1}-5\boldsymbol{AA}^*|$$
$$=2\left|\frac{1}{2}\boldsymbol{E}-\frac{5}{2}\boldsymbol{E}\right|=2|-2\boldsymbol{E}|=2(-2)^3=-2^4=-16.$$

7. (1) $|A_1,2A_2,A_3|=2|A_1,A_2,A_3|=2|A|=-4$.

(2) $|A_3-2A_1,3A_2,A_1|\xlongequal{2c_3+c_1}|A_3,3A_2,A_1|=3|A_3,A_2,A_1|=-3|A_1,A_2,A_3|=-3|A|=6$.

8. 由 $2B-A-AB=E$ 及 $B^2=B$ 有

$$\begin{aligned}E&=2B-A-AB=B-A+B-AB=B-A+B^2-AB\\&=B-A+(B-A)B=(B-A)(E+B),\end{aligned}$$

故 $A-B$ 可逆,且 $(A-B)^{-1}=-(E+B)$.

9. 由 $A^*BA=3BA-6E$,整理得 $3BA-A^*BA=6E$,$(3E-A^*)BA=6E$,$BA(3E-A^*)=6E$,$B(3A-|A|E)=6E$,因此有 $B=6(3A-|A|E)^{-1}$,而

$$|A|=\begin{vmatrix}1&0&0\\0&1&1\\0&-1&1\end{vmatrix}=2,$$

故

$$B=6(3A-2E)^{-1}=6\begin{pmatrix}1&0&0\\0&1&3\\0&-3&1\end{pmatrix}^{-1}=\frac{3}{5}\begin{pmatrix}10&0&0\\0&1&-3\\0&3&1\end{pmatrix}.$$

10. 由 $AB^{-1}A^{-1}=B^{-1}A^{-1}+3E$,整理得

$$\begin{aligned}(A-E)B^{-1}A^{-1}&=3E,\\A^{-1}(A-E)B^{-1}&=3E,\\(E-A^{-1})B^{-1}&=3E,\end{aligned}$$

从而有 $B=\frac{1}{3}(E-A^{-1})$,再由 $AA^*=|A|E$,有 $A^{-1}=\frac{1}{|A|}A^*$ 及 $|A^*|=|A|^3$,故

$$B=\frac{1}{3}(E-A^{-1})=\frac{1}{3}\left(E-\frac{1}{2}A^*\right)=\frac{1}{6}\begin{pmatrix}1&0&0&0\\0&1&0&0\\-1&0&1&0\\0&-2&0&-6\end{pmatrix}.$$

11. 由克莱姆法则方程组的系数行列式为零,从而有

$$\begin{aligned}0&=\begin{pmatrix}1&1&1&c\\1&2&1&1\\1&1&-3&1\\1&1&c&d\end{pmatrix}=\begin{pmatrix}1&0&0&c-1\\1&1&0&0\\1&0&-4&0\\1&0&c-1&d-1\end{pmatrix}\\&=\begin{pmatrix}1&0&c-1\\1&-4&0\\1&c-1&d-1\end{pmatrix}=\begin{pmatrix}1&0&c-1\\0&-4&1-c\\0&c+3&d-1\end{pmatrix}\\&=\begin{pmatrix}-4&1-c\\c+3&d-1\end{pmatrix}=(c+1)^2-4d,\end{aligned}$$

故 c,d 应满足的条件为 $(c+1)^2=4d$.

12. 设

$$\boldsymbol{A}=\begin{pmatrix} a_{11} & a_{12} & \cdots & a_{1n} \\ a_{21} & a_{22} & \cdots & a_{2n} \\ \cdots & \cdots & \cdots & \cdots \\ a_{n1} & a_{n2} & \cdots & a_{nn} \end{pmatrix},\quad \boldsymbol{A}^*=\begin{pmatrix} A_{11} & A_{21} & \cdots & A_{n1} \\ A_{12} & A_{22} & \cdots & A_{n2} \\ \cdots & \cdots & \cdots & \cdots \\ A_{1n} & A_{2n} & \cdots & A_{nn} \end{pmatrix},$$

若 $\boldsymbol{A}=\boldsymbol{O}$,则 $\boldsymbol{A}^*=\boldsymbol{O}$,从而 $|\boldsymbol{A}^*|=0$,结论成立.

若 $\boldsymbol{A}\neq\boldsymbol{O}$,则 $\boldsymbol{A}$ 中必有非零元素,不妨设 $a_{11}\neq 0$,从而有

$$|\boldsymbol{A}^*|=\begin{vmatrix} A_{11} & A_{21} & \cdots & A_{n1} \\ A_{12} & A_{22} & \cdots & A_{n2} \\ \cdots & \cdots & \cdots & \cdots \\ A_{1n} & A_{2n} & \cdots & A_{nn} \end{vmatrix} \xlongequal[\substack{c_1+a_{31}c_3 \\ \cdots \\ c_1+a_{n1}c_n}]{c_1+a_{21}c_2} \frac{1}{a_{11}}\begin{vmatrix} a_{11}A_{11}+a_{21}A_{21}+\cdots a_{n1}A_{n1} & A_{21} & \cdots & A_{n1} \\ a_{11}A_{12}+a_{21}A_{22}+\cdots a_{n1}A_{n2} & A_{22} & \cdots & A_{n2} \\ \cdots & \cdots & \cdots & \cdots \\ a_{11}A_{1n}+a_{21}A_{2n}+\cdots a_{n1}A_{nn} & A_{2n} & \cdots & A_{nn} \end{vmatrix}$$

$$=\frac{1}{a_{11}}\begin{vmatrix} |\boldsymbol{A}| & A_{21} & \cdots & A_{n1} \\ 0 & A_{22} & \cdots & A_{n2} \\ \cdots & \cdots & \cdots & \cdots \\ 0 & A_{2n} & \cdots & A_{nn} \end{vmatrix}=\frac{1}{a_{11}}\begin{vmatrix} 0 & A_{21} & \cdots & A_{n1} \\ 0 & A_{22} & \cdots & A_{n2} \\ \cdots & \cdots & \cdots & \cdots \\ 0 & A_{2n} & \cdots & A_{nn} \end{vmatrix}=0.$$

13. 若 $\boldsymbol{A}$ 不可逆,则 $|\boldsymbol{A}|=0$,由 2.4 节 12 题可知 $|\boldsymbol{A}^*|=0$,则命题成立.

若 $\boldsymbol{A}$ 可逆,有 $|\boldsymbol{A}|\neq 0$,再由 $\boldsymbol{A}\boldsymbol{A}^*=|\boldsymbol{A}|\boldsymbol{E}_n$,两端到行列式有 $|\boldsymbol{A}\boldsymbol{A}^*|=|\boldsymbol{A}||\boldsymbol{A}^*|=|\boldsymbol{A}|^n$,故 $|\boldsymbol{A}^*|=|\boldsymbol{A}|^{n-1}$.

14. (1) 由 $\boldsymbol{A}$ 可逆,有 $\boldsymbol{A}\boldsymbol{A}^{-1}=\boldsymbol{E}$,从而 $(\boldsymbol{A}\boldsymbol{A}^{-1})^{\mathrm{T}}=\boldsymbol{E}^{\mathrm{T}}$,整理有 $(\boldsymbol{A}^{-1})^{\mathrm{T}}\boldsymbol{A}^{\mathrm{T}}=\boldsymbol{E}$,故 $\boldsymbol{A}^{\mathrm{T}}$ 可逆,且 $(\boldsymbol{A}^{\mathrm{T}})^{-1}=(\boldsymbol{A}^{-1})^{\mathrm{T}}$.

(2) $\boldsymbol{A},\boldsymbol{B}$ 为可逆阵,有 $\boldsymbol{A}\boldsymbol{A}^{-1}=\boldsymbol{E},\boldsymbol{B}\boldsymbol{B}^{-1}=\boldsymbol{E}$,由于 $\boldsymbol{A}\boldsymbol{B}\boldsymbol{B}^{-1}\boldsymbol{A}^{-1}=\boldsymbol{A}(\boldsymbol{B}\boldsymbol{B}^{-1})\boldsymbol{A}^{-1}=\boldsymbol{E}$,故乘积 $\boldsymbol{A}\boldsymbol{B}$ 可逆,且 $(\boldsymbol{A}\boldsymbol{B})^{-1}=\boldsymbol{B}^{-1}\boldsymbol{A}^{-1}$.

15. 由 $3\boldsymbol{A}\boldsymbol{B}-\boldsymbol{B}-3\boldsymbol{A}=\boldsymbol{O}$ 有

$$(3\boldsymbol{A}-\boldsymbol{E})\boldsymbol{B}-(3\boldsymbol{A}-\boldsymbol{E})=\boldsymbol{E},\quad (3\boldsymbol{A}-\boldsymbol{E})(\boldsymbol{B}-\boldsymbol{E})=\boldsymbol{E},$$

故 $3\boldsymbol{A}-\boldsymbol{E}$ 可逆,其逆为 $\boldsymbol{B}-\boldsymbol{E}$,进而有

$$(3\boldsymbol{A}-\boldsymbol{E})(\boldsymbol{B}-\boldsymbol{E})=(\boldsymbol{B}-\boldsymbol{E})(3\boldsymbol{A}-\boldsymbol{E}),$$

化简得 $\boldsymbol{A}\boldsymbol{B}=\boldsymbol{B}\boldsymbol{A}$,即 $\boldsymbol{A},\boldsymbol{B}$ 可交换.

16. 由于 $\begin{pmatrix} \boldsymbol{E} & \boldsymbol{O} \\ -\boldsymbol{C}\boldsymbol{A}^{-1} & \boldsymbol{E} \end{pmatrix}\begin{pmatrix} \boldsymbol{A} & \boldsymbol{B} \\ \boldsymbol{C} & \boldsymbol{D} \end{pmatrix}=\begin{pmatrix} \boldsymbol{A} & \boldsymbol{B} \\ \boldsymbol{O} & -\boldsymbol{C}\boldsymbol{A}^{-1}\boldsymbol{B}+\boldsymbol{D} \end{pmatrix}$,两端取行列式可得

$$\begin{vmatrix} \boldsymbol{E} & \boldsymbol{O} \\ -\boldsymbol{C}\boldsymbol{A}^{-1} & \boldsymbol{E} \end{vmatrix}\begin{vmatrix} \boldsymbol{A} & \boldsymbol{B} \\ \boldsymbol{C} & \boldsymbol{D} \end{vmatrix}=\begin{vmatrix} \boldsymbol{A} & \boldsymbol{B} \\ \boldsymbol{O} & -\boldsymbol{C}\boldsymbol{A}^{-1}\boldsymbol{B}+\boldsymbol{D} \end{vmatrix},$$

从而有

$$\begin{vmatrix} \boldsymbol{A} & \boldsymbol{B} \\ \boldsymbol{C} & \boldsymbol{D} \end{vmatrix}=|\boldsymbol{A}||-\boldsymbol{C}\boldsymbol{A}^{-1}\boldsymbol{B}+\boldsymbol{D}|=|-\boldsymbol{A}\boldsymbol{C}\boldsymbol{A}^{-1}\boldsymbol{B}+\boldsymbol{A}\boldsymbol{D}|\xlongequal{\boldsymbol{A}、\boldsymbol{C}\text{可交换}}|-\boldsymbol{C}\boldsymbol{A}\boldsymbol{A}^{-1}\boldsymbol{B}+\boldsymbol{A}\boldsymbol{D}|$$

$$=|\boldsymbol{A}\boldsymbol{D}-\boldsymbol{C}\boldsymbol{B}|.$$

第3章

矩阵的初等变换与线性方程组

3.1　本章知识结构图

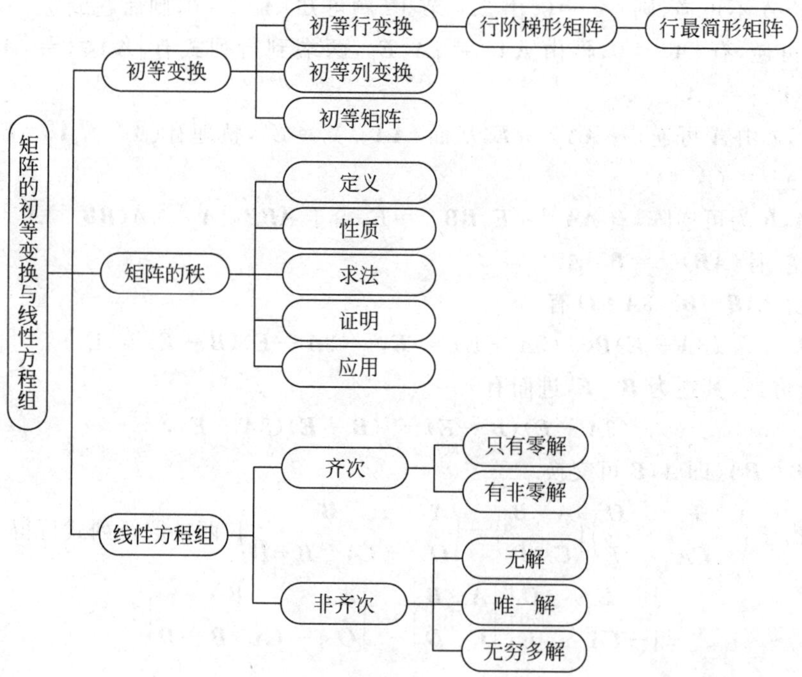

3.2　内容提要

3.2.1　矩阵的初等变换

对矩阵施以下列三种变换，称为矩阵的**初等行(列)变换**：

(1) 两行(列)元素对应互换；

(2) 用一个非零数 k 乘矩阵的某一行(列)的所有元素；

(3) 某一行(列)所有元素都乘以 k 倍并加到另一行(列)的对应元素上.

行变换与列变换统称为**初等变换**. 若矩阵 $\boldsymbol{A}$ 经过有限次初等变换化为矩阵 $\boldsymbol{B}$，则称 $\boldsymbol{A}$ 与 $\boldsymbol{B}$ **等价**，记作 $\boldsymbol{A}\to\boldsymbol{B}$.

形式为 $\begin{pmatrix}\boldsymbol{E}_r & \boldsymbol{O}\\ \boldsymbol{O} & \boldsymbol{O}\end{pmatrix}_{m\times n}$ 的矩阵称为**标准形**，任一矩阵 $\boldsymbol{A}=(a_{ij})_{m\times n}$ 经过若干次初等变换后，可以化为标准形.

3.2.2　矩阵的秩

设 $\boldsymbol{A}=(a_{ij})_{m\times n}$，在 $\boldsymbol{A}$ 中任取 k 行，k 列($k\leqslant\min(m,n)$)，位于这些行、列交叉点的 k^2 个元素按原次序组成一个 k 阶行列式，称为矩阵 $\boldsymbol{A}$ 的一个 k **阶子式**.

若 $\boldsymbol{A}$ 中存在一个不为零的 r 阶子式，且所有的 $r+1$ 阶子式(如果存在)均为零，则称 r 为矩阵 $\boldsymbol{A}$ 的**秩**，记为 $R(\boldsymbol{A})=r$. 当 $\boldsymbol{A}=\boldsymbol{O}$ 时，规定 $R(\boldsymbol{A})=0$.

若 n 阶方阵 $\boldsymbol{A}$ 满足 $R(\boldsymbol{A})=n$，则称 $\boldsymbol{A}$ 为**满秩**矩阵. 若 $R(\boldsymbol{A}_{m\times n})=m$，则称 $\boldsymbol{A}$ 为**行满秩**矩阵；若 $R(\boldsymbol{A}_{m\times n})=n$，则称 $\boldsymbol{A}$ 为**列满秩**矩阵.

矩阵秩的性质：

(1) 若 $\boldsymbol{A}$ 为 $m\times n$ 阶矩阵，则 $0\leqslant R(\boldsymbol{A})\leqslant\min(m,n)$；

(2) $R(\boldsymbol{A})=R(\boldsymbol{A}^{\mathrm{T}})=R(-\boldsymbol{A})$；

(3) 初等变换不改变矩阵的秩，即若 $\boldsymbol{A}\to\boldsymbol{B}$，则有 $R(\boldsymbol{A})=R(\boldsymbol{B})$；

(4) 设 $\boldsymbol{A}$ 为 n 阶方阵，$|\boldsymbol{A}|\neq0\Leftrightarrow R(\boldsymbol{A})=n$；

(5) 设 $\boldsymbol{A}$ 为 n 阶方阵，矩阵 $\boldsymbol{A}$ 满秩 $\Leftrightarrow\boldsymbol{A}\to\boldsymbol{E}$；

(6) 若 $\boldsymbol{A}$ 为 $m\times n$ 阶矩阵，$\boldsymbol{P}$ 为 m 阶可逆矩阵，$\boldsymbol{Q}$ 为 n 阶可逆矩阵，则

$$R(\boldsymbol{PA})=R(\boldsymbol{AQ})=R(\boldsymbol{PAQ})=R(\boldsymbol{A});$$

(7) $\max\{R(\boldsymbol{A}),R(\boldsymbol{B})\}\leqslant R(\boldsymbol{A},\boldsymbol{B})\leqslant R(\boldsymbol{A})+R(\boldsymbol{B})$；

(8) $R(\boldsymbol{AB})\leqslant\min\{R(\boldsymbol{A}),R(\boldsymbol{B})\}$；

(9) 设 $\boldsymbol{A}_{m\times n}\boldsymbol{B}_{n\times k}=\boldsymbol{O}_{m\times k}$，则 $R(\boldsymbol{A})+R(\boldsymbol{B})\leqslant n$；

(10) 设 $\boldsymbol{A}$ 为 n 阶方阵，则 $R(\boldsymbol{A}^*)=\begin{cases}n\Leftrightarrow R(\boldsymbol{A})=n,\\1\Leftrightarrow R(\boldsymbol{A})=n-1,\\0\Leftrightarrow R(\boldsymbol{A})<n-1.\end{cases}$

3.2.3　初等矩阵

对单位矩阵 $\boldsymbol{E}$ 实施一次初等变换得到的矩阵，称为**初等矩阵**.

对应于三种初等变换，初等矩阵有如下三种：

(1) 将单位矩阵中的第 i,j 两行(或列)对换，得到的初等矩阵

$$
\boldsymbol{E}(i,j)=\begin{pmatrix}
1 & & & & & & \\
& \ddots & & & & & \\
& & 0 & \cdots & 1 & & \\
& & & 1 & & & \\
& & \vdots & \ddots & \vdots & & \\
& & & & 1 & & \\
& & 1 & \cdots & 0 & & \\
& & & & & \ddots & \\
& & & & & & 1
\end{pmatrix}\begin{matrix} \\ \\ i\text{行} \\ \\ \\ \\ j\text{行} \\ \\ \\ \end{matrix};
$$

$$
\qquad\qquad\qquad i\text{列}\qquad\quad j\text{列}
$$

(2) 将单位矩阵中的第 i 行(或列)乘以数 $k(k\neq0)$,得到的初等矩阵

$$
\boldsymbol{E}(i(k))=\begin{pmatrix}
1 & & & & \\
& \ddots & & & \\
& & k & & \\
& & & \ddots & \\
& & & & 1
\end{pmatrix}\begin{matrix} \\ \\ i\text{行} \\ \\ \\ \end{matrix};
$$

$$
\qquad i\text{列}
$$

(3) 将单位矩阵中的第 j 行乘以数 $k(k\neq0)$,加到 i 行或将单位矩阵中的第 i 列乘以数 k,加到 j 列得到的初等矩阵

$$
\boldsymbol{E}(ij(k))=\begin{pmatrix}
1 & & & & & \\
& \ddots & & & & \\
& & 1 & \cdots & k & \\
& & & \ddots & \vdots & \\
& & & & 1 & \\
& & & & & \ddots \\
& & & & & & 1
\end{pmatrix}\begin{matrix} \\ \\ i\text{行} \\ \\ j\text{行} \\ \\ \\ \end{matrix}.
$$

$$
\qquad i\text{列}\quad j\text{列}
$$

初等矩阵的性质:

(1) 初等矩阵可逆,其逆矩阵还是初等矩阵.

(2) 设 $\boldsymbol{A}=(a_{ij})_{m\times n}$,对 $\boldsymbol{A}$ 施以某种初等行变换,等于在 $\boldsymbol{A}$ 左侧乘以相应的 m 阶初等矩阵;对 $\boldsymbol{A}$ 施以某种初等列变换,等于在 $\boldsymbol{A}$ 右侧乘以相应的 n 阶初等矩阵.

(3) 设 $\boldsymbol{A}$ 为 n 阶方阵,$\boldsymbol{A}$ 可逆$\Leftrightarrow\boldsymbol{A}=\boldsymbol{P}_1\boldsymbol{P}_2\cdots\boldsymbol{P}_s$,其中 $\boldsymbol{P}_i(i=1,2,\cdots,s)$为初等方阵.

3.2.4 用初等变换求逆矩阵及解矩阵方程

(1) 用初等变换求逆矩阵

方法 1:用初等行变换

$$
(\boldsymbol{A}\mid\boldsymbol{E})\xrightarrow{\text{初等行变换}}(\boldsymbol{E}\mid\boldsymbol{A}^{-1}).
$$

方法 2：用初等列变换

$$\begin{pmatrix} \boldsymbol{A} \\ \cdots \\ \boldsymbol{E} \end{pmatrix} \xrightarrow{\text{初等列变换}} \begin{pmatrix} \boldsymbol{E} \\ \cdots\cdots \\ \boldsymbol{A}^{-1} \end{pmatrix}.$$

（2）解矩阵方程

设 $\boldsymbol{A}$ 为可逆的 n 阶方阵，且满足矩阵方程 $\boldsymbol{AX}=\boldsymbol{B}$，则 $\boldsymbol{X}=\boldsymbol{A}^{-1}\boldsymbol{B}$，即有

$$(\boldsymbol{A} \mid \boldsymbol{B}) \xrightarrow{\text{初等行变换}} (\boldsymbol{E} \mid \boldsymbol{A}^{-1}\boldsymbol{B}).$$

设 $\boldsymbol{A}$ 为可逆的 n 阶方阵，且满足矩阵方程 $\boldsymbol{XA}=\boldsymbol{B}$，则 $\boldsymbol{X}=\boldsymbol{BA}^{-1}$，即有

$$\begin{pmatrix} \boldsymbol{A} \\ \cdots \\ \boldsymbol{B} \end{pmatrix} \xrightarrow{\text{初等列变换}} \begin{pmatrix} \boldsymbol{E} \\ \cdots\cdots \\ \boldsymbol{BA}^{-1} \end{pmatrix}.$$

3.2.5　线性方程组解的判定定理

设非齐次线性方程组为 $\boldsymbol{A}_{m\times n}\boldsymbol{x}=\boldsymbol{b}$（$n$ 个未知数，m 个方程），对应的齐次线性方程组为 $\boldsymbol{A}_{m\times n}\boldsymbol{x}=\boldsymbol{0}$，记 $\overline{\boldsymbol{A}}=(\boldsymbol{A},\boldsymbol{b})$，则

（1）$R(\boldsymbol{A})=R(\overline{\boldsymbol{A}})=n \iff \boldsymbol{Ax}=\boldsymbol{b}$ 有唯一解；

（2）$R(\boldsymbol{A})=R(\overline{\boldsymbol{A}})<n \iff \boldsymbol{Ax}=\boldsymbol{b}$ 有无穷多解；

（3）$R(\boldsymbol{A})\neq R(\overline{\boldsymbol{A}}) \iff \boldsymbol{Ax}=\boldsymbol{b}$ 无解；

（4）$R(\boldsymbol{A})=n \iff \boldsymbol{Ax}=\boldsymbol{0}$ 只有零解；

（5）$R(\boldsymbol{A})<n \iff \boldsymbol{Ax}=\boldsymbol{0}$ 有非零解.

3.3　典型例题分析

3.3.1　题型一　矩阵等价的相关问题

例 3.1　若 n 阶矩阵 $\boldsymbol{A}$ 与 $\boldsymbol{B}$ 等价，且 $|\boldsymbol{A}|=0$，试证明 $|\boldsymbol{B}|=0$.

证　由于 $\boldsymbol{A}$ 与 $\boldsymbol{B}$ 等价，所以 $R(\boldsymbol{A})=R(\boldsymbol{B})$；而 $|\boldsymbol{A}|=0$，从而 $R(\boldsymbol{A})<n$，故 $R(\boldsymbol{B})<n$，所以 $|\boldsymbol{B}|=0$.

例 3.2　若矩阵 $\boldsymbol{A}$ 满足

$$\begin{pmatrix} 0 & 1 & 0 \\ 1 & 0 & 0 \\ 0 & 0 & 1 \end{pmatrix} \boldsymbol{A} \begin{pmatrix} 1 & 0 & 0 \\ 0 & 1 & 0 \\ 1 & 0 & 1 \end{pmatrix} = \begin{pmatrix} a_{11} & a_{12} & a_{13} \\ a_{21} & a_{22} & a_{23} \\ a_{31} & a_{32} & a_{33} \end{pmatrix},$$

试求矩阵 $\boldsymbol{A}$.

解　设

$$\boldsymbol{P}=\begin{pmatrix} 0 & 1 & 0 \\ 1 & 0 & 0 \\ 0 & 0 & 1 \end{pmatrix}, \quad \boldsymbol{Q}=\begin{pmatrix} 1 & 0 & 0 \\ 0 & 1 & 0 \\ 1 & 0 & 1 \end{pmatrix}.$$

由于 $\boldsymbol{P}$ 与 $\boldsymbol{Q}$ 是初等矩阵，且矩阵 $\boldsymbol{P}$ 为单位矩阵 $\boldsymbol{E}$ 的第 1 行与第 2 行交换所得，其逆矩阵也为 $\boldsymbol{P}$，即 $\boldsymbol{P}^{-1}=\boldsymbol{P}$.

矩阵 $\boldsymbol{Q}$ 为单位矩阵 $\boldsymbol{E}$ 的第 1 列加上第 3 列所得，其逆矩阵为单位矩阵 $\boldsymbol{E}$ 的第 1 列减去第 3 列，即$\boldsymbol{Q}^{-1}=\begin{pmatrix}1&0&0\\0&1&0\\-1&0&1\end{pmatrix}$，则有

$$\boldsymbol{A}=\boldsymbol{P}^{-1}\begin{pmatrix}a_{11}&a_{12}&a_{13}\\a_{21}&a_{22}&a_{23}\\a_{31}&a_{32}&a_{33}\end{pmatrix}\boldsymbol{Q}^{-1}=\begin{pmatrix}0&1&0\\1&0&0\\0&0&1\end{pmatrix}\begin{pmatrix}a_{11}&a_{12}&a_{13}\\a_{21}&a_{22}&a_{23}\\a_{31}&a_{32}&a_{33}\end{pmatrix}\begin{pmatrix}1&0&0\\0&1&0\\-1&0&1\end{pmatrix}.$$

先将矩阵$\begin{pmatrix}a_{11}&a_{12}&a_{13}\\a_{21}&a_{22}&a_{23}\\a_{31}&a_{32}&a_{33}\end{pmatrix}$的第 1 行与第 2 行交换，再将第 1 列减去第 3 列，从而得到矩阵 $\boldsymbol{A}=\begin{pmatrix}a_{21}-a_{23}&a_{22}&a_{23}\\a_{11}-a_{13}&a_{12}&a_{13}\\a_{31}-a_{33}&a_{32}&a_{33}\end{pmatrix}$.

注 本题利用了初等矩阵与初等变换的关系，初等矩阵的逆矩阵是同一类型的初等矩阵，且 $\boldsymbol{E}(i,j)^{-1}=\boldsymbol{E}(i,j)$，$\boldsymbol{E}(i(k))^{-1}=\boldsymbol{E}\left(i\left(\dfrac{1}{k}\right)\right)$，$\boldsymbol{E}(ij(k))^{-1}=\boldsymbol{E}(ij(-k))$.

例 3.3 设 n 阶矩阵 $\boldsymbol{A}$ 可逆，$\boldsymbol{B}$ 为 $n\times m$ 矩阵. 证明 $R(\boldsymbol{B})=R(\boldsymbol{AB})$.

证 因为 $\boldsymbol{A}$ 可逆，所以 $\boldsymbol{A}$ 可以表示成若干初等矩阵的乘积，即

$$\boldsymbol{A}=\boldsymbol{P}_1\boldsymbol{P}_2\cdots\boldsymbol{P}_t,$$

$$\boldsymbol{P}_1\boldsymbol{P}_2\cdots\boldsymbol{P}_t\boldsymbol{B}=\boldsymbol{AB},$$

$\boldsymbol{B}$ 经 t 次初等行变换后得到 $\boldsymbol{AB}$，而初等变换不改变矩阵的秩，所以

$$R(\boldsymbol{B})=R(\boldsymbol{AB}).$$

3.3.2 题型二 矩阵秩的求解

例 3.4 设 $\boldsymbol{A}=\begin{pmatrix}1&1&2&1\\2&-1&2&4\\4&1&4&2\end{pmatrix}$，求矩阵 $\boldsymbol{A}$ 的秩 $R(\boldsymbol{A})$.

解 $\boldsymbol{A}=\begin{pmatrix}1&1&2&1\\2&-1&2&4\\4&1&4&2\end{pmatrix}\to\begin{pmatrix}1&1&2&1\\0&-3&-2&2\\0&3&-4&-2\end{pmatrix}\to\begin{pmatrix}1&1&2&1\\0&-3&-2&2\\0&0&-2&-4\end{pmatrix}$，

所以 $R(\boldsymbol{A})=3$.

注 阶梯形矩阵的秩等于矩阵的非零行数.

例 3.5 设 $\boldsymbol{A}=\begin{pmatrix}1&x&2&1\\2&-1&y&4\\0&1&2&2\end{pmatrix}$，其中 x,y 为参数，试求矩阵 $\boldsymbol{A}$ 的秩 $R(\boldsymbol{A})$.

解 由于

$$\boldsymbol{A}\xrightarrow{r_2\leftrightarrow r_3}\begin{pmatrix}1&x&2&1\\0&1&2&2\\2&-1&y&4\end{pmatrix}\xrightarrow{r_3-2r_1}\begin{pmatrix}1&x&2&1\\0&1&2&2\\0&-1-2x&y-4&2\end{pmatrix},$$

当$-1-2x=1$且$y-4=2$时，$R(\boldsymbol{A})=2$，即当$x=-1$且$y=6$时，$R(\boldsymbol{A})=2$；当$x\neq-1$或$y\neq6$时，$R(\boldsymbol{A})=3$.

3.3.3　题型三　矩阵秩的性质问题

例 3.6　设矩阵$\boldsymbol{A}=\begin{pmatrix}k&1&1&1\\1&k&1&1\\1&1&k&1\\1&1&1&k\end{pmatrix}$，若$R(\boldsymbol{A})=3$，求$k$.

解　由于$|\boldsymbol{A}|=(k+3)(k-1)^3$，而$R(\boldsymbol{A})=3<4$，因此$|\boldsymbol{A}|=0$. 而$k=1$时，显然$R(\boldsymbol{A})=1$，故必有$k=-3$.

例 3.7　若n阶方阵$\boldsymbol{A}$满足$\boldsymbol{A}^2=\boldsymbol{E}$，试证明

$$R(\boldsymbol{A}+\boldsymbol{E})+R(\boldsymbol{A}-\boldsymbol{E})=n.$$

证　因为$\boldsymbol{A}^2=\boldsymbol{E}$，所以$\boldsymbol{A}^2-\boldsymbol{E}=\boldsymbol{O}$，即$(\boldsymbol{A}-\boldsymbol{E})(\boldsymbol{A}+\boldsymbol{E})=\boldsymbol{O}$，从而

$$R(\boldsymbol{A}+\boldsymbol{E})+R(\boldsymbol{A}-\boldsymbol{E})\leqslant n.$$

另一方面$(\boldsymbol{E}+\boldsymbol{A})+(\boldsymbol{E}-\boldsymbol{A})=2\boldsymbol{E}$，故

$$R(\boldsymbol{A}+\boldsymbol{E})+R(\boldsymbol{E}-\boldsymbol{A})\geqslant R(2\boldsymbol{E})=n$$

又因为$R(\boldsymbol{A}-\boldsymbol{E})=R(\boldsymbol{E}-\boldsymbol{A})$，所以

$$R(\boldsymbol{A}+\boldsymbol{E})+R(\boldsymbol{A}-\boldsymbol{E})=n.$$

例 3.8　设4阶方阵$\boldsymbol{A}$的秩为2，求其伴随矩阵$\boldsymbol{A}^*$的秩.

解　由于$R(\boldsymbol{A})=2$，说明$\boldsymbol{A}$中3阶子式全为零，于是$|\boldsymbol{A}|$中元素的代数余子式$A_{ij}=0$，故$\boldsymbol{A}^*=0$，所以$R(\boldsymbol{A}^*)=0$.

注　若n阶方阵$\boldsymbol{A}$的秩小于$n-1$，则伴随矩阵$\boldsymbol{A}^*$的秩为零.

3.3.4　题型四　利用初等变换求矩阵的逆矩阵

例 3.9　设$\boldsymbol{A}=\begin{pmatrix}1&4&3\\2&5&4\\1&-3&-2\end{pmatrix}$，求$\boldsymbol{A}^{-1}$.

解

$$(\boldsymbol{A}\,\vdots\,\boldsymbol{E})=\left(\begin{array}{ccc:ccc}1&4&3&1&0&0\\2&5&4&0&1&0\\1&-3&-2&0&0&1\end{array}\right)\xrightarrow[r_3-r_1]{r_2-2r_1}\left(\begin{array}{ccc:ccc}1&4&3&1&0&0\\0&-3&-2&-2&1&0\\0&-7&-5&-1&0&1\end{array}\right)$$

$$\xrightarrow{r_3-2r_2}\left(\begin{array}{ccc:ccc}1&4&3&1&0&0\\0&-3&-2&-2&1&0\\0&-1&-1&3&-2&1\end{array}\right)\xrightarrow[r_2\times(-1)]{r_3\leftrightarrow r_2}\left(\begin{array}{ccc:ccc}1&4&3&1&0&0\\0&1&1&-3&2&-1\\0&-3&-2&-2&1&0\end{array}\right)$$

$$\xrightarrow{r_3+3r_2}\left(\begin{array}{ccc:ccc}1&4&3&1&0&0\\0&1&1&-3&2&-1\\0&0&1&-11&7&3\end{array}\right)\xrightarrow[r_1-3r_3]{r_2-r_3}\left(\begin{array}{ccc:ccc}1&4&0&34&-21&9\\0&1&0&8&-5&2\\0&0&1&-11&7&-3\end{array}\right)$$

$$\xrightarrow{r_1-4r_2}\left(\begin{array}{ccc:ccc}1&0&0&2&-1&1\\0&1&0&8&-5&2\\0&0&1&-11&7&-3\end{array}\right),$$

所以

$$A^{-1}=\begin{pmatrix}2&-1&1\\8&-5&2\\-11&7&-3\end{pmatrix}.$$

例 3.10 设 $A=\begin{pmatrix}0&0&0&0&2&5\\0&0&0&0&1&3\\1&0&0&0&0&0\\-2&1&0&0&0&0\\1&-2&1&0&0&0\\0&1&-2&1&0&0\end{pmatrix}$,求 A^{-1}.

解 设 $A=\begin{pmatrix}O&B\\C&O\end{pmatrix}$,其中

$$B=\begin{pmatrix}2&5\\1&3\end{pmatrix},C=\begin{pmatrix}1&0&0&0\\-2&1&0&0\\1&-2&1&0\\0&1&-2&1\end{pmatrix}.$$

显然 $B^{-1}=\begin{pmatrix}3&-5\\-1&2\end{pmatrix}$. 由于

$$(C\vdots E)=\left(\begin{array}{cccc:cccc}1&0&0&0&1&0&0&0\\-2&1&0&0&0&1&0&0\\1&-2&1&0&0&0&1&0\\0&1&-2&1&0&0&0&1\end{array}\right)\rightarrow\left(\begin{array}{cccc:cccc}1&0&0&0&1&0&0&0\\0&1&0&0&2&1&0&0\\0&0&1&0&3&2&1&0\\0&0&0&1&4&3&2&1\end{array}\right),$$

从而 $C^{-1}=\begin{pmatrix}1&0&0&0\\2&1&0&0\\3&2&1&0\\4&3&2&1\end{pmatrix}$. 所以有

$$A^{-1}=\begin{pmatrix}O&C^{-1}\\B^{-1}&O\end{pmatrix}=\begin{pmatrix}0&0&1&0&0&0\\0&0&2&1&0&0\\0&0&3&2&1&0\\0&0&4&3&2&1\\3&-5&0&0&0&0\\-1&2&0&0&0&0\end{pmatrix}.$$

3.3.5 题型五 初等变换求解矩阵方程问题

例 3.11 已知 $A=\begin{pmatrix}2&-1&1\\8&-5&2\\-11&7&-3\end{pmatrix}$,$B=\begin{pmatrix}1&-1\\2&0\\5&-3\end{pmatrix}$,满足方程 $X=AX+B$,求矩阵 X.

解 由 $X=AX+B$,得 $(E-A)X=B$,而

$$(\boldsymbol{E}-\boldsymbol{A} \vdots \boldsymbol{B})=\begin{pmatrix} -1 & 1 & -1 & \vdots & 1 & -1 \\ -8 & 6 & -2 & \vdots & 2 & 0 \\ 11 & -7 & 4 & \vdots & 5 & -3 \end{pmatrix} \to \begin{pmatrix} 1 & 0 & 0 & \vdots & \frac{18}{5} & -\frac{11}{5} \\ 0 & 1 & 0 & \vdots & \frac{27}{5} & -\frac{14}{5} \\ 0 & 0 & 1 & \vdots & \frac{4}{5} & \frac{2}{5} \end{pmatrix},$$

所以 $\boldsymbol{X}=\begin{pmatrix} \frac{18}{5} & -\frac{11}{5} \\ \frac{27}{5} & -\frac{14}{5} \\ \frac{4}{5} & \frac{2}{5} \end{pmatrix}$.

3.3.6　题型六　解线性方程组的求解

例 3.12　解线性方程组 $\begin{cases} 3x_1+5x_2+x_3=-1 \\ 2x_1+3x_3=2 \\ -4x_1+2x_2-6x_3=-6 \end{cases}$.

解　记 $\boldsymbol{A}=\begin{pmatrix} 3 & 5 & 1 \\ 2 & 0 & 3 \\ -4 & 2 & -6 \end{pmatrix}$, $\boldsymbol{b}=\begin{pmatrix} -1 \\ 2 \\ -6 \end{pmatrix}$, $\boldsymbol{x}=\begin{pmatrix} x_1 \\ x_2 \\ x_3 \end{pmatrix}$,

则方程组化为 $\boldsymbol{Ax}=\boldsymbol{b}$,所以 $\boldsymbol{x}=\boldsymbol{A}^{-1}\boldsymbol{b}$. 而

$$(\boldsymbol{A} \vdots \boldsymbol{b})=\begin{pmatrix} 3 & 5 & 1 & \vdots & -1 \\ 2 & 0 & 3 & \vdots & 2 \\ -4 & 2 & -6 & \vdots & -6 \end{pmatrix} \to \begin{pmatrix} 1 & 0 & 0 & \vdots & \frac{10}{7} \\ 0 & 1 & 0 & \vdots & -1 \\ 0 & 0 & 1 & \vdots & -\frac{2}{7} \end{pmatrix}=(\boldsymbol{E} \vdots \boldsymbol{A}^{-1}\boldsymbol{b}),$$

从而方程组的解为 $x=\begin{pmatrix} \frac{10}{7} \\ -1 \\ -\frac{2}{7} \end{pmatrix}$.

例 3.13　解线性方程组 $\begin{cases} 2x_1+4x_2-x_3+x_4=0 \\ x_1-3x_2+2x_3+3x_4=0 \\ 3x_1+x_2+x_3+4x_4=0 \end{cases}$.

解　对系数矩阵做初等变换

$$\boldsymbol{A}=\begin{pmatrix} 2 & 4 & -1 & 1 \\ 1 & -3 & 2 & 3 \\ 3 & 1 & 1 & 4 \end{pmatrix} \xrightarrow{r_1 \leftrightarrow r_2} \begin{pmatrix} 1 & -3 & 2 & 3 \\ 2 & 4 & -1 & 1 \\ 3 & 1 & 1 & 4 \end{pmatrix}$$

$$\xrightarrow{r_2-2\times r_1, r_3-3\times r_1} \begin{pmatrix} 1 & -3 & 2 & 3 \\ 0 & 10 & -5 & -5 \\ 0 & 10 & -5 & -5 \end{pmatrix} \xrightarrow{r_3-r_2, r_2\div 10} \begin{pmatrix} 1 & -3 & 2 & 3 \\ 0 & 1 & -\frac{1}{2} & -\frac{1}{2} \\ 0 & 0 & 0 & 0 \end{pmatrix}$$

$$\xrightarrow{r_1+3\times r_2}\begin{pmatrix}1&0&\frac{1}{2}&\frac{3}{2}\\0&1&-\frac{1}{2}&-\frac{1}{2}\\0&0&0&0\end{pmatrix},$$

由于 $R(A)=2<4$，因此方程组 $\boldsymbol{Ax}=\boldsymbol{0}$ 有无穷多解，且解得与原方程组同解的方程组

$$\begin{cases}x_1=-\frac{1}{2}x_3-\frac{3}{2}x_4\\x_2=\frac{1}{2}x_3+\frac{1}{2}x_4\end{cases}.$$

令自由未知量 $x_3=c_1,x_4=c_2$，得方程组的全部解为

$$\begin{cases}x_1=-\frac{1}{2}c_1-\frac{3}{2}c_2\\x_2=\frac{1}{2}c_1+\frac{1}{2}c_2\\x_3=c_1\\x_4=c_2\end{cases}.$$

其中 c_1,c_2 为任意常数.

例 3.14 解线性方程组 $\begin{cases}x_1-x_2-x_3-3x_4=-2\\x_1-x_2+x_3+5x_4=4\\-4x_1+4x_2+x_3=-1\end{cases}$.

解 对增广矩阵实施行初等变换

$$\bar{\boldsymbol{A}}=\begin{pmatrix}1&-1&-1&-3&-2\\1&-1&1&5&4\\-4&4&1&0&-1\end{pmatrix}\xrightarrow{r_2-r_1,r_3+4r_1}\begin{pmatrix}1&-1&-1&-3&-2\\0&0&2&8&6\\0&0&-3&-12&-9\end{pmatrix}$$

$$\xrightarrow{r_2\div 2,r_3\div(-3)}\begin{pmatrix}1&-1&-1&-3&-2\\0&0&1&4&3\\0&0&1&4&3\end{pmatrix}\xrightarrow{r_3-r_2}\begin{pmatrix}1&-1&-1&-3&-2\\0&0&1&4&3\\0&0&0&0&0\end{pmatrix}$$

$$\xrightarrow{r_1+r_2}\begin{pmatrix}1&-1&0&1&1\\0&0&1&4&3\\0&0&0&0&0\end{pmatrix},$$

由于 $R(\boldsymbol{A})=R(\bar{\boldsymbol{A}})=2<4$，$\boldsymbol{Ax}=\boldsymbol{b}$ 有无穷多解，且解得与原方程组同解的方程组

$$\begin{cases}x_1=1+x_2-x_4\\x_3=3-4x_4\end{cases},$$

令自由未知量 $x_2=c_1,x_4=c_2$，解得方程组的全部解

$$\begin{cases}x_1=1+c_1-c_2\\x_2=c_1\\x_3=3-4c_2\\x_4=c_2\end{cases},$$

其中 c_1, c_2 为任意常数.

3.3.7 题型七 解出含有参数的非齐次方程组解的问题

例 3.15 当 a 与 b 的为何值时,方程组

$$\begin{cases} x_1 + x_2 + x_3 + x_4 = 0 \\ x_2 + 2x_3 + 2x_4 = 1 \\ -x_2 + (a-3)x_3 - 2x_4 = b \\ 3x_1 + 2x_2 + x_3 + ax_4 = -1 \end{cases}$$

有唯一解? 无解? 有无穷多解? 当有无穷多解时,求出全部解.

解 对增广矩阵实施行初等变换

$$\overline{\mathbf{A}} = \begin{pmatrix} 1 & 1 & 1 & 1 & 0 \\ 0 & 1 & 2 & 2 & 1 \\ 0 & -1 & a-3 & -2 & b \\ 3 & 2 & 1 & a & -1 \end{pmatrix} \xrightarrow{r_3 - 3r_1} \begin{pmatrix} 1 & 1 & 1 & 1 & 0 \\ 0 & 1 & 2 & 2 & 1 \\ 0 & -1 & a-3 & -2 & b \\ 0 & -1 & -2 & a-3 & -1 \end{pmatrix}$$

$$\xrightarrow{r_3 + r_2, r_4 + r_2} \begin{pmatrix} 1 & 1 & 1 & 1 & 0 \\ 0 & 1 & 2 & 2 & 1 \\ 0 & 0 & a-1 & 0 & b+1 \\ 0 & 0 & 0 & a-1 & 0 \end{pmatrix},$$

(1) 当 $a \neq 1$ 时,$R(\mathbf{A}) = R(\overline{\mathbf{A}}) = 4$,方程组 $\mathbf{Ax} = \boldsymbol{b}$ 有唯一解;

(2) 当 $a = 1, b \neq -1$ 时,$R(\mathbf{A}) = 2, R(\overline{\mathbf{A}}) = 3$,方程组 $\mathbf{Ax} = \boldsymbol{b}$ 无解;

(3) 当 $a = 1, b = -1$ 时,$R(\mathbf{A}) = R(\overline{\mathbf{A}}) = 2 < 4$,方程组 $\mathbf{Ax} = \boldsymbol{b}$ 有无穷多解,此时对增广矩阵继续实施行初等变换

$$\begin{pmatrix} 1 & 1 & 1 & 1 & 0 \\ 0 & 1 & 2 & 2 & 1 \\ 0 & 0 & 0 & 0 & 0 \\ 0 & 0 & 0 & 0 & 0 \end{pmatrix} \longrightarrow \begin{pmatrix} 1 & 0 & -1 & -1 & -1 \\ 0 & 1 & 2 & 2 & 1 \\ 0 & 0 & 0 & 0 & 0 \\ 0 & 0 & 0 & 0 & 0 \end{pmatrix},$$

解得与原方程组同解的方程组

$$\begin{cases} x_1 = -1 + x_3 + x_4 \\ x_2 = 1 - 2x_3 - 2x_4 \end{cases},$$

令自由未知量 $x_3 = c_1, x_4 = c_2$,得方程组的全部解

$$\begin{cases} x_1 = -1 + c_1 + c_2 \\ x_2 = 1 - 2c_1 - 2c_2 \\ x_3 = c_1 \\ x_4 = c_2 \end{cases},$$

其中 c_1, c_2 为任意常数.

3.4 习题精选

1. 填空题

(1) 设有线性方程组$\begin{cases} x_1+2x_2+3x_3=4 \\ 5x_2+6x_3=7 \\ k(k-2)x_3=(k-1)(k-2) \end{cases}$，当________时，线性方程组有唯一解；当________时，线性方程组无解；当________时，线性方程组有无穷多解.

(2) 若线性方程组$\begin{cases} x_1+x_2=a_1, \\ x_2+x_3=a_2, \\ x_3+x_4=a_3, \\ x_4+x_1=a_4, \end{cases}$有解，则常数 a_1,a_2,a_3,a_4 应满足关系式________.

(3) 设 $\boldsymbol{A}$ 和 $\overline{\boldsymbol{A}}$ 分别表示线性方程组 $\boldsymbol{Ax}=\boldsymbol{b}$ 的系数矩阵和增广矩阵，则方程组 $\boldsymbol{Ax}=\boldsymbol{b}$ 有解的充分必要条件是________.

2. 单项选择题

(1) 记 $\boldsymbol{A}=\begin{pmatrix} a_{11} & a_{12} & a_{13} \\ a_{21} & a_{22} & a_{23} \\ a_{31} & a_{32} & a_{33} \end{pmatrix}$，$\boldsymbol{B}=\begin{pmatrix} a_{21} & a_{22} & a_{23} \\ a_{11} & a_{12} & a_{13} \\ a_{31}+a_{11} & a_{32}+a_{12} & a_{33}+a_{13} \end{pmatrix}$，$\boldsymbol{P}_1=\begin{pmatrix} 0 & 1 & 0 \\ 1 & 0 & 0 \\ 0 & 0 & 1 \end{pmatrix}$，$\boldsymbol{P}_2=\begin{pmatrix} 1 & 0 & 0 \\ 0 & 1 & 0 \\ 1 & 0 & 1 \end{pmatrix}$，下列结论正确的是(　　).

(A) $\boldsymbol{AP}_1\boldsymbol{P}_2=\boldsymbol{B}$；　(B) $\boldsymbol{AP}_2\boldsymbol{P}_1=\boldsymbol{B}$；　(C) $\boldsymbol{P}_1\boldsymbol{P}_2\boldsymbol{A}=\boldsymbol{B}$；　(D) $\boldsymbol{P}_2\boldsymbol{P}_1\boldsymbol{A}=\boldsymbol{B}$.

(2) 设 $\boldsymbol{A}=\begin{pmatrix} a_{11} & a_{12} & a_{13} & a_{14} \\ a_{21} & a_{22} & a_{23} & a_{24} \\ a_{31} & a_{32} & a_{33} & a_{34} \\ a_{41} & a_{42} & a_{43} & a_{44} \end{pmatrix}$，$\boldsymbol{B}=\begin{pmatrix} a_{14} & a_{13} & a_{12} & a_{11} \\ a_{24} & a_{23} & a_{22} & a_{21} \\ a_{34} & a_{33} & a_{32} & a_{31} \\ a_{44} & a_{43} & a_{42} & a_{41} \end{pmatrix}$，$\boldsymbol{P}_1=\begin{pmatrix} 0 & 0 & 0 & 1 \\ 0 & 1 & 0 & 0 \\ 0 & 0 & 1 & 0 \\ 1 & 0 & 0 & 0 \end{pmatrix}$，$\boldsymbol{P}_2=\begin{pmatrix} 1 & 0 & 0 & 0 \\ 0 & 0 & 1 & 0 \\ 0 & 1 & 0 & 0 \\ 0 & 0 & 0 & 1 \end{pmatrix}$，且 $\boldsymbol{A}$ 可逆，则 $\boldsymbol{B}^{-1}=$(　　).

(A) $\boldsymbol{A}^{-1}\boldsymbol{P}_1\boldsymbol{P}_2$；　(B) $\boldsymbol{P}_1\boldsymbol{A}^{-1}\boldsymbol{P}_2$；　(C) $\boldsymbol{P}_1\boldsymbol{P}_2\boldsymbol{A}^{-1}$；　(D) $\boldsymbol{P}_2\boldsymbol{A}^{-1}\boldsymbol{P}_1$.

(3) 设 $\boldsymbol{A}=\begin{pmatrix} a_{11} & a_{12} & a_{13} \\ a_{21} & a_{22} & a_{23} \\ a_{31} & a_{32} & a_{33} \end{pmatrix}$，$\boldsymbol{B}=\begin{pmatrix} a_{21} & a_{22}+ka_{23} & a_{23} \\ a_{31} & a_{32}+ka_{33} & a_{33} \\ a_{11} & a_{12}+ka_{13} & a_{13} \end{pmatrix}$，$\boldsymbol{P}_1=\begin{pmatrix} 0 & 1 & 0 \\ 0 & 0 & 1 \\ 1 & 0 & 0 \end{pmatrix}$，$\boldsymbol{P}_2=\begin{pmatrix} 1 & 0 & 0 \\ 0 & 1 & 0 \\ 0 & k & 1 \end{pmatrix}$，则 $\boldsymbol{A}$ 等于(　　).

(A) $P_1^{-1}BP_2^{-1}$；　(B) $P_2^{-1}BP_1^{-1}$；　(C) $P_1^{-1}P_2^{-1}B$；　(D) $BP_1^{-1}P_2^{-1}$.

(4) 设 A 为 $m\times n$ 阶矩阵，则其秩 $R(A)=r$ 的充分必要条件是(　　).

(A) A 中有 r 阶子式不等于零；

(B) A 中所有 $r+1$ 阶子式全都等于零；

(C) A 中非零子式的最高阶数小于 $r+1$；

(D) A 中非零子式的最高阶数等于 r.

(5) 下列矩阵中与矩阵 $A=\begin{pmatrix}1&2&3\\2&1&8\\0&0&1\end{pmatrix}$ 同秩的是(　　).

(A) $(4\quad 5\quad 6)$；　(B) $\begin{pmatrix}1&2&3\\4&5&6\end{pmatrix}$；

(C) $\begin{pmatrix}1&2&2\\4&0&8\\0&1&0\end{pmatrix}$；　(D) $\begin{pmatrix}1&2&2\\1&0&1\\4&0&2\end{pmatrix}$.

(6) 设有 $n(n\geqslant 3)$ 阶矩阵 $A=\begin{pmatrix}1&a&a&\cdots&a\\a&1&a&\cdots&a\\a&a&1&\cdots&a\\\vdots&\vdots&\vdots&&\vdots\\a&a&a&\cdots&1\end{pmatrix}$，若矩阵 A 的秩为 $n-1$，则 a 必为(　　).

(A) 1；　(B) $\dfrac{1}{1-n}$；　(C) -1；　(D) $\dfrac{1}{n-1}$.

(7) 设 A 为 $m\times n$ 阶矩阵，齐次线性方程组 $Ax=0$ 仅有零解的充分必要条件是系数矩阵 A 的秩 $R(A)$ 满足(　　).

(A) 小于 m；　(B) 小于 n；　(C) 等于 m；　(D) 等于 n.

(8) 设齐次线性方程组 $Ax=0$ 是非齐次线性方程组 $Ax=b$ 的导出组，如果 $Ax=0$ 只有零解，则 $Ax=b$(　　).

(A) 必有无穷多解；　(B) 必有唯一解；

(C) 必定无解；　(D) 上述结论都不对.

(9) 设 A 为 $m\times n$ 阶矩阵，方程组 $Ax=0$ 是非齐次线性方程组 $Ax=b$ 的导出组，如果 $m<n$，则下列结论成立的是(　　).

(A) $Ax=b$ 必有无穷多解；　(B) $Ax=b$ 必有唯一解；

(C) $Ax=0$ 必有非零解；　(D) $Ax=0$ 只有零解.

(10) 设 n 元齐次线性方程组 $Ax=0$ 的系数矩阵 A 的秩为 r，则 $Ax=0$ 有非零解的充分必要条件为(　　).

(A) $r=n$；　(B) $r<n$；　(C) $r\geqslant n$；　(D) $r>n$.

(11) 设 A 为 $m\times n$ 阶矩阵，$R(A)=r$，对于方程组 $Ax=b$，下列结论成立的是(　　).

(A) 当 $r=m$ 时，$Ax=b$ 有解；　(B) 当 $r=n$ 时，$Ax=b$ 有解；

(C) 当 $m=n$ 时，$\boldsymbol{Ax}=\boldsymbol{b}$ 有唯一解；　　(D) 当 $r<n$ 时，$\boldsymbol{Ax}=\boldsymbol{b}$ 有无穷多解.

(12) 若矩阵 $\boldsymbol{A}$ 是 n 阶的方阵，且 $|\boldsymbol{A}|=\boldsymbol{0}$，则线性方程组 $\boldsymbol{Ax}=\boldsymbol{b}$(　　).

(A) 有无穷多解；　　(B) 有唯一解；

(C) 无解；　　(D) 可能无解，也可能有无穷多解.

3. 求下列矩阵的秩：

$$\boldsymbol{A}=\begin{pmatrix}0&1&2&3&3\\1&1&1&0&5\\2&1&-1&1&1\\1&2&-1&1&2\end{pmatrix};\quad \boldsymbol{B}=\begin{pmatrix}1&2&-1&0&3\\2&-1&0&1&-1\\3&1&-1&1&2\\0&-5&2&1&-7\end{pmatrix}.$$

4. 设矩阵 $\boldsymbol{A}=\begin{pmatrix}1&k&-1&2\\2&-1&k&5\\1&10&-6&1\end{pmatrix}$，其中 k 为常数，求矩阵 $\boldsymbol{A}$ 的秩.

5. 用初等变换分别将下列矩阵化为矩阵的标准形式：

$$\boldsymbol{A}=\begin{pmatrix}1&-1&2\\3&2&1\\1&-2&0\end{pmatrix};\quad \boldsymbol{B}=\begin{pmatrix}1&-1&2\\3&-3&1\\-2&2&-4\end{pmatrix}.$$

6. 用初等变换判断下列矩阵是否可逆，若可逆，求出逆矩阵：

$$\boldsymbol{A}=\begin{pmatrix}0&2&-1\\1&1&2\\-1&-1&-1\end{pmatrix};\quad \boldsymbol{B}=\begin{pmatrix}1&2&3&4\\2&3&1&2\\1&1&1&-1\\1&0&-2&-6\end{pmatrix};$$

$$\boldsymbol{C}=\begin{pmatrix}a_1&0&\cdots&0\\0&a_2&\cdots&0\\\vdots&\vdots&\ddots&\vdots\\0&0&\cdots&a_n\end{pmatrix}\quad (a_i\neq 0;i=1,2,\cdots,n).$$

7. 求解下列矩阵方程：

(1) $\begin{pmatrix}1&1&-1\\0&2&2\\1&-1&0\end{pmatrix}\boldsymbol{X}=\begin{pmatrix}1&-1&1\\1&1&0\\2&1&1\end{pmatrix}$；

(2) $\boldsymbol{X}\begin{pmatrix}0&2&1\\2&-1&3\\-3&3&-4\end{pmatrix}=\begin{pmatrix}1&2&3\\2&-3&1\end{pmatrix}$；

(3) $\begin{pmatrix}1&1&-1\\0&2&2\\1&-1&0\end{pmatrix}\boldsymbol{X}=\begin{pmatrix}1\\4\\1\end{pmatrix}$；

(4) $\begin{pmatrix}1&0&0\\0&0&1\\0&1&0\end{pmatrix}\boldsymbol{X}\begin{pmatrix}1&0&0\\-2&1&0\\0&0&1\end{pmatrix}=\begin{pmatrix}1&2&3\\4&5&6\\7&8&9\end{pmatrix}$.

8. 设矩阵 $\boldsymbol{A}=\begin{pmatrix}1&0&1\\0&2&0\\1&0&1\end{pmatrix}$，矩阵 $\boldsymbol{X}$ 满足 $\boldsymbol{AX}+\boldsymbol{E}=\boldsymbol{A}^2+\boldsymbol{X}$，其中 $\boldsymbol{E}$ 为 3 阶单位矩阵，求矩阵 $\boldsymbol{X}$.

9. 设矩阵 $\boldsymbol{A}=\begin{pmatrix}2&1&0\\1&2&0\\0&0&1\end{pmatrix}$，矩阵 $\boldsymbol{B}$ 满足 $\boldsymbol{ABA}^*=2\boldsymbol{BA}^*+\boldsymbol{E}$，其中 $\boldsymbol{A}^*$ 为 $\boldsymbol{A}$ 的伴随矩阵，$\boldsymbol{E}$ 是 3 阶单位矩阵，求 $\boldsymbol{B}$ 及 $|\boldsymbol{B}|$.

10. 设 $(2\boldsymbol{E}-\boldsymbol{C}^{-1}\boldsymbol{B})\boldsymbol{A}^{\mathrm{T}}=\boldsymbol{C}^{-1}$，其中 $\boldsymbol{E}$ 是 4 阶单位矩阵，$\boldsymbol{A}$ 是 4 阶矩阵且

$$\boldsymbol{B}=\begin{pmatrix}1&2&-3&-2\\0&1&2&-3\\0&0&1&2\\0&0&0&1\end{pmatrix},\quad \boldsymbol{C}=\begin{pmatrix}1&2&0&1\\0&1&2&0\\0&0&1&2\\0&0&0&1\end{pmatrix},$$

求矩阵 $\boldsymbol{A}$.

11. 已知 $\boldsymbol{A},\boldsymbol{B}$ 为 3 阶矩阵，且满足 $2\boldsymbol{A}^{-1}\boldsymbol{B}=\boldsymbol{B}-4\boldsymbol{E}$，其中 $\boldsymbol{E}$ 为 3 阶单位矩阵，

(1) 证明矩阵 $\boldsymbol{A}-2\boldsymbol{E}$ 可逆；

(2) 若 $\boldsymbol{B}=\begin{pmatrix}1&-2&0\\1&2&0\\0&0&2\end{pmatrix}$，求矩阵 $\boldsymbol{A}$.

12. 设 n 阶矩阵 $\boldsymbol{A}$ 满足 $\boldsymbol{A}^2-2\boldsymbol{A}+3\boldsymbol{E}=0$，证明 $\boldsymbol{A}$ 是满秩矩阵.

13. 设 n 阶矩阵 $\boldsymbol{A}$ 满足 $\boldsymbol{AA}^{\mathrm{T}}=\boldsymbol{E}$，若 $|\boldsymbol{A}|<0$，证明 $|\boldsymbol{A}+\boldsymbol{E}|=0$.

3.5　习题详解

1. 填空题.

(1) $k\neq0$ 且 $k\neq2$；$k=0$；$k=2$；

(2) $a_4-a_1+a_2-a_3=0$；

提示　$(\boldsymbol{A},\boldsymbol{b})=\begin{pmatrix}1&1&0&0&a_1\\0&1&1&0&a_2\\0&0&1&1&a_3\\1&0&0&1&a_4\end{pmatrix}\to\begin{pmatrix}1&1&0&0&a_1\\0&1&1&0&a_2\\0&0&1&1&a_3\\0&-1&0&1&a_4-a_1\end{pmatrix}$

$$\to\begin{pmatrix}1&1&0&0&a_1\\0&1&1&0&a_2\\0&0&1&1&a_3\\0&0&1&1&a_4-a_1+a_2\end{pmatrix}\to\begin{pmatrix}1&1&0&0&a_1\\0&1&1&0&a_2\\0&0&1&1&a_3\\0&0&0&0&a_4-a_1+a_2-a_3\end{pmatrix}.$$

(3) $R(\boldsymbol{A})=R(\bar{\boldsymbol{A}})$.

2. 单项选择题.

(1) (C)；

(2) (C)；**提示**　因为 $\boldsymbol{B}=\boldsymbol{AP}_2\boldsymbol{P}_1$，$\boldsymbol{B}^{-1}=\boldsymbol{P}_2^{-1}\boldsymbol{P}_1^{-1}\boldsymbol{A}^{-1}$，而 $\boldsymbol{P}_1^{-1}=\boldsymbol{P}_1$，$\boldsymbol{P}_2^{-1}=\boldsymbol{P}_2$.

(3) A；**提示** $B=P_1AP_2$.

(4) D；

(5) D；**提示** 因为$|A|\neq 0$,所以$R(A)=3$,A为满秩矩阵.

(6) B；**提示** 因为

$$|A|=\begin{vmatrix}1&a&a&\cdots&a\\a&1&a&\cdots&a\\a&a&1&\cdots&a\\\vdots&\vdots&\vdots&&\vdots\\a&a&a&\cdots&1\end{vmatrix}$$

$$=[1+(n-1)a]\begin{vmatrix}1&a&a&\cdots&a\\1&1&a&\cdots&a\\1&a&1&\cdots&a\\\vdots&\vdots&\vdots&&\vdots\\1&a&a&\cdots&1\end{vmatrix}$$

$$=[1+(n-1)a]\begin{vmatrix}1&a&a&\cdots&a\\0&1-a&0&\cdots&0\\0&0&1-a&\cdots&0\\\vdots&\vdots&\vdots&&\vdots\\0&0&0&\cdots&1-a\end{vmatrix}$$

$$=[1+(n-1)a](1-a)^{n-1}.$$

当$a=1$时,$R(A)=1$；当$a=-\dfrac{1}{n-1}$,$R(A)=n-1$.

(7) (D)； (8) (D)； (9) (C)； (10) (B)；

(11) (A)； **提示** 因为$R(A)=r\leqslant\min\{m,n\}\leqslant n$；

(12) (D)； **提示** $R(A)<n$.

3. 由于

$$A=\begin{pmatrix}0&1&2&3&3\\1&1&1&0&5\\2&1&-1&1&1\\1&2&-1&1&2\end{pmatrix}\to\begin{pmatrix}1&1&1&0&5\\0&1&2&3&3\\2&1&-1&1&1\\1&2&-1&1&2\end{pmatrix}\to\begin{pmatrix}1&1&1&0&5\\0&1&2&3&3\\0&-1&-3&1&-9\\0&1&-2&1&-3\end{pmatrix}$$

$$\to\begin{pmatrix}1&1&1&0&5\\0&1&2&3&3\\0&0&-1&4&-6\\0&0&-4&-2&-6\end{pmatrix}\to\begin{pmatrix}1&1&1&0&5\\0&1&2&3&3\\0&0&-1&4&-6\\0&0&0&-18&18\end{pmatrix},$$

故$R(A)=4$.

由于

$$B=\begin{pmatrix}1&2&-1&0&3\\2&-1&0&1&-1\\3&1&-1&1&2\\0&-5&2&1&-7\end{pmatrix}\to\begin{pmatrix}1&2&-1&0&3\\0&-5&2&1&-7\\0&-5&2&1&-7\\0&-5&2&1&-7\end{pmatrix}\to\begin{pmatrix}1&2&-1&0&3\\0&-5&2&1&-7\\0&0&0&0&0\\0&0&0&0&0\end{pmatrix},$$

故 $R(\boldsymbol{B})=2$.

4. 由于

$$\boldsymbol{A}=\begin{pmatrix}1 & k & -1 & 2\\ 2 & -1 & k & 5\\ 1 & 10 & -6 & 1\end{pmatrix}\to\begin{pmatrix}1 & k & -1 & 2\\ 0 & -1-2k & k+2 & 1\\ 0 & 10-k & -5 & -1\end{pmatrix},$$

当第 2 行元素与第 3 行元素对应成比例时，$R(\boldsymbol{A})=2$，即 $\dfrac{-1-2k}{10-k}=\dfrac{k+2}{-5}=\dfrac{1}{-1}$，解得 $k=3$，即当 $k=3$ 时，$R(\boldsymbol{A})=2$，当 $k\neq3$ 时，$R(\boldsymbol{A})=3$.

5. 用初等行变换，有

$$\boldsymbol{A}=\begin{pmatrix}1 & -1 & 2\\ 3 & 2 & 1\\ 1 & -2 & 0\end{pmatrix}\to\begin{pmatrix}1 & -1 & 2\\ 0 & 5 & -5\\ 0 & -1 & -2\end{pmatrix}\to\begin{pmatrix}1 & -1 & 2\\ 0 & 1 & -1\\ 0 & -1 & -2\end{pmatrix}\to\begin{pmatrix}1 & -1 & 2\\ 0 & 1 & -1\\ 0 & 0 & -3\end{pmatrix}$$

$$\to\begin{pmatrix}1 & -1 & 2\\ 0 & 1 & -1\\ 0 & 0 & 1\end{pmatrix}\to\begin{pmatrix}1 & 0 & 0\\ 0 & 1 & 0\\ 0 & 0 & 1\end{pmatrix};$$

$$\boldsymbol{B}=\begin{pmatrix}1 & -1 & 2\\ 3 & -3 & 1\\ -2 & 2 & -4\end{pmatrix}\to\begin{pmatrix}1 & -1 & 2\\ 0 & 0 & -5\\ 0 & 0 & 0\end{pmatrix}\to\begin{pmatrix}1 & -1 & 2\\ 0 & 0 & 1\\ 0 & 0 & 0\end{pmatrix}\to\begin{pmatrix}1 & -1 & 0\\ 0 & 0 & 1\\ 0 & 0 & 0\end{pmatrix}\to\begin{pmatrix}1 & 0 & 0\\ 0 & 1 & 0\\ 0 & 0 & 0\end{pmatrix}.$$

6. 由于

$$(\boldsymbol{A}\,\vdots\,\boldsymbol{E})=\left(\begin{array}{ccc:ccc}0 & 2 & -1 & 1 & 0 & 0\\ 1 & 1 & 2 & 0 & 1 & 0\\ -1 & -1 & -1 & 0 & 0 & 1\end{array}\right)\to\left(\begin{array}{ccc:ccc}1 & 0 & 0 & -\frac{1}{2} & -\frac{3}{2} & -\frac{5}{2}\\ 0 & 1 & 0 & \frac{1}{2} & \frac{1}{2} & \frac{1}{2}\\ 0 & 0 & 1 & 0 & 1 & 1\end{array}\right),$$

因此

$$\boldsymbol{A}^{-1}=\begin{pmatrix}-\frac{1}{2} & -\frac{3}{2} & -\frac{5}{2}\\ \frac{1}{2} & \frac{1}{2} & \frac{1}{2}\\ 0 & 1 & 1\end{pmatrix};$$

又因为

$$(\boldsymbol{B}\,\vdots\,\boldsymbol{E})=\begin{pmatrix}1 & 2 & 3 & 4 & 1 & 0 & 0 & 0\\ 2 & 3 & 1 & 2 & 0 & 1 & 0 & 0\\ 1 & 1 & 1 & -1 & 0 & 0 & 1 & 0\\ 1 & 0 & -2 & -6 & 0 & 0 & 0 & 1\end{pmatrix}\to\left(\begin{array}{cccc:cccc}1 & 0 & 0 & 0 & 22 & -6 & -26 & 17\\ 0 & 1 & 0 & 0 & -17 & 5 & 20 & -13\\ 0 & 0 & 1 & 0 & -1 & 0 & 2 & -1\\ 0 & 0 & 0 & 1 & 4 & -1 & -5 & 3\end{array}\right),$$

因此

$$\boldsymbol{B}^{-1}=\begin{pmatrix}22 & -6 & -26 & 17\\ -17 & 5 & 20 & -13\\ -1 & 0 & 2 & -1\\ 4 & -1 & -5 & 3\end{pmatrix};$$

类似方法可以得到

$$C^{-1}=\begin{pmatrix}\frac{1}{a_1} & 0 & \cdots & 0\\ 0 & \frac{1}{a_2} & \cdots & 0\\ \vdots & \vdots & \ddots & \vdots\\ 0 & 0 & \cdots & \frac{1}{a_n}\end{pmatrix}.$$

7. (1) 若 $\boldsymbol{A}$ 可逆,则 $\boldsymbol{X}=\boldsymbol{A}^{-1}\boldsymbol{B}$,由于

$$(\boldsymbol{A}\ \vdots\ \boldsymbol{B})=\left(\begin{array}{ccc:ccc}1 & 1 & -1 & 1 & -1 & 1\\ 0 & 2 & 2 & 1 & 1 & 0\\ 1 & -1 & 0 & 2 & 1 & 1\end{array}\right)\to\left(\begin{array}{ccc:ccc}1 & 1 & -1 & 1 & -1 & 1\\ 0 & 2 & 2 & 1 & 1 & 0\\ 0 & -2 & 1 & 1 & 2 & 0\end{array}\right)$$

$$\to\left(\begin{array}{ccc:ccc}1 & 1 & -1 & 1 & -1 & 1\\ 0 & 2 & 2 & 1 & 1 & 0\\ 0 & 0 & 3 & 2 & 3 & 0\end{array}\right)\to\left(\begin{array}{ccc:ccc}1 & 1 & -1 & 1 & -1 & 1\\ 0 & 1 & 1 & \frac{1}{2} & \frac{1}{2} & 0\\ 0 & 0 & 1 & \frac{2}{3} & 1 & 0\end{array}\right)$$

$$\to\left(\begin{array}{ccc:ccc}1 & 1 & 0 & \frac{5}{3} & 0 & 1\\ 0 & 1 & 0 & -\frac{1}{6} & -\frac{1}{2} & 0\\ 0 & 0 & 1 & \frac{2}{3} & 1 & 0\end{array}\right)\to\left(\begin{array}{cccccc}1 & 0 & 0 & \frac{11}{6} & \frac{1}{2} & 1\\ 0 & 1 & 0 & -\frac{1}{6} & -\frac{1}{2} & 0\\ 0 & 0 & 1 & \frac{2}{3} & 1 & 0\end{array}\right),$$

所以

$$\boldsymbol{X}=\begin{pmatrix}\frac{11}{6} & \frac{1}{2} & 1\\ -\frac{1}{6} & -\frac{1}{2} & 0\\ \frac{2}{3} & 1 & 0\end{pmatrix}.$$

(2) 若 $\boldsymbol{A}$ 可逆,则 $\boldsymbol{X}=\boldsymbol{B}\boldsymbol{A}^{-1}$,

$$\begin{pmatrix}\boldsymbol{A}\\ \cdots\\ \boldsymbol{B}\end{pmatrix}=\left(\begin{array}{ccc}0 & 2 & 1\\ 2 & -1 & 3\\ -3 & 3 & -4\\ \hdashline 1 & 2 & 3\\ 2 & -3 & 1\end{array}\right)\to\left(\begin{array}{ccc}1 & 2 & 0\\ 3 & -1 & 2\\ -4 & 3 & -3\\ \hdashline 3 & 2 & 1\\ 1 & -3 & 2\end{array}\right)\to\left(\begin{array}{ccc}1 & 0 & 0\\ 3 & -7 & 2\\ -4 & 11 & -3\\ \hdashline 3 & -4 & 1\\ 1 & -5 & 2\end{array}\right)\to\left(\begin{array}{ccc}1 & 0 & 0\\ 3 & -1 & 2\\ -4 & 2 & -3\\ \hdashline 3 & -1 & 1\\ 1 & 1 & 2\end{array}\right)$$

$$\to\left(\begin{array}{ccc}1 & 0 & 0\\ 3 & -1 & 0\\ -4 & 2 & 1\\ \hdashline 3 & -1 & -1\\ 1 & 1 & 4\end{array}\right)\to\left(\begin{array}{ccc}1 & 0 & 0\\ 3 & -1 & 0\\ 0 & 0 & 1\\ \hdashline -1 & 1 & -1\\ 17 & -7 & 4\end{array}\right)\to\left(\begin{array}{ccc}1 & 0 & 0\\ 0 & -1 & 0\\ 0 & 0 & 1\\ \hdashline 2 & 1 & -1\\ -4 & -7 & 4\end{array}\right)\to\left(\begin{array}{ccc}1 & 0 & 0\\ 0 & 1 & 0\\ 0 & 0 & 1\\ \hdashline 2 & -1 & -1\\ -4 & 7 & 4\end{array}\right),$$

所以

$$X = BA^{-1} = \begin{pmatrix} 2 & -1 & -1 \\ -4 & 7 & 4 \end{pmatrix}.$$

(3) 若 A 可逆,则 $X=A^{-1}B$. 由于

$$(A \vdots B) = \left(\begin{array}{ccc:c} 1 & 1 & -1 & 1 \\ 0 & 2 & 2 & 4 \\ 1 & -1 & 0 & 1 \end{array}\right) \to \left(\begin{array}{ccc:c} 1 & 1 & -1 & 1 \\ 0 & 2 & 2 & 4 \\ 0 & -2 & 1 & 0 \end{array}\right) \to \left(\begin{array}{ccc:c} 1 & 1 & -1 & 1 \\ 0 & 1 & 1 & 2 \\ 0 & 0 & 3 & 4 \end{array}\right)$$

$$\to \left(\begin{array}{ccc:c} 1 & 1 & -1 & 1 \\ 0 & 1 & 1 & 2 \\ 0 & 0 & 1 & \frac{4}{3} \end{array}\right) \to \left(\begin{array}{ccc:c} 1 & 1 & 0 & \frac{7}{3} \\ 0 & 1 & 0 & \frac{2}{3} \\ 0 & 0 & 1 & \frac{4}{3} \end{array}\right) \to \left(\begin{array}{ccc:c} 1 & 0 & 0 & \frac{5}{3} \\ 0 & 1 & 0 & \frac{2}{3} \\ 0 & 0 & 1 & \frac{4}{3} \end{array}\right),$$

因此

$$X = A^{-1}B = \frac{1}{3}\begin{pmatrix} 5 \\ 2 \\ 4 \end{pmatrix}.$$

(4) 注意到 $P_1 = \begin{pmatrix} 1 & 0 & 0 \\ 0 & 0 & 1 \\ 0 & 1 & 0 \end{pmatrix}, P_2 = \begin{pmatrix} 1 & 0 & 0 \\ -2 & 1 & 0 \\ 0 & 0 & 1 \end{pmatrix}$ 都是初等方阵,其逆分别为

$$P_1^{-1} = P_1 = \begin{pmatrix} 1 & 0 & 0 \\ 0 & 0 & 1 \\ 0 & 1 & 0 \end{pmatrix}, \quad P_2^{-1} = \begin{pmatrix} 1 & 0 & 0 \\ 2 & 1 & 0 \\ 0 & 0 & 1 \end{pmatrix},$$

因为 $P_1XP_2=B, X=P_1^{-1}BP_2^{-1}$,即相当于对 B 作初等行变换,再作初等列变换得到 X,

$$\begin{pmatrix} 1 & 2 & 3 \\ 4 & 5 & 6 \\ 7 & 8 & 9 \end{pmatrix} \xrightarrow{r_2 \leftrightarrow r_3} \begin{pmatrix} 1 & 2 & 3 \\ 7 & 8 & 9 \\ 4 & 5 & 6 \end{pmatrix} \xrightarrow{c_1 + 2c_2} \begin{pmatrix} 5 & 2 & 3 \\ 23 & 8 & 9 \\ 14 & 5 & 6 \end{pmatrix},$$

因此

$$X = P_1^{-1}BP_2^{-1} = \begin{pmatrix} 5 & 2 & 3 \\ 23 & 8 & 9 \\ 14 & 5 & 6 \end{pmatrix}.$$

8. 由于

$$AX - X = A^2 - E, (A - E)X = (A - E)(A + E),$$

这里 $A-E=\begin{pmatrix} 0 & 0 & 1 \\ 0 & 1 & 0 \\ 1 & 0 & 0 \end{pmatrix}$ 可逆,因此 $X=A+E$,即 $X=A+E=\begin{pmatrix} 2 & 0 & 1 \\ 0 & 3 & 0 \\ 1 & 0 & 2 \end{pmatrix}$.

9. 由于 $|A|=\begin{vmatrix} 2 & 1 & 0 \\ 1 & 2 & 0 \\ 0 & 0 & 1 \end{vmatrix}=3$,所以 A 可逆. 又因为 $ABA^* - 2BA^* = E$,所以 $(A-2E)BA^*$

$=\boldsymbol{E}$,从而

$$(\boldsymbol{A}-2\boldsymbol{E})\boldsymbol{B}\boldsymbol{A}^{*}\frac{1}{|\boldsymbol{A}|}=\frac{1}{|\boldsymbol{A}|}\boldsymbol{E},$$

即

$$(\boldsymbol{A}-2\boldsymbol{E})\boldsymbol{B}\boldsymbol{A}^{-1}=\frac{1}{|\boldsymbol{A}|}\boldsymbol{E},$$

得到$(\boldsymbol{A}-2\boldsymbol{E})\boldsymbol{B}=\frac{1}{|\boldsymbol{A}|}\boldsymbol{A}$,故

$$\boldsymbol{B}=\frac{1}{|\boldsymbol{A}|}(\boldsymbol{A}-2\boldsymbol{E})^{-1}\boldsymbol{A}=\frac{1}{3}(\boldsymbol{A}-2\boldsymbol{E})^{-1}\boldsymbol{A}.$$

而

$$(\boldsymbol{A}-2\boldsymbol{E}\ \vdots\ \boldsymbol{A})=\left(\begin{array}{ccc:ccc}0&1&0&2&1&0\\1&0&0&1&2&0\\0&0&-1&0&0&1\end{array}\right)\to\left(\begin{array}{ccc:ccc}1&0&0&1&2&0\\0&1&0&2&1&0\\0&0&1&0&0&-1\end{array}\right),$$

因此

$$(\boldsymbol{A}-2\boldsymbol{E})^{-1}\boldsymbol{A}=\begin{pmatrix}1&2&0\\2&1&0\\0&0&-1\end{pmatrix}.$$

从而

$$\boldsymbol{B}=\frac{1}{3}(\boldsymbol{A}-2\boldsymbol{E})^{-1}\boldsymbol{A}=\frac{1}{3}\begin{pmatrix}1&2&0\\2&1&0\\0&0&-1\end{pmatrix},\quad |\boldsymbol{B}|=\left(\frac{1}{3}\right)^{3}\begin{vmatrix}1&2&0\\2&1&0\\0&0&-1\end{vmatrix}=\frac{1}{9}.$$

10. 因为$(2\boldsymbol{E}-\boldsymbol{C}^{-1}\boldsymbol{B})\boldsymbol{A}^{\mathrm{T}}=\boldsymbol{C}^{-1}$,两端左乘矩阵$\boldsymbol{C}$,得$(2\boldsymbol{C}-\boldsymbol{B})\boldsymbol{A}^{\mathrm{T}}=\boldsymbol{E}$,则$\boldsymbol{A}^{\mathrm{T}}=(2\boldsymbol{C}-\boldsymbol{B})^{-1}$,而

$$(2\boldsymbol{C}-\boldsymbol{B}\ \vdots\ \boldsymbol{E})=\left(\begin{array}{cccc:cccc}1&2&3&4&1&0&0&0\\0&1&2&3&0&1&0&0\\0&0&1&2&0&0&1&0\\0&0&0&1&0&0&0&1\end{array}\right)\to\left(\begin{array}{cccc:cccc}1&2&3&0&1&0&0&-4\\0&1&2&0&0&1&0&-3\\0&0&1&0&0&0&1&-2\\0&0&0&1&0&0&0&1\end{array}\right)$$

$$\to\left(\begin{array}{cccc:cccc}1&2&0&0&1&0&-3&2\\0&1&0&0&0&1&-2&1\\0&0&1&0&0&0&1&-2\\0&0&0&1&0&0&0&1\end{array}\right)\to\left(\begin{array}{cccc:cccc}1&0&0&0&1&-2&1&0\\0&1&0&0&0&1&-2&1\\0&0&1&0&0&0&1&-2\\0&0&0&1&0&0&0&1\end{array}\right),$$

因此

$$\boldsymbol{A}^{\mathrm{T}}=\begin{pmatrix}1&-2&1&0\\0&1&-2&1\\0&0&1&-2\\0&0&0&1\end{pmatrix},\quad \boldsymbol{A}=\begin{pmatrix}1&0&0&0\\-2&1&0&0\\1&-2&1&0\\0&1&-2&1\end{pmatrix}.$$

11. **证法1** 因为$2\boldsymbol{A}^{-1}\boldsymbol{B}=\boldsymbol{B}-4\boldsymbol{E}$,因此$\boldsymbol{AB}-2\boldsymbol{B}=4\boldsymbol{A}$,$\boldsymbol{AB}-2\boldsymbol{B}-4\boldsymbol{A}+8\boldsymbol{E}=8\boldsymbol{E}$,$(\boldsymbol{A}-2\boldsymbol{E})\boldsymbol{B}-(\boldsymbol{A}-2\boldsymbol{E})4=8\boldsymbol{E}$,故

$$(\boldsymbol{A}-2\boldsymbol{E})(\boldsymbol{B}-4\boldsymbol{E})=8\boldsymbol{E},\quad (\boldsymbol{A}-2\boldsymbol{E})\left[\frac{1}{8}(\boldsymbol{B}-4\boldsymbol{E})\right]=\boldsymbol{E},$$

所以 $\boldsymbol{A}-2\boldsymbol{E}$ 可逆.

证法 2 由 $\boldsymbol{AB}-2\boldsymbol{B}=4\boldsymbol{A}$,得 $\boldsymbol{AB}-4\boldsymbol{A}=2\boldsymbol{B}$,所以 $\boldsymbol{A}(\boldsymbol{B}-4\boldsymbol{E})=2\boldsymbol{B}$,即 $\boldsymbol{A}=2\boldsymbol{B}(\boldsymbol{B}-4\boldsymbol{E})^{-1}$. 而

$$\begin{pmatrix}\boldsymbol{B}-4\boldsymbol{E}\\ \hdashline \boldsymbol{B}\end{pmatrix}=\begin{pmatrix}-3&-2&0\\1&-2&0\\0&0&-2\\ \hdashline 1&-2&0\\1&2&0\\0&0&2\end{pmatrix}\to\begin{pmatrix}-2&-3&0\\-2&1&0\\0&0&-2\\ \hdashline -2&1&0\\2&1&0\\0&0&2\end{pmatrix}\to\begin{pmatrix}1&-3&0\\1&1&0\\0&0&1\\ \hdashline 1&1&0\\-1&1&0\\0&0&-1\end{pmatrix}$$

$$\to\begin{pmatrix}1&0&0\\1&4&0\\0&0&1\\ \hdashline 1&4&0\\-1&-2&0\\0&0&-1\end{pmatrix}\to\begin{pmatrix}1&0&0\\1&1&0\\0&0&1\\ \hdashline 1&1&0\\-1&-\frac{1}{2}&0\\0&0&-1\end{pmatrix}\to\begin{pmatrix}1&0&0\\0&1&0\\0&0&1\\ \hdashline 0&1&0\\-\frac{1}{2}&-\frac{1}{2}&0\\0&0&-1\end{pmatrix},$$

故

$$\boldsymbol{B}(\boldsymbol{B}-4\boldsymbol{E})^{-1}=\begin{pmatrix}0&1&0\\-\frac{1}{2}&-\frac{1}{2}&0\\0&0&-1\end{pmatrix},$$

因此

$$\boldsymbol{A}=2\boldsymbol{B}(\boldsymbol{B}-4\boldsymbol{E})^{-1}=\begin{pmatrix}0&2&0\\-1&-1&0\\0&0&-2\end{pmatrix}.$$

12. 因为 $\boldsymbol{A}^2-2\boldsymbol{A}+3\boldsymbol{E}=0$,所以

$$\boldsymbol{A}(\boldsymbol{A}-2\boldsymbol{E})=-3\boldsymbol{E},\quad \boldsymbol{A}\left[-\frac{1}{3}(\boldsymbol{A}-2\boldsymbol{E})\right]=\boldsymbol{E},$$

所以 $\boldsymbol{A}$ 可逆,则 $\boldsymbol{A}$ 为满秩矩阵.

13. 由于

$$\begin{aligned}|\boldsymbol{A}+\boldsymbol{E}|&=|\boldsymbol{A}+\boldsymbol{A}\boldsymbol{A}^{-1}|=|\boldsymbol{A}(\boldsymbol{E}+\boldsymbol{A}^{-1})|=|\boldsymbol{A}||(\boldsymbol{E}+\boldsymbol{A}^{-1})|=|\boldsymbol{A}||(\boldsymbol{E}+\boldsymbol{A}^{\mathrm{T}})|,\\&=|\boldsymbol{A}||(\boldsymbol{E}+\boldsymbol{A})^{\mathrm{T}}|=|\boldsymbol{A}||\boldsymbol{A}+\boldsymbol{E}|,\end{aligned}$$

因此 $(1-|\boldsymbol{A}|)|\boldsymbol{A}+\boldsymbol{E}|=0$,又因为 $1-|\boldsymbol{A}|>0$,所以有 $|\boldsymbol{A}+\boldsymbol{E}|=0$.

第4章

向量组的线性相关性

4.1 本章知识结构图

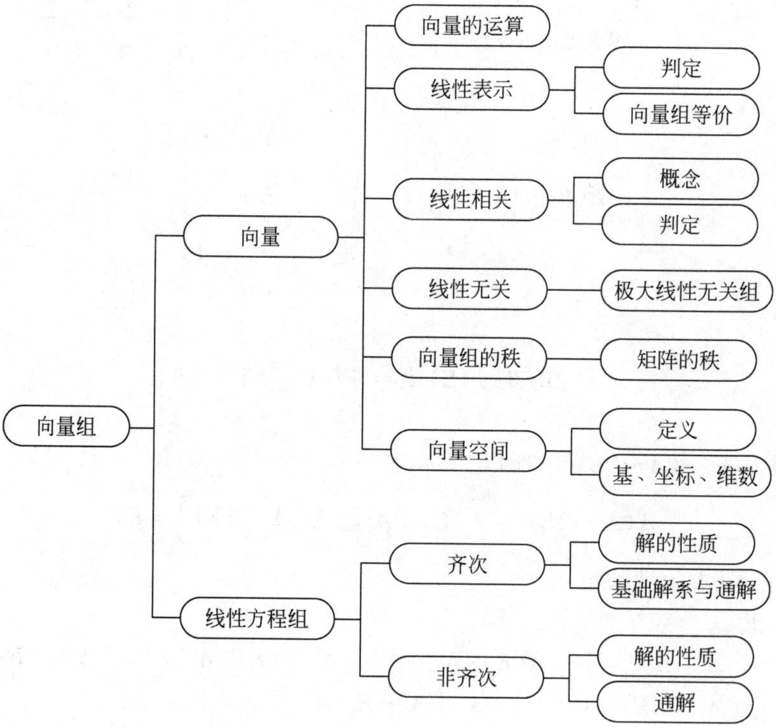

4.2　内容提要

4.2.1　向量的线性组合(线性表示)

设$\boldsymbol{\beta},\boldsymbol{\alpha}_1,\boldsymbol{\alpha}_2,\cdots,\boldsymbol{\alpha}_s$均为$n$维向量,若存在着一组数$k_1,k_2,\cdots,k_s$使得$\boldsymbol{\beta}=k_1\boldsymbol{\alpha}_1+k_2\boldsymbol{\alpha}_2+\cdots+k_s\boldsymbol{\alpha}_s$,则称向量$\boldsymbol{\beta}$可由向量组$\boldsymbol{\alpha}_1,\boldsymbol{\alpha}_2,\cdots,\boldsymbol{\alpha}_s$ **线性表示**,或称向量$\boldsymbol{\beta}$是向量组$\boldsymbol{\alpha}_1,\boldsymbol{\alpha}_2,\cdots,\boldsymbol{\alpha}_s$的**线性组合**.

若向量

$$\boldsymbol{\beta}=\begin{pmatrix}b_1\\b_2\\\vdots\\b_n\end{pmatrix},\quad \boldsymbol{\alpha}_j=\begin{pmatrix}a_{1j}\\a_{2j}\\\vdots\\a_{nj}\end{pmatrix}\quad(j=1,2,\cdots,s),$$

则向量$\boldsymbol{\beta}$可由向量组$\boldsymbol{\alpha}_1,\boldsymbol{\alpha}_2,\cdots,\boldsymbol{\alpha}_s$线性表示的充分必要条件是线性方程组$x_1\boldsymbol{\alpha}_1+x_2\boldsymbol{\alpha}_2+\cdots+x_s\boldsymbol{\alpha}_s=\boldsymbol{\beta}$有解,而方程组有解的充分必要条件是矩阵$\mathbf{A}=(\boldsymbol{\alpha}_1,\boldsymbol{\alpha}_2,\cdots,\boldsymbol{\alpha}_s)$与矩阵$\overline{\mathbf{A}}=(\boldsymbol{\alpha}_1,\boldsymbol{\alpha}_2,\cdots,\boldsymbol{\alpha}_s,\boldsymbol{\beta})$的秩相等.

注　当$\boldsymbol{\beta},\boldsymbol{\alpha}_1,\boldsymbol{\alpha}_2,\cdots,\boldsymbol{\alpha}_s$都是行向量组时,则矩阵$\mathbf{A}=(\boldsymbol{\alpha}_1^{\mathrm{T}},\boldsymbol{\alpha}_2^{\mathrm{T}},\cdots,\boldsymbol{\alpha}_s^{\mathrm{T}})$,矩阵$\overline{\mathbf{A}}=(\boldsymbol{\alpha}_1^{\mathrm{T}},\boldsymbol{\alpha}_2^{\mathrm{T}},\cdots,\boldsymbol{\alpha}_s^{\mathrm{T}},\boldsymbol{\beta}^{\mathrm{T}})$.

4.2.2　向量组之间的线性表示

设两个向量组

$$A:\boldsymbol{\alpha}_1,\boldsymbol{\alpha}_2,\cdots,\boldsymbol{\alpha}_s,\quad B:\boldsymbol{\beta}_1,\boldsymbol{\beta}_2,\cdots,\boldsymbol{\beta}_t,$$

若B中的每一个向量$\boldsymbol{\beta}_i(i=1,2,\cdots,t)$都可由向量组$A$中的$\boldsymbol{\alpha}_1,\boldsymbol{\alpha}_2,\cdots,\boldsymbol{\alpha}_s$线性表示,则称向量组$B$可由向量组$A$线性表示;若向量组$A$与向量组$B$可以相互线性表示,则称这两个**向量组等价**.

按照定义,向量组B可由向量组A线性表示,可设

$$\begin{cases}\boldsymbol{\beta}_1=k_{11}\boldsymbol{\alpha}_1+k_{21}\boldsymbol{\alpha}_2+\cdots+k_{s1}\boldsymbol{\alpha}_s\\\boldsymbol{\beta}_2=k_{12}\boldsymbol{\alpha}_1+k_{22}\boldsymbol{\alpha}_2+\cdots+k_{s2}\boldsymbol{\alpha}_s\\\qquad\cdots\cdots\\\boldsymbol{\beta}_t=k_{1t}\boldsymbol{\alpha}_1+k_{2t}\boldsymbol{\alpha}_2+\cdots+k_{st}\boldsymbol{\alpha}_s\end{cases}$$

当向量组$\mathbf{A}$和向量组B都是列向量组时,

$$(\boldsymbol{\beta}_1,\boldsymbol{\beta}_2,\cdots,\boldsymbol{\beta}_t)=(\boldsymbol{\alpha}_1,\boldsymbol{\alpha}_2,\cdots,\boldsymbol{\alpha}_s)\begin{pmatrix}k_{11}&k_{12}&\cdots&k_{1t}\\k_{21}&k_{22}&\cdots&k_{2t}\\\vdots&\vdots&&\vdots\\k_{s1}&k_{s2}&\cdots&k_{st}\end{pmatrix}$$

这里称矩阵$\boldsymbol{K}=\begin{pmatrix}k_{11}&k_{12}&\cdots&k_{1t}\\k_{21}&k_{22}&\cdots&k_{2t}\\\vdots&\vdots&&\vdots\\k_{s1}&k_{s2}&\cdots&k_{st}\end{pmatrix}$为线性表示的**系数矩阵**.

向量组等价的性质：

(1) 反身性：向量组 A 与自身是等价的；

(2) 对称性：若向量组 A 与向量组 B 等价，则向量组 B 与向量组 A 也等价；

(3) 传递性：若向量组 A 与向量组 B 等价，且向量组 B 与向量组 C 等价，则向量组 A 与向量组 C 等价.

4.2.3 向量组的相关性

设 $\boldsymbol{\alpha}_1,\boldsymbol{\alpha}_2,\cdots,\boldsymbol{\alpha}_m$ 为一个 n 维向量组，若存在着一组不全为零的数 $k_1,k_2,\cdots,k_m$ 使得

$$k_1\boldsymbol{\alpha}_1+k_2\boldsymbol{\alpha}_2+\cdots+k_m\boldsymbol{\alpha}_m=\mathbf{0}$$

成立，则称向量组 $\boldsymbol{\alpha}_1,\boldsymbol{\alpha}_2,\cdots,\boldsymbol{\alpha}_m$ **线性相关**；否则称向量组 $\boldsymbol{\alpha}_1,\boldsymbol{\alpha}_2,\cdots,\boldsymbol{\alpha}_m$ **线性无关**.

注 (1) 当向量组只有一个向量时，$\boldsymbol{\alpha}=\mathbf{0}\Leftrightarrow\boldsymbol{\alpha}$ 线性相关；$\boldsymbol{\alpha}\neq\mathbf{0}\Leftrightarrow\boldsymbol{\alpha}$ 线性无关.

(2) 当向量组有两个向量 $\boldsymbol{\alpha}_1$ 和 $\boldsymbol{\alpha}_2$ 时，两个向量线性相关 $\Leftrightarrow$ 两个向量对应分量成比例.

设 $\boldsymbol{\alpha}_1,\boldsymbol{\alpha}_2,\cdots,\boldsymbol{\alpha}_m$ 为一个 n 维向量组，记 $\mathbf{A}=(\boldsymbol{\alpha}_1,\boldsymbol{\alpha}_2,\cdots,\boldsymbol{\alpha}_m)$，则

1) $\boldsymbol{\alpha}_1,\boldsymbol{\alpha}_2,\cdots,\boldsymbol{\alpha}_m$ 线性相关 $\Leftrightarrow$ 齐次方程组 $k_1\boldsymbol{\alpha}_1+k_2\boldsymbol{\alpha}_2+\cdots+k_m\boldsymbol{\alpha}_m=\mathbf{0}$ 有非零解 $\Leftrightarrow R(\mathbf{A})<m$，

2) $\boldsymbol{\alpha}_1,\boldsymbol{\alpha}_2,\cdots,\boldsymbol{\alpha}_m$ 线性无关 $\Leftrightarrow$ 齐次方程组 $k_1\boldsymbol{\alpha}_1+k_2\boldsymbol{\alpha}_2+\cdots+k_m\boldsymbol{\alpha}_m=\mathbf{0}$ 只有零解 $\Leftrightarrow R(\mathbf{A})=m$.

特别的，若 $\boldsymbol{\alpha}_1,\boldsymbol{\alpha}_2,\cdots,\boldsymbol{\alpha}_n$ 为一个 n 维向量组，则 $\boldsymbol{\alpha}_1,\boldsymbol{\alpha}_2,\cdots,\boldsymbol{\alpha}_n$ 线性相关 $\Leftrightarrow|\mathbf{A}|=0$；$\boldsymbol{\alpha}_1,\boldsymbol{\alpha}_2,\cdots,\boldsymbol{\alpha}_n$ 线性无关 $\Leftrightarrow|\mathbf{A}|\neq0$.

若 n 维向量组 $\boldsymbol{\alpha}_1,\boldsymbol{\alpha}_2,\cdots,\boldsymbol{\alpha}_m$ 满足 $m>n$，则向量组线性相关.

4.2.4 向量组线性相关的几个定理

(1) 设 $\boldsymbol{\alpha}_1,\boldsymbol{\alpha}_2,\cdots,\boldsymbol{\alpha}_m(m\geqslant2)$ 为一个 n 维向量组，向量组 $\boldsymbol{\alpha}_1,\boldsymbol{\alpha}_2,\cdots,\boldsymbol{\alpha}_m$ 线性相关 $\Leftrightarrow$ 存在着一个向量 $\boldsymbol{\alpha}_i$ 可由其余向量线性表示，即

$$\boldsymbol{\alpha}_i=k_1\boldsymbol{\alpha}_1+k_2\boldsymbol{\alpha}_2+\cdots+k_{i-1}\boldsymbol{\alpha}_{i-1}+k_{i+1}\boldsymbol{\alpha}_{i+1}+\cdots k_m\boldsymbol{\alpha}_m.$$

(2) 设向量组 $\boldsymbol{\alpha}_1,\boldsymbol{\alpha}_2,\cdots,\boldsymbol{\alpha}_m$ 线性无关，而 $\boldsymbol{\alpha}_1,\boldsymbol{\alpha}_2,\cdots,\boldsymbol{\alpha}_m$ 与 $\boldsymbol{\beta}$ 线性相关，则 $\boldsymbol{\beta}$ 可由向量组 $\boldsymbol{\alpha}_1,\boldsymbol{\alpha}_2,\cdots,\boldsymbol{\alpha}_m$ 线性表示，且表示法唯一.

(3) 若向量组 $\boldsymbol{\alpha}_1,\boldsymbol{\alpha}_2,\cdots,\boldsymbol{\alpha}_m$ 存在部分组 $\boldsymbol{\alpha}_{i_1},\boldsymbol{\alpha}_{i_2},\cdots,\boldsymbol{\alpha}_{i_r}$ 线性相关，则向量组 $\boldsymbol{\alpha}_1,\boldsymbol{\alpha}_2,\cdots,\boldsymbol{\alpha}_m$ 线性相关；反之，若向量组线性无关，则它的任何部分向量组也线性无关.

特别的，含有零向量的向量组一定线性相关.

(4) 设向量组 $\boldsymbol{\beta}_1,\boldsymbol{\beta}_2,\cdots,\boldsymbol{\beta}_k$ 可由向量组 $\boldsymbol{\alpha}_1,\boldsymbol{\alpha}_2,\cdots,\boldsymbol{\alpha}_s$ 线性表示，若 $k>s$，则向量组 $\boldsymbol{\beta}_1,\boldsymbol{\beta}_2,\cdots,\boldsymbol{\beta}_k$ 线性相关；反之，若向量组 $\boldsymbol{\beta}_1,\boldsymbol{\beta}_2,\cdots,\boldsymbol{\beta}_k$ 线性无关，则 $k\leqslant s$.

特别的，若两个线性无关的向量组等价，它们所含向量的个数必相等.

4.2.5 向量组的极大无关组

若向量组 $\boldsymbol{\alpha}_1,\boldsymbol{\alpha}_2,\cdots,\boldsymbol{\alpha}_s$ 中可以选出 r 个向量 $\boldsymbol{\alpha}_{i_1},\boldsymbol{\alpha}_{i_2},\cdots,\boldsymbol{\alpha}_{i_r}$，满足

(1) 向量组 $\boldsymbol{\alpha}_{i_1},\boldsymbol{\alpha}_{i_2},\cdots,\boldsymbol{\alpha}_{i_r}$ 线性无关；

(2) 向量组 $\boldsymbol{\alpha}_1,\boldsymbol{\alpha}_2,\cdots,\boldsymbol{\alpha}_s$ 中任意 $r+1$ 个向量(如果存在)线性相关，

则称向量组$\boldsymbol{\alpha}_{i_1},\boldsymbol{\alpha}_{i_2},\cdots,\boldsymbol{\alpha}_{i_r}$是向量组$\boldsymbol{\alpha}_1,\boldsymbol{\alpha}_2,\cdots,\boldsymbol{\alpha}_s$的一个**极大线性无关组**.

极大无关组的等价定义：

若向量组$\boldsymbol{\alpha}_1,\boldsymbol{\alpha}_2,\cdots,\boldsymbol{\alpha}_s$中可以选出$r$个向量$\boldsymbol{\alpha}_{i_1},\boldsymbol{\alpha}_{i_2},\cdots,\boldsymbol{\alpha}_{i_r}$，满足

(1) 向量组$\boldsymbol{\alpha}_{i_1},\boldsymbol{\alpha}_{i_2},\cdots,\boldsymbol{\alpha}_{i_r}$线性无关；

(2) 向量组$\boldsymbol{\alpha}_1,\boldsymbol{\alpha}_2,\cdots,\boldsymbol{\alpha}_s$中任意一个向量均可被$\boldsymbol{\alpha}_{i_1},\boldsymbol{\alpha}_{i_2},\cdots,\boldsymbol{\alpha}_{i_r}$线性表示，则称向量组$\boldsymbol{\alpha}_{i_1},\boldsymbol{\alpha}_{i_2},\cdots,\boldsymbol{\alpha}_{i_r}$是向量组$\boldsymbol{\alpha}_1,\boldsymbol{\alpha}_2,\cdots,\boldsymbol{\alpha}_s$的一个**极大线性无关组**.

极大无关组的性质：

(1) 向量组与它的极大无关组等价.

(2) 一个向量组的两个极大无关组是等价的，它们所含向量的个数相等.

4.2.6 向量组的秩

向量组$\boldsymbol{\alpha}_1,\boldsymbol{\alpha}_2,\cdots,\boldsymbol{\alpha}_s$的极大无关组所含向量的个数称为该**向量组的秩**，记作$R(\boldsymbol{\alpha}_1,\boldsymbol{\alpha}_2,\cdots,\boldsymbol{\alpha}_s)$.

向量组的秩的性质：

(1) 向量组$\boldsymbol{\alpha}_1,\boldsymbol{\alpha}_2,\cdots,\boldsymbol{\alpha}_s$线性无关$\Leftrightarrow R(\boldsymbol{\alpha}_1,\boldsymbol{\alpha}_2,\cdots,\boldsymbol{\alpha}_s)=s$；向量组$\boldsymbol{\alpha}_1,\boldsymbol{\alpha}_2,\cdots,\boldsymbol{\alpha}_s$线性相关$\Leftrightarrow R(\boldsymbol{\alpha}_1,\boldsymbol{\alpha}_2,\cdots,\boldsymbol{\alpha}_s)<s$；

(2) 若向量组$\boldsymbol{\beta}_1,\boldsymbol{\beta}_2,\cdots,\boldsymbol{\beta}_k$可由向量组$\boldsymbol{\alpha}_1,\boldsymbol{\alpha}_2,\cdots,\boldsymbol{\alpha}_s$线性表示，则$R(\boldsymbol{\beta}_1,\boldsymbol{\beta}_2,\cdots,\boldsymbol{\beta}_k)\leqslant R(\boldsymbol{\alpha}_1,\boldsymbol{\alpha}_2,\cdots,\boldsymbol{\alpha}_s)$；

(3) 若两个向量组等价，则它们的秩相等.

4.2.7 矩阵的秩与向量组的秩之间的关系

设矩阵

$$\boldsymbol{A}=\begin{pmatrix} a_{11} & a_{12} & \cdots & a_{1n} \\ a_{21} & a_{22} & \cdots & a_{2n} \\ \cdots & \cdots & \cdots & \cdots \\ a_{m1} & a_{m2} & \cdots & a_{mn} \end{pmatrix},$$

矩阵按列分块，记$\boldsymbol{A}=(\boldsymbol{\alpha}_1,\boldsymbol{\alpha}_2,\cdots,\boldsymbol{\alpha}_n)$，其中$\boldsymbol{\alpha}_j=\begin{pmatrix} a_{1j} \\ a_{2j} \\ \vdots \\ a_{mj} \end{pmatrix}(j=1,2,\cdots,n)$称为矩阵$\boldsymbol{A}$的**列向量**；矩阵按行分块，记$\boldsymbol{A}=\begin{pmatrix} \boldsymbol{\beta}_1^{\mathrm{T}} \\ \boldsymbol{\beta}_2^{\mathrm{T}} \\ \vdots \\ \boldsymbol{\beta}_m^{\mathrm{T}} \end{pmatrix}$，其中$\boldsymbol{\beta}_i=\begin{pmatrix} a_{i1} \\ a_{i2} \\ \vdots \\ a_{in} \end{pmatrix}(i=1,2,\cdots,m)$为矩阵$\boldsymbol{A}$的**行向量**.

矩阵$\boldsymbol{A}$的秩即等于它行向量组的行秩，也等于它列向量组的列秩.

4.2.8 齐次线性方程组解的结构

设有齐次线性方程组

$$\begin{cases} a_{11}x_1 + a_{12}x_2 + \cdots + a_{1n}x_n = 0 \\ a_{21}x_1 + a_{22}x_2 + \cdots + a_{2n}x_n = 0 \\ \cdots\cdots \\ a_{m1}x_1 + a_{m2}x_2 + \cdots + a_{mn}x_n = 0 \end{cases},$$

其矩阵形式为 $\boldsymbol{A}_{m\times n}\boldsymbol{x}=\boldsymbol{0}$ 或 $\boldsymbol{Ax}=\boldsymbol{0}$，则齐次线性方程组的解具有如下性质：

(1) 若向量 $\boldsymbol{\xi}_1,\boldsymbol{\xi}_2$ 是方程组 $\boldsymbol{Ax}=\boldsymbol{0}$ 的解，则 $\boldsymbol{\xi}_1+\boldsymbol{\xi}_2$ 也是方程组 $\boldsymbol{Ax}=\boldsymbol{0}$ 的解；

(2) 若向量 $\boldsymbol{\xi}$ 是方程组 $\boldsymbol{Ax}=\boldsymbol{0}$ 的解，k 为实数，则 $k\boldsymbol{\xi}$ 也是方程组 $\boldsymbol{Ax}=\boldsymbol{0}$ 的解.

齐次线性方程组 $\boldsymbol{Ax}=\boldsymbol{0}$ 的解集的最大线性无关组称为 $\boldsymbol{Ax}=\boldsymbol{0}$ 的**基础解系**. 关于齐次线性方程组的基础解系有如下两个重要结论：

(1) 若齐次线性方程组 $\boldsymbol{A}_{m\times n}\boldsymbol{x}=\boldsymbol{0}$ 的系数矩阵的秩 $R(\boldsymbol{A})=r<n$，则该方程组的基础解系一定存在，且每个基础解系含有的解向量个数为 $n-r$，这里 n 是方程组未知量的个数.

(2) 若 $\boldsymbol{\xi}_1,\boldsymbol{\xi}_2,\cdots\boldsymbol{\xi}_{n-r}$ 是齐次线性方程组 $\boldsymbol{A}_{m\times n}\boldsymbol{x}=\boldsymbol{0}$ 的一个基础解系，则齐次线性方程组 $\boldsymbol{A}_{m\times n}\boldsymbol{x}=\boldsymbol{0}$ 的全部解可表示为

$$\boldsymbol{x}=c_1\boldsymbol{\xi}_1+c_2\boldsymbol{\xi}_2+\cdots+c_{n-r}\boldsymbol{\xi}_{n-r},$$

其中 $c_1,c_2,\cdots,c_{n-r}$ 为任意实数，上式也称为齐次线性方程组 $\boldsymbol{A}_{m\times n}\boldsymbol{x}=\boldsymbol{0}$ 的**通解**.

4.2.9 非齐次线性方程组解的结构

设有非齐次线性方程组

$$\begin{cases} a_{11}x_1 + a_{12}x_2 + \cdots + a_{1n}x_n = b_1 \\ a_{21}x_1 + a_{22}x_2 + \cdots + a_{2n}x_n = b_2 \\ \cdots\cdots \\ a_{m1}x_1 + a_{m2}x_2 + \cdots + a_{mn}x_n = b_m \end{cases},$$

其矩阵形式为 $\boldsymbol{A}_{m\times n}\boldsymbol{x}=\boldsymbol{b}$ 或 $\boldsymbol{Ax}=\boldsymbol{b}$，称齐次线性方程组 $\boldsymbol{Ax}=\boldsymbol{0}$ 为 $\boldsymbol{Ax}=\boldsymbol{b}$ 的**导出组**(或**对应的齐次线性方程组**).

非齐次线性方程组的解具有如下性质：

(1) 设 $\boldsymbol{\eta}_1,\boldsymbol{\eta}_2$ 是非齐次线性方程组 $\boldsymbol{Ax}=\boldsymbol{b}$ 的解，则 $\boldsymbol{\eta}_1-\boldsymbol{\eta}_2$ 是导出组 $\boldsymbol{Ax}=\boldsymbol{0}$ 的解；

(2) 设 $\boldsymbol{\eta}$ 是非齐次线性方程组 $\boldsymbol{Ax}=\boldsymbol{b}$ 的解，$\boldsymbol{\xi}$ 是导出组 $\boldsymbol{Ax}=\boldsymbol{0}$ 的解，则 $\boldsymbol{\eta}+\boldsymbol{\xi}$ 是非齐次线性方程组 $\boldsymbol{Ax}=\boldsymbol{b}$ 的解.

关于非齐次线性方程组的通解有如下结论：

设 $\boldsymbol{\eta}$ 是非齐次线性方程组 $\boldsymbol{Ax}=\boldsymbol{b}$ 的一个解(**特解**)，$\boldsymbol{\xi}_1,\boldsymbol{\xi}_2,\cdots\boldsymbol{\xi}_{n-r}$ 是导出组 $\boldsymbol{Ax}=\boldsymbol{0}$ 的一个基础解系，则 $\boldsymbol{Ax}=\boldsymbol{b}$ 的全部解为

$$\boldsymbol{x}=\boldsymbol{\eta}+c_1\boldsymbol{\xi}_1+c_2\boldsymbol{\xi}_2+\cdots+c_{n-r}\boldsymbol{\xi}_{n-r},$$

其中 $c_1,c_2,\cdots,c_{n-r}$ 为任意实数.

4.2.10 向量空间

(1) 向量空间的概念

设 R 是一个实数域，V 是 R 上所有 n 维向量组成的集合，集合 V 对向量的加法运算

及数乘运算封闭，即

1）若 $k\alpha\in V$，有$\boldsymbol{\alpha}+\boldsymbol{\beta}\in V$；

2）若 $\alpha\in V,k\in R$，有 $k\boldsymbol{\alpha}\in V$，

则称 V 是数域 R 上的一个**向量空间**.

特别的，实数域 R 的全体 n 维向量组成的向量空间一般记为 R^n，即

$$R^n=\{(a_1,a_2,\cdots,a_n)^{\mathrm{T}}\mid a_i\in \boldsymbol{R},i=1,2,\cdots,n\}.$$

设 V_1,V_2 都是向量空间且 $V_1\subseteq V_2$，则称 V_1 是 V_2 的**子空间**.

(2) 空间的基与维数

设 V 是数域 R 上的一个向量空间，若有 r 个向量$\boldsymbol{\alpha}_1,\boldsymbol{\alpha}_2,\cdots,\boldsymbol{\alpha}_r$ 满足

1）$\boldsymbol{\alpha}_1,\boldsymbol{\alpha}_2,\cdots,\boldsymbol{\alpha}_r$ 线性无关；

2）V 中任意一个向量都可以被$\boldsymbol{\alpha}_1,\boldsymbol{\alpha}_2,\cdots,\boldsymbol{\alpha}_r$ 线性表示，则称向量组$\boldsymbol{\alpha}_1,\boldsymbol{\alpha}_2,\cdots,\boldsymbol{\alpha}_r$ 是向量空间 V 中的一个**基**，称数 r 是向量空间 V 的**维数**，记作 $\dim\boldsymbol{V}$，即 $\dim\boldsymbol{V}=r$.

(3) 向量的坐标

设$\boldsymbol{\alpha}_1,\boldsymbol{\alpha}_2,\cdots,\boldsymbol{\alpha}_r$ 是向量空间 V 中的一个基，则任意向量$\boldsymbol{\alpha}$ 都可由$\boldsymbol{\alpha}_1,\boldsymbol{\alpha}_2,\cdots,\boldsymbol{\alpha}_r$ 唯一地表示为

$$\boldsymbol{\alpha}=x_1\boldsymbol{\alpha}_1+x_2\boldsymbol{\alpha}_2+\cdots+x_r\boldsymbol{\alpha}_r=(\boldsymbol{\alpha}_1,\boldsymbol{\alpha}_2,\cdots,\boldsymbol{\alpha}_r)\begin{pmatrix}x_1\\x_2\\\vdots\\x_r\end{pmatrix},$$

则称数组 $x_1,x_2,\cdots,x_r$ 为向量$\boldsymbol{\alpha}$ 在基$\boldsymbol{\alpha}_1,\boldsymbol{\alpha}_2,\cdots,\boldsymbol{\alpha}_r$ 中的**坐标**.

特别的，n 维向量空间 R^n 中的单位坐标向量 $\boldsymbol{e}_1,\boldsymbol{e}_2,\cdots,\boldsymbol{e}_n$ 称为 R^n 中的**自然基**，对于以 $x_1,x_2,\cdots,x_n$ 为分量的向量 $\boldsymbol{x}$，则有

$$\boldsymbol{x}=x_1\boldsymbol{e}_1+x_2\boldsymbol{e}_2+\cdots+x_n\boldsymbol{e}_n.$$

(4) 基变换公式与坐标变换公式

设空间 R^r 中两个基分别为$\boldsymbol{\alpha}_1,\boldsymbol{\alpha}_2,\cdots,\boldsymbol{\alpha}_r$ 和$\boldsymbol{\beta}_1,\boldsymbol{\beta}_2,\cdots,\boldsymbol{\beta}_r$. 设 $\boldsymbol{A}=(\boldsymbol{\alpha}_1,\boldsymbol{\alpha}_2,\cdots,\boldsymbol{\alpha}_r)$，$\boldsymbol{B}=(\boldsymbol{\beta}_1,\boldsymbol{\beta}_2,\cdots,\boldsymbol{\beta}_r)$，则有基变换公式

$$(\boldsymbol{\beta}_1,\boldsymbol{\beta}_2,\cdots,\boldsymbol{\beta}_r)=(\boldsymbol{\alpha}_1,\boldsymbol{\alpha}_2,\cdots,\boldsymbol{\alpha}_r)\boldsymbol{P},$$

其中 $\boldsymbol{P}=\boldsymbol{A}^{-1}\boldsymbol{B}$ 称为从基$\boldsymbol{\alpha}_1,\boldsymbol{\alpha}_2,\cdots,\boldsymbol{\alpha}_r$ 到基$\boldsymbol{\beta}_1,\boldsymbol{\beta}_2,\cdots,\boldsymbol{\beta}_r$ 下的**过渡矩阵**；而 $\boldsymbol{P}^{-1}=\boldsymbol{B}^{-1}\boldsymbol{A}$ 称为从基$\boldsymbol{\beta}_1,\boldsymbol{\beta}_2,\cdots,\boldsymbol{\beta}_r$ 到$\boldsymbol{\alpha}_1,\boldsymbol{\alpha}_2,\cdots,\boldsymbol{\alpha}_r$ 基下的**过渡矩阵**.

设$\boldsymbol{\alpha}$ 是向量空间 R^r 中一个向量，$\boldsymbol{\alpha}$ 在基$\boldsymbol{\alpha}_1,\boldsymbol{\alpha}_2,\cdots,\boldsymbol{\alpha}_r$ 下的坐标为 $x_1,x_2,\cdots,x_r$，$\boldsymbol{\alpha}$ 在基$\boldsymbol{\beta}_1,\boldsymbol{\beta}_2,\cdots,\boldsymbol{\beta}_r$ 下的坐标为 $y_1,y_2,\cdots,y_r$ 则有坐标变换公式

$$\begin{pmatrix}y_1\\y_2\\\vdots\\y_r\end{pmatrix}=\boldsymbol{P}\begin{pmatrix}x_1\\x_2\\\vdots\\x_r\end{pmatrix},\quad 或\quad \begin{pmatrix}x_1\\x_2\\\vdots\\x_r\end{pmatrix}=\boldsymbol{P}^{-1}\begin{pmatrix}y_1\\y_2\\\vdots\\y_r\end{pmatrix}$$

其中 $\boldsymbol{P}=\boldsymbol{A}^{-1}\boldsymbol{B}$.

4.2.11　几个重要结论

(1) 设$\boldsymbol{\alpha}_1,\boldsymbol{\alpha}_2,\cdots,\boldsymbol{\alpha}_s$ 和$\boldsymbol{\beta}_1,\boldsymbol{\beta}_2,\cdots,\boldsymbol{\beta}_k$ 均为 n 维向量组，记 $\boldsymbol{A}=(\boldsymbol{\alpha}_1,\boldsymbol{\alpha}_2,\cdots,\boldsymbol{\alpha}_s)$，$\boldsymbol{B}=(\boldsymbol{\beta}_1,$

$\boldsymbol{\beta}_2,\cdots,\boldsymbol{\beta}_k$)，则有

$$\max\{R(\boldsymbol{A}),R(\boldsymbol{B})\}\leqslant R(\boldsymbol{A},\boldsymbol{B})\leqslant R(\boldsymbol{A})+R(\boldsymbol{B}),$$

或

$$\max\{R(\boldsymbol{\alpha}_1,\boldsymbol{\alpha}_2,\cdots,\boldsymbol{\alpha}_s),R(\boldsymbol{\beta}_1,\boldsymbol{\beta}_2,\cdots,\boldsymbol{\beta}_k)\}\leqslant R(\boldsymbol{\alpha}_1,\boldsymbol{\alpha}_2,\cdots,\boldsymbol{\alpha}_s,\boldsymbol{\beta}_1,\boldsymbol{\beta}_2,\cdots,\boldsymbol{\beta}_k).$$
$$\leqslant R(\boldsymbol{\alpha}_1,\boldsymbol{\alpha}_2,\cdots,\boldsymbol{\alpha}_s)+R(\boldsymbol{\beta}_1,\boldsymbol{\beta}_2,\cdots,\boldsymbol{\beta}_k).$$

(2) 若$\boldsymbol{\alpha}_1,\boldsymbol{\alpha}_2,\cdots,\boldsymbol{\alpha}_n$为$n$维向量组，且记$\boldsymbol{A}=(\boldsymbol{\alpha}_1,\boldsymbol{\alpha}_2,\cdots,\boldsymbol{\alpha}_n)$，则下列两组命题各自相互等价：

1) 矩阵$\boldsymbol{A}$可逆	1) 矩阵$\boldsymbol{A}$不可逆
2) $R(\boldsymbol{A})=n$	2) $R(\boldsymbol{A})<n$
3) $\lvert\boldsymbol{A}\rvert\neq 0$	3) $\lvert\boldsymbol{A}\rvert=0$
4) $\boldsymbol{Ax}=\boldsymbol{0}$只有零解	4) $\boldsymbol{Ax}=\boldsymbol{0}$有非零解
5) 向量组$\boldsymbol{\alpha}_1,\boldsymbol{\alpha}_2,\cdots,\boldsymbol{\alpha}_n$线性无关	5) 向量组$\boldsymbol{\alpha}_1,\boldsymbol{\alpha}_2,\cdots,\boldsymbol{\alpha}_n$线性相关

4.3 典型例题分析

4.3.1 题型一 向量的线性表示问题

例 4.1 任意n维向量$\boldsymbol{\alpha}=\begin{pmatrix}a_1\\a_2\\\vdots\\a_n\end{pmatrix}$都可由单位向量组$\boldsymbol{e}_1=\begin{pmatrix}1\\0\\\vdots\\0\end{pmatrix},\boldsymbol{e}_2=\begin{pmatrix}0\\1\\\vdots\\0\end{pmatrix},\cdots,\boldsymbol{e}_n=\begin{pmatrix}0\\0\\\vdots\\1\end{pmatrix}$线性表示.

解 由题意，

$$\boldsymbol{\alpha}=\begin{pmatrix}a_1\\a_2\\\vdots\\a_n\end{pmatrix}=a_1\begin{pmatrix}1\\0\\\vdots\\0\end{pmatrix}+a_2\begin{pmatrix}0\\1\\\vdots\\0\end{pmatrix}+\cdots+a_n\begin{pmatrix}0\\0\\\vdots\\1\end{pmatrix}$$

故有$\boldsymbol{\alpha}=a_1\boldsymbol{e}_1+a_2\boldsymbol{e}_2+\cdots+a_n\boldsymbol{e}_n$.

注 类似地，零向量$\boldsymbol{0}$可由任意的同维向量组线性表示，即$\boldsymbol{0}=0\cdot\boldsymbol{\alpha}_1+0\cdot\boldsymbol{\alpha}_2+\cdots+0\cdot\boldsymbol{\alpha}_s$.

例 4.2 设$\boldsymbol{\beta}=\begin{pmatrix}3\\2\\1\end{pmatrix},\boldsymbol{\alpha}_1=\begin{pmatrix}1\\-1\\4\end{pmatrix},\boldsymbol{\alpha}_2=\begin{pmatrix}0\\5\\2\end{pmatrix}$，问$\boldsymbol{\beta}$是否可由$\boldsymbol{\alpha}_1,\boldsymbol{\alpha}_2$线性表示？

解　设$\boldsymbol{\beta}=k_1\boldsymbol{\alpha}_1+k_2\boldsymbol{\alpha}_2$，则

$$\begin{pmatrix}3\\2\\1\end{pmatrix}=k_1\begin{pmatrix}1\\-1\\4\end{pmatrix}+k_2\begin{pmatrix}0\\5\\2\end{pmatrix},$$

由此得线性方程组$\begin{cases}k_1 & =3\\ -k_1+5k_2=2\\ 4k_1+2k_2 & =1\end{cases}$，方程组有解的充分必要条件是$R(\mathbf{A})=R(\bar{\mathbf{A}})$，这里的$\mathbf{A}=(\boldsymbol{\alpha}_1,\boldsymbol{\alpha}_2)$，矩阵$\bar{\mathbf{A}}=(\boldsymbol{\alpha}_1,\boldsymbol{\alpha}_2,\boldsymbol{\beta})$. 由

$$\bar{\mathbf{A}}=\begin{pmatrix}1&0&3\\-1&5&2\\4&2&1\end{pmatrix}\rightarrow\begin{pmatrix}1&0&3\\0&1&1\\0&0&-13\end{pmatrix},$$

可知$R(\mathbf{A})\neq R(\bar{\mathbf{A}})$，故方程组无解，所以$\boldsymbol{\beta}$不可由$\boldsymbol{\alpha}_1,\boldsymbol{\alpha}_2$线性表示.

例 4.3　设$\boldsymbol{\beta}=(5,-7,5)^{\mathrm{T}}$，$\boldsymbol{\alpha}_1=(1,-1,0)^{\mathrm{T}}$，$\boldsymbol{\alpha}_2=(0,2,1)^{\mathrm{T}}$，$\boldsymbol{\alpha}_3=(1,-1,2)^{\mathrm{T}}$，判断$\boldsymbol{\beta}$能否可由$\boldsymbol{\alpha}_1,\boldsymbol{\alpha}_2,\boldsymbol{\alpha}_3$线性表示？

解　设$\boldsymbol{\beta}=k_1\boldsymbol{\alpha}_1+k_2\boldsymbol{\alpha}_2+k_3\boldsymbol{\alpha}_3$，由于

$$\bar{\mathbf{A}}=\begin{pmatrix}1&0&1&5\\-1&2&-1&-7\\0&1&2&5\end{pmatrix}\xrightarrow{r}\begin{pmatrix}1&0&0&2\\0&1&0&-1\\0&0&1&3\end{pmatrix},$$

可得$R(\mathbf{A})=R(\bar{\mathbf{A}})$，且方程组的解为$\begin{cases}k_1=2\\k_2=-1\\k_3=3\end{cases}$，所以有$\boldsymbol{\beta}=2\boldsymbol{\alpha}_1-\boldsymbol{\alpha}_2+3\boldsymbol{\alpha}_3$，因此$\boldsymbol{\beta}$可由$\boldsymbol{\alpha}_1$，$\boldsymbol{\alpha}_2,\boldsymbol{\alpha}_3$线性表示.

例 4.4　设行向量组$\boldsymbol{\alpha}_1=(4,3,11)$，$\boldsymbol{\alpha}_2=(2,-1,3)$，$\boldsymbol{\alpha}_3=(-1,2,0)$，$\boldsymbol{\beta}=(2,10,8)$，判断$\boldsymbol{\beta}$能否由$\boldsymbol{\alpha}_1,\boldsymbol{\alpha}_2,\boldsymbol{\alpha}_3$线性表示？如果可以，写出其表达式.

解　将行向量组转换为列向量组，实施初等行变换，

$$(\boldsymbol{\alpha}_1^{\mathrm{T}},\boldsymbol{\alpha}_2^{\mathrm{T}},\boldsymbol{\alpha}_3^{\mathrm{T}},\boldsymbol{\beta}^{\mathrm{T}})=\begin{pmatrix}4&2&-1&2\\3&-1&2&10\\11&3&0&8\end{pmatrix}\rightarrow\begin{pmatrix}1&3&-3&-8\\3&-1&2&10\\11&3&0&8\end{pmatrix}$$

$$\rightarrow\begin{pmatrix}1&3&-3&-8\\0&-10&11&34\\0&-30&33&96\end{pmatrix}\rightarrow\begin{pmatrix}1&3&-3&-8\\0&-10&11&34\\0&0&0&-6\end{pmatrix},$$

由于$R(\boldsymbol{\alpha}_1^{\mathrm{T}},\boldsymbol{\alpha}_2^{\mathrm{T}},\boldsymbol{\alpha}_2^{\mathrm{T}})\neq R(\boldsymbol{\alpha}_1^{\mathrm{T}},\boldsymbol{\alpha}_2^{\mathrm{T}},\boldsymbol{\alpha}_2^{\mathrm{T}},\boldsymbol{\beta}^{\mathrm{T}})$，因此$\boldsymbol{\beta}$不能由$\boldsymbol{\alpha}_1,\boldsymbol{\alpha}_2,\boldsymbol{\alpha}_3$线性表示.

例 4.5　设行向量组$\boldsymbol{\alpha}_1=(1,0,0,1)$，$\boldsymbol{\alpha}_2=(0,1,0,-1)$，$\boldsymbol{\alpha}_3=(0,0,1,-1)$，$\boldsymbol{\beta}=(2,-1,3,0)$，判断$\boldsymbol{\beta}$能否由$\boldsymbol{\alpha}_1,\boldsymbol{\alpha}_2,\boldsymbol{\alpha}_3$线性表示？如果可以，写出其表达式.

解　将行向量组转换为列向量组，实施初等行变换，化为行最简形矩阵，

$$(\boldsymbol{\alpha}_1^{\mathrm{T}},\boldsymbol{\alpha}_2^{\mathrm{T}},\boldsymbol{\alpha}_2^{\mathrm{T}},\boldsymbol{\beta}^{\mathrm{T}})=\begin{pmatrix}1&0&0&2\\0&1&0&-1\\0&0&1&3\\1&-1&-1&0\end{pmatrix}\xrightarrow{r}\begin{pmatrix}1&0&0&2\\0&1&0&-1\\0&0&1&3\\0&0&0&0\end{pmatrix},$$

因此$\boldsymbol{\beta}=2\boldsymbol{\alpha}_1-\boldsymbol{\alpha}_2+3\boldsymbol{\alpha}_3$.

4.3.2 题型二 向量组的等价问题

例 4.6 设两个向量组

$$A:\boldsymbol{\alpha}_1=(1,2,3)^{\mathrm{T}},\quad \boldsymbol{\alpha}_2=(1,0,2)^{\mathrm{T}},$$

$$B:\boldsymbol{\beta}_1=(3,4,8)^{\mathrm{T}},\quad \boldsymbol{\beta}_2=(2,2,5)^{\mathrm{T}},\quad \boldsymbol{\beta}_3=(0,2,1)^{\mathrm{T}},$$

证明：向量组 A 与向量组 B 等价.

证 首先证明向量组 A 可由向量组 B 性表示，由

$$(\boldsymbol{\beta}_1,\boldsymbol{\beta}_2,\boldsymbol{\beta}_3,\boldsymbol{\alpha}_1,\boldsymbol{\alpha}_2)=\begin{pmatrix}3&2&0&1&1\\4&2&2&2&0\\8&5&1&3&2\end{pmatrix}\to\cdots\to\begin{pmatrix}1&0&0&1&-1\\0&1&0&-1&2\\0&0&1&0&0\end{pmatrix},$$

去掉最后一列就是第一个方程组的增广矩阵，所以方程组的解为$\begin{cases}k_{11}=1\\k_{21}=-1\\k_{31}=0\end{cases}$，即$\boldsymbol{\alpha}_1=\boldsymbol{\beta}_1-\boldsymbol{\beta}_2+0\boldsymbol{\beta}_3$. 同样可以解得$\boldsymbol{\alpha}_2=-\boldsymbol{\beta}_1+2\boldsymbol{\beta}_2+0\boldsymbol{\beta}_3$.

反之，由

$$(\boldsymbol{\alpha}_1,\boldsymbol{\alpha}_2,\boldsymbol{\beta}_1,\boldsymbol{\beta}_2,\boldsymbol{\beta}_3)=\begin{pmatrix}1&1&3&2&0\\2&0&4&2&2\\3&2&8&5&1\end{pmatrix}\to\cdots\to\begin{pmatrix}1&0&2&1&1\\0&1&1&1&-1\\0&0&0&0&0\end{pmatrix},$$

解得$\boldsymbol{\beta}_1=2\boldsymbol{\alpha}_1+\boldsymbol{\alpha}_2$，$\boldsymbol{\beta}_2=\boldsymbol{\alpha}_1+\boldsymbol{\alpha}_2$，$\boldsymbol{\beta}_3=\boldsymbol{\alpha}_1-\boldsymbol{\alpha}_2$，所以向量组 A 与向量组 B 等价.

4.3.3 题型三 向量组的线性相关性问题

例 4.7 设$\boldsymbol{\alpha}_1=(1,2,-1)^{\mathrm{T}}$，$\boldsymbol{\alpha}_2=(2,-3,1)^{\mathrm{T}}$，判断$\boldsymbol{\alpha}_1,\boldsymbol{\alpha}_2$ 是否线性相关.

解 显然这两个向量的对应分量不成比例，所以$\boldsymbol{\alpha}_1,\boldsymbol{\alpha}_2$ 线性无关.

例 4.8 设$\boldsymbol{\alpha}_1=\begin{pmatrix}1\\1\\1\\3\end{pmatrix}$，$\boldsymbol{\alpha}_2=\begin{pmatrix}0\\2\\5\\7\end{pmatrix}$，$\boldsymbol{\alpha}_3=\begin{pmatrix}1\\3\\6\\10\end{pmatrix}$，判断$\boldsymbol{\alpha}_1,\boldsymbol{\alpha}_2,\boldsymbol{\alpha}_3$ 是否线性相关.

解 设 $k_1\boldsymbol{\alpha}_1+k_2\boldsymbol{\alpha}_2+k_3\boldsymbol{\alpha}_3=\mathbf{0}$，由

$$\boldsymbol{A}=(\boldsymbol{\alpha}_1,\boldsymbol{\alpha}_2,\boldsymbol{\alpha}_3)=\begin{pmatrix}1&0&1\\1&2&3\\1&5&6\\3&7&10\end{pmatrix}\to\begin{pmatrix}1&0&1\\0&2&2\\0&5&5\\0&7&7\end{pmatrix}\to\begin{pmatrix}1&0&1\\0&1&1\\0&0&0\\0&0&0\end{pmatrix},$$

可知 $R(\boldsymbol{A})=2<3$，齐次方程组有非零解，所以$\boldsymbol{\alpha}_1,\boldsymbol{\alpha}_2,\boldsymbol{\alpha}_3$ 线性相关.

例 4.9 设$\boldsymbol{\alpha}_1=(3,1,1)^{\mathrm{T}}$，$\boldsymbol{\alpha}_2=(1,-1,4)^{\mathrm{T}}$，$\boldsymbol{\alpha}_2=(0,5,2)^{\mathrm{T}}$，判断$\boldsymbol{\alpha}_1,\boldsymbol{\alpha}_2,\boldsymbol{\alpha}_3$ 的线性相关性.

解 因为$|\boldsymbol{A}|=\begin{vmatrix}3&1&0\\1&-1&5\\1&4&2\end{vmatrix}=-63\neq0$，所以$\boldsymbol{\alpha}_1,\boldsymbol{\alpha}_2,\boldsymbol{\alpha}_3$ 线性无关.

例 4.10　设$\boldsymbol{\alpha}_1,\boldsymbol{\alpha}_2,\boldsymbol{\alpha}_3$线性无关，证明$\boldsymbol{\alpha}_1+\boldsymbol{\alpha}_2,\boldsymbol{\alpha}_1+\boldsymbol{\alpha}_3,\boldsymbol{\alpha}_2+\boldsymbol{\alpha}_3$线性无关.

证　设

$$\boldsymbol{\beta}_1=\boldsymbol{\alpha}_1+\boldsymbol{\alpha}_2,\quad \boldsymbol{\beta}_2=\boldsymbol{\alpha}_1+\boldsymbol{\alpha}_3,\quad \boldsymbol{\beta}_3=\boldsymbol{\alpha}_2+\boldsymbol{\alpha}_3,$$

令$k_1\boldsymbol{\beta}_1+k_2\boldsymbol{\beta}_2+k_3\boldsymbol{\beta}_3=\mathbf{0}$，则有

$$k_1(\boldsymbol{\alpha}_1+\boldsymbol{\alpha}_2)+k_2(\boldsymbol{\alpha}_1+\boldsymbol{\alpha}_3)+k_3(\boldsymbol{\alpha}_2+\boldsymbol{\alpha}_3)=\mathbf{0},$$

整理得

$$(k_1+k_2)\boldsymbol{\alpha}_1+(k_1+k_3)\boldsymbol{\alpha}_2+(k_2+k_3)\boldsymbol{\alpha}_3=\mathbf{0}.$$

因为$\boldsymbol{\alpha}_1,\boldsymbol{\alpha}_2,\boldsymbol{\alpha}_3$线性无关，所以$\begin{cases}k_1+k_2=0\\k_1+k_3=0\\k_2+k_3=0\end{cases}$，而

$$|\mathbf{A}|=\begin{vmatrix}1&1&0\\1&0&1\\0&1&1\end{vmatrix}=-2\neq 0,$$

所以方程组只有零解，得到$\boldsymbol{\alpha}_1+\boldsymbol{\alpha}_2,\boldsymbol{\alpha}_1+\boldsymbol{\alpha}_3,\boldsymbol{\alpha}_2+\boldsymbol{\alpha}_3$线性无关.

例 4.11　设向量组$\boldsymbol{\alpha}_1,\boldsymbol{\alpha}_2,\boldsymbol{\alpha}_3$线性相关，向量组$\boldsymbol{\alpha}_2,\boldsymbol{\alpha}_3,\boldsymbol{\alpha}_4$线性无关，证明：

(1) $\boldsymbol{\alpha}_1$可被$\boldsymbol{\alpha}_2,\boldsymbol{\alpha}_3$线性表示；

(2) $\boldsymbol{\alpha}_4$不能被$\boldsymbol{\alpha}_1,\boldsymbol{\alpha}_2,\boldsymbol{\alpha}_3$线性表示.

证　(1) 因为向量组$\boldsymbol{\alpha}_2,\boldsymbol{\alpha}_3,\boldsymbol{\alpha}_4$线性无关，则它的部分组$\boldsymbol{\alpha}_2,\boldsymbol{\alpha}_3$线性无关，而向量组$\boldsymbol{\alpha}_1,\boldsymbol{\alpha}_2,\boldsymbol{\alpha}_3$线性相关，$\boldsymbol{\alpha}_1$可被$\boldsymbol{\alpha}_2,\boldsymbol{\alpha}_3$线性表示.

(2) 采用反证法. 假设$\boldsymbol{\alpha}_4$能由$\boldsymbol{\alpha}_1,\boldsymbol{\alpha}_2,\boldsymbol{\alpha}_3$线性表示，即有$\boldsymbol{\alpha}_4=k_1\boldsymbol{\alpha}_1+k_2\boldsymbol{\alpha}_2+k_3\boldsymbol{\alpha}_3$，因为$\boldsymbol{\alpha}_1$可被$\boldsymbol{\alpha}_2,\boldsymbol{\alpha}_3$线性表示，不妨设$\boldsymbol{\alpha}_1=x_1\boldsymbol{\alpha}_2+x_2\boldsymbol{\alpha}_3$，将其代入前式得

$$\boldsymbol{\alpha}_4=(k_1x_1+k_2)\boldsymbol{\alpha}_2+(k_1x_2+k_3)\boldsymbol{\alpha}_3,$$

即$\boldsymbol{\alpha}_4$能被$\boldsymbol{\alpha}_2,\boldsymbol{\alpha}_3$线性表示，这与向量组$\boldsymbol{\alpha}_2,\boldsymbol{\alpha}_3,\boldsymbol{\alpha}_4$线性无关矛盾，因此原命题成立.

4.3.4　题型四　极大线性无关组的求解

例 4.12　求矩阵 $\mathbf{A}=\begin{pmatrix}2&-1&-1&1&2\\1&1&-2&1&4\\4&-6&2&-2&4\\3&6&-9&7&9\end{pmatrix}$ 的列向量组的一个极大线性无关组，并将其余的向量用该极大线性无关组线性表示.

解　对 $\mathbf{A}$ 进行初等行变换，化为行阶梯形矩阵

$$\mathbf{A}=\begin{pmatrix}2&-1&-1&1&2\\1&1&-2&1&4\\4&-6&2&-2&4\\3&6&-9&7&9\end{pmatrix}\rightarrow\begin{pmatrix}1&1&-2&1&4\\0&-1&1&-3&6\\0&0&0&1&-3\\0&0&0&0&0\end{pmatrix},$$

因此$R(\mathbf{A})=3$，且向量组$\boldsymbol{\alpha}_1,\boldsymbol{\alpha}_2,\boldsymbol{\alpha}_4$为极大线性无关组. 进一步将 $\mathbf{A}$ 进行初等行变换，化为行最简形矩阵，

$$A \to \begin{pmatrix} 1 & 0 & -1 & 0 & 4 \\ 0 & 1 & -1 & 0 & 3 \\ 0 & 0 & 0 & 1 & -3 \\ 0 & 0 & 0 & 0 & 0 \end{pmatrix},$$

因此

$$\boldsymbol{\alpha}_3 = -\boldsymbol{\alpha}_1 - \boldsymbol{\alpha}_2, \quad \boldsymbol{\alpha}_5 = 4\boldsymbol{\alpha}_1 + 3\boldsymbol{\alpha}_2 - 3\boldsymbol{\alpha}_3.$$

例 4.13 设向量组为$\boldsymbol{\alpha}_1=(1,2,3)^{\mathrm{T}}$,$\boldsymbol{\alpha}_2=(2,6,6)^{\mathrm{T}}$,$\boldsymbol{\alpha}_3=(1,0,3)^{\mathrm{T}}$,$\boldsymbol{\alpha}_4=(3,2,9)^{\mathrm{T}}$,求向量组的一个极大无关组,并将其余的向量用该极大无关组线性表示.

解 由于

$$\boldsymbol{A}=(\boldsymbol{\alpha}_1,\boldsymbol{\alpha}_2,\boldsymbol{\alpha}_3,\boldsymbol{\alpha}_4)=\begin{pmatrix} 1 & 2 & 1 & 3 \\ 2 & 6 & 0 & 2 \\ 3 & 6 & 3 & 9 \end{pmatrix} \to \begin{pmatrix} 1 & 2 & 1 & 3 \\ 0 & 2 & -2 & -4 \\ 0 & 0 & 0 & 0 \end{pmatrix} \to \begin{pmatrix} 1 & 0 & 3 & 7 \\ 0 & 1 & -1 & -2 \\ 0 & 0 & 0 & 0 \end{pmatrix},$$

有$R(\boldsymbol{A})=2$,向量$\boldsymbol{\alpha}_1,\boldsymbol{\alpha}_2$为极大无关组,且$\boldsymbol{\alpha}_3=3\boldsymbol{\alpha}_1-\boldsymbol{\alpha}_2$,$\boldsymbol{\alpha}_4=7\boldsymbol{\alpha}_1-2\boldsymbol{\alpha}_2$.

4.3.5 题型五 线性方程组的通解问题

例 4.14 求解齐次线性方程组

$$\begin{cases} x_1+2x_2+2x_3+x_4=0 \\ 2x_1+x_2-2x_3-2x_4=0 \\ x_1-x_2-4x_3-3x_4=0 \end{cases}$$

的通解.

解 对系数矩阵进行初等行变换,化为行最简形矩阵

$$\boldsymbol{A}=\begin{pmatrix} 1 & 2 & 2 & 1 \\ 2 & 1 & -2 & -2 \\ 1 & -1 & -4 & -3 \end{pmatrix} \to \begin{pmatrix} 1 & 2 & 2 & 1 \\ 0 & 1 & 2 & \frac{4}{3} \\ 0 & 0 & 0 & 0 \end{pmatrix} \to \begin{pmatrix} 1 & 0 & -2 & -\frac{5}{3} \\ 0 & 1 & 2 & \frac{4}{3} \\ 0 & 0 & 0 & 0 \end{pmatrix},$$

得到与原方程组同解的方程组

$$\begin{cases} x_1 = 2x_3 + \frac{5}{3}x_4 \\ x_2 = -2x_3 - \frac{4}{3}x_4 \end{cases},$$

取$\begin{pmatrix} x_3 \\ x_4 \end{pmatrix}=\begin{pmatrix} 1 \\ 0 \end{pmatrix}$及$\begin{pmatrix} 0 \\ 1 \end{pmatrix}$,得到方程组基础解系为

$$\boldsymbol{\xi}_1=\begin{pmatrix} 2 \\ -2 \\ 1 \\ 0 \end{pmatrix}, \quad \boldsymbol{\xi}_2=\begin{pmatrix} \frac{5}{3} \\ -\frac{4}{3} \\ 0 \\ 1 \end{pmatrix},$$

因此齐次线性方程组的通解为 $\boldsymbol{x}=c_1\boldsymbol{\xi}_1+c_2\boldsymbol{\xi}_2$，其中 c_1,c_2 为任意实数.

例 4.15　求线性方程组

$$\begin{cases} x_1+x_2-2x_3+4x_4=0 \\ 2x_1+5x_2-4x_3+11x_4=-3 \\ x_1+2x_2-2x_3+5x_4=-1 \end{cases}$$

的通解.

解　对增广矩阵施以初等行变换，化为行最简形矩阵

$$\overline{\boldsymbol{A}}=\begin{pmatrix} 1 & 1 & -2 & 4 & 0 \\ 2 & 5 & -4 & 11 & -3 \\ 1 & 2 & -2 & 5 & -1 \end{pmatrix} \to \begin{pmatrix} 1 & 1 & -2 & 4 & 0 \\ 0 & 1 & 0 & 1 & -1 \\ 0 & 0 & 0 & 0 & 0 \end{pmatrix} \to \begin{pmatrix} 1 & 0 & -2 & 3 & 1 \\ 0 & 1 & 0 & 1 & -1 \\ 0 & 0 & 0 & 0 & 0 \end{pmatrix},$$

原方程组的同解方程组为

$$\begin{cases} x_1=1+2x_3-3x_4 \\ x_2=-1-x_4 \end{cases}$$

取 $\begin{pmatrix} x_3 \\ x_4 \end{pmatrix}=\begin{pmatrix} 0 \\ 0 \end{pmatrix}$，得到非齐次线性方程组的一个特解 $\boldsymbol{\eta}=\begin{pmatrix} 1 \\ -1 \\ 0 \\ 0 \end{pmatrix}$. 导出组为

$$\begin{cases} x_1=2x_3-3x_4 \\ x_2=-x_4 \end{cases}$$

取 $\begin{pmatrix} x_3 \\ x_4 \end{pmatrix}=\begin{pmatrix} 1 \\ 0 \end{pmatrix}$ 和 $\begin{pmatrix} 0 \\ 1 \end{pmatrix}$，得到导出组的基础解系为 $\boldsymbol{\xi}_1=\begin{pmatrix} 2 \\ 0 \\ 1 \\ 0 \end{pmatrix}$，$\boldsymbol{\xi}_2=\begin{pmatrix} -3 \\ -1 \\ 0 \\ 1 \end{pmatrix}$.

因此非齐次线性方程组的通解为 $\boldsymbol{x}=\boldsymbol{\eta}+c_1\boldsymbol{\xi}_1+c_2\boldsymbol{\xi}_2$，其中 c_1,c_2 为任意实数.

4.3.6　题型六　含有参数的方程组的解的问题

例 4.16　设有线性方程组

$$\begin{cases} kx_1+x_2+x_3=k-3 \\ x_1+kx_2+x_3=-2 \\ x_1+x_2+kx_3=-2 \end{cases},$$

讨论常数 k 为何值时，方程组无解？有唯一解？有无穷多解？当方程组有无穷多解时，求出其通解.

解　对增广矩阵施以初等行变换，

$$\overline{\boldsymbol{A}}=\begin{pmatrix} k & 1 & 1 & k-3 \\ 1 & k & 1 & -2 \\ 1 & 1 & k & -2 \end{pmatrix} \to \begin{pmatrix} 1 & 1 & k & -2 \\ 0 & k-1 & 1-k & 0 \\ 0 & 1-k & 1-k^2 & 3k-3 \end{pmatrix}$$

$$\to \begin{pmatrix} 1 & 1 & k & -2 \\ 0 & k-1 & 1-k & 0 \\ 0 & 0 & -(k+2)(k-1) & 3(k-1) \end{pmatrix},$$

由此可知,当 $k=-2$ 时,$R(\boldsymbol{A})=2$,$R(\bar{\boldsymbol{A}})=3$,因此方程组无解;当 $k\neq-2$ 且 $k\neq1$ 时,$R(\boldsymbol{A})=R(\bar{\boldsymbol{A}})=3$,方程组有唯一解;当 $k=1$ 时,$R(\boldsymbol{A})=R(\bar{\boldsymbol{A}})=1$,方程组有无穷多解,其阶梯形矩阵为

$$\begin{pmatrix} 1 & 1 & 1 & -2 \\ 0 & 0 & 0 & 0 \\ 0 & 0 & 0 & 0 \end{pmatrix},$$

故原方程组的通解方程组为 $x_1=-2-x_2-x_3$,令自由未知量 $\begin{pmatrix} x_2 \\ x_3 \end{pmatrix}=\begin{pmatrix} 0 \\ 0 \end{pmatrix}$,得到方程组的一个特解 $\boldsymbol{\eta}=\begin{pmatrix} -2 \\ 0 \\ 0 \end{pmatrix}$.

其导出组为 $x_1=-x_2-x_3$,令自由未知量 $\begin{pmatrix} x_2 \\ x_3 \end{pmatrix}$ 分别取 $\begin{pmatrix} 1 \\ 0 \end{pmatrix}$ 和 $\begin{pmatrix} 0 \\ 1 \end{pmatrix}$,得到导出组的基础解系为 $\boldsymbol{\xi}_1=\begin{pmatrix} -1 \\ 1 \\ 0 \end{pmatrix}$,$\boldsymbol{\xi}_2=\begin{pmatrix} -1 \\ 0 \\ 1 \end{pmatrix}$.

因此非齐次线性方程组的通解为 $\boldsymbol{x}=\boldsymbol{\eta}+c_1\boldsymbol{\xi}_1+c_2\boldsymbol{\xi}_2$,其中 c_1,c_2 为任意实数.

4.3.7 题型七 矩阵秩的证明问题

例 4.17 设 $\boldsymbol{A}$ 为 $m\times n$ 矩阵,$\boldsymbol{B}$ 为 $n\times k$ 矩阵,证明:$R(\boldsymbol{AB})\leqslant\min\{R(\boldsymbol{A}),R(\boldsymbol{B})\}$.

证 设 $\boldsymbol{C}=\boldsymbol{AB}$,分别将 $\boldsymbol{A}$,$\boldsymbol{C}$ 按列分块,记 $\boldsymbol{A}=(\boldsymbol{\alpha}_1,\boldsymbol{\alpha}_2,\cdots,\boldsymbol{\alpha}_n)$,$\boldsymbol{C}=(\boldsymbol{\gamma}_1,\boldsymbol{\gamma}_2,\cdots,\boldsymbol{\gamma}_k)$,则

$$(\boldsymbol{\gamma}_1,\boldsymbol{\gamma}_2,\cdots,\boldsymbol{\gamma}_k)=(\boldsymbol{\alpha}_1,\boldsymbol{\alpha}_2,\cdots,\boldsymbol{\alpha}_n)\begin{pmatrix} b_{11} & b_{12} & \cdots & b_{1k} \\ b_{21} & b_{22} & \cdots & b_{2k} \\ \vdots & \vdots & & \vdots \\ b_{n1} & b_{n2} & \cdots & b_{nk} \end{pmatrix},$$

所以

$$\begin{cases} \boldsymbol{\gamma}_1=b_{11}\boldsymbol{\alpha}_1+b_{21}\boldsymbol{\alpha}_2+\cdots+b_{n1}\boldsymbol{\alpha}_n, \\ \boldsymbol{\gamma}_2=b_{12}\boldsymbol{\alpha}_1+b_{22}\boldsymbol{\alpha}_2+\cdots+b_{n2}\boldsymbol{\alpha}_n, \\ \qquad\cdots\cdots \\ \boldsymbol{\gamma}_k=b_{1k}\boldsymbol{\alpha}_1+b_{2k}\boldsymbol{\alpha}_2+\cdots+b_{nk}\boldsymbol{\alpha}_n, \end{cases}$$

向量组 $\boldsymbol{\gamma}_1,\boldsymbol{\gamma}_2,\cdots,\boldsymbol{\gamma}_k$ 可由向量组 $\boldsymbol{\alpha}_1,\boldsymbol{\alpha}_2,\cdots,\boldsymbol{\alpha}_n$ 线性表示,则

$$R(\boldsymbol{\gamma}_1,\boldsymbol{\gamma}_2,\cdots,\boldsymbol{\gamma}_k)\leqslant R(\boldsymbol{\alpha}_1,\boldsymbol{\alpha}_2,\cdots,\boldsymbol{\alpha}_n),$$

即 $R(\boldsymbol{AB})\leqslant R(\boldsymbol{A})$. 同理可证 $R(\boldsymbol{AB})\leqslant R(\boldsymbol{B})$,从而结论得证.

例 4.18 设 $\boldsymbol{A}$ 为 $m\times n$ 矩阵,$\boldsymbol{B}$ 为 $n\times k$ 矩阵,且 $\boldsymbol{AB}=\boldsymbol{O}$,求证 $R(\boldsymbol{A})+R(\boldsymbol{B})\leqslant n$.

证 将矩阵 $\boldsymbol{B}$ 按列分块,记 $\boldsymbol{B}=(\boldsymbol{\beta}_1,\boldsymbol{\beta}_2,\cdots,\boldsymbol{\beta}_k)$,因为

$$\boldsymbol{AB}=\boldsymbol{A}(\boldsymbol{\beta}_1,\boldsymbol{\beta}_2,\cdots,\boldsymbol{\beta}_k)=(\boldsymbol{A\beta}_1,\boldsymbol{A\beta}_2,\cdots,\boldsymbol{A\beta}_k)=\boldsymbol{O},$$

即 $\boldsymbol{A\beta}_j=\boldsymbol{0}(j=1,2,\cdots,k)$，即$\boldsymbol{\beta}_1,\boldsymbol{\beta}_2,\cdots,\boldsymbol{\beta}_k$ 是齐次线性方程组 $\boldsymbol{Ax}=\boldsymbol{0}$ 的解. 不妨设 $R(\boldsymbol{A})=r$，则$\boldsymbol{\beta}_1,\boldsymbol{\beta}_2,\cdots,\boldsymbol{\beta}_k$ 可由基础解系$\boldsymbol{\xi}_1,\boldsymbol{\xi}_2,\cdots,\boldsymbol{\xi}_{n-r}$线性表示，所以

$$R(\boldsymbol{\beta}_1,\boldsymbol{\beta}_2,\cdots,\boldsymbol{\beta}_k)\leqslant n-r=n-R(\boldsymbol{A}),$$

故有 $R(\boldsymbol{A})+R(\boldsymbol{B})\leqslant n$.

4.3.8　题型八　向量空间中的基与坐标问题

例 4.19　在向量空间 R^4 中，

$$\boldsymbol{\alpha}_1=(1,1,1,1)^{\mathrm{T}},\quad \boldsymbol{\alpha}_2=(1,1,-1,-1)^{\mathrm{T}},$$
$$\boldsymbol{\alpha}_3=(1,-1,1,-1)^{\mathrm{T}},\quad \boldsymbol{\alpha}_4=(1,-1,-1,1)^{\mathrm{T}},$$

向量$\boldsymbol{\beta}=(1,2,1,1)^{\mathrm{T}}$，求向量$\boldsymbol{\beta}$关于基$\boldsymbol{\alpha}_1,\boldsymbol{\alpha}_2,\boldsymbol{\alpha}_3,\boldsymbol{\alpha}_4$ 的坐标.

解　设$\boldsymbol{\beta}=x_1\boldsymbol{\alpha}_1+x_2\boldsymbol{\alpha}_2+x_3\boldsymbol{\alpha}_3+x_4\boldsymbol{\alpha}_4$，即

$$\begin{pmatrix}1\\2\\1\\1\end{pmatrix}=x_1\begin{pmatrix}1\\1\\1\\1\end{pmatrix}+x_2\begin{pmatrix}1\\1\\-1\\-1\end{pmatrix}+x_3\begin{pmatrix}1\\-1\\1\\-1\end{pmatrix}+x_4\begin{pmatrix}1\\-1\\-1\\1\end{pmatrix},$$

由此得方程组

$$\begin{cases}x_1+x_2+x_3+x_4=1\\x_1+x_2-x_3-x_4=2\\x_1-x_2+x_3-x_4=1\\x_1-x_2-x_3+x_4=1\end{cases},$$

解方程组得

$$x_1=\frac{5}{4},x_2=\frac{1}{4},x_3=x_4=-\frac{1}{4}.$$

故$\boldsymbol{\beta}$关于基$\boldsymbol{\alpha}_1,\boldsymbol{\alpha}_2,\boldsymbol{\alpha}_3,\boldsymbol{\alpha}_4$ 的坐标为$\frac{5}{4},\frac{1}{4},-\frac{1}{4},-\frac{1}{4}$.

例 4.20　设 R^3 中的两个基为

$$\boldsymbol{\alpha}_1=(1,1,1)^{\mathrm{T}},\quad \boldsymbol{\alpha}_2=(1,1,-1)^{\mathrm{T}},\quad \boldsymbol{\alpha}_3=(1,-1,-1)^{\mathrm{T}},$$
$$\boldsymbol{\beta}_1=(1,3,5)^{\mathrm{T}},\quad \boldsymbol{\beta}_2=(6,3,2)^{\mathrm{T}},\quad \boldsymbol{\beta}_3=(3,1,0)^{\mathrm{T}},$$

向量$\boldsymbol{\alpha}=(1,2,1)^{\mathrm{T}}$，试求

(1) 基$\boldsymbol{\alpha}_1,\boldsymbol{\alpha}_2,\boldsymbol{\alpha}_3$ 到基$\boldsymbol{\beta}_1,\boldsymbol{\beta}_2,\boldsymbol{\beta}_3$ 的过渡矩阵 $\boldsymbol{P}$；

(2) 向量$\boldsymbol{\alpha}$ 关于这两组基的坐标.

解　(1) 令

$$\boldsymbol{B}=(\beta_1,\beta_2,\beta_3)=\begin{pmatrix}1&6&3\\3&3&1\\5&2&0\end{pmatrix},\quad \boldsymbol{A}=(\alpha_1,\alpha_2,\alpha_3)=\begin{pmatrix}1&1&1\\1&1&-1\\1&-1&-1\end{pmatrix},$$

则由

$$\boldsymbol{A}^{-1}=\frac{1}{2}\begin{pmatrix}1&0&1\\0&1&-1\\1&-1&0\end{pmatrix},\quad \boldsymbol{P}=\boldsymbol{A}^{-1}\boldsymbol{B}=\frac{1}{2}\begin{pmatrix}6&8&3\\-2&1&1\\-2&3&2\end{pmatrix}.$$

(2) 设$\boldsymbol{\alpha}=y_1\boldsymbol{\beta}_1+y_2\boldsymbol{\beta}_2+y_3\boldsymbol{\beta}_3$，即

$$\begin{cases}y_1+6y_2+3y_3=1\\3y_1+3y_2+y_3=2,\\5y_1+2y_2=1\end{cases}$$

解方程组得 $y_1=7,y_2=-17,y_3=32$，因此$\boldsymbol{\alpha}$关于基$\boldsymbol{\beta}_1,\boldsymbol{\beta}_2,\boldsymbol{\beta}_3$的坐标为 $7,-17,32$.

设$\boldsymbol{\alpha}=x_1\boldsymbol{\alpha}_1+x_2\boldsymbol{\alpha}_2+x_3\boldsymbol{\alpha}_3$，根据坐标变换公式，有

$$\begin{pmatrix}x_1\\x_2\\x_3\end{pmatrix}=\boldsymbol{P}\begin{pmatrix}y_1\\y_2\\y_3\end{pmatrix}=\begin{pmatrix}1\\\frac{1}{2}\\-\frac{1}{2}\end{pmatrix},$$

因此$\boldsymbol{\alpha}$关于基$\boldsymbol{\alpha}_1,\boldsymbol{\alpha}_2,\boldsymbol{\alpha}_3$的坐标为 $1,\frac{1}{2},-\frac{1}{2}$.

4.4 习题精选

1. 填空题.

(1) 向量组$\boldsymbol{\alpha}_1=(1,2,3,4)^{\mathrm{T}},\boldsymbol{\alpha}_2=(5,6,7,8)^{\mathrm{T}},\boldsymbol{\alpha}_3=(7,10,t,16)^{\mathrm{T}}$线性相关，则 $t=$________.

(2) 向量组$\boldsymbol{\alpha}_1=\boldsymbol{\beta}_1-3\boldsymbol{\beta}_2,\boldsymbol{\alpha}_2=-\boldsymbol{\beta}_1+4\boldsymbol{\beta}_2,\boldsymbol{\alpha}_3=2\boldsymbol{\beta}_1+\boldsymbol{\beta}_2$，则$\boldsymbol{\alpha}_1,\boldsymbol{\alpha}_2,\boldsymbol{\alpha}_3$线性________（填写相关或无关）.

(3) 设行向量组$\boldsymbol{\alpha}_1=(a_1,a_2,a_3,a_4),\boldsymbol{\alpha}_2=(b_1,b_2,b_3,b_4),\boldsymbol{\alpha}_3=(c_1,c_2,c_3,c_4)$，若行列式 $\begin{vmatrix}a_1&a_2&a_3\\b_1&b_2&b_3\\c_1&c_2&c_3\end{vmatrix}\neq0$，则$\boldsymbol{\alpha}_1,\boldsymbol{\alpha}_2,\boldsymbol{\alpha}_3$线性________（填写相关或无关）.

(4) 若向量组$\boldsymbol{\alpha}_1,\boldsymbol{\alpha}_2,\boldsymbol{\alpha}_3$线性无关，且$\boldsymbol{\beta}_1=-2\boldsymbol{\alpha}_1+\boldsymbol{\alpha}_2+\boldsymbol{\alpha}_3,\boldsymbol{\beta}_2=\boldsymbol{\alpha}_1-2\boldsymbol{\alpha}_2+\boldsymbol{\alpha}_3,\boldsymbol{\beta}_3=\boldsymbol{\alpha}_1+\boldsymbol{\alpha}_2-2\boldsymbol{\alpha}_3$，则$\boldsymbol{\beta}_1,\boldsymbol{\beta}_2,\boldsymbol{\beta}_3$线性________（填写相关或无关）.

(5) 若向量组$\boldsymbol{\alpha}_1,\boldsymbol{\alpha}_2,\boldsymbol{\alpha}_3$线性无关，且$\boldsymbol{\beta}_1=\boldsymbol{\alpha}_1+2\boldsymbol{\alpha}_2+3\boldsymbol{\alpha}_3,\boldsymbol{\beta}_2=2\boldsymbol{\alpha}_1+2\boldsymbol{\alpha}_2+\boldsymbol{\alpha}_3,\boldsymbol{\beta}_3=3\boldsymbol{\alpha}_1+4\boldsymbol{\alpha}_2+3\boldsymbol{\alpha}_3$，则$\boldsymbol{\beta}_1,\boldsymbol{\beta}_2,\boldsymbol{\beta}_3$线性________（填写相关或无关）.

(6) 设向量组$\boldsymbol{\alpha}_1,\boldsymbol{\alpha}_2,\cdots,\boldsymbol{\alpha}_s$与向量组$\boldsymbol{\beta}_1,\boldsymbol{\beta}_2,\cdots,\boldsymbol{\beta}_t$等价，且 $s<t$，则向量组$\boldsymbol{\beta}_1,\boldsymbol{\beta}_2,\cdots,\boldsymbol{\beta}_t$线性________（填写相关或无关）.

(7) 已知矩阵$\boldsymbol{A}=\begin{pmatrix}1&2&1\\2&1&3\\1&5&0\end{pmatrix}$，且存在 3 阶非零方阵$\boldsymbol{B}$，使得$\boldsymbol{AB}=\boldsymbol{O}$，则 $R(\boldsymbol{B})=$________.

(8) 设$\boldsymbol{A}$是一个 4 阶的方阵，且 $R(\boldsymbol{A})=3$，$\boldsymbol{A}^*$是$\boldsymbol{A}$的伴随矩阵，则 $R(\boldsymbol{A}^*)=$________.

(9) 线性方程组$\begin{cases}2x_1-4x_3+6x_4=0\\3x_2+6x_3-9x_4=0\end{cases}$的基础解系可取为________.

**(10) 设齐次线性方程组$\begin{cases}a_{11}x_1+a_{12}x_2+\cdots+a_{1n}x_n=0\\a_{21}x_1+a_{22}x_2+\cdots+a_{2n}x_n=0\\\cdots\cdots\\a_{n1}x_1+a_{n2}x_2+\cdots+a_{nn}x_n=0\end{cases}$的系数矩阵$|A|=0$,而$a_{11}$的代数余子式$A_{11}\neq0$,则该方程的通解为________.

(11) 向量$\boldsymbol{\beta}=(3,2)^{\mathrm{T}}$在基$\boldsymbol{\alpha}_1=(1,2)^{\mathrm{T}}$,$\boldsymbol{\alpha}_2=(2,1)^{\mathrm{T}}$下的坐标为________.

(12) 已知$\boldsymbol{\alpha}_1=\left(\frac{1}{3},\frac{2}{3},\frac{2}{3}\right)^{\mathrm{T}}$,$\boldsymbol{\alpha}_2=\left(\frac{2}{3},\frac{1}{3},-\frac{2}{3}\right)^{\mathrm{T}}$,$\boldsymbol{\alpha}_3=\left(\frac{2}{3},-\frac{2}{3},\frac{1}{3}\right)^{\mathrm{T}}$是$\boldsymbol{R}^3$的标准正交基,向量$\beta=(6,3,9)^{\mathrm{T}}$在这组基中的坐标为________.

2. 单项选择题.

(1) 若存在一组数$k_1,k_2,\cdots,k_m$使得$k_1\boldsymbol{\alpha}_1+k_2\boldsymbol{\alpha}_2+\cdots+k_m\boldsymbol{\alpha}_m=\mathbf{0}$成立,则向量组$\boldsymbol{\alpha}_1,\boldsymbol{\alpha}_2,\cdots,\boldsymbol{\alpha}_m$满足(　　).

(A) 线性相关;　　(B) 线性无关;

(C) 可能线性相关也可能线性无关;　　(D) 部分线性相关.

(2) 向量组$\boldsymbol{\alpha}_1,\boldsymbol{\alpha}_2,\cdots,\boldsymbol{\alpha}_m$线性无关的充分必要条件是(　　).

(A) $\boldsymbol{\alpha}_1,\boldsymbol{\alpha}_2,\cdots,\boldsymbol{\alpha}_m$都是非零向量;

(B) $\boldsymbol{\alpha}_1,\boldsymbol{\alpha}_2,\cdots,\boldsymbol{\alpha}_m$任意两个向量的对应分量不成比例;

(C) $\boldsymbol{\alpha}_1,\boldsymbol{\alpha}_2,\cdots,\boldsymbol{\alpha}_m$中有一部分向量线性无关;

(D) 任意一个向量都不能被其余的向量线性表示.

(3) 设$\boldsymbol{A}$为n阶方阵,其秩$R(\boldsymbol{A})=r<n$,那么$\boldsymbol{A}$的n个列向量中(　　).

(A) 任意r个列向量线性无关;

(B) 必有某r个列向量线性无关;

(C) 任意r个列向量都构成一个极大无关组;

(D) 任意一个列向量可由其余的$n-1$个向量线性表示.

(4) 若$m\times n$阶矩阵$\boldsymbol{A}$的n个列向量线性无关,则下列结论一定成立的是(　　).

(A) $R(\boldsymbol{A})>m$;　　(B) $R(\boldsymbol{A})<m$;　　(C) $R(\boldsymbol{A})=m$;　　(D) $R(\boldsymbol{A})=n$.

(5) 向量组$\boldsymbol{\alpha}_1,\boldsymbol{\alpha}_2,\cdots,\boldsymbol{\alpha}_s$线性无关,且可由向量组$\boldsymbol{\beta}_1,\boldsymbol{\beta}_2,\cdots,\boldsymbol{\beta}_t$线性表示,则必有(　　).

(A) $t\leqslant s$;　　(B) $t\geqslant s$;　　(C) $t<s$;　　(D) $t>s$.

(6) 设$\boldsymbol{\alpha}_1,\boldsymbol{\alpha}_2,\cdots,\boldsymbol{\alpha}_m$均为$n$维向量,那么下列结论正确的是(　　).

(A) 若$k_1\boldsymbol{\alpha}_1+k_2\boldsymbol{\alpha}_2+\cdots+k_m\boldsymbol{\alpha}_m=\mathbf{0}$,则$\boldsymbol{\alpha}_1,\boldsymbol{\alpha}_2,\cdots,\boldsymbol{\alpha}_m$线性相关;

(B) 若对任何一组不全为零的数$k_1,k_2,\cdots,k_m$都有$k_1\boldsymbol{\alpha}_1+k_2\boldsymbol{\alpha}_2+\cdots+k_m\boldsymbol{\alpha}_m\neq\mathbf{0}$成立,则向量组$\boldsymbol{\alpha}_1,\boldsymbol{\alpha}_2,\cdots,\boldsymbol{\alpha}_m$线性无关;

(C) 若$\boldsymbol{\alpha}_1,\boldsymbol{\alpha}_2,\cdots,\boldsymbol{\alpha}_m$线性相关,则对任何一组不全为零的数$k_1,k_2,\cdots,k_m$都有$k_1\boldsymbol{\alpha}_1+k_2\boldsymbol{\alpha}_2+\cdots+k_m\boldsymbol{\alpha}_m=\mathbf{0}$成立;

(D) 若$0\cdot\boldsymbol{\alpha}_1+0\cdot\boldsymbol{\alpha}_2+\cdots+0\cdot\boldsymbol{\alpha}_m=\mathbf{0}$,则向量组$\boldsymbol{\alpha}_1,\boldsymbol{\alpha}_2,\cdots,\boldsymbol{\alpha}_m$线性无关.

(7) 设行向量组$\boldsymbol{\alpha}_1=(1,-1,2,4)$,$\boldsymbol{\alpha}_2=(0,3,1,2)$,$\boldsymbol{\alpha}_3=(3,0,7,14)$,$\boldsymbol{\alpha}_4=(1,-2,2,$

0)，$\boldsymbol{\alpha}_5=(2,1,5,10)$，则该向量组的极大无关组是(　　).

(A) $\boldsymbol{\alpha}_1,\boldsymbol{\alpha}_2,\boldsymbol{\alpha}_3$；　　(B) $\boldsymbol{\alpha}_1,\boldsymbol{\alpha}_2,\boldsymbol{\alpha}_4$；

(C) $\boldsymbol{\alpha}_1,\boldsymbol{\alpha}_2,\boldsymbol{\alpha}_5$；　　(D) $\boldsymbol{\alpha}_1,\boldsymbol{\alpha}_2,\boldsymbol{\alpha}_4,\boldsymbol{\alpha}_5$.

(8) 向量组$\boldsymbol{\alpha}_1,\boldsymbol{\alpha}_2,\boldsymbol{\alpha}_3$ 线性无关，$\boldsymbol{\beta}_1=\boldsymbol{\alpha}_1-\boldsymbol{\alpha}_2$，$\boldsymbol{\beta}_2=\boldsymbol{\alpha}_2-\boldsymbol{\alpha}_3$，$\boldsymbol{\beta}_3=x\boldsymbol{\alpha}_3-y\boldsymbol{\alpha}_2$ 也线性无关，则x,y 满足(　　).

(A) $x=y$；　　(B) $x\neq y$；　　(C) $x=y=1$；　　(D) $x\neq 2y$.

(9) 若向量组$\boldsymbol{\alpha},\boldsymbol{\beta},\boldsymbol{\gamma}$线性无关，向量组$\boldsymbol{\alpha},\boldsymbol{\beta},\boldsymbol{\delta}$线性相关，则下列结论正确的是(　　).

(A) $\boldsymbol{\alpha}$必可由$\boldsymbol{\beta},\boldsymbol{\gamma},\boldsymbol{\delta}$线性表示；　　(B) $\boldsymbol{\beta}$不可由$\boldsymbol{\alpha},\boldsymbol{\gamma},\boldsymbol{\delta}$线性表示；

(C) $\boldsymbol{\delta}$必可由$\boldsymbol{\alpha},\boldsymbol{\beta},\boldsymbol{\gamma}$线性表示；　　(D) $\boldsymbol{\delta}$必不可由$\boldsymbol{\alpha},\boldsymbol{\beta},\boldsymbol{\gamma}$线性表示.

**(10) 设向量$\boldsymbol{\beta}$可由$\boldsymbol{\alpha}_1,\boldsymbol{\alpha}_2,\cdots,\boldsymbol{\alpha}_m$ 线性表示，但不能由向量组(Ⅰ)$\boldsymbol{\alpha}_1,\boldsymbol{\alpha}_2,\cdots,\boldsymbol{\alpha}_{m-1}$线性表示，记向量组(Ⅱ)为$\boldsymbol{\alpha}_1,\boldsymbol{\alpha}_2,\cdots,\boldsymbol{\alpha}_{m-1},\boldsymbol{\beta}$，则下列结论正确的是(　　).

(A) $\boldsymbol{\alpha}_m$ 不能由(Ⅰ)线性表示，也不能由(Ⅱ)线性表示；

(B) $\boldsymbol{\alpha}_m$ 不能由(Ⅰ)线性表示，但可由(Ⅱ)线性表示；

(C) $\boldsymbol{\alpha}_m$ 可由(Ⅰ)线性表示，也可由(Ⅱ)线性表示；

(D) $\boldsymbol{\alpha}_m$ 可由(Ⅰ)线性表示，但不能由(Ⅱ)线性表示.

(11) 设$\boldsymbol{\alpha}_1,\boldsymbol{\alpha}_2,\boldsymbol{\alpha}_3$ 是四元方程组 $\boldsymbol{Ax}=\boldsymbol{b}$ 的 3 个线性无关的解向量，$\boldsymbol{\alpha}_1=(1,2,3,4)^{\mathrm{T}}$，$\boldsymbol{\alpha}_2+\boldsymbol{\alpha}_3=(0,1,2,3)^{\mathrm{T}}$，$c$ 是任意常数，则 $\boldsymbol{Ax}=\boldsymbol{b}$ 的通解为(　　).

(A) $\begin{pmatrix}1\\2\\3\\4\end{pmatrix}+c\begin{pmatrix}1\\1\\1\\1\end{pmatrix}$；　　(B) $\begin{pmatrix}1\\2\\3\\4\end{pmatrix}+c\begin{pmatrix}0\\1\\2\\3\end{pmatrix}$；

(C) $\begin{pmatrix}1\\2\\3\\4\end{pmatrix}+c\begin{pmatrix}2\\3\\4\\5\end{pmatrix}$；　　(D) $\begin{pmatrix}1\\2\\3\\4\end{pmatrix}+c\begin{pmatrix}3\\4\\5\\6\end{pmatrix}$.

3. 设行向量组

$$\boldsymbol{\alpha}_1=(1,5,2),\boldsymbol{\alpha}_2=(1,-2,-5),\boldsymbol{\alpha}_3=(-2,7,4),\boldsymbol{\beta}=(-3,22,4),$$

判断$\boldsymbol{\beta}$能否由$\boldsymbol{\alpha}_1,\boldsymbol{\alpha}_2,\boldsymbol{\alpha}_3$ 线性表示？如果能，写出其表达式.

4. 设向量组

$$\boldsymbol{\alpha}_1=(1,1,k)^{\mathrm{T}},\boldsymbol{\alpha}_2=(1,k,1)^{\mathrm{T}},\boldsymbol{\alpha}_3=(k,1,1)^{\mathrm{T}},\boldsymbol{\beta}=(k^2,k,1)^{\mathrm{T}},$$

试问当 k 满足什么条件时，

(1) $\boldsymbol{\beta}$可由$\boldsymbol{\alpha}_1,\boldsymbol{\alpha}_2,\boldsymbol{\alpha}_3$ 线性表示，且表达式唯一？

(2) $\boldsymbol{\beta}$不能由$\boldsymbol{\alpha}_1,\boldsymbol{\alpha}_2,\boldsymbol{\alpha}_3$ 线性表示？

(3) $\boldsymbol{\beta}$可由$\boldsymbol{\alpha}_1,\boldsymbol{\alpha}_2,\boldsymbol{\alpha}_3$ 线性表示，但表达式不唯一？

5. 判断下列向量组的相关性：

(1) $\boldsymbol{\alpha}_1=(1,2,3),\boldsymbol{\alpha}_2=(2,5,-1),\boldsymbol{\alpha}_3=(-3,2,4)$；

(2) $\boldsymbol{\alpha}_1=(2,1,3,4)^{\mathrm{T}},\boldsymbol{\alpha}_2=(3,-2,8,-1)^{\mathrm{T}},\boldsymbol{\alpha}_3=(1,4,-2,9)^{\mathrm{T}},\boldsymbol{\alpha}_4=(4,-5,13,-6)^{\mathrm{T}}$；

(3) $\boldsymbol{\alpha}_1=(23,-2,131)^{\mathrm{T}},\boldsymbol{\alpha}_2=(43,-1,91)^{\mathrm{T}},\boldsymbol{\alpha}_3=(177,1,57)^{\mathrm{T}},\boldsymbol{\alpha}_4=(31,17,29)^{\mathrm{T}}$.

6. 求下列向量组的一个极大线性无关组，并将其余向量用此极大线性无关组线性表示：

(1) $\boldsymbol{\alpha}_1=(1,2,7)^{\mathrm{T}},\boldsymbol{\alpha}_2=(1,-5,-7)^{\mathrm{T}},\boldsymbol{\alpha}_3=(-1,3,3)^{\mathrm{T}},\boldsymbol{\alpha}_4=(-1,2,1)^{\mathrm{T}}$；

(2) $\boldsymbol{\alpha}_1=(1,1,2,3)^{\mathrm{T}},\boldsymbol{\alpha}_2=(1,-1,1,1)^{\mathrm{T}},\boldsymbol{\alpha}_3=(1,3,3,5)^{\mathrm{T}},\boldsymbol{\alpha}_4=(4,-2,5,6)^{\mathrm{T}},\boldsymbol{\alpha}_5=(-3,-1,-5,-7)^{\mathrm{T}}$；

(3) $\boldsymbol{\alpha}_1=(3,3,2,1)^{\mathrm{T}},\boldsymbol{\alpha}_2=(2,-2,0,6)^{\mathrm{T}},\boldsymbol{\alpha}_3=(0,12,4,-16)^{\mathrm{T}},\boldsymbol{\alpha}_4=(5,6,5,-1)^{\mathrm{T}},\boldsymbol{\alpha}_5=(0,-4,-12,16)^{\mathrm{T}}$.

7. 求下列齐次方程组的通解：

(1) $\begin{cases}x_1+x_2-7x_3-7x_4=0\\2x_1-5x_2+21x_3+14x_4=0\\x_1-x_2+3x_3+x_4=0\end{cases}$；　(2) $\begin{cases}x_1+x_2+x_3+x_4+x_5=0\\2x_1+3x_2+4x_3+4x_4+8x_5=0\\5x_1+4x_2+3x_3+3x_4-x_5=0\end{cases}$；

(3) $\begin{cases}x_1+x_2+x_3+4x_4-3x_5=0\\x_1+x_2+3x_3-2x_4-x_5=0\\2x_1+2x_2+3x_3+5x_4-5x_5=0\\3x_1+3x_2+5x_3+6x_4-7x_5=0\end{cases}$.

8. 求下列非齐次方程组的通解：

(1) $\begin{cases}x_1-2x_2+x_3+3x_4=2\\2x_1+3x_2+5x_3-5x_4=3\\4x_1-x_2+7x_3+x_4=7\end{cases}$，　(2) $\begin{cases}x_1+2x_2+3x_3+x_4-3x_5=5\\2x_1+x_2+2x_4-6x_5=1\\3x_1+4x_2+5x_3+6x_4-3x_5=12\\x_1+x_2+x_3+3x_4+x_5=4\end{cases}$.

9. 当 k 为何值时，非齐次线性方程组

$$\begin{cases}x_1+2x_2+3x_3+3x_4=1\\3x_1+2x_2+x_3+x_4=-1\\2x_1+3x_2+4x_3+4x_4=k\end{cases}$$

有解？并求其通解.

10. 已知非齐次方程组

$$\begin{cases}x_1+x_2-2x_3+3x_4=0\\2x_1+x_2-6x_3+4x_4=-1\\3x_1+2x_2+ax_3+7x_4=-1\\x_1-x_2-6x_3-x_4=b\end{cases},$$

当 a,b 取何值时方程组无解？有解？当有解时求其通解.

11. 设向量组 $\boldsymbol{\alpha}_1,\boldsymbol{\alpha}_2,\cdots,\boldsymbol{\alpha}_m$ 线性相关，且 $\boldsymbol{\alpha}_1\neq\mathbf{0}$，证明：存在一个向量 $\boldsymbol{\alpha}_s(2\leqslant s\leqslant m)$，使得 $\boldsymbol{\alpha}_s$ 可由 $\boldsymbol{\alpha}_1,\boldsymbol{\alpha}_2,\cdots,\boldsymbol{\alpha}_{s-1}$ 线性表示.

**12. 已知向量组 A：$\boldsymbol{\alpha}_1,\boldsymbol{\alpha}_2,\boldsymbol{\alpha}_3$；向量组 B：$\boldsymbol{\alpha}_1,\boldsymbol{\alpha}_2,\boldsymbol{\alpha}_3,\boldsymbol{\alpha}_4$；向量组 C：$\boldsymbol{\alpha}_1,\boldsymbol{\alpha}_2,\boldsymbol{\alpha}_3,\boldsymbol{\alpha}_5$；如果 $R(A)=R(B)=3,R(C)=4$，证明向量组 $\boldsymbol{\alpha}_1,\boldsymbol{\alpha}_2,\boldsymbol{\alpha}_3,\boldsymbol{\alpha}_4-\boldsymbol{\alpha}_5$ 的秩为 4.

13. 已知 n 维单位向量组 B：$\boldsymbol{e}_1,\boldsymbol{e}_2,\cdots,\boldsymbol{e}_n$ 可由 n 维向量组 A：$\boldsymbol{\alpha}_1,\boldsymbol{\alpha}_2,\cdots,\boldsymbol{\alpha}_n$ 线性表示，证明 $\boldsymbol{\alpha}_1,\boldsymbol{\alpha}_2,\cdots,\boldsymbol{\alpha}_n$ 线性无关.

14. 设向量组 A：$\boldsymbol{\alpha}_1,\boldsymbol{\alpha}_2,\cdots,\boldsymbol{\alpha}_n$ 为 n 维向量组，证明：$\boldsymbol{\alpha}_1,\boldsymbol{\alpha}_2,\cdots,\boldsymbol{\alpha}_n$ 线性无关的充分必要条件是任意向量都可由它们线性表示.

15. 已知向量组 A：$\boldsymbol{\alpha}_1,\boldsymbol{\alpha}_2,\cdots,\boldsymbol{\alpha}_s$ 线性无关，且有

$$\begin{cases}\boldsymbol{\beta}_1 = k_{11}\boldsymbol{\alpha}_1 + k_{21}\boldsymbol{\alpha}_2 + \cdots + k_{s1}\boldsymbol{\alpha}_s \\ \boldsymbol{\beta}_2 = k_{12}\boldsymbol{\alpha}_1 + k_{22}\boldsymbol{\alpha}_2 + \cdots + k_{s2}\boldsymbol{\alpha}_s \\ \cdots\cdots \\ \boldsymbol{\beta}_s = k_{1s}\boldsymbol{\alpha}_1 + k_{2s}\boldsymbol{\alpha}_2 + \cdots + k_{ss}\boldsymbol{\alpha}_s\end{cases},$$

证明$\boldsymbol{\beta}_1,\boldsymbol{\beta}_2,\cdots,\boldsymbol{\beta}_s$ 线性无关的充分必要条件是 $\begin{vmatrix} k_{11} & k_{12} & \cdots & k_{1s} \\ k_{21} & k_{22} & \cdots & k_{2s} \\ \cdots & \cdots & \cdots & \cdots \\ k_{s1} & k_{s2} & \cdots & k_{ss}\end{vmatrix} \neq 0$.

16. 已知向量组 A：$\boldsymbol{\alpha}_1,\boldsymbol{\alpha}_2,\cdots,\boldsymbol{\alpha}_s$ 线性无关，

$$\boldsymbol{\beta}_1 = \boldsymbol{\alpha}_1 + \boldsymbol{\alpha}_2, \boldsymbol{\beta}_2 = \boldsymbol{\alpha}_2 + \boldsymbol{\alpha}_3, \boldsymbol{\beta}_3 = \boldsymbol{\alpha}_3 + \boldsymbol{\alpha}_4, \cdots, \boldsymbol{\beta}_{s-1} = \boldsymbol{\alpha}_{s-1} + \boldsymbol{\alpha}_s, \boldsymbol{\beta}_s = \boldsymbol{\alpha}_1 + \boldsymbol{\alpha}_s.$$

证明当 s 为奇数时，$\boldsymbol{\beta}_1,\boldsymbol{\beta}_2,\cdots,\boldsymbol{\beta}_s$ 线性无关；当 s 为偶数时，$\boldsymbol{\beta}_1,\boldsymbol{\beta}_2,\cdots,\boldsymbol{\beta}_s$ 线性相关.

17. 设 n 阶矩阵 $\boldsymbol{A}$ 满足 $\boldsymbol{A}^2=\boldsymbol{A}$，$\boldsymbol{E}$ 是 n 阶单位矩阵，证明：$R(\boldsymbol{A})+R(\boldsymbol{A}-\boldsymbol{E})=n$.

18. 若线性方程组 $\begin{cases} a_{11}x_1+a_{12}x_2+a_{13}x_3=b_1 \\ a_{21}x_1+a_{22}x_2+a_{23}x_3=b_2 \\ a_{31}x_1+a_{32}x_2+a_{33}x_3=b_3 \\ a_{41}x_1+a_{42}x_2+a_{43}x_3=b_4 \end{cases}$ 有解，证明 $\begin{vmatrix} a_{11} & a_{12} & a_{13} & b_1 \\ a_{21} & a_{22} & a_{23} & b_2 \\ a_{31} & a_{33} & a_{33} & b_3 \\ a_{41} & a_{42} & a_{43} & b_4 \end{vmatrix}=0$.

19. 设$\boldsymbol{\eta}$是非齐次线性方程组 $\boldsymbol{Ax}=\boldsymbol{b}$ 的一个解，$\boldsymbol{\xi}_1,\boldsymbol{\xi}_2,\cdots,\boldsymbol{\xi}_{n-r}$是对应齐次线性方程组 $\boldsymbol{Ax}=\boldsymbol{0}$ 的一个基础解系，证明：

(1) $\boldsymbol{\eta},\boldsymbol{\xi}_1,\boldsymbol{\xi}_2,\cdots,\boldsymbol{\xi}_{n-r}$线性无关；

(2) $\boldsymbol{\xi}_1+\boldsymbol{\eta},\boldsymbol{\xi}_2+\boldsymbol{\eta},\cdots,\boldsymbol{\xi}_{n-r}+\boldsymbol{\eta},\boldsymbol{\eta}$ 线性无关.

20. 设$\boldsymbol{\eta}_1,\boldsymbol{\eta}_2,\cdots,\boldsymbol{\eta}_s$ 是非齐次线性方程组 $\boldsymbol{Ax}=\boldsymbol{b}$ 的 s 个解，$k_1,k_2,\cdots,k_s$ 为实数，且满足 $k_1+k_2+\cdots+k_s=1$，证明：$\boldsymbol{x}=k_1\boldsymbol{\eta}_1+k_2\boldsymbol{\eta}_2+\cdots+k_s\boldsymbol{\eta}_s$ 是方程组 $\boldsymbol{Ax}=\boldsymbol{b}$ 的解.

21. 设非齐次线性方程组 $\boldsymbol{Ax}=\boldsymbol{b}$ 有解，且系数矩阵的秩为 r，$\boldsymbol{\eta}_1,\boldsymbol{\eta}_2,\cdots,\boldsymbol{\eta}_{n-r+1}$ 是 $\boldsymbol{Ax}=\boldsymbol{b}$ 线性无关的解，证明：$\boldsymbol{Ax}=\boldsymbol{b}$ 的任意一个解可以表示为

$$x = k_1\boldsymbol{\eta}_1 + k_2\boldsymbol{\eta}_2 + \cdots + k_{n-r+1}\boldsymbol{\eta}_{n-r+1},$$

其中 $k_1+k_2+\cdots+k_{n-r+1}=1$.

4.5 习题详解

1. 填空题

(1) 13；提示

$$\boldsymbol{A} = (\boldsymbol{\alpha}_1,\boldsymbol{\alpha}_2,\boldsymbol{\alpha}_3) = \begin{pmatrix} 1 & 5 & 7 \\ 2 & 6 & 10 \\ 3 & 7 & t \\ 4 & 8 & 16 \end{pmatrix} \to \begin{pmatrix} 1 & 5 & 7 \\ 0 & 1 & 1 \\ 0 & 0 & t-13 \\ 0 & 0 & 0 \end{pmatrix}.$$

(2) 相关；　(3) 无关；　(4) 相关；

提示　因为系数行列式 $\begin{vmatrix} -2 & 1 & 1 \\ 1 & -2 & 1 \\ 1 & 1 & -2 \end{vmatrix}=0$，所以 $\boldsymbol{\alpha}_1,\boldsymbol{\alpha}_2,\boldsymbol{\alpha}_3$ 不能被 $\boldsymbol{\beta}_1,\boldsymbol{\beta}_2,\boldsymbol{\beta}_3$ 线性表示.

(5) 无关；**提示**　因为系数行列式 $\begin{vmatrix} 1 & 2 & 3 \\ 2 & 2 & 1 \\ 3 & 4 & 4 \end{vmatrix}\neq 0$，所以 $\boldsymbol{\alpha}_1,\boldsymbol{\alpha}_2,\boldsymbol{\alpha}_3$ 与 $\boldsymbol{\beta}_1,\boldsymbol{\beta}_2,\boldsymbol{\beta}_3$ 等价.

(6) 相关.

(7) 1；**提示**　$\boldsymbol{A}=\begin{pmatrix} 1 & 2 & 1 \\ 2 & 1 & 3 \\ 1 & 5 & 0 \end{pmatrix}\to\begin{pmatrix} 1 & 2 & 1 \\ 0 & -3 & 1 \\ 0 & 3 & -1 \end{pmatrix}\to\begin{pmatrix} 1 & 2 & 1 \\ 0 & -3 & 1 \\ 0 & 0 & 0 \end{pmatrix}$.

(8) 1.

(9) $\boldsymbol{\xi}_1=(2,-2,1,0)^{\mathrm{T}},\boldsymbol{\xi}_2=(-3,3,0,1)^{\mathrm{T}}$.

(10) $\boldsymbol{x}=c(\boldsymbol{A}_{11},\boldsymbol{A}_{12},\cdots,\boldsymbol{A}_{1n})^{\mathrm{T}}$，其中 $c\in R$.

提示　因为 $\boldsymbol{A}_{11}\neq 0$，则系数矩阵 $R(\boldsymbol{A})=n-1$，则基础解系只有一个非零向量，而且由系数矩阵第一行的代数余子式构成的向量 $(\boldsymbol{A}_{11},\boldsymbol{A}_{12},\cdots,\boldsymbol{A}_{1n})^{\mathrm{T}}\neq 0$，且满足方程组中的每一个方程.

(11) $\frac{1}{3},\frac{4}{3}$.

(12) 10，-1，5.

2. 单项选择题

(1) (C)；　(2) (D)；　(3) (B)；(4) (D)；**提示**　$n\leqslant R(\boldsymbol{A})\leqslant \min\{m,n\}\leqslant n$.

(5) (B)；　(6) (B)；　(7) (B)；　(8) (B)；　(9) (C)；

(10) B；**提示**　因为 $\boldsymbol{\beta}$ 可由 $\boldsymbol{\alpha}_1,\boldsymbol{\alpha}_2,\cdots,\boldsymbol{\alpha}_m$ 线性表示，则 $\boldsymbol{\beta}=k_1\boldsymbol{\alpha}_1+k_2\boldsymbol{\alpha}_2+\cdots+k_m\boldsymbol{\alpha}_m$，这里 $k_m\neq 0$(否则与条件矛盾)，则 $\boldsymbol{\alpha}_m$ 可由(Ⅱ)线性表示；

假设 $\boldsymbol{\alpha}_m$ 可由(Ⅰ)线性表示，即 $\boldsymbol{\alpha}_m=x_1\boldsymbol{\alpha}_1+x_2\boldsymbol{\alpha}_2+\cdots+x_{m-1}\boldsymbol{\alpha}_{m-1}$，又因为 $\boldsymbol{\beta}=k_1\boldsymbol{\alpha}_1+k_2\boldsymbol{\alpha}_2+\cdots+k_m\boldsymbol{\alpha}_m$，将 $\boldsymbol{\alpha}_m=x_1\boldsymbol{\alpha}_1+x_2\boldsymbol{\alpha}_2+\cdots+x_{m-1}\boldsymbol{\alpha}_{m-1}$ 代入到 $\boldsymbol{\beta}$ 中，即有

$$\boldsymbol{\beta}=(x_1+k_1)\boldsymbol{\alpha}_1+(x_2+k_2)\boldsymbol{\alpha}_2+\cdots+(x_{m-1}+k_{m-1})\boldsymbol{\alpha}_{m-1},$$

可知 $\boldsymbol{\beta}$ 可由 $\boldsymbol{\alpha}_1,\boldsymbol{\alpha}_2,\cdots,\boldsymbol{\alpha}_{m-1}$ 线性表示，与题设矛盾，因此 $\boldsymbol{\alpha}_m$ 不能由(I)线性表示.

(11) C.

3. 由于

$$(\boldsymbol{\alpha}_1^{\mathrm{T}},\boldsymbol{\alpha}_2^{\mathrm{T}},\boldsymbol{\alpha}_2^{\mathrm{T}},\boldsymbol{\beta}^{\mathrm{T}})=\begin{pmatrix} 1 & 1 & -2 & -3 \\ 5 & -2 & 7 & 22 \\ 2 & -5 & 4 & 4 \end{pmatrix}\to\begin{pmatrix} 1 & 1 & 0 & 3 \\ 0 & -7 & 0 & -14 \\ 0 & 0 & 1 & 3 \end{pmatrix}\to\begin{pmatrix} 1 & 0 & 0 & 1 \\ 0 & 1 & 0 & 2 \\ 0 & 0 & 1 & 3 \end{pmatrix},$$

则 $\boldsymbol{\beta}$ 能由 $\boldsymbol{\alpha}_1,\boldsymbol{\alpha}_2,\boldsymbol{\alpha}_3$ 线性表示，且 $\boldsymbol{\beta}=\boldsymbol{\alpha}_1+2\boldsymbol{\alpha}_2+3\boldsymbol{\alpha}_3$.

4. $(\boldsymbol{\alpha}_1,\boldsymbol{\alpha}_2,\boldsymbol{\alpha}_3,\boldsymbol{\beta})=\begin{pmatrix} 1 & 1 & k & k^2 \\ 1 & k & 1 & k \\ k & 1 & 1 & 1 \end{pmatrix}\to\begin{pmatrix} 1 & 1 & k & k^2 \\ 0 & k-1 & 1-k & k-k^2 \\ 0 & 1-k & 1-k^2 & 1-k^3 \end{pmatrix}$

$$\to\begin{pmatrix}1 & 1 & k & k^2\\0 & k-1 & 1-k & k-k^2\\0 & 0 & 2-k-k^2 & 1+k-k^2-k^3\end{pmatrix}$$

$$=\begin{pmatrix}1 & 1 & k & k^2\\0 & k-1 & 1-k & k-k^2\\0 & 0 & (2+k)(1-k) & (1+k)^2(1-k)\end{pmatrix},$$

(1) 当 $k\neq1$,且 $k\neq-2$ 时,$\boldsymbol{\beta}$ 可由 $\boldsymbol{\alpha}_1,\boldsymbol{\alpha}_2,\boldsymbol{\alpha}_3$ 线性表示,且表达式唯一;

(2) 当 $k=-2$ 时,$\boldsymbol{\beta}$ 不能由 $\boldsymbol{\alpha}_1,\boldsymbol{\alpha}_2,\boldsymbol{\alpha}_3$ 线性表示;

(3) 当 $k=1$ 时,$\boldsymbol{\beta}$ 可由 $\boldsymbol{\alpha}_1,\boldsymbol{\alpha}_2,\boldsymbol{\alpha}_3$ 线性表示,但表达式不唯一.

5. (1) 记 $\boldsymbol{A}=(\boldsymbol{\alpha}_1^{\mathrm T},\boldsymbol{\alpha}_2^{\mathrm T},\boldsymbol{\alpha}_3^{\mathrm T})$,由于 $\boldsymbol{A}$ 为方阵,且

$$|\boldsymbol{A}|=\begin{vmatrix}1 & 2 & -3\\2 & 5 & 2\\3 & -1 & 4\end{vmatrix}\neq0,$$

因此 $\boldsymbol{\alpha}_1,\boldsymbol{\alpha}_2,\boldsymbol{\alpha}_3$ 线性无关.

(2) 记 $\boldsymbol{A}=(\boldsymbol{\alpha}_1,\boldsymbol{\alpha}_2,\boldsymbol{\alpha}_3,\boldsymbol{\alpha}_4)$,由于 $\boldsymbol{A}$ 为方阵,且

$$|\boldsymbol{A}|=\begin{vmatrix}2 & 3 & 1 & 4\\1 & -2 & 4 & -5\\3 & 8 & -2 & 13\\4 & -1 & 9 & -6\end{vmatrix}=\begin{vmatrix}2 & 7 & -7 & 14\\1 & 0 & 0 & 0\\3 & 14 & -14 & 28\\4 & 7 & -7 & 14\end{vmatrix}=0,$$

因此 $\boldsymbol{\alpha}_1,\boldsymbol{\alpha}_2,\boldsymbol{\alpha}_3,\boldsymbol{\alpha}_4$ 线性相关.

(3) 4 个三维向量必线性相关.

6. (1) 利用初等行变换,有

$$(\boldsymbol{\alpha}_1,\boldsymbol{\alpha}_2,\boldsymbol{\alpha}_3,\boldsymbol{\alpha}_4)=\begin{pmatrix}1 & 1 & -1 & -1\\2 & -5 & 3 & 2\\7 & -7 & 3 & 1\end{pmatrix}\to\begin{pmatrix}1 & 1 & -1 & -1\\0 & 1 & -\frac{5}{7} & -\frac{4}{7}\\0 & 0 & 0 & 0\end{pmatrix}$$

$$\to\begin{pmatrix}1 & 0 & -\frac{2}{7} & -\frac{3}{7}\\0 & 1 & -\frac{5}{7} & -\frac{4}{7}\\0 & 0 & 0 & 0\end{pmatrix},$$

因此极大线性无关组为 $\boldsymbol{\alpha}_1,\boldsymbol{\alpha}_2$,且 $\boldsymbol{\alpha}_3=-\frac{2}{7}\boldsymbol{\alpha}_1-\frac{5}{7}\boldsymbol{\alpha}_2,\boldsymbol{\alpha}_4=-\frac{3}{7}\boldsymbol{\alpha}_1-\frac{4}{7}\boldsymbol{\alpha}_2$.

(2) $$(\boldsymbol{\alpha}_1,\boldsymbol{\alpha}_2,\boldsymbol{\alpha}_3,\boldsymbol{\alpha}_4,\boldsymbol{\alpha}_5)=\begin{pmatrix}1 & 1 & 1 & 4 & -3\\1 & -1 & 3 & -2 & -1\\2 & 1 & 3 & 5 & -5\\3 & 1 & 5 & 6 & -7\end{pmatrix}\to\begin{pmatrix}1 & 1 & 1 & 4 & -3\\0 & -2 & 2 & -6 & 2\\0 & -1 & 1 & -3 & 1\\0 & -2 & 2 & -6 & 2\end{pmatrix}$$

$$\to\begin{pmatrix}1&1&1&4&-3\\0&1&-1&3&-1\\0&0&0&0&0\\0&0&0&0&0\end{pmatrix}\to\begin{pmatrix}1&0&2&1&-2\\0&1&-1&3&-1\\0&0&0&0&0\\0&0&0&0&0\end{pmatrix},$$

极大线性无关组为$\boldsymbol{\alpha}_1,\boldsymbol{\alpha}_2$，且$\boldsymbol{\alpha}_3=2\boldsymbol{\alpha}_1-\boldsymbol{\alpha}_2,\boldsymbol{\alpha}_4=\boldsymbol{\alpha}_1+3\boldsymbol{\alpha}_2,\boldsymbol{\alpha}_5=-2\boldsymbol{\alpha}_1-\boldsymbol{\alpha}_2$.

(3) $$(\boldsymbol{\alpha}_1,\boldsymbol{\alpha}_2,\boldsymbol{\alpha}_3,\boldsymbol{\alpha}_4,\boldsymbol{\alpha}_5)=\begin{pmatrix}3&2&0&5&0\\3&-2&12&6&-4\\2&0&4&5&-12\\1&6&-16&-1&16\end{pmatrix}$$

$$\to\begin{pmatrix}1&6&-16&-1&16\\0&-4&12&1&-4\\0&0&0&1&-8\\0&0&0&0&0\end{pmatrix}\to\begin{pmatrix}1&0&2&0&14\\0&1&-3&0&-1\\0&0&0&1&-8\\0&0&0&0&0\end{pmatrix},$$

极大线性无关组为$\boldsymbol{\alpha}_1,\boldsymbol{\alpha}_2,\boldsymbol{\alpha}_4$，且$\boldsymbol{\alpha}_3=2\boldsymbol{\alpha}_1-3\boldsymbol{\alpha}_2,\boldsymbol{\alpha}_5=14\boldsymbol{\alpha}_1-\boldsymbol{\alpha}_2-8\boldsymbol{\alpha}_4$.

7. (1) 由于

$$\boldsymbol{A}=\begin{pmatrix}1&1&-7&-7\\2&-5&21&14\\1&-1&3&1\end{pmatrix}\to\begin{pmatrix}1&1&-7&-7\\0&1&-5&-4\\0&0&0&0\end{pmatrix}\to\begin{pmatrix}1&0&-2&-3\\0&1&-5&-4\\0&0&0&0\end{pmatrix},$$

得到与原方程组同解的方程组$\begin{cases}x_1=2x_3+3x_4,\\x_2=5x_3+4x_4,\end{cases}$解得基础解系为$\boldsymbol{\xi}_1=\begin{pmatrix}2\\5\\1\\0\end{pmatrix},\boldsymbol{\xi}_2=\begin{pmatrix}3\\4\\0\\1\end{pmatrix}$，因此齐次线性方程组的通解为$\boldsymbol{x}=c_1\boldsymbol{\xi}_1+c_2\boldsymbol{\xi}_2$，其中$c_1,c_2$为任意实数.

(2) 对系数矩阵进行初等行变换

$$\boldsymbol{A}=\begin{pmatrix}1&1&1&1&1\\2&3&4&4&8\\5&4&3&3&-1\end{pmatrix}\to\begin{pmatrix}1&1&1&1&1\\0&1&2&2&6\\0&-1&-2&-2&-6\end{pmatrix}\to\begin{pmatrix}1&0&-1&-1&-5\\0&1&2&2&6\\0&0&0&0&0\end{pmatrix},$$

得到与原方程组同解的方程组

$$\begin{cases}x_1=x_3+x_4+5x_5\\x_2=-2x_3-2x_4-6x_5\end{cases},$$

解得基础解系为

$$\boldsymbol{\xi}_1=\begin{pmatrix}1\\-2\\1\\0\\0\end{pmatrix},\quad\boldsymbol{\xi}_2=\begin{pmatrix}1\\-2\\0\\1\\0\end{pmatrix},\quad\boldsymbol{\xi}_3=\begin{pmatrix}5\\-6\\0\\0\\1\end{pmatrix},$$

因此齐次线性方程组的通解为$\boldsymbol{x}=c_1\boldsymbol{\xi}_1+c_2\boldsymbol{\xi}_2+c_3\boldsymbol{\xi}_3$，其中$c_1,c_2,c_3$为任意实数.

(3) 对系数矩阵进行初等行变换

$$\boldsymbol{A}=\begin{pmatrix}1&1&1&4&-3\\1&1&3&-2&-1\\2&2&3&5&-5\\3&3&5&6&-7\end{pmatrix}\to\begin{pmatrix}1&1&1&4&-3\\0&0&1&-3&1\\0&0&0&0&0\\0&0&0&0&0\end{pmatrix}\to\begin{pmatrix}1&1&0&7&-4\\0&0&1&-3&1\\0&0&0&0&0\\0&0&0&0&0\end{pmatrix},$$

得到与原方程组同解的方程组

$$\begin{cases}x_1=-x_2-7x_4+4x_5\\x_3=\qquad\quad 3x_4-x_5\end{cases},$$

基础解系为

$$\boldsymbol{\xi}_1=\begin{pmatrix}-1\\1\\0\\0\\0\end{pmatrix},\quad \boldsymbol{\xi}_2=\begin{pmatrix}-7\\0\\3\\1\\0\end{pmatrix},\quad \boldsymbol{\xi}_3=\begin{pmatrix}4\\0\\-1\\0\\1\end{pmatrix},$$

因此齐次线性方程组的通解为 $\boldsymbol{x}=c_1\boldsymbol{\xi}_1+c_2\boldsymbol{\xi}_2+c_3\boldsymbol{\xi}_3$,其中 c_1,c_2,c_3 为任意实数.

8. (1) $\overline{\boldsymbol{A}}=\begin{pmatrix}1&-2&1&3&2\\2&3&5&-5&3\\4&-1&7&1&7\end{pmatrix}\to\begin{pmatrix}1&0&\frac{13}{7}&-\frac{1}{7}&\frac{12}{7}\\0&1&\frac{3}{7}&-\frac{11}{7}&-\frac{1}{7}\\0&0&0&0&0\end{pmatrix}$.

导出组为

$$\begin{cases}x_1=-\frac{13}{7}x_3+\frac{1}{7}x_4\\x_2=-\frac{3}{7}x_3+\frac{11}{7}x_4\end{cases},$$

基础解系为

$$\boldsymbol{\xi}_1=\begin{pmatrix}-\frac{13}{7}\\-\frac{3}{7}\\1\\0\end{pmatrix},\boldsymbol{\xi}_2=\begin{pmatrix}\frac{1}{7}\\\frac{11}{7}\\0\\1\end{pmatrix}.$$

非齐次方程为

$$\begin{cases}x_1=-\frac{13}{7}x_3+\frac{1}{7}x_4+\frac{12}{7}\\x_2=-\frac{3}{7}x_3+\frac{11}{7}x_4-\frac{1}{7}\end{cases},\text{一个特解为}\boldsymbol{\eta}=\begin{pmatrix}\frac{12}{7}\\-\frac{1}{7}\\0\\0\end{pmatrix}.$$

因此非齐次线性方程组的通解为 $\boldsymbol{x}=\boldsymbol{\eta}+c_1\boldsymbol{\xi}_1+c_2\boldsymbol{\xi}_2$，其中 c_1,c_2 为任意实数.

(2) $$\overline{\boldsymbol{A}}=\begin{pmatrix}1&2&3&1&-3&5\\2&1&0&2&-6&1\\3&4&5&6&-3&12\\1&1&1&3&1&4\end{pmatrix}\to\begin{pmatrix}1&2&3&1&-3&5\\0&1&2&0&0&3\\0&0&0&1&2&1\\0&0&0&0&0&0\end{pmatrix}$$

$$\to\begin{pmatrix}1&0&-1&0&-5&-2\\0&1&2&0&0&3\\0&0&0&1&2&1\\0&0&0&0&0&0\end{pmatrix}.$$

导出组为 $\begin{cases}x_1=\quad x_3+5x_5\\x_2=-2x_3\\x_4=-2x_5\end{cases}$，基础解系为

$$\boldsymbol{\xi}_1=\begin{pmatrix}1\\-2\\1\\0\\0\end{pmatrix},\boldsymbol{\xi}_2=\begin{pmatrix}5\\0\\0\\-2\\1\end{pmatrix}.$$

非齐次方程为 $\begin{cases}x_1=\quad x_3+5x_5-2\\x_2=-2x_3\quad +3\\x_4=-2x_5\quad +1\end{cases}$，特解为 $\boldsymbol{\eta}_1=\begin{pmatrix}-2\\3\\0\\1\\0\end{pmatrix}$.

因此非齐次线性方程组的通解为 $\boldsymbol{x}=\boldsymbol{\eta}+c_1\boldsymbol{\xi}_1+c_2\boldsymbol{\xi}_2$，其中 c_1,c_2 为任意实数.

9. $\overline{\boldsymbol{A}}=\begin{pmatrix}1&2&3&3&1\\3&2&1&1&-1\\2&3&4&4&k\end{pmatrix}\to\begin{pmatrix}1&1&1&1&0\\0&1&2&2&1\\0&0&0&0&k-1\end{pmatrix}$，当 $k=1$ 时方程组有解.

$$\overline{\boldsymbol{A}}\to\begin{pmatrix}1&1&1&1&0\\0&1&2&2&1\\0&0&0&0&0\end{pmatrix}\to\begin{pmatrix}1&0&-1&-1&-1\\0&1&2&2&1\\0&0&0&0&0\end{pmatrix},$$

导出组为 $\begin{cases}x_1=x_3+x_4\\x_2=-2x_3-2x_4\end{cases}$，解得基础解系为

$$\boldsymbol{\xi}_1=\begin{pmatrix}1\\-2\\1\\0\end{pmatrix},\boldsymbol{\xi}_2=\begin{pmatrix}1\\-2\\0\\1\end{pmatrix}.$$

非齐次线性方程为$\begin{cases}x_1=x_3+x_4-1\\x_2=-2x_3-2x_4+1\end{cases}$，一个特解为$\boldsymbol{\eta}=\begin{pmatrix}-1\\1\\0\\0\end{pmatrix}$.

因此非齐次线性方程组的通解为$\boldsymbol{x}=\boldsymbol{\eta}+c_1\boldsymbol{\xi}_1+c_2\boldsymbol{\xi}_2$，其中$c_1,c_2$为任意实数.

10. $\overline{\boldsymbol{A}}=\begin{pmatrix}1&1&-2&3&0\\2&1&-6&4&-1\\3&2&a&7&-1\\1&-1&-6&-1&b\end{pmatrix}\to\begin{pmatrix}1&1&-2&3&0\\0&1&2&2&1\\0&0&a+8&0&0\\0&0&0&0&b+2\end{pmatrix}$，当$b\neq-2$时，方程组无解.

当$b=-2$，且$a\neq-8$时，方程组有无穷多解.

$$\overline{\boldsymbol{A}}\to\begin{pmatrix}1&1&-2&3&0\\0&1&2&2&1\\0&0&a+8&0&0\\0&0&0&0&0\end{pmatrix}\to\begin{pmatrix}1&0&0&1&-1\\0&1&0&2&1\\0&0&1&0&0\\0&0&0&0&0\end{pmatrix},$$

导出组为$\begin{cases}x_1=-x_4\\x_2=-2x_4\\x_3=0\end{cases}$，基础解系为$\boldsymbol{\xi}=\begin{pmatrix}-1\\-2\\0\\1\end{pmatrix}$. 非齐次线性方程组为$\begin{cases}x_1=-x_4-1\\x_2=-2x_4+1\\x_3=0\end{cases}$，特解为$\boldsymbol{\eta}=\begin{pmatrix}-1\\1\\0\\0\end{pmatrix}$. 因此非齐次线性方程组的通解为$\boldsymbol{x}=\boldsymbol{\eta}+c\boldsymbol{\xi}$，其中$c$为任意实数.

当$b=-2$且$a=-8$时，方程组有无穷多解. 由于

$$\overline{\boldsymbol{A}}\to\begin{pmatrix}1&1&-2&3&0\\0&1&2&2&1\\0&0&0&0&0\\0&0&0&0&0\end{pmatrix}\to\begin{pmatrix}1&0&-4&1&-1\\0&1&2&2&1\\0&0&0&0&0\\0&0&0&0&0\end{pmatrix},$$

导出组为$\begin{cases}x_1=4x_3-x_4\\x_2=-2x_3-2x_4\end{cases}$，基础解系为

$$\boldsymbol{\xi}_1=\begin{pmatrix}4\\-2\\1\\0\end{pmatrix},\boldsymbol{\xi}_2=\begin{pmatrix}-1\\-2\\0\\1\end{pmatrix}.$$

非齐次线性方程组$\begin{cases}x_1=4x_3-x_4-1,\\x_2=-2x_3-2x_4+1,\end{cases}$一个特解为$\boldsymbol{\eta}=\begin{pmatrix}-1\\1\\0\\0\end{pmatrix}$.

因此非齐次线性方程组的通解为 $\boldsymbol{x}=\boldsymbol{\eta}+c_1\boldsymbol{\xi}_1+c_2\boldsymbol{\xi}_2$，其中 c_1,c_2 为任意实数.

11. 因为$\boldsymbol{\alpha}_1,\boldsymbol{\alpha}_2,\cdots,\boldsymbol{\alpha}_m$ 线性相关，所以存在着一组不全为零的数 $k_1,k_2,\cdots,k_m$ 使得

$$k_1\boldsymbol{\alpha}_1+k_2\boldsymbol{\alpha}_2+\cdots+k_m\boldsymbol{\alpha}_m=\boldsymbol{0},$$

从 $k_2,k_3,\cdots,k_m$ 的最后一个数值开始，从后往前找出第一个不为零的数值 k_s，则有

$$k_1\boldsymbol{\alpha}_1+k_2\boldsymbol{\alpha}_2+\cdots+k_s\boldsymbol{\alpha}_s=\boldsymbol{0},$$

如果 $k_2=k_3=\cdots=k_m=0$，则 $k_1\boldsymbol{\alpha}_1=0$，这里$\boldsymbol{\alpha}_1\neq 0$，则有 $k_1=0$，与题设矛盾，因此

$$\boldsymbol{\alpha}_s=-\frac{k_1}{k_s}\boldsymbol{\alpha}_1-\frac{k_2}{k_s}\boldsymbol{\alpha}_2-\cdots-\frac{k_{s-1}}{k_s}\boldsymbol{\alpha}_{s-1},$$

即$\boldsymbol{\alpha}_s$ 可由$\boldsymbol{\alpha}_1,\boldsymbol{\alpha}_2,\cdots,\boldsymbol{\alpha}_{s-1}$线性表示.

12. 利用反证法，假设向量组$\boldsymbol{\alpha}_1,\boldsymbol{\alpha}_2,\boldsymbol{\alpha}_3,\boldsymbol{\alpha}_4-\boldsymbol{\alpha}_5$ 的秩小于 4. 因为 $R(\boldsymbol{A})=3$，则$\boldsymbol{\alpha}_1,\boldsymbol{\alpha}_2,\boldsymbol{\alpha}_3$ 线性无关，因此可推得向量组$\boldsymbol{\alpha}_1,\boldsymbol{\alpha}_2,\boldsymbol{\alpha}_3,\boldsymbol{\alpha}_4-\boldsymbol{\alpha}_5$ 的秩为 3. 从而$\boldsymbol{\alpha}_4-\boldsymbol{\alpha}_5$ 可由$\boldsymbol{\alpha}_1,\boldsymbol{\alpha}_2,\boldsymbol{\alpha}_3$ 线性表示，记

$$\boldsymbol{\alpha}_4-\boldsymbol{\alpha}_5=k_1\boldsymbol{\alpha}_1+k_2\boldsymbol{\alpha}_2+k_3\boldsymbol{\alpha}_3.$$

又因为 $R(\boldsymbol{B})=3$，则$\boldsymbol{\alpha}_4$ 可由$\boldsymbol{\alpha}_1,\boldsymbol{\alpha}_2,\boldsymbol{\alpha}_3$ 线性表示，不妨设

$$\boldsymbol{\alpha}_4=x_1\boldsymbol{\alpha}_1+x_2\boldsymbol{\alpha}_2+x_3\boldsymbol{\alpha}_3.$$

解得

$$\boldsymbol{\alpha}_5=(x_1\boldsymbol{\alpha}_1+x_2\boldsymbol{\alpha}_2+x_3\boldsymbol{\alpha}_3)-(k_1\boldsymbol{\alpha}_1+k_2\boldsymbol{\alpha}_2+k_3\boldsymbol{\alpha}_3),$$

则$\boldsymbol{\alpha}_5$ 可由$\boldsymbol{\alpha}_1,\boldsymbol{\alpha}_2,\boldsymbol{\alpha}_3$ 线性表示，即向量组 C 线性相关，$R(C)=3$，与题设矛盾，从而结论得证.

13. 显然向量组 A 中任意向量$\boldsymbol{\alpha}_i$ 都可由 n 维单位向量组 B：$\boldsymbol{e}_1,\boldsymbol{e}_2,\cdots,\boldsymbol{e}_n$ 线性表示；

由已知条件单位向量组可由向量组 A 线性无关，则向量组 A 与单位向量组等价，又因为等价的向量组的秩相等，因此向量组 A 的秩为 n，故$\boldsymbol{\alpha}_1,\boldsymbol{\alpha}_2,\cdots,\boldsymbol{\alpha}_n$ 线性无关.

14. 必要性：任意取一个向量$\boldsymbol{\beta}$，因为$\boldsymbol{\alpha}_1,\boldsymbol{\alpha}_2,\cdots,\boldsymbol{\alpha}_n$ 线性无关，而向量组$\boldsymbol{\alpha}_1,\boldsymbol{\alpha}_2,\cdots,\boldsymbol{\alpha}_n,\boldsymbol{\beta}$ 是 $n+1$ 个 n 维向量组，必线性相关，所以$\boldsymbol{\beta}$可由$\boldsymbol{\alpha}_1,\boldsymbol{\alpha}_2,\cdots,\boldsymbol{\alpha}_n$ 线性表示.

充分性：因为任意向量都可由$\boldsymbol{\alpha}_1,\boldsymbol{\alpha}_2,\cdots,\boldsymbol{\alpha}_n$ 线性表示，所以单位向量组 $\boldsymbol{e}_1,\boldsymbol{e}_2,\cdots,\boldsymbol{e}_n$ 也可由$\boldsymbol{\alpha}_1,\boldsymbol{\alpha}_2,\cdots,\boldsymbol{\alpha}_n$ 线性表示，由 4.4 节 13 题可知$\boldsymbol{\alpha}_1,\boldsymbol{\alpha}_2,\cdots,\boldsymbol{\alpha}_n$ 线性无关.

15. 设 $\boldsymbol{B}=(\boldsymbol{\beta}_1,\boldsymbol{\beta}_2,\cdots,\boldsymbol{\beta}_s)$，$\boldsymbol{A}=(\boldsymbol{\alpha}_1,\boldsymbol{\alpha}_2,\cdots,\boldsymbol{\alpha}_s)$，$K=\begin{pmatrix} k_{11} & k_{12} & \cdots & k_{1s} \\ k_{21} & k_{22} & \cdots & k_{2s} \\ \cdots & \cdots & \cdots & \cdots \\ k_{s1} & k_{s2} & \cdots & k_{ss} \end{pmatrix}$，则 $\boldsymbol{B}=\boldsymbol{AK}$.

必要性：因为$\boldsymbol{\beta}_1,\boldsymbol{\beta}_2,\cdots,\boldsymbol{\beta}_s$ 线性无关，则 $R(\boldsymbol{B})=s$，又因为

$$R(\boldsymbol{B})=\min\{R(\boldsymbol{A}),R(\boldsymbol{K})\}\leqslant R(\boldsymbol{K})\leqslant s,$$

所以 $R(\boldsymbol{K})=s$，所以 $|\boldsymbol{K}|\neq 0$.

充分性：因为 $|\boldsymbol{K}|\neq 0$，矩阵 $\boldsymbol{K}$ 可逆，则 $\boldsymbol{A}=\boldsymbol{BK}^{-1}$，所以向量组$\boldsymbol{\alpha}_1,\boldsymbol{\alpha}_2,\cdots,\boldsymbol{\alpha}_s$ 可由向量组$\boldsymbol{\beta}_1,\boldsymbol{\beta}_2,\cdots,\boldsymbol{\beta}_s$ 线性表示，所以向量组$\boldsymbol{\alpha}_1,\boldsymbol{\alpha}_2,\cdots,\boldsymbol{\alpha}_s$ 与向量组$\boldsymbol{\beta}_1,\boldsymbol{\beta}_2,\cdots,\boldsymbol{\beta}_s$ 等价，因为等价向量组秩相等，向量组$\boldsymbol{\beta}_1,\boldsymbol{\beta}_2,\cdots,\boldsymbol{\beta}_s$ 秩为 s，所以线性无关.

16. $(\boldsymbol{\beta}_1,\boldsymbol{\beta}_2,\cdots,\boldsymbol{\beta}_s)=(\boldsymbol{\alpha}_1,\boldsymbol{\alpha}_2,\cdots,\boldsymbol{\alpha}_s)\begin{pmatrix}1&0&0&\cdots&0&1\\1&1&0&\cdots&0&0\\0&1&1&\cdots&0&0\\\vdots&\vdots&\vdots&\vdots&\vdots&\vdots\\0&0&0&\cdots&1&0\\0&0&0&\cdots&1&1\end{pmatrix}$,

变换矩阵对应的行列式按第一行展开,得

$$\begin{vmatrix}1&0&0&\cdots&0&1\\1&1&0&\cdots&0&0\\0&1&1&\cdots&0&0\\\vdots&\vdots&\vdots&\vdots&\vdots&\vdots\\0&0&0&\cdots&1&0\\0&0&0&\cdots&1&1\end{vmatrix}=a_{11}A_{11}+(-1)^{1+s}a_{1s}A_{1s}=\begin{cases}2, & s=2k+1\\0, & s=2k\end{cases},$$

当 s 为奇数时,由 4.4 节 15 题可知,$\boldsymbol{\beta}_1,\boldsymbol{\beta}_2,\cdots,\boldsymbol{\beta}_s$ 线性无关.

当 s 为偶数时,由 4.4 节 15 题**的逆否命题**可知$\boldsymbol{\beta}_1,\boldsymbol{\beta}_2,\cdots,\boldsymbol{\beta}_s$ 线性相关.

17. 由 $\boldsymbol{A}^2=\boldsymbol{A}$,可知 $\boldsymbol{A}^2-\boldsymbol{A}=\boldsymbol{O}$,所以 $\boldsymbol{A}(\boldsymbol{A}-\boldsymbol{E})=\boldsymbol{O}$,从而

$$R(\boldsymbol{A})+R(\boldsymbol{A}-\boldsymbol{E})\leqslant n;$$

另一方面,$\boldsymbol{E}=\boldsymbol{A}+(\boldsymbol{E}-\boldsymbol{A})$,有

$$R(\boldsymbol{A})+R(\boldsymbol{A}-\boldsymbol{E})=R(\boldsymbol{A})+R(\boldsymbol{E}-\boldsymbol{A})\geqslant n,$$

所以有 $R(\boldsymbol{A})+R(\boldsymbol{A}-\boldsymbol{E})=n$.

18. 因为方程组有解,所以有 $R(\bar{\boldsymbol{A}})=R(\boldsymbol{A})\leqslant 3$,从而 $\begin{vmatrix}a_{11}&a_{12}&a_{13}&b_1\\a_{21}&a_{22}&a_{23}&b_2\\a_{31}&a_{33}&a_{33}&b_3\\a_{41}&a_{42}&a_{43}&b_4\end{vmatrix}=0$.

19. (1) 反证法:假设$\boldsymbol{\eta},\boldsymbol{\xi}_1,\boldsymbol{\xi}_2,\cdots,\boldsymbol{\xi}_{n-r}$线性相关,则$\boldsymbol{\eta}$可由向量组$\boldsymbol{\xi}_1,\boldsymbol{\xi}_2,\cdots,\boldsymbol{\xi}_{n-r}$线性表示,即$\boldsymbol{\eta}=k_1\boldsymbol{\xi}_1+k_2\boldsymbol{\xi}_2+\cdots+k_{n-r}\boldsymbol{\xi}_{n-r}$,由方程组的解的性质可知,$\boldsymbol{\eta}$是齐次线性方程组 $\boldsymbol{Ax}=\boldsymbol{0}$ 的一个解(与题设矛盾).

(2) 设

$$k_1(\boldsymbol{\xi}_1+\eta)+k_2(\boldsymbol{\xi}_2+\boldsymbol{\eta})+\cdots+k_{n-r}(\boldsymbol{\xi}_{n-r}+\boldsymbol{\eta})+k_{n-r+1}\boldsymbol{\eta}=\boldsymbol{0},$$

整理得

$$k_1\boldsymbol{\xi}_1+k_2\boldsymbol{\xi}_2+\cdots+k_{n-r}\boldsymbol{\xi}_{n-r}+(k_1+k_2+\cdots+k_{n-r}+k_{n-r+1})\boldsymbol{\eta}=\boldsymbol{0},$$

由(1)可知$\boldsymbol{\eta},\boldsymbol{\xi}_1,\boldsymbol{\xi}_2,\cdots,\boldsymbol{\xi}_{n-r}$线性无关,则有

$$k_1=k_2=\cdots=k_{n-r}=0,k_1+k_2+\cdots+k_{n-r}+k_{n-r+1}=0,$$

则有 $k_{n-r+1}=0$,所以有$\boldsymbol{\xi}_1+\boldsymbol{\eta},\boldsymbol{\xi}_2+\boldsymbol{\eta},\cdots,\boldsymbol{\xi}_{n-r}+\boldsymbol{\eta},\boldsymbol{\eta}$线性无关.

20. 将 $\boldsymbol{x}=k_1\boldsymbol{\eta}_1+k_2\boldsymbol{\eta}_2+\cdots+k_s\boldsymbol{\eta}_s$ 代入方程组 $\boldsymbol{Ax}=\boldsymbol{b}$ 得

$$\begin{aligned}\boldsymbol{A}(k_1\boldsymbol{\eta}_1+k_2\boldsymbol{\eta}_2+\cdots+k_s\boldsymbol{\eta}_s)&=k_1\boldsymbol{A\eta}_1+k_2\boldsymbol{A\eta}_2+\cdots+k_s\boldsymbol{A\eta}_s=k_1\boldsymbol{b}+k_2\boldsymbol{b}+\cdots+k_s\boldsymbol{b}\\&=(k_1+k_2+\cdots+k_s)\boldsymbol{b}=\boldsymbol{b},\end{aligned}$$

所以 $\boldsymbol{x}=k_1\boldsymbol{\eta}_1+k_2\boldsymbol{\eta}_2+\cdots+k_s\boldsymbol{\eta}_s$ 是方程组 $\boldsymbol{Ax}=\boldsymbol{b}$ 的解.

21. 因为$\boldsymbol{\eta}_1,\boldsymbol{\eta}_2,\cdots,\boldsymbol{\eta}_{n-r+1}$是 $\boldsymbol{Ax}=\boldsymbol{b}$ 的解，则$\boldsymbol{\eta}_1-\boldsymbol{\eta}_{n-r+1},\boldsymbol{\eta}_2-\boldsymbol{\eta}_{n-r+1},\cdots,\boldsymbol{\eta}_{n-r}-\boldsymbol{\eta}_{n-r+1}$是对应齐次方程组 $\boldsymbol{Ax}=\boldsymbol{0}$ 的解，设

$$x_1(\boldsymbol{\eta}_1-\boldsymbol{\eta}_{n-r+1})+x_2(\boldsymbol{\eta}_2-\boldsymbol{\eta}_{n-r+1})+\cdots+x_{n-r}(\boldsymbol{\eta}_{n-r}-\boldsymbol{\eta}_{n-r+1})=\boldsymbol{0},$$

整理得

$$x_1\boldsymbol{\eta}_1+x_2\boldsymbol{\eta}_2+\cdots+x_{n-r}\boldsymbol{\eta}_{n-r}-(x_1+x_2+\cdots+x_{n-r})\boldsymbol{\eta}_{n-r+1}=0$$

因为$\boldsymbol{\eta}_1,\boldsymbol{\eta}_2,\cdots,\boldsymbol{\eta}_{n-r+1}$线性无关，所以 $x_1=x_2=\cdots=x_{n-r}=0$，则有$\boldsymbol{\eta}_1-\boldsymbol{\eta}_{n-r+1},\boldsymbol{\eta}_2-\boldsymbol{\eta}_{n-r+1},\cdots,\boldsymbol{\eta}_{n-r}-\boldsymbol{\eta}_{n-r+1}$线性无关，即为对应齐次方程组 $\boldsymbol{Ax}=\boldsymbol{0}$ 的基础解系；则 $\boldsymbol{Ax}=\boldsymbol{b}$ 的通解为

$$\boldsymbol{x}=\boldsymbol{\eta}_{n-r+1}+c_1(\boldsymbol{\eta}_1-\boldsymbol{\eta}_{n-r+1})+c_2(\boldsymbol{\eta}_2-\boldsymbol{\eta}_{n-r+1})+\cdots+c_{n-r}(\boldsymbol{\eta}_{n-r}-\boldsymbol{\eta}_{n-r+1}),$$

整理得

$$\boldsymbol{x}=c_1\boldsymbol{\eta}_1+c_2\boldsymbol{\eta}_2+\cdots+c_{n-r}\boldsymbol{\eta}_{n-r}+[1-(c_1+c_2+\cdots+c_{n-r})]\boldsymbol{\eta}_{n-r+1},$$

令

$$k_1=c_1,k_2=c_2,\cdots,k_{n-r}=c_{n-r},k_{n-r+1}=1-(c_1-c_2-\cdots-c_{n-r})$$

则任意一个解可以表示为

$$x=k_1\boldsymbol{\eta}_1+k_2\boldsymbol{\eta}_2+\cdots+k_{n-r+1}\boldsymbol{\eta}_{n-r+1},$$

其中 $k_1+k_2+\cdots+k_{n-r+1}=1$.

第5章

相似矩阵

5.1 本章知识结构图

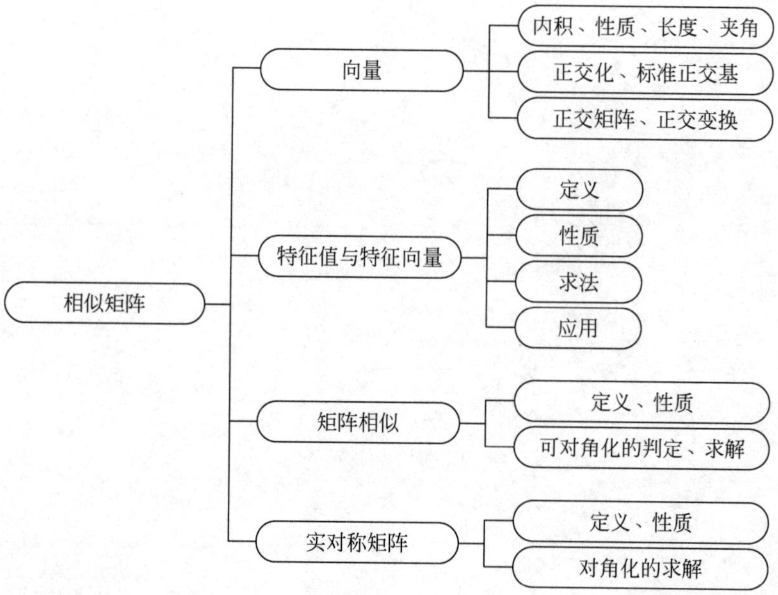

5.2 内容提要

5.2.1 向量的内积、长度及夹角

1. 向量的内积

设 n 维向量 $\boldsymbol{\alpha}=(a_1,a_2,\cdots,a_n)^{\mathrm{T}}$，$\boldsymbol{\beta}=(b_1,b_2,\cdots,b_n)^{\mathrm{T}}$，则向量 $\boldsymbol{\alpha}$ 和 $\boldsymbol{\beta}$ 的内积定义为

$$[\boldsymbol{\alpha},\boldsymbol{\beta}]=\boldsymbol{\alpha}^{\mathrm{T}}\boldsymbol{\beta}=a_1b_1+a_2b_2+\cdots+a_nb_n.$$

内积的一些运算性质(设$\boldsymbol{\alpha}$,$\boldsymbol{\beta}$和$\boldsymbol{\gamma}$均为n维向量,k为实数):

(1) $[\boldsymbol{\alpha},\boldsymbol{\beta}]=[\boldsymbol{\beta},\boldsymbol{\alpha}]$;

(2) $[k\boldsymbol{\alpha},\boldsymbol{\beta}]=k[\boldsymbol{\beta},\boldsymbol{\alpha}]$;

(3) $[\boldsymbol{\alpha}+\boldsymbol{\beta},\boldsymbol{\gamma}]=[\boldsymbol{\alpha},\boldsymbol{\gamma}]+[\boldsymbol{\beta},\boldsymbol{\gamma}]$;

(4) $[\boldsymbol{\alpha},\boldsymbol{\alpha}]\geqslant 0$,当且仅当$\boldsymbol{\alpha}=\mathbf{0}$时,$[\boldsymbol{\alpha},\boldsymbol{\alpha}]=0$;

(5) (**施瓦兹不等式**) $[\boldsymbol{\alpha},\boldsymbol{\beta}]^2\leqslant[\boldsymbol{\alpha},\boldsymbol{\alpha}]\cdot[\boldsymbol{\beta},\boldsymbol{\beta}]$.

2. 向量的长度

设n维向量$\boldsymbol{\alpha}=(a_1,a_2,\cdots,a_n)^{\mathrm{T}}$,称$\|\boldsymbol{\alpha}\|=\sqrt{[\boldsymbol{\alpha},\boldsymbol{\alpha}]}=\sqrt{a_1^2+a_2^2+\cdots+a_n^2}$为向量$\boldsymbol{\alpha}$的**长度**(或**范数**).当$\|\boldsymbol{\alpha}\|=1$时,称$\boldsymbol{\alpha}$为**单位向量**.若$\boldsymbol{\alpha}\neq\mathbf{0}$,则向量$\dfrac{\boldsymbol{\alpha}}{\|\boldsymbol{\alpha}\|}$是一个单位向量,由$\boldsymbol{\alpha}$到$\dfrac{\boldsymbol{\alpha}}{\|\boldsymbol{\alpha}\|}$的过程称为将向量$\boldsymbol{\alpha}$**单位化**.

向量长度的性质(设$\boldsymbol{\alpha}$和$\boldsymbol{\beta}$均为n维向量,k为实数):

(1) $\|\boldsymbol{\alpha}\|\geqslant 0$,当且仅当$\boldsymbol{\alpha}=\mathbf{0}$时,$\|\boldsymbol{\alpha}\|=0$;

(2) $\|k\boldsymbol{\alpha}\|=|k|\cdot\|\boldsymbol{\alpha}\|$;

(3) (**三角不等式**) $\|\boldsymbol{\alpha}+\boldsymbol{\beta}\|\leqslant\|\boldsymbol{\alpha}\|+\|\boldsymbol{\beta}\|$.

3. 向量的夹角

设$\boldsymbol{\alpha}$和$\boldsymbol{\beta}$均为n维非零向量,称$\theta=\arccos\dfrac{[\boldsymbol{\alpha},\boldsymbol{\beta}]}{\|\boldsymbol{\alpha}\|\cdot\|\boldsymbol{\beta}\|}(0\leqslant\theta\leqslant\pi)$为$\boldsymbol{\alpha}$和$\boldsymbol{\beta}$的**夹角**.若$[\boldsymbol{\alpha},\boldsymbol{\beta}]=0$,则称$\boldsymbol{\alpha}$和$\boldsymbol{\beta}$**正交**.显然,零向量与任何相同维数的向量正交.

5.2.2 正交向量组

设s为某个正整数,若n维非零向量组$\boldsymbol{\alpha}_1,\boldsymbol{\alpha}_2,\cdots,\boldsymbol{\alpha}_s$两两正交,即

$$[\boldsymbol{\alpha}_i,\boldsymbol{\alpha}_j]=0\ (i\neq j,i,j=1,2,\cdots,s),$$

则称该向量组为**正交向量组**.若正交向量组中的每个向量都是单位向量,则称该向量组为**单位正交向量组**.

设$\boldsymbol{e}_1,\boldsymbol{e}_2,\cdots,\boldsymbol{e}_s$为向量空间$V(V\subseteq R^n)$的一个基,若$\boldsymbol{e}_1,\boldsymbol{e}_2,\cdots,\boldsymbol{e}_s$为单位正交向量组,则称$\boldsymbol{e}_1,\boldsymbol{e}_2,\cdots,\boldsymbol{e}_s$为向量空间$V$的一个**标准正交基**,对于任意的向量$\boldsymbol{\alpha}\in V$,都可以由$\boldsymbol{e}_1,\boldsymbol{e}_2,\cdots,\boldsymbol{e}_s$线性表示,即存在数$k_i(i=1,2,\cdots,s)$,使得

$$\boldsymbol{\alpha}=k_1\boldsymbol{e}_1+k_2\boldsymbol{e}_2+\cdots+k_s\boldsymbol{e}_s.$$

且$k_i=[\boldsymbol{e}_i,\boldsymbol{\alpha}](i=1,2,\cdots,s)$.

若$\boldsymbol{\alpha}_1,\boldsymbol{\alpha}_2,\cdots,\boldsymbol{\alpha}_s$为正交向量组,则$\boldsymbol{\alpha}_1,\boldsymbol{\alpha}_2,\cdots,\boldsymbol{\alpha}_s$一定线性无关.

对于R^n中线性无关向量组$\boldsymbol{\alpha}_1,\boldsymbol{\alpha}_2,\cdots,\boldsymbol{\alpha}_s$,可以找到与其等价的正交向量组$\boldsymbol{\beta}_1,\boldsymbol{\beta}_2,\cdots,\boldsymbol{\beta}_s$,这个过程称为向量组的**正交化**.利用**施密特(Schmidt)正交化**方法找到的正交向量组$\boldsymbol{\beta}_1,\boldsymbol{\beta}_2,\cdots,\boldsymbol{\beta}_s$不仅与$\boldsymbol{\alpha}_1,\boldsymbol{\alpha}_2,\cdots,\boldsymbol{\alpha}_s$等价,而且对于任何的$1\leqslant k\leqslant s$,$\boldsymbol{\beta}_1,\boldsymbol{\beta}_2,\cdots,\boldsymbol{\beta}_k$与$\boldsymbol{\alpha}_1,\boldsymbol{\alpha}_2,\cdots,\boldsymbol{\alpha}_k$

等价.施密特正交化的具体步骤为：

对于 R^n 中的线性无关向量组$\boldsymbol{\alpha}_1,\boldsymbol{\alpha}_2,\cdots,\boldsymbol{\alpha}_s$，令

$$\boldsymbol{\beta}_1=\boldsymbol{\alpha}_1,$$

$$\boldsymbol{\beta}_2=\boldsymbol{\alpha}_2-\frac{[\boldsymbol{\alpha}_2,\boldsymbol{\beta}_1]}{[\boldsymbol{\beta}_1,\boldsymbol{\beta}_1]}\boldsymbol{\beta}_1,$$

$$\boldsymbol{\beta}_3=\boldsymbol{\alpha}_3-\frac{[\boldsymbol{\alpha}_3,\boldsymbol{\beta}_1]}{[\boldsymbol{\beta}_1,\boldsymbol{\beta}_1]}\boldsymbol{\beta}_1-\frac{[\boldsymbol{\alpha}_3,\boldsymbol{\beta}_2]}{[\boldsymbol{\beta}_2,\boldsymbol{\beta}_2]}\boldsymbol{\beta}_2,$$

$$\vdots$$

$$\boldsymbol{\beta}_s=\boldsymbol{\alpha}_s-\frac{[\boldsymbol{\alpha}_s,\boldsymbol{\beta}_1]}{[\boldsymbol{\beta}_1,\boldsymbol{\beta}_1]}\boldsymbol{\beta}_1-\frac{[\boldsymbol{\alpha}_s,\boldsymbol{\beta}_2]}{[\boldsymbol{\beta}_2,\boldsymbol{\beta}_2]}\boldsymbol{\beta}_2-\cdots-\frac{[\boldsymbol{\alpha}_s,\boldsymbol{\beta}_{s-1}]}{[\boldsymbol{\beta}_{s-1},\boldsymbol{\beta}_{s-1}]}\boldsymbol{\beta}_{s-1}.$$

对于 R^n 中的一个基，可以通过施密特正交化方法生成一个正交基，然后将该正交基中的每一个向量进行单位化，这样就得到 R^n 中的一个标准正交基.

5.2.3 正交矩阵及正交变换

若 n 阶矩阵 A 满足 $\boldsymbol{A}^{\mathrm{T}}\boldsymbol{A}=\boldsymbol{E}$，则称 $\boldsymbol{A}$ 为**正交矩阵**，简称**正交阵**. 若 $\boldsymbol{A}$ 为正交矩阵，则称线性变换 $\boldsymbol{y}=\boldsymbol{Ax}$ 为**正交变换**. 对于正交变换而言，由于 $\|\boldsymbol{y}\|=\|\boldsymbol{x}\|$，因此正交变换能够保持向量的长度不变.

正交矩阵具有如下性质：

(1) 若 $\boldsymbol{A}$ 为正交矩阵，则 $\boldsymbol{A}$ 的行列式的值为 1 或 -1；

(2) 若 $\boldsymbol{A}$ 为正交矩阵，则 $\boldsymbol{A}$ 可逆，且 $\boldsymbol{A}^{-1}=\boldsymbol{A}^{\mathrm{T}}$；

(3) 若 $\boldsymbol{A}$ 和 $\boldsymbol{B}$ 均为正交矩阵，则 $\boldsymbol{AB}$ 也为正交矩阵.

(4) 若 $\boldsymbol{A}$ 为 n 阶矩阵，则 $\boldsymbol{A}$ 为正交矩阵的充分必要条件是其列(行)向量组是标准正交向量组.

5.2.4 矩阵的迹

矩阵 $\boldsymbol{A}=(a_{ij})_{n\times n}$ 的主对角线元素之和称为矩阵 $\boldsymbol{A}$ 的**迹**，记为 $\mathrm{tr}(\boldsymbol{A})$或 $\mathrm{trace}(\boldsymbol{A})$，即

$$\mathrm{tr}(\boldsymbol{A})=a_{11}+a_{22}+\cdots+a_{nn}.$$

矩阵迹的性质：

设 $\boldsymbol{A}$ 和 $\boldsymbol{B}$ 均为 n 阶方阵，λ 为常数，则有

(1) $\mathrm{tr}(\boldsymbol{A}+\boldsymbol{B})=\mathrm{tr}(\boldsymbol{A})+\mathrm{tr}(\boldsymbol{B})$；　　(2) $\mathrm{tr}(\lambda\boldsymbol{A})=\lambda\mathrm{tr}(\boldsymbol{A})$；

(3) $\mathrm{tr}(\boldsymbol{AB})=\mathrm{tr}(\boldsymbol{BA})$；　　(4) $\mathrm{tr}(\boldsymbol{A}^{\mathrm{T}})=\mathrm{tr}(\boldsymbol{A})$.

5.2.5 矩阵的特征值与特征向量

1. 特征值与特征向量的概念

设 $\boldsymbol{A}$ 为 n 阶矩阵，若存在数 λ 和 n 维非零列向量 $\boldsymbol{x}$，使得 $\boldsymbol{Ax}=\lambda\boldsymbol{x}$ 成立，则称 λ 为矩阵 $\boldsymbol{A}$ 的**特征值**，非零列向量 $\boldsymbol{x}$ 称为对应于(或属于)特征值 λ 的**特征向量**.

对于任意的非零数 k，显然 $\boldsymbol{A}(k\boldsymbol{x})=\lambda(k\boldsymbol{x})$，因此若 $\boldsymbol{x}$ 为对应于特征值 λ 的特征向量，

则 $k\boldsymbol{x}$ 也为矩阵 $\boldsymbol{A}$ 的对应于特征值 λ 的特征向量，即特征向量不唯一. 若 $\boldsymbol{x}_1,\boldsymbol{x}_2,\cdots,\boldsymbol{x}_s$ 为 $\boldsymbol{A}$ 对应于同一特征值 λ 的特征向量，则非零线性组合 $k_1\boldsymbol{x}_1+k_2\boldsymbol{x}_2+\cdots+k_s\boldsymbol{x}_s$ 为 A 对应于特征值 λ 的特征向量.

2. 特征值、特征向量的求解

记

$$f(\lambda)=|\boldsymbol{A}-\lambda\boldsymbol{E}|=\begin{vmatrix} a_{11}-\lambda & a_{12} & \cdots & a_{1n} \\ a_{21} & a_{22}-\lambda & \cdots & a_{2n} \\ \vdots & \vdots & & \vdots \\ a_{n1} & a_{n2} & \cdots & a_{nn}-\lambda \end{vmatrix},$$

则称 $f(\lambda)=|\boldsymbol{A}-\lambda\boldsymbol{E}|$ 为矩阵 $\boldsymbol{A}$ 的**特征多项式**，$f(\lambda)=|\boldsymbol{A}-\lambda\boldsymbol{E}|=0$ 为矩阵 $\boldsymbol{A}$ 的**特征方程**，$\boldsymbol{A}$ 的特征值就是特征方程的解.

需要说明的是，特征方程 $f(\lambda)=0$ 在复数域内恒有解，解的个数(重根按重数计算)等于方程的次数，因此 n 阶矩阵 $\boldsymbol{A}$ 在复数范围内有 n 个特征值.

若已求得矩阵 $\boldsymbol{A}$ 的一个特征值 $\lambda=\lambda_i$，求解线性方程组 $(\boldsymbol{A}-\lambda_i\boldsymbol{E})\boldsymbol{x}=0$，则其非零解就是矩阵 $\boldsymbol{A}$ 对应于特征值 $\lambda=\lambda_i$ 的特征向量. 若 λ_i 为实数，则特征向量可以取实向量，若 λ_i 为复数，则特征向量为复向量. 注意实矩阵的特征值和特征向量都有可能是复的.

求解 $\boldsymbol{A}$ 的特征方程 $f(\lambda)=|\boldsymbol{A}-\lambda\boldsymbol{E}|=0$，解得全部特征值 $\lambda_1,\lambda_2,\cdots,\lambda_s$；对每个特征值 λ_i，求解齐次线性方程组 $(\boldsymbol{A}-\lambda_i\boldsymbol{E})\boldsymbol{x}=0$ 的一个基础解系 $\boldsymbol{\eta}_1,\boldsymbol{\eta}_2,\cdots,\boldsymbol{\eta}_r$，则 $\boldsymbol{A}$ 的对应于特征值 $\lambda=\lambda_i$ 的全部特征向量为 $k_1\boldsymbol{\eta}_1+k_2\boldsymbol{\eta}_2+\cdots+k_r\boldsymbol{\eta}_r$(其中 $k_1,k_2,\cdots,k_r$ 不全为零).

3. 特征值的性质

设 n 阶方阵 $\boldsymbol{A}=(a_{ij})_{n\times n}$，$\lambda_1,\lambda_2,\cdots,\lambda_n$ 为 $\boldsymbol{A}$ 的 n 个特征值，k 为正整数，则有：

(1) $\lambda_1+\lambda_2+\cdots+\lambda_n=a_{11}+a_{22}+\cdots+a_{nn}=\mathrm{tr}(\boldsymbol{A})$；

(2) $\lambda_1\lambda_2\cdots\lambda_n=|\boldsymbol{A}|$；

(3)若 λ 为方阵 $\boldsymbol{A}$ 的特征值，则 λk 为方阵 $\boldsymbol{A}^k$ 的特征值；

(4) 若 $\varphi(\lambda)$ 为 λ 的多项式函数，即 $\varphi(\lambda)=a_0+a_1\lambda+\cdots+a_k\lambda^k$，则 $\varphi(\lambda)$ 为 $\varphi(\boldsymbol{A})$ 的特征值；

(5) 若方阵 $\boldsymbol{A}$ 可逆，则 λ^{-1} 为 $\boldsymbol{A}^{-1}$ 的特征值，更一般的，λ^{-k} 为 $\boldsymbol{A}^{-k}$ 的特征值；

(6) 矩阵 $\boldsymbol{A}^{\mathrm{T}}$ 与 $\boldsymbol{A}$ 具有相同的特征值；

(7) 方阵 $\boldsymbol{A}$ 可逆的充要条件是 $\boldsymbol{A}$ 的特征值均不为零.

4. 特征向量的性质

(1) 方阵 $\boldsymbol{A}$ 的对应于不同特征值的特征向量线性无关；

(2) λ_1 和 λ_2 是方阵 $\boldsymbol{A}$ 的两个不同的特征值，$\boldsymbol{\alpha}_1,\boldsymbol{\alpha}_2,\cdots,\boldsymbol{\alpha}_k$ 和 $\boldsymbol{\beta}_1,\boldsymbol{\beta}_2,\cdots,\boldsymbol{\beta}_s$ 分别是对应于 λ_1 和 λ_2 的线性无关的特征向量，则向量组 $\boldsymbol{\alpha}_1,\boldsymbol{\alpha}_2,\cdots,\boldsymbol{\alpha}_k$ 和 $\boldsymbol{\beta}_1,\boldsymbol{\beta}_2,\cdots,\boldsymbol{\beta}_s$ 线性无关；

(3) 若 λ 是矩阵 $\boldsymbol{A}$ 的 s 重特征根，则与 λ 对应的线性无关的特征向量的个数不超过 s 个.

5.2.6 相似矩阵

设 $\boldsymbol{A}$ 和 $\boldsymbol{B}$ 均为 n 阶矩阵，若存在可逆矩阵 $\boldsymbol{P}$，$\boldsymbol{P}^{-1}\boldsymbol{AP}=\boldsymbol{B}$，则称 $\boldsymbol{A}$ 与 $\boldsymbol{B}$ 相似，记为 $\boldsymbol{A}\sim\boldsymbol{B}$，此时 $\boldsymbol{B}$ 也称为 $\boldsymbol{A}$ 的**相似矩阵**；运算 $\boldsymbol{P}^{-1}\boldsymbol{AP}$ 称为对 $\boldsymbol{A}$ 进行**相似变换**；可逆矩阵 $\boldsymbol{P}$ 称为将 $\boldsymbol{A}$ 化为 $\boldsymbol{B}$ 的**相似变换矩阵**. 显然单位矩阵 $\boldsymbol{E}$ 只与自身相似，即 $\boldsymbol{P}^{-1}\boldsymbol{EP}=\boldsymbol{E}$.

矩阵的相似关系可以看作是一种等价关系，具有下列性质：

(1) 自反性：$\boldsymbol{A}$ 与 $\boldsymbol{A}$ 相似；

(2) 对称性：若 $\boldsymbol{A}$ 与 $\boldsymbol{B}$ 相似，则 $\boldsymbol{B}$ 与 $\boldsymbol{A}$ 相似；

(3) 传递性：若 $\boldsymbol{A}$ 与 $\boldsymbol{B}$ 相似，$\boldsymbol{B}$ 与 $\boldsymbol{C}$ 相似，则 $\boldsymbol{A}$ 与 $\boldsymbol{C}$ 相似.

相似矩阵的性质：

设 $\boldsymbol{A}$ 和 $\boldsymbol{B}$ 均为 n 阶矩阵，且 $\boldsymbol{A}$ 与 $\boldsymbol{B}$ 相似，k 为某个正整数，则

(1) $\boldsymbol{A}$ 与 $\boldsymbol{B}$ 的行列式、秩和迹均对应相等，即 $|\boldsymbol{A}|=|\boldsymbol{B}|$，$R(\boldsymbol{A})=R(\boldsymbol{B})$，$\mathrm{tr}(\boldsymbol{A})=\mathrm{tr}(\boldsymbol{B})$；

(2) 若 $\boldsymbol{A}$ 可逆，则 $\boldsymbol{B}$ 也可逆，且 $\boldsymbol{A}^{-1}$ 与 $\boldsymbol{B}^{-1}$ 相似，$\boldsymbol{A}^*$ 与 $\boldsymbol{B}^*$ 相似；

(3) $\boldsymbol{A}^{\mathrm{T}}$ 与 $\boldsymbol{B}^{\mathrm{T}}$ 相似，$\boldsymbol{A}^k$ 与 $\boldsymbol{B}^k$ 相似，更一般地，$\boldsymbol{A}$ 的多项式 $\varphi(\boldsymbol{A})$ 与 $\boldsymbol{B}$ 的多项式 $\varphi(\boldsymbol{B})$ 也相似；

(4) $\boldsymbol{A}$ 与 $\boldsymbol{B}$ 的特征多项式相等，且 $\boldsymbol{A}$ 与 $\boldsymbol{B}$ 的特征值相等.

由性质(4)容易得到，若 n 阶矩阵 $\boldsymbol{A}$ 与对角矩阵 $\boldsymbol{\Lambda}=\mathrm{diag}(\lambda_1,\lambda_2,\cdots,\lambda_n)$ 相似，则对角矩阵的对角元素 $\lambda_1,\lambda_2,\cdots,\lambda_n$ 就是 $\boldsymbol{A}$ 的 n 个特征值.

需要注意的是，若两个矩阵特征值相等，但它们不一定相似. 例如 $\boldsymbol{A}=\begin{pmatrix}1&1\\0&1\end{pmatrix}$ 和 $\boldsymbol{E}=\begin{pmatrix}1&0\\0&1\end{pmatrix}$ 有相同的特征值，$|\boldsymbol{A}-\lambda\boldsymbol{E}|=|\boldsymbol{E}-\lambda\boldsymbol{E}|=(\lambda-1)^2$，但 $\boldsymbol{E}$ 只与 $\boldsymbol{E}$ 相似，不与 $\boldsymbol{A}$ 相似.

5.2.7 一般矩阵的对角化

若 n 阶方阵 $\boldsymbol{A}$ 与对角矩阵 $\boldsymbol{\Lambda}=\mathrm{diag}(\lambda_1,\lambda_2,\cdots,\lambda_n)$ 相似，则称 $\boldsymbol{A}$ 能**对角化**.

1. 矩阵 A 对角化的判定

(1) n 阶矩阵 $\boldsymbol{A}$ 与对角矩阵相似(即 $\boldsymbol{A}$ 能对角化)的充要条件为 $\boldsymbol{A}$ 有 n 个线性无关的特征向量；

(2) 若 n 阶矩阵 $\boldsymbol{A}$ 的 n 个特征值都互不相等，则 $\boldsymbol{A}$ 能对角化；

(3) n 阶方阵 $\boldsymbol{A}$ 能对角化的充要条件是每个特征值 λ_i 的重数 k_i 等于对应于 λ_i 的线性无关特征向量的个数，即齐次方程组 $(\boldsymbol{A}-\lambda_i\boldsymbol{E})\boldsymbol{x}=0$ 的系数矩阵满足 $R(\boldsymbol{A}-\lambda_i\boldsymbol{E})+k_i=n$.

2. 矩阵 A 的对角化的方法

若 n 阶方阵 $\boldsymbol{A}$ 能对角化，即存在相似变换矩阵 $\boldsymbol{P}$，使得 $\boldsymbol{P}^{-1}\boldsymbol{AP}=\boldsymbol{\Lambda}$，则矩阵 $\boldsymbol{P}=(\boldsymbol{p}_1,\boldsymbol{p}_2,\cdots,\boldsymbol{p}_n)$ 可以由 $\boldsymbol{A}$ 的 n 个线性无关的特征向量构成，而对角阵 $\boldsymbol{\Lambda}$ 的主对角线元素

$\lambda_1,\lambda_2,\cdots,\lambda_n$ 是 $\boldsymbol{A}$ 的特征值. $\boldsymbol{P}$ 的列向量 $\boldsymbol{p}_1,\boldsymbol{p}_2,\cdots,\boldsymbol{p}_n$ 分别是 $\boldsymbol{A}$ 对应于特征值 $\lambda_1,\lambda_2,\cdots,\lambda_n$ 的线性无关的特征向量.

5.2.8　对称矩阵的对角化

1. 对称矩阵的性质

(1) 实对称阵的特征值为实数；

(2) 实对称阵 $\boldsymbol{A}$ 对应于不同特征值的特征向量是正交的；

(3) 设 n 阶方阵 $\boldsymbol{A}$ 为对称矩阵,则必定存在正交矩阵 $\boldsymbol{P}$,使得

$$\boldsymbol{P}^{-1}\boldsymbol{A}\boldsymbol{P}=\boldsymbol{P}^{\mathrm{T}}\boldsymbol{A}\boldsymbol{P}=\boldsymbol{\Lambda}=\mathrm{diag}(\lambda_1,\lambda_2,\cdots,\lambda_n),$$

其中 $\lambda_1,\lambda_2,\cdots,\lambda_n$ 是 $\boldsymbol{A}$ 的特征值.

(4) n 阶实对称阵 $\boldsymbol{A}$ 的每个特征值 λ_i 的重数 k_i 等于对应于 λ_i 的线性无关特征向量的个数,即齐次方程组 $(\boldsymbol{A}-\lambda_i\boldsymbol{E})\boldsymbol{x}=0$ 的系数矩阵满足 $R(\boldsymbol{A}-\lambda_i\boldsymbol{E})+k_i=n$.

(5) 实对称阵 $\boldsymbol{A}$ 的秩等于 $\boldsymbol{A}$ 的非零特征值个数.

(6) 若 $\boldsymbol{A}$ 与 $\boldsymbol{B}$ 为 n 阶实对称阵，则 $\boldsymbol{A}$ 与 $\boldsymbol{B}$ 相似的充要条件为 $\boldsymbol{A}$ 与 $\boldsymbol{B}$ 具有相同的特征值及重数.

2. 对称矩阵的对角化的步骤

寻求正交矩阵 $\boldsymbol{P}$,使得 $\boldsymbol{P}^{-1}\boldsymbol{A}\boldsymbol{P}=\boldsymbol{P}^{\mathrm{T}}\boldsymbol{A}\boldsymbol{P}$ 为对角矩阵的步骤为：

(1) 解特征方程 $|\boldsymbol{A}-\lambda\boldsymbol{E}|=0$,求出 $\boldsymbol{A}$ 的全部特征值 $\lambda_1,\lambda_2,\cdots,\lambda_s$,它们的重数分别为 $k_1,k_2,\cdots,k_s(k_1+k_2+\cdots+k_s=n)$；

(2) 对每个特征值 λ_i,求齐次线性方程组 $(\boldsymbol{A}-\lambda_i\boldsymbol{E})\boldsymbol{x}=0$ 的基础解系,并进行正交化、单位化. 以这 n 个正交单位特征向量为列向量构成的正交阵 $\boldsymbol{P}$ 满足

$$\boldsymbol{P}^{-1}\boldsymbol{A}\boldsymbol{P}=\boldsymbol{P}^{\mathrm{T}}\boldsymbol{A}\boldsymbol{P}=\boldsymbol{\Lambda}.$$

注意 $\boldsymbol{P}$ 中列向量的排列次序应与 $\boldsymbol{\Lambda}$ 中对角元素的排列次序相同.

5.3　典型例题分析

5.3.1　题型一　向量的内积、长度及正交问题

例 5.1　已知 $\boldsymbol{\alpha}$ 和 $\boldsymbol{\beta}$ 是 R^n 中任意两个向量,试证明

(1) $\|\boldsymbol{\alpha}+\boldsymbol{\beta}\|^2+\|\boldsymbol{\alpha}-\boldsymbol{\beta}\|^2=2\|\boldsymbol{\alpha}\|^2+2\|\boldsymbol{\beta}\|^2$;

(2) $\|\boldsymbol{\alpha}+\boldsymbol{\beta}\|^2-\|\boldsymbol{\alpha}-\boldsymbol{\beta}\|^2=4[\boldsymbol{\alpha},\boldsymbol{\beta}]$.

证　(1) 根据内积的性质,有

$$\begin{aligned}\|\boldsymbol{\alpha}+\boldsymbol{\beta}\|^2&=[\boldsymbol{\alpha}+\boldsymbol{\beta},\boldsymbol{\alpha}+\boldsymbol{\beta}]=[\boldsymbol{\alpha},\boldsymbol{\alpha}]+2[\boldsymbol{\alpha},\boldsymbol{\beta}]+[\boldsymbol{\beta},\boldsymbol{\beta}]\\&=\|\boldsymbol{\alpha}\|^2+2[\boldsymbol{\alpha},\boldsymbol{\beta}]+\|\boldsymbol{\beta}\|^2,\end{aligned}$$

类似地

$$\begin{aligned}\|\boldsymbol{\alpha}-\boldsymbol{\beta}\|^2&=[\boldsymbol{\alpha}-\boldsymbol{\beta},\boldsymbol{\alpha}-\boldsymbol{\beta}]=[\boldsymbol{\alpha},\boldsymbol{\alpha}]-2[\boldsymbol{\alpha},\boldsymbol{\beta}]+[\boldsymbol{\beta},\boldsymbol{\beta}]\\&=\|\boldsymbol{\alpha}\|^2-2[\boldsymbol{\alpha},\boldsymbol{\beta}]+\|\boldsymbol{\beta}\|^2,\end{aligned}$$

所以

$$\|\boldsymbol{\alpha}+\boldsymbol{\beta}\|^2+\|\boldsymbol{\alpha}-\boldsymbol{\beta}\|^2=2\|\boldsymbol{\alpha}\|^2+2\|\boldsymbol{\beta}\|^2.$$

(2) 结合(1)的证明过程，

$$\begin{aligned}\|\boldsymbol{\alpha}+\boldsymbol{\beta}\|^2-\|\boldsymbol{\alpha}-\boldsymbol{\beta}\|^2&=(\|\boldsymbol{\alpha}\|^2+2[\boldsymbol{\alpha},\boldsymbol{\beta}]+\|\boldsymbol{\beta}\|^2)\\&\quad-(\|\boldsymbol{\alpha}\|^2-2[\boldsymbol{\alpha},\boldsymbol{\beta}]+\|\boldsymbol{\beta}\|^2)\\&=4[\boldsymbol{\alpha},\boldsymbol{\beta}].\end{aligned}$$

例 5.2 在 R^3 中，找出一个单位向量，使它们同时与向量 $\boldsymbol{\alpha}_1=(2,1,-4)^{\mathrm{T}}$ 和 $\boldsymbol{\alpha}_2=(-1,-1,2)^{\mathrm{T}}$ 正交.

解 设 $\boldsymbol{x}=(x_1,x_2,x_3)^{\mathrm{T}}$ 与 $\boldsymbol{\alpha}_1,\boldsymbol{\alpha}_2$ 均正交，则有 $[\boldsymbol{x},\boldsymbol{\alpha}_1]=[\boldsymbol{x},\boldsymbol{\alpha}_2]=0$. 记

$$\boldsymbol{A}=\begin{pmatrix}\boldsymbol{\alpha}_1^{\mathrm{T}}\\\boldsymbol{\alpha}_1^{\mathrm{T}}\end{pmatrix}=\begin{pmatrix}2&1&-4\\-1&-1&2\end{pmatrix}$$

则 $\boldsymbol{x}=(x_1,x_2,x_3)^{\mathrm{T}}$ 应该满足齐次线性方程组 $\boldsymbol{Ax}=\boldsymbol{0}$. 又因为

$$\boldsymbol{A}=\begin{pmatrix}2&1&-4\\-1&-1&2\end{pmatrix}\xrightarrow{r}\begin{pmatrix}1&\frac{1}{2}&-2\\-1&-1&2\end{pmatrix}\xrightarrow{r}\begin{pmatrix}1&\frac{1}{2}&-2\\0&-\frac{1}{2}&0\end{pmatrix}$$

$$\xrightarrow{r}\begin{pmatrix}1&0&-2\\0&-\frac{1}{2}&0\end{pmatrix}\xrightarrow{r}\begin{pmatrix}1&0&-2\\0&1&0\end{pmatrix},$$

因此有

$$\begin{cases}x_1=2x_3\\x_2=0\end{cases},$$

基础解系为 $\boldsymbol{x}=\begin{pmatrix}2\\0\\1\end{pmatrix}$，将 $\boldsymbol{x}$ 的单位化为 $\boldsymbol{\alpha}=\begin{pmatrix}\frac{2}{\sqrt{5}}\\0\\\frac{1}{\sqrt{5}}\end{pmatrix}$ 即可.

例 5.3 设 $\boldsymbol{\alpha}=\begin{pmatrix}3\\-2\\1\end{pmatrix}$，$\boldsymbol{\beta}=\begin{pmatrix}-2\\3\\6\end{pmatrix}$，$\boldsymbol{\gamma}=\begin{pmatrix}1\\0\\-3\end{pmatrix}$，$\boldsymbol{\beta}=\lambda_1\boldsymbol{\alpha}+\lambda_2\boldsymbol{\gamma}$，求常数 λ_1 和 λ_2.

解 因为 $[\boldsymbol{\alpha},\boldsymbol{\gamma}]=0$，所以等式 $\boldsymbol{\beta}=\lambda_1\boldsymbol{\alpha}+\lambda_2\boldsymbol{\gamma}$ 两边同时左乘 $\boldsymbol{\alpha}^{\mathrm{T}}$ 和 $\boldsymbol{\gamma}^{\mathrm{T}}$ 得

$$[\boldsymbol{\alpha},\boldsymbol{\beta}]=\lambda_1[\boldsymbol{\alpha},\boldsymbol{\alpha}],[\boldsymbol{\gamma},\boldsymbol{\beta}]=\lambda_2[\boldsymbol{\gamma},\boldsymbol{\gamma}],$$

因此

$$\lambda_1=\frac{[\boldsymbol{\alpha},\boldsymbol{\beta}]}{[\boldsymbol{\alpha},\boldsymbol{\alpha}]}=-\frac{3}{7},\quad\lambda_2=\frac{[\boldsymbol{\gamma},\boldsymbol{\beta}]}{[\boldsymbol{\gamma},\boldsymbol{\gamma}]}=-2.$$

例 5.4 试用施密特法把列向量组 $(\boldsymbol{\alpha}_1,\boldsymbol{\alpha}_2,\boldsymbol{\alpha}_3)=\begin{pmatrix}1&0&-2\\-1&-2&0\\0&0&1\\1&1&-1\end{pmatrix}$ 正交化，并单位化.

解 根据施密特正交化方法，令$\boldsymbol{\beta}_1=\boldsymbol{\alpha}_1=(1,-1,0,1)^{\mathrm{T}}$，

$$\boldsymbol{\beta}_2=\boldsymbol{\alpha}_2-\frac{[\boldsymbol{\alpha}_2,\boldsymbol{\beta}_1]}{[\boldsymbol{\beta}_1,\boldsymbol{\beta}_1]}\boldsymbol{\beta}_1=\begin{pmatrix}-1\\-1\\0\\0\end{pmatrix},\quad \boldsymbol{\beta}_3=\boldsymbol{\alpha}_3-\frac{[\boldsymbol{\alpha}_3,\boldsymbol{\beta}_1]}{[\boldsymbol{\beta}_1,\boldsymbol{\beta}_1]}\boldsymbol{\beta}_1-\frac{[\boldsymbol{\alpha}_3,\boldsymbol{\beta}_2]}{[\boldsymbol{\beta}_2,\boldsymbol{\beta}_2]}\boldsymbol{\beta}_2=\begin{pmatrix}0\\0\\1\\0\end{pmatrix},$$

故正交化后得$(\boldsymbol{\beta}_1,\boldsymbol{\beta}_2,\boldsymbol{\beta}_3)=\begin{pmatrix}1&-1&0\\-1&-1&0\\0&0&1\\1&0&0\end{pmatrix}$，将$(\boldsymbol{\beta}_1,\boldsymbol{\beta}_2,\boldsymbol{\beta}_3)$单位化得到

$$(\boldsymbol{p}_1,\boldsymbol{p}_2,\boldsymbol{p}_3)=\begin{pmatrix}\frac{1}{\sqrt{3}}&-\frac{1}{\sqrt{2}}&0\\-\frac{1}{\sqrt{3}}&-\frac{1}{\sqrt{2}}&0\\0&0&1\\\frac{1}{\sqrt{3}}&0&0\end{pmatrix}.$$

5.3.2 题型二 正交矩阵问题

例 5.5 若正交矩阵$\boldsymbol{Q}$为上三角矩阵，则$\boldsymbol{Q}$必为对角矩阵，且对角线上元素为1或-1.

证 因为$\boldsymbol{Q}$为正交矩阵，故$\boldsymbol{Q}^{-1}=\boldsymbol{Q}^{\mathrm{T}}$，又因为$\boldsymbol{Q}$为上三角矩阵，所以$\boldsymbol{Q}^{-1}$为上三角矩阵，$\boldsymbol{Q}^{\mathrm{T}}$为下三角矩阵，因此$\boldsymbol{Q}^{\mathrm{T}}$即是上三角又是下三角阵，故$\boldsymbol{Q}^{\mathrm{T}}$必为对角阵，从而$\boldsymbol{Q}$必为对角矩阵. 设$\boldsymbol{Q}=\mathrm{diag}\{a_1,a_2,\cdots,a_n\}$，因为$\boldsymbol{Q}^{\mathrm{T}}\boldsymbol{Q}=\boldsymbol{E}$，则必有$a_i^2=1(i=1,2,\cdots,n)$，从而$a_i=1$或$-1$，结论得证.

例 5.6 设n阶矩阵$\boldsymbol{A}$与$\boldsymbol{B}$都是正交阵，证明$\boldsymbol{AB}$也是正交阵.

证 由于$\boldsymbol{A}$与$\boldsymbol{B}$都是n阶正交阵，故有$\boldsymbol{A}^{-1}=\boldsymbol{A}^{\mathrm{T}}$，$\boldsymbol{B}^{-1}=\boldsymbol{B}^{\mathrm{T}}$，因此

$$(\boldsymbol{AB})^{\mathrm{T}}(\boldsymbol{AB})=\boldsymbol{B}^{\mathrm{T}}\boldsymbol{A}^{\mathrm{T}}\boldsymbol{AB}=\boldsymbol{B}^{-1}\boldsymbol{A}^{-1}\boldsymbol{AB}=\boldsymbol{E},$$

所以$\boldsymbol{AB}$也是正交阵.

例 5.7 若$\boldsymbol{A}$为n阶方阵，则$\boldsymbol{A}$为正交矩阵的充分必要条件是其列(行)向量组是标准正交向量组.

证 这里只证明列向量组的情形，行向量组类似可证. 设$\boldsymbol{A}=(\boldsymbol{\alpha}_1,\boldsymbol{\alpha}_2,\cdots,\boldsymbol{\alpha}_n)$，其中$\boldsymbol{\alpha}_1,\boldsymbol{\alpha}_2,\cdots,\boldsymbol{\alpha}_n$为$\boldsymbol{A}$的列向量组. $\boldsymbol{A}$为正交矩阵等价于$\boldsymbol{A}^{\mathrm{T}}\boldsymbol{A}=\boldsymbol{E}$. 由于

$$\boldsymbol{A}^{\mathrm{T}}\boldsymbol{A}=\begin{pmatrix}\boldsymbol{\alpha}_1^{\mathrm{T}}\\\boldsymbol{\alpha}_2^{\mathrm{T}}\\\vdots\\\boldsymbol{\alpha}_n^{\mathrm{T}}\end{pmatrix}(\boldsymbol{\alpha}_1,\boldsymbol{\alpha}_2,\cdots,\boldsymbol{\alpha}_n)=\begin{pmatrix}\boldsymbol{\alpha}_1^{\mathrm{T}}\boldsymbol{\alpha}_1&\boldsymbol{\alpha}_1^{\mathrm{T}}\boldsymbol{\alpha}_2&\cdots&\boldsymbol{\alpha}_1^{\mathrm{T}}\boldsymbol{\alpha}_n\\\boldsymbol{\alpha}_2^{\mathrm{T}}\boldsymbol{\alpha}_1&\boldsymbol{\alpha}_2^{\mathrm{T}}\boldsymbol{\alpha}_2&\cdots&\boldsymbol{\alpha}_2^{\mathrm{T}}\boldsymbol{\alpha}_n\\\vdots&\vdots&\ddots&\vdots\\\boldsymbol{\alpha}_n^{\mathrm{T}}\boldsymbol{\alpha}_1&\boldsymbol{\alpha}_n^{\mathrm{T}}\boldsymbol{\alpha}_2&\cdots&\boldsymbol{\alpha}_n^{\mathrm{T}}\boldsymbol{\alpha}_n\end{pmatrix},$$

因此$\boldsymbol{A}^{\mathrm{T}}\boldsymbol{A}=\boldsymbol{E}$等价于

$$\boldsymbol{\alpha}_i^{\mathrm{T}}\boldsymbol{\alpha}_i=[\boldsymbol{\alpha}_i,\boldsymbol{\alpha}_j]=\begin{cases}1&i=j\\0&i\neq j\end{cases}(i,j=1,2,\cdots,n),$$

因此 A 为正交矩阵的充分必要条件是其列向量组是标准正交向量组.

5.3.3 题型三 特征值与特征向量问题的计算

例 5.8 求矩阵 $A=\begin{pmatrix}1 & 2 & 4\\0 & -2 & 0\\0 & 0 & -2\end{pmatrix}$ 的特征值和特征向量.

解 A 的特征多项式为

$$|A-\lambda E|=\begin{vmatrix}1-\lambda & 2 & 4\\0 & -2-\lambda & 0\\0 & 0 & -2-\lambda\end{vmatrix}=(1-\lambda)(2+\lambda)^2,$$

所以 A 的特征值为 $\lambda_1=1,\lambda_2=\lambda_3=-2$.

当 $\lambda_1=1$ 时,解方程 $(A-E)x=0$,

$$A-E=\begin{pmatrix}0 & 2 & 4\\0 & -3 & 0\\0 & 0 & -3\end{pmatrix}\xrightarrow{r}\begin{pmatrix}0 & 1 & 0\\0 & 0 & 1\\0 & 0 & 0\end{pmatrix},$$

解得基础解系 $\eta_1=\begin{pmatrix}1\\0\\0\end{pmatrix}$,则属于 $\lambda_1=1$ 的全部特征向量为 $k_1\eta_1(k_1\neq 0)$.

当 $\lambda_2=\lambda_3=-2$ 时,解方程 $(A+2E)x=0$,

$$A+2E=\begin{pmatrix}3 & 2 & 4\\0 & 0 & 0\\0 & 0 & 0\end{pmatrix}\xrightarrow{r}\begin{pmatrix}1 & \frac{2}{3} & \frac{4}{3}\\0 & 0 & 0\\0 & 0 & 0\end{pmatrix},$$

解得基础解系 $\eta_2=\begin{pmatrix}-4\\0\\3\end{pmatrix}$,$\eta_3=\begin{pmatrix}-2\\3\\0\end{pmatrix}$,因此对应于 $\lambda_2=\lambda_3=-2$ 的全部特征向量为 $k_2\eta_2+k_3\eta_3$(其中 k_2,k_3 不全为零).

注 从本题的结果可以看到一个有意思的事情,即矩阵的特征值恰好等于矩阵对角线上的元素,这不是偶然的.事实上,上三角矩阵、下三角矩阵以及对角矩阵的特征值就是相应矩阵主对角线上的元素.

例 5.9 设 3 阶方阵 A 的特征值为 $1,-2$ 和 2,试求

(1) $|A^2+2A+E|$ 的值,并问 A^2+2A+E 是否可逆;

(2) $|3A^*+4A+E|$ 的值.

解 (1) 设 $\varphi(\lambda)=\lambda^2+2\lambda+1$,则 $\varphi(A)=A^2+2A+E$,因此 $\varphi(A)$ 的特征值为 $\varphi(1)=4,\varphi(-2)=1,\varphi(2)=9$,根据矩阵特征值的性质有

$$|A^2+2A+E|=4\times 1\times 9=36.$$

因为 $|A^2+2A+E|\neq 0$,所以 A^2+2A+E 可逆.

(2) 设 $f(A)=3A^*+4A+E$,$f(A)=3|A|\cdot A^{-1}+4A+E$,由于 $|A|=1\times(-2)\times 2=$

-4,故

$$f(\lambda)=-\frac{12}{\lambda}+4\lambda+1,$$

因此矩阵 $f(\boldsymbol{A})$ 的特征值为

$$f(1)=-7,f(-2)=-1,f(2)=3,$$

所以 $|3\boldsymbol{A}^*+4\boldsymbol{A}+\boldsymbol{E}|=(-7)\times(-1)\times3=21$.

例 5.10 设 $\boldsymbol{A}$ 为 3 阶实对称矩阵,且满足 $\boldsymbol{A}^2+2\boldsymbol{A}=\boldsymbol{O}$,且 $R(\boldsymbol{A})=2$,试求 $\boldsymbol{A}$ 的特征值.

解 因为 $\boldsymbol{A}^2+2\boldsymbol{A}=\boldsymbol{O}$,因此 $\boldsymbol{A}$ 的特征值满足 $\lambda^2+2\lambda=0$,解得 $\lambda_1=-2,\lambda_2=0$,又因为 $R(\boldsymbol{A})=2$,因此 $\boldsymbol{A}$ 的特征值只有一个为 0,故 $\lambda_3=-2$,所以 $\boldsymbol{A}$ 的特征值为 $\lambda_1=-2,\lambda_2=0,\lambda_3=-2$.

5.3.4 题型四 特征值与特征向量的证明

例 5.11 设 $\boldsymbol{A}$ 为 n 阶矩阵,证明 $\boldsymbol{A}^{\mathrm{T}}$ 与 $\boldsymbol{A}$ 具有相同的特征值.

证 根据行列式的性质,有

$$|\boldsymbol{A}^{\mathrm{T}}-\lambda\boldsymbol{E}|=|(\boldsymbol{A}-\lambda\boldsymbol{E})^{\mathrm{T}}|=|\boldsymbol{A}-\lambda\boldsymbol{E}|,$$

即 $\boldsymbol{A}^{\mathrm{T}}$ 与 $\boldsymbol{A}$ 具有相同特征多项式,因此 $\boldsymbol{A}^{\mathrm{T}}$ 与 $\boldsymbol{A}$ 具有相同的特征值.

注 虽然 $\boldsymbol{A}^{\mathrm{T}}$ 与 $\boldsymbol{A}$ 具有相同的特征值,但对应于相同特征值的特征向量却不一定相同. 例如 $\boldsymbol{A}=\begin{pmatrix}1&1\\0&2\end{pmatrix}$,$\boldsymbol{A}^{\mathrm{T}}=\begin{pmatrix}1&0\\1&2\end{pmatrix}$,显然两个矩阵的特征值均为 $\lambda_1=1,\lambda_2=2$.

当 $\lambda_1=1$ 时,解方程 $(\boldsymbol{A}-\boldsymbol{E})\boldsymbol{x}=\boldsymbol{0}$. 由于

$$\boldsymbol{A}-\boldsymbol{E}=\begin{pmatrix}0&1\\0&1\end{pmatrix}\xrightarrow{r}\begin{pmatrix}0&1\\0&0\end{pmatrix},$$

解得基础解系 $\boldsymbol{\eta}_1=\begin{pmatrix}1\\0\end{pmatrix}$,则 $\boldsymbol{A}$ 的对应于 $\lambda_1=1$ 的全部特征向量为 $k_1\boldsymbol{\eta}_1(k_1\neq0)$.

当 $\lambda_2=2$ 时,解方程 $(\boldsymbol{A}-2\boldsymbol{E})\boldsymbol{x}=\boldsymbol{0}$. 由于 $\boldsymbol{A}-2\boldsymbol{E}=\begin{pmatrix}-1&1\\0&0\end{pmatrix}$,解得基础解系 $\boldsymbol{\eta}_2=\begin{pmatrix}1\\1\end{pmatrix}$,则 $\boldsymbol{A}$ 的对应于 $\lambda_2=2$ 的全部特征向量为 $k_2\boldsymbol{\eta}_2(k_2\neq0)$.

对于矩阵 $\boldsymbol{A}^{\mathrm{T}}$,当 $\lambda_1=1$ 时,解方程 $(\boldsymbol{A}^{\mathrm{T}}-\boldsymbol{E})\boldsymbol{x}=\boldsymbol{0}$,由于 $\boldsymbol{A}^{\mathrm{T}}-\boldsymbol{E}=\begin{pmatrix}0&0\\1&1\end{pmatrix}$,解得基础解系 $\boldsymbol{\xi}_1=\begin{pmatrix}1\\-1\end{pmatrix}$,则 $\boldsymbol{A}^{\mathrm{T}}$ 的对应于 $\lambda_1=1$ 的全部特征向量为 $c_1\boldsymbol{\xi}_1(c_1\neq0)$.

对于矩阵 $\boldsymbol{A}^{\mathrm{T}}$,当 $\lambda_2=2$ 时,解方程 $(\boldsymbol{A}^{\mathrm{T}}-2\boldsymbol{E})\boldsymbol{x}=\boldsymbol{0}$. 由于

$$\boldsymbol{A}^{\mathrm{T}}-2\boldsymbol{E}=\begin{pmatrix}-1&0\\1&0\end{pmatrix}\xrightarrow{r}\begin{pmatrix}1&0\\0&0\end{pmatrix},$$

解得基础解系 $\boldsymbol{\xi}_2=\begin{pmatrix}0\\1\end{pmatrix}$,则 $\boldsymbol{A}^{\mathrm{T}}$ 的对应于 $\lambda_2=2$ 的全部特征向量为 $c_2\boldsymbol{\xi}_2(c_2\neq0)$.

例 5.12 设 $\boldsymbol{A}$ 为 $m\times n$ 阶矩阵,$\boldsymbol{B}$ 为 $n\times m$ 阶矩阵,证明矩阵 $\boldsymbol{AB}$ 和 $\boldsymbol{BA}$ 具有相同的非零特征值.

证 设$\lambda\neq 0$为$\boldsymbol{AB}$的特征值,$\boldsymbol{x}$是$\boldsymbol{AB}$对应于λ的特征向量,则有

$$\boldsymbol{ABx}=\lambda\boldsymbol{x},$$

等式两边左乘矩阵$\boldsymbol{B}$,从而有$\boldsymbol{BABx}=\boldsymbol{B}\lambda\boldsymbol{x}$,即

$$\boldsymbol{BA}(\boldsymbol{Bx})=\lambda(\boldsymbol{Bx}),$$

若$\boldsymbol{Bx}$为非零列向量,则λ为矩阵$\boldsymbol{BA}$的特征值,且$\boldsymbol{Bx}$为$\boldsymbol{BA}$对应于特征值λ的特征向量.下面证明$\boldsymbol{Bx}$必为非零列向量.

利用反证法,若$\boldsymbol{Bx}=\boldsymbol{0}$,则等式左乘矩阵$\boldsymbol{A}$,有$\boldsymbol{ABx}=\boldsymbol{0}$,从而有$\lambda\boldsymbol{x}=\boldsymbol{0}$,而$\boldsymbol{x}$为非零列向量,因此$\lambda=0$,与题设矛盾,因此$\boldsymbol{Bx}$必为非零列向量.

类似方法可以证明$\boldsymbol{BA}$的非零特征值也为$\boldsymbol{AB}$的特征值,从结论得证.

例 5.13 设$\boldsymbol{A}$为3阶方阵,若$\boldsymbol{A}$的秩$R(\boldsymbol{A})=1$,试证明$\boldsymbol{A}$至少有两个为0的特征值.

证 设

$$\boldsymbol{A}=\begin{pmatrix}a_{11}&a_{12}&a_{13}\\a_{21}&a_{22}&a_{23}\\a_{31}&a_{32}&a_{33}\end{pmatrix},$$

由于

$$|\boldsymbol{A}-\lambda\boldsymbol{E}|=\begin{vmatrix}a_{11}-\lambda&a_{12}&a_{13}\\a_{21}&a_{22}-\lambda&a_{23}\\a_{31}&a_{32}&a_{33}-\lambda\end{vmatrix}=-\lambda^3+\mathrm{tr}(\boldsymbol{A})\lambda^2-D(2)\lambda+|\boldsymbol{A}|,$$

其中

$$D(2)=\begin{vmatrix}a_{11}&a_{12}\\a_{21}&a_{22}\end{vmatrix}+\begin{vmatrix}a_{11}&a_{13}\\a_{31}&a_{33}\end{vmatrix}+\begin{vmatrix}a_{22}&a_{23}\\a_{32}&a_{33}\end{vmatrix},$$

由题设,$R(\boldsymbol{A})=1$,因此$|\boldsymbol{A}|=0$,$D(2)=0$,因此$|\boldsymbol{A}-\lambda\boldsymbol{E}|=-\lambda^3+\mathrm{tr}(\boldsymbol{A})\lambda^2$,故矩阵$\boldsymbol{A}$的特征值$\lambda_1=\mathrm{tr}(\boldsymbol{A})$,$\lambda_2=\lambda_3=0$.

注 本题的结论非常有用.一个秩为1的3阶方阵$\boldsymbol{A}$,其特征值$\lambda_1=\mathrm{tr}(\boldsymbol{A})$,$\lambda_2=\lambda_3=0$.

例 5.14 设$\boldsymbol{A}$为幂等矩阵,即满足$\boldsymbol{A}^2=\boldsymbol{A}$,证明$\boldsymbol{A}$的特征值只能为0或1.

证 设λ为矩阵$\boldsymbol{A}$的任意特征值,$\boldsymbol{x}$是$\boldsymbol{A}$对应于λ的特征向量,则有$\boldsymbol{Ax}=\lambda\boldsymbol{x}$.又因为$\boldsymbol{A}^2=\boldsymbol{A}$,因此

$$\lambda\boldsymbol{x}=\boldsymbol{Ax}=\boldsymbol{A}^2\boldsymbol{x}=\boldsymbol{A}(\boldsymbol{Ax})=\boldsymbol{A}(\lambda\boldsymbol{x})=\lambda\boldsymbol{Ax}=\lambda^2\boldsymbol{x}.$$

因为$\boldsymbol{x}$为非零特征向量,因此$\lambda=\lambda^2$,即$\lambda=0$或$\lambda=1$.

5.3.5 题型五 相似矩阵问题

例 5.15 矩阵$\boldsymbol{A}$与$\boldsymbol{B}$相似的充分条件为( ).

(A) $\boldsymbol{A}$与$\boldsymbol{B}$具有相同的特征多项式; (B) $\boldsymbol{A}$与$\boldsymbol{B}$具有相同的特征值;

(C) 矩阵$\boldsymbol{A}^{\mathrm{T}}$与$\boldsymbol{B}^{\mathrm{T}}$相似; (D) $\boldsymbol{A}$与$\boldsymbol{B}$具有相同的特征向量.

解 答案选(C).根据相似矩阵的性质,若$\boldsymbol{A}^{\mathrm{T}}$与$\boldsymbol{B}^{\mathrm{T}}$相似,则$(\boldsymbol{A}^{\mathrm{T}})^{\mathrm{T}}$与$(\boldsymbol{B}^{\mathrm{T}})^{\mathrm{T}}$相似,从而$\boldsymbol{A}$与$\boldsymbol{B}$相似.

选项(A)和选项(B)为矩阵$\boldsymbol{A}$与$\boldsymbol{B}$相似的必要条件,不是充分条件.例如设

$$A=\begin{pmatrix}0&0\\0&0\end{pmatrix},\quad B=\begin{pmatrix}1&-1\\1&-1\end{pmatrix},$$

则 $|A-\lambda E|=|B-\lambda E|=\lambda^2=0$,从而 A 与 B 具有相同的特征多项式和相同的特征向量,但显然对于任意的逆矩阵 P,$P^{-1}AP=\begin{pmatrix}0&0\\0&0\end{pmatrix}\neq\begin{pmatrix}1&-1\\1&-1\end{pmatrix}=B$.

选项(D)也是错误的. 例如取

$$A=\begin{pmatrix}0&0\\0&0\end{pmatrix},\quad B=\begin{pmatrix}1&0\\0&1\end{pmatrix},$$

显然对于任意的二维非零向量 x,满足 $Ax=0\times x$,$Bx=1\times x$,即 A 与 B 具有相同的特征向量,但对于任意的逆矩阵

$$P,P^{-1}AP=\begin{pmatrix}0&0\\0&0\end{pmatrix}\neq\begin{pmatrix}1&0\\0&1\end{pmatrix}=B,$$

即 A 与 B 不相似.

注 零矩阵、单位矩阵只能与自己相似.

例 5.16 若 3 阶矩阵 A 与 B 相似,A 的特征值为 $1,3,-2$,则 $|3B-2E|=$________.

解 因为 A 与 B 相似,故 B 的特征值为 $1,3,-2$. 因此 $3B-2E$ 的特征值为 $1,7,-8$,$|3B-2E|=-56$.

注 本题用到特征值的一个重要性质:若 λ 为方阵 A 的特征值,则 $\varphi(\lambda)=a_1\lambda+a_0$ 为矩阵 $\varphi(A)=a_1A+a_0E$ 的特征值.

例 5.17 已知矩阵 $A=\begin{pmatrix}1&2&3\\2&1&3\\3&3&a\end{pmatrix}$ 与 $\Lambda=\begin{pmatrix}-1&&\\&b&\\&&0\end{pmatrix}$ 相似,试求 a 和 b 的值.

解 由于

$$|A|=\begin{vmatrix}1&2&3\\2&1&3\\3&3&a\end{vmatrix}\xlongequal[r_3+(-3)r_1]{r_2+(-2)r_1}\begin{vmatrix}1&2&3\\0&-3&-3\\0&-3&-9+a\end{vmatrix}\xlongequal{r_3+(-1)r_2}\begin{vmatrix}1&2&3\\0&-3&-3\\0&0&-6+a\end{vmatrix},$$

所以

$$|A|=(-3)(-6+a)=18-3a.$$

由于矩阵 A 与 Λ 相似,因此 $|A|=|\Lambda|$,$\mathrm{tr}(A)=\mathrm{tr}(\Lambda)$. 故

$$18-3a=0\times b\times(-1)=0,1+1+a=-1+b+0,$$

解得 $a=6$,$b=9$.

注 本题还有一些其他的方法,例如,由于矩阵 A 与对角矩阵 Λ 相似,因此矩阵 A 的特征值等于 Λ 的对角线上的元素,A 的特征值为 $\lambda_1=-1,\lambda_2=b,\lambda_3=0$,从而 $|A-\lambda_1E|=0$,求解方程即可得到 a 的值;根据 $\mathrm{tr}(A)=\mathrm{tr}(\Lambda)$,即可求得 b 的值.

例 5.18 若 A 与 B 都是 n 阶矩阵,且 $|A|\neq0$,则矩阵 AB 与 BA 相似.

证 因为 $|A|\neq0$,所以矩阵 A 可逆,从而

$$A^{-1}(AB)A=(A^{-1}A)(BA)=BA,$$

故 AB 与 BA 相似.

例 5.19 判断矩阵 $A=\begin{pmatrix}4&0&-2\\0&3&0\\3&6&-1\end{pmatrix}$ 是否可对角化，如可以，写出与 A 相似的对角阵以及相似变换矩阵.

解 由于

$$|A-\lambda E|=\begin{vmatrix}4-\lambda&0&-2\\0&3-\lambda&0\\3&6&-1-\lambda\end{vmatrix}=(3-\lambda)(\lambda-1)(\lambda-2),$$

所以 A 的特征值为 $\lambda_1=1,\lambda_2=2,\lambda_3=3$.

当 $\lambda_1=1$ 时，解方程组 $(A-E)x=0$，由

$$A-E=\begin{pmatrix}3&0&-2\\0&2&0\\3&6&-2\end{pmatrix}\xrightarrow{r}\begin{pmatrix}1&0&-\frac{2}{3}\\0&1&0\\0&0&0\end{pmatrix},$$

解得基础解系 $\boldsymbol{\eta}_1=\begin{pmatrix}2\\0\\3\end{pmatrix}$.

当 $\lambda_2=2$ 时，解方程组 $(A-2E)x=0$，由

$$A-2E=\begin{pmatrix}2&0&-2\\0&1&0\\3&6&-3\end{pmatrix}\xrightarrow{r}\begin{pmatrix}1&0&-1\\0&1&0\\0&0&0\end{pmatrix},$$

解得基础解系 $\boldsymbol{\eta}_2=\begin{pmatrix}1\\0\\1\end{pmatrix}$.

当 $\lambda_3=3$ 时，解方程组 $(A-3E)x=0$，由

$$A-3E=\begin{pmatrix}1&0&-2\\0&0&0\\3&6&-4\end{pmatrix}\xrightarrow{r}\begin{pmatrix}1&0&-2\\0&1&\frac{1}{3}\\0&0&0\end{pmatrix},$$

解得基础解系 $\boldsymbol{\eta}_3=\begin{pmatrix}6\\-1\\3\end{pmatrix}$.

因为 $\boldsymbol{\eta}_1,\boldsymbol{\eta}_2,\boldsymbol{\eta}_3$ 线性无关，因此 A 可对角化. 相似变换矩阵为

$$P=(\boldsymbol{\eta}_1,\boldsymbol{\eta}_2,\boldsymbol{\eta}_3)=\begin{pmatrix}2&1&6\\0&0&-1\\3&1&3\end{pmatrix},\quad P^{-1}AP=\begin{pmatrix}1&&\\&2&\\&&3\end{pmatrix}.$$

例 5.20 讨论下列矩阵是否可以对角化.

$$A=\begin{pmatrix}1&0&-2\\0&2&1\\0&0&3\end{pmatrix},\quad B=\begin{pmatrix}1&1&1\\-1&-1&-1\\2&2&2\end{pmatrix},$$

$$C=\begin{pmatrix}1&1&-2\\1&2&0\\-2&0&3\end{pmatrix},\quad D=\begin{pmatrix}1&1&-2\\0&2&0\\0&0&1\end{pmatrix}.$$

解　矩阵 $\boldsymbol{A}$ 为上三角矩阵,因此特征值为 1,2,3,三个特征值均不相等,因此矩阵 $\boldsymbol{A}$ 可以对角化. 由于

$$B=\begin{pmatrix}1&1&1\\-1&-1&-1\\2&2&2\end{pmatrix}\xrightarrow{r}\begin{pmatrix}1&1&1\\0&0&0\\0&0&0\end{pmatrix},$$

因此 $R(\boldsymbol{B})=1$,由例 5.13 的结论可知,$\boldsymbol{B}$ 的特征值为 $\lambda_1=\mathrm{tr}(\boldsymbol{B})$,$\lambda_2=\lambda_3=0$.

当 $\lambda_2=\lambda_3=0$ 时,解方程 $(\boldsymbol{B}-0\boldsymbol{E})\boldsymbol{x}=\boldsymbol{0}$,由

$$(B-0E)=\begin{pmatrix}1&1&1\\-1&-1&-1\\2&2&2\end{pmatrix}\xrightarrow{r}\begin{pmatrix}1&1&1\\0&0&0\\0&0&0\end{pmatrix},$$

从而 $x_1=-x_2-x_3$,基础解系为 $\eta_1=\begin{pmatrix}-1\\0\\1\end{pmatrix}$,$\eta_2=\begin{pmatrix}-1\\1\\0\end{pmatrix}$,因此 $\boldsymbol{B}$ 可以对角化.

矩阵 $\boldsymbol{C}$ 为对称矩阵,一定可以对角化.

矩阵 $\boldsymbol{D}$ 为上三角矩阵,特征值为 $\lambda_1=2$,$\lambda_2=\lambda_3=1$. 由于

$$(D-E)=\begin{pmatrix}0&1&-2\\0&1&0\\0&0&0\end{pmatrix}\xrightarrow{r}\begin{pmatrix}0&1&0\\0&0&1\\0&0&0\end{pmatrix},$$

基础解系为 $\eta_1=\begin{pmatrix}1\\0\\0\end{pmatrix}$,基础解系中只有一个线性无关的解向量,因此矩阵 $\boldsymbol{D}$ 不能对角化.

例 5.21　设矩阵 $\boldsymbol{A}=\begin{pmatrix}-5&4\\-6&5\end{pmatrix}$,试求 $\boldsymbol{A}^{2015}$.

分析　若矩阵 $\boldsymbol{A}$ 能对角化,即存在可逆矩阵 $\boldsymbol{P}$,使得 $\boldsymbol{P}^{-1}\boldsymbol{AP}=\boldsymbol{\Lambda}$,其中 $\boldsymbol{\Lambda}$ 为对角矩阵,则对于任意的**正整数** $\boldsymbol{n}$,有 $\boldsymbol{A}^n=\boldsymbol{P\Lambda}^n\boldsymbol{P}^{-1}$;若进一步假设矩阵 $\boldsymbol{A}$ 可逆,则对任意的**整数** $\boldsymbol{k}$,有 $\boldsymbol{A}^k=\boldsymbol{P\Lambda}^k\boldsymbol{P}^{-1}$.

解　首先将矩阵 $\boldsymbol{A}$ 对角化. 由于

$$|A-\lambda E|=\begin{vmatrix}-5-\lambda&4\\-6&5-\lambda\end{vmatrix}=\lambda^2-1,$$

因此 $\boldsymbol{A}$ 的特征值为 $\lambda_1=-1$,$\lambda_2=1$. 当 $\lambda_1=-1$,求解 $(\boldsymbol{A}+\boldsymbol{E})\boldsymbol{x}=\boldsymbol{0}$,解得基础解系为 $\boldsymbol{\eta}_1=\begin{pmatrix}1\\1\end{pmatrix}$,当 $\lambda_2=1$ 时,求解 $(\boldsymbol{A}-\boldsymbol{E})\boldsymbol{x}=0$,解得基础解系为 $\boldsymbol{\eta}_2=\begin{pmatrix}2\\3\end{pmatrix}$,取 $\boldsymbol{P}=\begin{pmatrix}1&2\\1&3\end{pmatrix}$,则有

$$P^{-1}AP=\Lambda=\begin{pmatrix}-1&0\\0&1\end{pmatrix}.$$

从而

$$A^{2015}=P\Lambda^{2015}P^{-1}=P\begin{pmatrix}(-1)^{2015}&\\&1^{2015}\end{pmatrix}P^{-1}=P\begin{pmatrix}-1&\\&1\end{pmatrix}P^{-1}=A.$$

5.3.6 题型六 对称矩阵的对角化问题

例 5.22 设矩阵 $A=\begin{pmatrix}1&0&-2\\0&3&0\\-2&0&1\end{pmatrix}$，求一个正交矩阵 P，使得 $P^{-1}AP$ 为对角阵，写出该对角阵，并计算 $|A^3-6A-2E|$ 的值.

解 由于

$$|A-\lambda E|=\begin{vmatrix}1-\lambda&0&-2\\0&3-\lambda&0\\-2&0&1-\lambda\end{vmatrix}=(3-\lambda)^2(-\lambda-1),$$

所以 A 的特征值为 $\lambda_1=-1,\lambda_2=\lambda_3=3$.

当 $\lambda_1=-1$ 时，求解 $(A+E)x=0$，解得基础解系 $\eta_1=\begin{pmatrix}1\\0\\1\end{pmatrix}$，单位化 $e_1=\begin{pmatrix}\frac{1}{\sqrt{2}}\\0\\\frac{1}{\sqrt{2}}\end{pmatrix}$.

当 $\lambda_2=\lambda_3=3$ 时，求解 $(A-3E)x=0$，解得基础解系 $\eta_2=\begin{pmatrix}-1\\0\\1\end{pmatrix}$，$\eta_3=\begin{pmatrix}0\\1\\0\end{pmatrix}$. 将 η_2 和 η_3 正交化，单位化 $e_2=\begin{pmatrix}\frac{-1}{\sqrt{2}}\\0\\\frac{1}{\sqrt{2}}\end{pmatrix}$，$e_3=\begin{pmatrix}0\\1\\0\end{pmatrix}$. 取

$$P=(e_1,e_2,e_3)=\begin{pmatrix}\frac{1}{\sqrt{2}}&-\frac{1}{\sqrt{2}}&0\\0&0&1\\\frac{1}{\sqrt{2}}&\frac{1}{\sqrt{2}}&0\end{pmatrix},$$

则有 $P^{-1}AP=\mathrm{diag}\{-1,3,3\}$.

设 $\varphi(x)=x^3-6x-2$，则 $\varphi(A)=A^3-6A-2E$，$\varphi(A)$ 的特征值为 $\varphi(-1)=3$，$\varphi(3)=7$，所以 $|A^3-6A-2E|=3\times7\times7=147$.

例 5.23 设 n 阶对称阵 A 为幂等矩阵，即满足 $A^2=A$，证明 $R(A)=\mathrm{tr}(A)$，且存在正

交阵 $\boldsymbol{P}$ 使 $\boldsymbol{P}^{-1}\boldsymbol{AP}=\begin{pmatrix}\boldsymbol{E}_r & \boldsymbol{O}\\ \boldsymbol{O} & \boldsymbol{O}_{n-r}\end{pmatrix}$，其中 $r=\mathrm{tr}(\boldsymbol{A})$.

解 由于 $\boldsymbol{A}$ 为幂等矩阵，由例 5.14 的结果可知，$\boldsymbol{A}$ 的特征值只能为 0 或 1. 又因为 $\boldsymbol{A}$ 为对称矩阵，因此 $\boldsymbol{A}$ 与某个对角矩阵 $\boldsymbol{\Lambda}$ 相似，且对角阵 $\boldsymbol{\Lambda}$ 的主对角线元素为 0 或 1. 由相似矩阵的性质可知

$$R(\boldsymbol{A})=R(\boldsymbol{\Lambda}),\quad \mathrm{tr}(\boldsymbol{A})=\mathrm{tr}(\boldsymbol{\Lambda}).$$

设 r 为对角阵 $\boldsymbol{\Lambda}$ 主对角线元素取值为 1 的元素个数，则 $R(\boldsymbol{\Lambda})=r$，$\mathrm{tr}(\boldsymbol{\Lambda})=r$，故 $R(\boldsymbol{A})=\mathrm{tr}(\boldsymbol{A})$.

设 $\boldsymbol{e}_1,\boldsymbol{e}_2,\cdots,\boldsymbol{e}_r$ 为对应于 $\boldsymbol{A}$ 特征值为 1 的单位正交化向量组，$\boldsymbol{e}_{r+1},\boldsymbol{e}_{r+2},\cdots,\boldsymbol{e}_n$ 为对应于 $\boldsymbol{A}$ 特征值为 0 的单位正交化向量组，取 $\boldsymbol{P}=(\boldsymbol{e}_1,\boldsymbol{e}_2,\cdots,\boldsymbol{e}_r,\boldsymbol{e}_{r+1},\boldsymbol{e}_{r+2},\cdots,\boldsymbol{e}_n)$，则 $\boldsymbol{P}$ 为正交矩阵，且满足 $\boldsymbol{P}^{-1}\boldsymbol{AP}=\begin{pmatrix}\boldsymbol{E}_r & \boldsymbol{O}\\ \boldsymbol{O} & \boldsymbol{O}_{n-r}\end{pmatrix}$.

5.4 习题精选

1. 填空题.

(1) 设 $\boldsymbol{A}=\begin{pmatrix}a & b\\ c & d\end{pmatrix}$，$\lambda_1$ 与 λ_2 是 $\boldsymbol{A}$ 的两个特征值，则 $\lambda_1+\lambda_2=$________；$\lambda_1\cdot\lambda_2=$________.

(2) 若 n 阶矩阵 $\boldsymbol{A}$ 与 $\boldsymbol{B}$ 相似，$\boldsymbol{B}$ 为正交矩阵，则 $|\boldsymbol{A}^2|=$________.

(3) 3 阶可逆矩阵 $\boldsymbol{A}$ 的三个特征值之积等于 6，则 $\boldsymbol{A}^{-1}$ 的三个特征值之积等于________.

(4) 矩阵 $\boldsymbol{A}=\begin{pmatrix}1 & 1 & 1\\ 1 & 1 & 1\\ 2 & 2 & 2\end{pmatrix}$ 的非零特征值是________.

(5) 设矩阵 $\boldsymbol{A}=\begin{pmatrix}1 & 1 & 1\\ 2 & 2 & 2\\ 3 & 3 & 3\end{pmatrix}$，则 $\boldsymbol{A}$ 的特征值为________.

(6) 设 3 阶矩阵 $\boldsymbol{A}$ 的特征多项式 $|\boldsymbol{A}-\lambda\boldsymbol{E}|=(1-\lambda)(2-\lambda)(-3-\lambda)$，则 $\mathrm{tr}(\boldsymbol{A}^{-1})$ 为________.

(7) 设矩阵 $\boldsymbol{A}=\begin{pmatrix}0 & 2 & 0\\ 1 & \lambda & 0\\ 0 & 1 & 2\end{pmatrix}$，且已知 $\boldsymbol{A}$ 的一个特征值是 1，则 $\lambda=$________.

(8) 设 3 阶对称矩阵 $\boldsymbol{A}$ 的特征值为 1,2,3，$\boldsymbol{A}$ 的对应于特征值 1,2 的特征向量分别为 $\boldsymbol{\alpha}_1=(-1,-1,1)^{\mathrm{T}}$，$\boldsymbol{\alpha}_2=(1,-2,-1)^{\mathrm{T}}$，则 $\boldsymbol{A}$ 对应于特征值 3 的特征向量可取为 α_3 ________.

(9) 设 3 阶矩阵 $\boldsymbol{A}$ 与 $\boldsymbol{B}$ 相似，$\boldsymbol{A}$ 的特征值为 $\frac{1}{2},\frac{1}{3},\frac{1}{4}$，则行列式 $|\boldsymbol{B}^{-1}-\boldsymbol{E}|=$________.

(10) 设 $\boldsymbol{A}$ 为 n 阶方阵，$\boldsymbol{Ax}=\boldsymbol{0}$ 有非零解，则 $\boldsymbol{A}$ 必有一个特征值等于________.

(11) 设可逆矩阵 $\boldsymbol{A}$ 的 3 个特征值分别为 1，-1，2，则 $\boldsymbol{A}^*$ 的 3 个特征值分别为________.

(12) 已知矩阵 $\boldsymbol{A}=\begin{pmatrix}2&1&1\\1&2&1\\1&1&2\end{pmatrix}$，向量 $\boldsymbol{\alpha}=(1,k,1)^{\mathrm{T}}$ 是的逆矩阵 $\boldsymbol{A}^{-1}$ 的特征向量，则 $k=$________.

2. 单项选择题.

(1) 若矩阵 $\boldsymbol{A}$ 与 $\boldsymbol{B}$ 相似，则下列结论可能错误的是(　　).

(A) $\boldsymbol{A}$ 与 $\boldsymbol{B}$ 对应于相同的特征值，它们的特征向量相同；

(B) $\boldsymbol{A}^2$ 与 $\boldsymbol{B}^2$ 相似；

(C) $\boldsymbol{A}$ 与 $\boldsymbol{B}$ 相似于同一矩阵；

(D) $|\boldsymbol{A}|=|\boldsymbol{B}|$.

(2) 设 $\boldsymbol{A}=\begin{pmatrix}1&1\\1&1\end{pmatrix}$，$\boldsymbol{P}$ 为 2 阶正交矩阵，且 $\boldsymbol{P}^{-1}\boldsymbol{A}\boldsymbol{P}=\begin{pmatrix}0&0\\0&2\end{pmatrix}$，则 $\boldsymbol{P}=$(　　).

(A) $\begin{pmatrix}-\frac{1}{\sqrt{2}}&\frac{1}{\sqrt{2}}\\\frac{1}{\sqrt{2}}&\frac{1}{\sqrt{2}}\end{pmatrix}$；　　(B) $\begin{pmatrix}\frac{1}{\sqrt{2}}&-\frac{1}{\sqrt{2}}\\\frac{1}{\sqrt{2}}&\frac{1}{\sqrt{2}}\end{pmatrix}$；

(C) $\begin{pmatrix}\frac{1}{2}&\frac{1}{2}\\-\frac{1}{2}&\frac{1}{2}\end{pmatrix}$；　　(D) $\begin{pmatrix}\frac{1}{2}&-\frac{1}{2}\\\frac{1}{2}&\frac{1}{2}\end{pmatrix}$.

(3) n 阶矩阵 $\boldsymbol{A}$ 仅有 λ_0 是 k 重特征值，其余都不是重特征值. 若 $\boldsymbol{A}$ 可以对角化，则矩阵 $\boldsymbol{A}-\lambda_0\boldsymbol{E}$ 的秩为(　　).

(A) n；　　(B) k；　　(C) $n-k$；　　(D) $k-n$.

(4) 设 $\boldsymbol{A}$ 为 n 阶可逆矩阵，λ 是 $\boldsymbol{A}$ 的一个特征值，则下列选项中一定是伴随矩阵 $\boldsymbol{A}^*$ 的特征值的是(　　).

(A) $|\boldsymbol{A}|^{n-1}\lambda^{-1}$；　　(B) $|\boldsymbol{A}|\lambda^{-1}$；　　(C) $|\boldsymbol{A}|\lambda$；　　(D) $|\boldsymbol{A}|^{n-1}\lambda$.

(5) n 阶矩阵 $\boldsymbol{A}$ 的 n 个特征值互不相同是 $\boldsymbol{A}$ 与对角矩阵相似的(　　).

(A) 充分条件；　　(B) 充要条件；　　(C) 必要条件；　　(D) 无关条件.

(6) 若 n 阶矩阵 $\boldsymbol{A}$ 可以对角化，则下列选项一定成立的是(　　).

(A) 存在 n 维向量 $\boldsymbol{\alpha}=(a_1,a_2,\cdots,a_n)^{\mathrm{T}}$，使得 $\boldsymbol{A}=\boldsymbol{\alpha}\boldsymbol{\alpha}^{\mathrm{T}}$；

(B) 存在可逆矩阵 $\boldsymbol{C}$，使得 $\boldsymbol{C}^{\mathrm{T}}\boldsymbol{A}\boldsymbol{C}$ 为对角矩阵；

(C) $\boldsymbol{A}$ 有 n 个正的特征值；

(D) $\boldsymbol{A}$ 有 n 个线性无关的的特征向量.

(7) 若矩阵 $\boldsymbol{A}$ 与 $\boldsymbol{B}$ 相似，且 $\boldsymbol{P}^{-1}\boldsymbol{A}\boldsymbol{P}=\boldsymbol{B}$，$\lambda_0$ 是 $\boldsymbol{A}$ 和 $\boldsymbol{B}$ 的一个特征值，$\boldsymbol{\alpha}$ 是 $\boldsymbol{A}$ 的对应于 λ_0 的特征向量，则 $\boldsymbol{B}$ 对应于特征值 λ_0 的特征向量为(　　).

(A) $\boldsymbol{\alpha}$；　　(B) $\boldsymbol{P}\boldsymbol{\alpha}$；　　(C) $\boldsymbol{P}^{\mathrm{T}}\boldsymbol{\alpha}$；　　(D) $\boldsymbol{P}^{-1}\boldsymbol{\alpha}$.

(8) 若 $\lambda=2$ 是非奇异矩阵 $\boldsymbol{A}$ 的一个特征值,则下列选项中一定为矩阵 $(2\boldsymbol{A}^2)^{-1}$ 的特征值的是(　　).

(A) 2;　　(B) $\frac{1}{4}$;　　(C) $\frac{1}{2}$;　　(D) $\frac{1}{8}$.

(9) 下列矩阵中,与对角矩阵 $\boldsymbol{\Lambda}=\begin{pmatrix}0&0\\0&4\end{pmatrix}$ 相似的是(　　).

(A) $\begin{pmatrix}2&0\\4&2\end{pmatrix}$;　　(B) $\begin{pmatrix}2&4\\0&2\end{pmatrix}$;　　(C) $\begin{pmatrix}2&2\\2&2\end{pmatrix}$;　　(D) $\begin{pmatrix}1&-2\\2&0\end{pmatrix}$.

(10) 设 $\boldsymbol{A}$ 为 n 阶矩阵,则下列结论正确的是(　　).

(A) $\boldsymbol{A}$ 与对角矩阵相似;

(B) $\boldsymbol{A}$ 与对角矩阵不相似;

(C) 对应于 $\boldsymbol{A}$ 的不同特征值的特征向量正交;

(D) 存在正交矩阵 $\boldsymbol{P}$,使 $(\boldsymbol{AP})^{\mathrm{T}}(\boldsymbol{AP})$ 为对角矩阵.

(11) 设 $\boldsymbol{A}$ 为 n 阶矩阵,λ_1 与 λ_2 是 $\boldsymbol{A}$ 的两个不同的特征值,$\boldsymbol{x}_1$ 和 $\boldsymbol{x}_2$ 是分别是 $\boldsymbol{A}$ 对应于 λ_1 与 λ_2 的特征向量. 若 $k_1\boldsymbol{x}_1+k_2\boldsymbol{x}_2$ 仍为 $\boldsymbol{A}$ 的特征向量,则(　　).

(A) $k_1+k_2=0$;　　(B) $k_1\cdot k_2\neq 0$;

(C) $k_1+k_2\neq 0$ 且 $k_1\cdot k_2\neq 0$;　　(D) $k_1+k_2\neq 0$ 且 $k_1\cdot k_2=0$.

(12) 设 3 阶方阵 $\boldsymbol{A}$ 的特征值分别为 $\lambda_1=1,\lambda_2=-1,\lambda_3=2$,其对应的特征向量分别为 $\boldsymbol{p}_1,\boldsymbol{p}_2,\boldsymbol{p}_3$,若 $\boldsymbol{P}=(\boldsymbol{p}_2,\boldsymbol{p}_3,\boldsymbol{p}_1)$,则 $\boldsymbol{P}^{-1}\boldsymbol{AP}=$(　　).

(A) $\begin{pmatrix}-1&0&0\\0&1&0\\0&0&2\end{pmatrix}$;　　(B) $\begin{pmatrix}1&0&0\\0&-1&0\\0&0&2\end{pmatrix}$;

(C) $\begin{pmatrix}-1&0&0\\0&2&0\\0&0&1\end{pmatrix}$;　　(D) $\begin{pmatrix}2&0&0\\0&1&0\\0&0&-1\end{pmatrix}$.

3. 设 3 阶方阵 $\boldsymbol{A}$ 满足 $\boldsymbol{A}^3+\boldsymbol{A}^2-\boldsymbol{A}-\boldsymbol{E}=\boldsymbol{0}$,且 $\mathrm{tr}(\boldsymbol{A})=-1$,求 $|\boldsymbol{A}+2\boldsymbol{E}|$ 的值.

4. 设 $\boldsymbol{\alpha}$ 和 $\boldsymbol{\beta}$ 为 n 维向量,试证明施瓦兹不等式 $[\boldsymbol{\alpha},\boldsymbol{\beta}]^2\leqslant[\boldsymbol{\alpha},\boldsymbol{\alpha}]\cdot[\boldsymbol{\beta},\boldsymbol{\beta}]$.

5. 已知 $\boldsymbol{A}=\begin{pmatrix}1&0&0\\0&0&1\\0&1&0\end{pmatrix}$ 与 $\boldsymbol{\Lambda}=\begin{pmatrix}1&0&0\\0&k&0\\0&0&1\end{pmatrix}$ 相似,试求 k 的值,并求可逆矩阵 $\boldsymbol{P}$,使 $\boldsymbol{P}^{-1}\boldsymbol{AP}=\boldsymbol{\Lambda}$.

6. 设对称矩阵 $\boldsymbol{A}=\begin{pmatrix}-2&0&1\\0&-2&0\\1&0&-2\end{pmatrix}$,试求

(1) 矩阵 $\boldsymbol{A}$ 的特征值与特征向量;(2) 正交矩阵 $\boldsymbol{P}$,使 $\boldsymbol{P}^{-1}\boldsymbol{AP}$ 为对角矩阵.

7. 设 3 阶矩阵 $\boldsymbol{A}$ 的特征值分别为 $1,-1,2$,对应的特征向量分别为 $\boldsymbol{\alpha}_1=(1,0,1)^{\mathrm{T}}$,$\boldsymbol{\alpha}_2=(0,1,0)^{\mathrm{T}}$,$\boldsymbol{\alpha}_3=(-1,1,1)^{\mathrm{T}}$,试求矩阵 $\boldsymbol{A}$.

8. 设 4 阶方阵 $\boldsymbol{A}$ 满足条件 $|\boldsymbol{A}+2\boldsymbol{E}|=\boldsymbol{0}$,$\boldsymbol{AA}^{\mathrm{T}}=4\boldsymbol{E}$,$|\boldsymbol{A}|<0$,求 $\boldsymbol{A}$ 的伴随矩阵 $\boldsymbol{A}^*$ 的

一个特征值.

9. 设 $n(n>1)$ 阶矩阵 $\boldsymbol{A}$ 满足条件 $R(\boldsymbol{A}+\boldsymbol{E})+R(\boldsymbol{A}-\boldsymbol{E})=n$，且 $\boldsymbol{A}\neq\boldsymbol{E}$，证明 $\lambda=-1$ 是 $\boldsymbol{A}$ 的特征值.

10. 设矩阵 $\boldsymbol{A}=\begin{pmatrix}0&-1&1\\-1&k&1\\1&1&0\end{pmatrix}$，且已知 $\boldsymbol{A}$ 的一个特征值是 -2，试求

(1) k 的值；(2) 正交矩阵 $\boldsymbol{P}$，使 $(\boldsymbol{AP})^{\mathrm{T}}(\boldsymbol{AP})$ 为对角矩阵.

11. 已知对称矩阵 $\boldsymbol{A}=\begin{pmatrix}1&0&1\\0&2&0\\1&0&1\end{pmatrix}$，试求

(1) 正交矩阵 $\boldsymbol{P}$，使得 $\boldsymbol{P}^{-1}\boldsymbol{AP}=\boldsymbol{\Lambda}$，其中 $\boldsymbol{\Lambda}$ 为对角矩阵；(2) $\boldsymbol{A}^{10}$.

12. 已知 $\boldsymbol{A}=\begin{pmatrix}1&-1&1\\2&4&-2\\-3&-3&a\end{pmatrix}$，$\boldsymbol{B}=\begin{pmatrix}2&0&0\\0&2&0\\0&0&k\end{pmatrix}$，且 $\boldsymbol{A}$ 与 $\boldsymbol{B}$ 相似，试求

(1) a 与 k 的值；(2) 可逆矩阵 $\boldsymbol{P}$，使 $\boldsymbol{P}^{-1}\boldsymbol{AP}=\boldsymbol{B}$.

13. 设 $\boldsymbol{A}$ 为 2 阶矩阵，且 $|\boldsymbol{A}|<0$，判断 $\boldsymbol{A}$ 能否对角化，为什么？

14. 设 $\boldsymbol{A}=\begin{pmatrix}-1&1&0\\-4&3&0\\2&0&-1\end{pmatrix}$，试求 $\boldsymbol{A}$ 的特征值与特征向量，并判断 $\boldsymbol{A}$ 能否对角化.

15. 设矩阵 $\boldsymbol{A}=\begin{pmatrix}3&2&-2\\-k&-1&k\\4&2&-3\end{pmatrix}$，试求

(1) 矩阵 $\boldsymbol{A}$ 的特征值；(2) 常数 k 的值，使得矩阵 $\boldsymbol{A}$ 可以对角化.

16. 设 $\boldsymbol{A}$ 为 n 阶方阵，$\boldsymbol{A}$ 的 n 个特征值为 $\lambda_1,\lambda_2,\cdots,\lambda_n$，$\boldsymbol{\eta}_1,\boldsymbol{\eta}_2,\cdots,\boldsymbol{\eta}_n$ 为对应的 n 个线性无关的特征向量，试求 $\boldsymbol{A}-\lambda_1\boldsymbol{E}$ 的全部特征值以及对应的一组线性无关的特征向量.

17. 设 $\boldsymbol{A}$ 为 n 阶对称矩阵，试证明存在对称矩阵 $\boldsymbol{C}$，使得 $\boldsymbol{A}=\boldsymbol{C}^3$.

18. 已知 $\boldsymbol{A}$ 为 n 阶正交矩阵，证明 $\boldsymbol{A}$ 的伴随矩阵 $\boldsymbol{A}^*$ 也为正交矩阵.

5.5 习题详解

1. 填空题.

(1) $a+d$；$ad-bc$；　(2) 1；　(3) $\frac{1}{6}$；　(4) 4；　(5) 6,0,0；　(6) $\frac{7}{6}$；

(7) -1；**提示** 由题意，$|\boldsymbol{A}-\boldsymbol{E}|=0$，即 $\begin{vmatrix}-1&2&0\\1&\lambda-1&0\\0&1&1\end{vmatrix}=0$，解得 $\lambda=-1$.

(8) $\boldsymbol{\alpha}_3=(1,0,1)^{\mathrm{T}}$；　(9) 6；　(10) 0；

(11) $-2,2,-1$；　(12) $k=1$ 或 $k=-2$.

2. 单项选择题.

(1) (A)；

提示　设 $\boldsymbol{x}$ 为 $\boldsymbol{B}$ 对应于特征值为 λ 的特征向量，则有 $\boldsymbol{Bx}=\lambda\boldsymbol{x}$. 又因为 $\boldsymbol{A}$ 与 $\boldsymbol{B}$ 相似，因此存在可逆矩阵 $\boldsymbol{P}$，使得 $\boldsymbol{P}^{-1}\boldsymbol{AP}=\boldsymbol{B}$，因此 $\boldsymbol{P}^{-1}\boldsymbol{APx}=\lambda\boldsymbol{x}$，从而 $\boldsymbol{PP}^{-1}\boldsymbol{APx}=\boldsymbol{P}\lambda\boldsymbol{x}$，即

$$\boldsymbol{A}(\boldsymbol{Px})=\lambda(\boldsymbol{Px}),$$

即对应于特征值 λ；$\boldsymbol{B}$ 的特征向量为 $\boldsymbol{x}$，矩阵 $\boldsymbol{A}$ 的特征向量为 $\boldsymbol{Px}$，若 $\boldsymbol{P}\neq\boldsymbol{E}$，则 $\boldsymbol{Px}$ 与 $\boldsymbol{x}$ 是不相等的.

(2) (A)；　(3) (C)；　(4) (B)；　(5) (A)；　(6) (D)；　(7) (D)；

(8) (D)；　(9) (C)；　(10) (D)；　(11) (D)；　(12) (C).

3. 设 λ 为矩阵 $\boldsymbol{A}$ 的特征值，由于 $\boldsymbol{A}^3+\boldsymbol{A}^2-\boldsymbol{A}-\boldsymbol{E}=\boldsymbol{0}$，因此 $\lambda^3+\lambda^2-\lambda-1=0$，解得 $\lambda_1=1,\lambda_2=\lambda_3=-1$. 又因为 $\mathrm{tr}(\boldsymbol{A})=-1$，故 $\boldsymbol{A}$ 的特征值为 $1,-1,-1$. 因此 $\boldsymbol{A}+2\boldsymbol{E}$ 的特征值为 $3,1,1$，故 $|\boldsymbol{A}+2\boldsymbol{E}|=3$.

4. 若 $\boldsymbol{\alpha}$ 与 $\boldsymbol{\beta}$ 线性相关，那么 $\boldsymbol{\alpha}=\boldsymbol{0}$，或者 $\boldsymbol{\beta}=k\boldsymbol{\alpha}$（$k$ 为实数），此时均有 $[\boldsymbol{\alpha},\boldsymbol{\beta}]^2=[\boldsymbol{\alpha},\boldsymbol{\alpha}]\cdot[\boldsymbol{\beta},\boldsymbol{\beta}]$.

若 $\boldsymbol{\alpha}$ 与 $\boldsymbol{\beta}$ 线性无关，则 $\boldsymbol{\alpha}$ 与 $\boldsymbol{\beta}$ 均为非零向量，因此对任意实数 λ，$\boldsymbol{\beta}+\lambda\boldsymbol{\alpha}\neq\boldsymbol{0}$，从而

$$[\lambda\boldsymbol{\alpha}+\boldsymbol{\beta},\lambda\boldsymbol{\alpha}+\boldsymbol{\beta}]=\lambda^2[\boldsymbol{\alpha},\boldsymbol{\alpha}]+2\lambda[\boldsymbol{\alpha},\boldsymbol{\beta}]+[\boldsymbol{\beta},\boldsymbol{\beta}]>0,$$

由二次不等式的性质可知，判别式一定小于零，即 $[\boldsymbol{\alpha},\boldsymbol{\beta}]^2-[\boldsymbol{\alpha},\boldsymbol{\alpha}]\cdot[\boldsymbol{\beta},\boldsymbol{\beta}]<0$.

综上，$[\boldsymbol{\alpha},\boldsymbol{\beta}]^2\leqslant[\boldsymbol{\alpha},\boldsymbol{\alpha}]\cdot[\boldsymbol{\beta},\boldsymbol{\beta}]$ 成立.

5. 由于 $\boldsymbol{A}$ 与 $\boldsymbol{\Lambda}$ 相似，因此 $|\boldsymbol{A}|=|\boldsymbol{\Lambda}|$. 而 $|\boldsymbol{A}|=-1$，$|\boldsymbol{\Lambda}|=k$，所以 $k=-1$. 因此 $\boldsymbol{A}$ 的特征值为 $\lambda_1=-1,\lambda_2=\lambda_3=1$.

当 $\lambda_1=-1$ 时，求解 $(\boldsymbol{A}+\boldsymbol{E})x=\boldsymbol{0}$，解得基础解系 $\boldsymbol{\eta}_1=\begin{pmatrix}0\\-1\\1\end{pmatrix}$.

当 $\lambda_2=\lambda_3=1$ 时，解方程 $(\boldsymbol{A}-\boldsymbol{E})\boldsymbol{x}=\boldsymbol{0}$，解得基础解系 $\boldsymbol{\eta}_2=\begin{pmatrix}0\\1\\1\end{pmatrix}$，$\boldsymbol{\eta}_3=\begin{pmatrix}1\\0\\0\end{pmatrix}$.

因此可逆矩阵

$$\boldsymbol{P}=(\boldsymbol{\eta}_2,\boldsymbol{\eta}_1,\boldsymbol{\eta}_3)=\begin{pmatrix}0&0&1\\1&-1&0\\1&1&0\end{pmatrix}.$$

6. (1) 由于

$$|\boldsymbol{A}-\lambda\boldsymbol{E}|=\begin{vmatrix}-2-\lambda&0&1\\0&-2-\lambda&0\\1&0&-2-\lambda\end{vmatrix}=(-1-\lambda)(-2-\lambda)(-3-\lambda),$$

所以 $\boldsymbol{A}$ 的特征值为 $\lambda_1=-1,\lambda_2=-2,\lambda_3=-3$.

当 $\lambda_1=-1$ 时，解方程组 $(\boldsymbol{A}+\boldsymbol{E})\boldsymbol{x}=\boldsymbol{0}$，由

$$\boldsymbol{A}+\boldsymbol{E}=\begin{pmatrix}-1&0&1\\0&-1&0\\1&0&-1\end{pmatrix}\xrightarrow{r}\begin{pmatrix}1&0&-1\\0&1&0\\0&0&0\end{pmatrix},$$

解得基础解系$\boldsymbol{\eta}_1=\begin{pmatrix}1\\0\\1\end{pmatrix}$,则$\boldsymbol{A}$的对应于$\lambda_1=-1$的全部特征向量为$k_1\boldsymbol{\eta}_1(k_1\neq 0)$.

当$\lambda_2=-2$时,解方程组$(\boldsymbol{A}+2\boldsymbol{E})\boldsymbol{x}=\boldsymbol{0}$,由

$$\boldsymbol{A}+2\boldsymbol{E}=\begin{pmatrix}0&0&1\\0&0&0\\1&0&0\end{pmatrix}\xrightarrow{r}\begin{pmatrix}1&0&0\\0&0&1\\0&0&0\end{pmatrix},$$

解得基础解系$\boldsymbol{\eta}_2=\begin{pmatrix}0\\1\\0\end{pmatrix}$,则$\boldsymbol{A}$对应于$\lambda_2=-2$的全部特征向量为$k_2\boldsymbol{\eta}_2(k_2\neq 0)$.

当$\lambda_3=-3$时,解方程组$(\boldsymbol{A}+3\boldsymbol{E})\boldsymbol{x}=\boldsymbol{0}$,由

$$\boldsymbol{A}+3\boldsymbol{E}=\begin{pmatrix}1&0&1\\0&1&0\\1&0&1\end{pmatrix}\xrightarrow{r}\begin{pmatrix}1&0&1\\0&1&0\\0&0&0\end{pmatrix},$$

解得基础解系$\boldsymbol{\eta}_3=\begin{pmatrix}-1\\0\\1\end{pmatrix}$,则$\boldsymbol{A}$的对应于$\lambda_3=-3$的全部特征向量为$k_3\boldsymbol{\eta}_3(k_3\neq 0)$.

(2) 由于特征值互异,因此向量组$\boldsymbol{\eta}_1,\boldsymbol{\eta}_2,\boldsymbol{\eta}_3$正交,将向量组$\boldsymbol{\eta}_1,\boldsymbol{\eta}_2,\boldsymbol{\eta}_3$单位化得

$$\boldsymbol{p}_1=\frac{1}{\sqrt{2}}\begin{pmatrix}1\\0\\1\end{pmatrix},\quad \boldsymbol{p}_2=\begin{pmatrix}0\\1\\0\end{pmatrix},\quad \boldsymbol{p}_3=\frac{1}{\sqrt{2}}\begin{pmatrix}-1\\0\\1\end{pmatrix}.$$

因此所求的正交矩阵为

$$\boldsymbol{P}=(\boldsymbol{p}_1,\boldsymbol{p}_2,\boldsymbol{p}_3)=\begin{pmatrix}\frac{1}{\sqrt{2}}&0&-\frac{1}{\sqrt{2}}\\0&1&0\\\frac{1}{\sqrt{2}}&0&\frac{1}{\sqrt{2}}\end{pmatrix}.$$

7. 由于3阶矩阵$\boldsymbol{A}$的特征值互不相等,因此矩阵$\boldsymbol{A}$一定可以对角化,且有$\boldsymbol{P}^{-1}\boldsymbol{A}\boldsymbol{P}=\boldsymbol{\Lambda}$,其中

$$\boldsymbol{P}=(\boldsymbol{\alpha}_1,\boldsymbol{\alpha}_2,\boldsymbol{\alpha}_3)=\begin{pmatrix}1&0&-1\\0&1&1\\1&0&1\end{pmatrix},\quad \boldsymbol{\Lambda}=\begin{pmatrix}1&&\\&-1&\\&&2\end{pmatrix}.$$

因此

$$\boldsymbol{A}=\boldsymbol{P}\boldsymbol{\Lambda}\boldsymbol{P}^{-1}=\begin{pmatrix}1&0&-1\\0&1&1\\1&0&1\end{pmatrix}\begin{pmatrix}1&&\\&-1&\\&&2\end{pmatrix}\begin{pmatrix}\frac{1}{2}&0&\frac{1}{2}\\\frac{1}{2}&1&-\frac{1}{2}\\-\frac{1}{2}&0&\frac{1}{2}\end{pmatrix}=\begin{pmatrix}\frac{3}{2}&0&-\frac{1}{2}\\-\frac{3}{2}&-1&\frac{3}{2}\\-\frac{1}{2}&0&\frac{3}{2}\end{pmatrix}.$$

8. 因为 $\boldsymbol{A}\boldsymbol{A}^{\mathrm{T}}=4\boldsymbol{E}$，$|\boldsymbol{A}|<0$，所以 $|\boldsymbol{A}|^2=4^4$，解得 $|\boldsymbol{A}|=-16$. 而由 $|\boldsymbol{A}+2\boldsymbol{E}|=0$ 可知，$\lambda=-2$ 为矩阵 $\boldsymbol{A}$ 的一个特征值，因此 $\lambda=-\frac{1}{2}$ 为 $\boldsymbol{A}^{-1}$ 的特征值，故

$$\boldsymbol{A}^* = |\boldsymbol{A}|\cdot\boldsymbol{A}^{-1} = -16\boldsymbol{A}^{-1}$$

的一个特征值为 $-\frac{1}{2}\times(-16)=8$.

9. 因为 $\boldsymbol{A}\neq\boldsymbol{E}$，所以 $R(\boldsymbol{A}-\boldsymbol{E})\geqslant 1$. 而

$$R(\boldsymbol{A}+\boldsymbol{E}) = n-R(\boldsymbol{A}-\boldsymbol{E}) \leqslant n-1,$$

从而 $|\boldsymbol{A}+\boldsymbol{E}|=|\boldsymbol{A}-(-1)\cdot\boldsymbol{E}|=0$，故 $\lambda=-1$ 是 $\boldsymbol{A}$ 的特征值.

10. (1) 由题意，$|\boldsymbol{A}+2\boldsymbol{E}|=0$，即 $\begin{vmatrix} 2 & -1 & 1 \\ -1 & k+2 & 1 \\ 1 & 1 & 2 \end{vmatrix}=0$，解得 $k=0$.

(2) 由于 $\boldsymbol{A}$ 为对称矩阵，因此一定存在正交矩阵 $\boldsymbol{Q}$，使得

$$\boldsymbol{Q}^{-1}\boldsymbol{A}\boldsymbol{Q} = \boldsymbol{Q}^{\mathrm{T}}\boldsymbol{A}\boldsymbol{Q} = \boldsymbol{\Lambda} = \mathrm{diag}\{\lambda_1,\lambda_2,\lambda_3\},$$

其中 $\lambda_1,\lambda_2,\lambda_3$ 为矩阵 $\boldsymbol{A}$ 的特征值. 而

$$(\boldsymbol{A}\boldsymbol{P})^{\mathrm{T}}(\boldsymbol{A}\boldsymbol{P}) = \boldsymbol{P}^{\mathrm{T}}\boldsymbol{A}^{\mathrm{T}}\boldsymbol{A}\boldsymbol{P} = \boldsymbol{P}^{\mathrm{T}}\boldsymbol{A}^2\boldsymbol{P},$$

取 $\boldsymbol{P}=\boldsymbol{Q}$，则

$$(\boldsymbol{A}\boldsymbol{P})^{\mathrm{T}}(\boldsymbol{A}\boldsymbol{P}) = \boldsymbol{Q}^{\mathrm{T}}\boldsymbol{A}^2\boldsymbol{Q} = \boldsymbol{\Lambda}^2 = \mathrm{diag}\{\lambda_1^2,\lambda_2^2,\lambda_3^2\}.$$

由于

$$|\boldsymbol{A}-\lambda\boldsymbol{E}| = \begin{vmatrix} -\lambda & -1 & 1 \\ -1 & -\lambda & 1 \\ 1 & 1 & -\lambda \end{vmatrix} = -(1-\lambda)^2(2+\lambda),$$

所以 $\boldsymbol{A}$ 的特征值为 $\lambda_1=-2$，$\lambda_2=\lambda_3=1$.

当 $\lambda_1=-2$ 时，解方程组 $(\boldsymbol{A}+2\boldsymbol{E})\boldsymbol{x}=\boldsymbol{0}$，解得基础解系 $\boldsymbol{\eta}_1=\begin{pmatrix} -1 \\ -1 \\ 1 \end{pmatrix}$.

当 $\lambda_2=\lambda_3=1$ 时，解方程组 $(\boldsymbol{A}-\boldsymbol{E})\boldsymbol{x}=\boldsymbol{0}$，解得基础解系 $\boldsymbol{\eta}_2=\begin{pmatrix} 1 \\ 0 \\ 1 \end{pmatrix}$，$\boldsymbol{\eta}_3=\begin{pmatrix} -1 \\ 1 \\ 0 \end{pmatrix}$.

将 $\boldsymbol{\eta}_2,\boldsymbol{\eta}_3$ 正交化，取

$$\boldsymbol{\xi}_2 = \boldsymbol{\eta}_2,\ \boldsymbol{\xi}_3 = \boldsymbol{\eta}_3 - \frac{[\boldsymbol{\eta}_3,\boldsymbol{\xi}_2]}{[\boldsymbol{\xi}_2,\boldsymbol{\xi}_2]}\boldsymbol{\xi}_2 = \frac{1}{2}\begin{pmatrix} -1 \\ 2 \\ 1 \end{pmatrix}.$$

将 $\boldsymbol{\eta}_1,\boldsymbol{\xi}_2$ 和 $\boldsymbol{\xi}_3$ 单位化，得

$$\boldsymbol{p}_1 = \frac{1}{\sqrt{3}}\begin{pmatrix} -1 \\ -1 \\ 1 \end{pmatrix},\quad \boldsymbol{p}_2 = \frac{1}{\sqrt{2}}\begin{pmatrix} 1 \\ 0 \\ 1 \end{pmatrix},\quad \boldsymbol{p}_3 = \frac{1}{\sqrt{6}}\begin{pmatrix} -1 \\ 2 \\ 1 \end{pmatrix}.$$

因此所求的正交矩阵 $\boldsymbol{P}$ 为

$$\boldsymbol{P}=(\boldsymbol{p}_1,\boldsymbol{p}_2,\boldsymbol{p}_3)=\begin{pmatrix}-\frac{1}{\sqrt{3}} & \frac{1}{\sqrt{2}} & -\frac{1}{\sqrt{6}}\\ -\frac{1}{\sqrt{3}} & 1 & \frac{2}{\sqrt{6}}\\ \frac{1}{\sqrt{3}} & \frac{1}{\sqrt{2}} & \frac{1}{\sqrt{6}}\end{pmatrix}.$$

11. (1) 由于

$$|\boldsymbol{A}-\lambda\boldsymbol{E}|=\begin{vmatrix}1-\lambda & 0 & 1\\ 0 & 2-\lambda & 0\\ 1 & 0 & 1-\lambda\end{vmatrix}=-\lambda(2-\lambda)^2,$$

所以 $\boldsymbol{A}$ 的特征值为 $\lambda_1=0,\lambda_2=\lambda_3=2$.

当 $\lambda_1=0$ 时,解方程组 $(\boldsymbol{A}+0\boldsymbol{E})\boldsymbol{x}=\boldsymbol{0}$,解得基础解系 $\boldsymbol{\eta}_1=\begin{pmatrix}-1\\0\\1\end{pmatrix}$.

当 $\lambda_2=\lambda_3=2$ 时,解方程组 $(\boldsymbol{A}-2\boldsymbol{E})\boldsymbol{x}=\boldsymbol{0}$,解得基础解系 $\boldsymbol{\eta}_2=\begin{pmatrix}1\\0\\1\end{pmatrix}$,$\boldsymbol{\eta}_3=\begin{pmatrix}0\\1\\0\end{pmatrix}$.

由于向量组 $\boldsymbol{\eta}_1,\boldsymbol{\eta}_2,\boldsymbol{\eta}_3$ 恰好正交化,将其单位化得

$$\boldsymbol{p}_1=\frac{1}{\sqrt{2}}\begin{pmatrix}-1\\0\\1\end{pmatrix},\quad \boldsymbol{p}_2=\frac{1}{\sqrt{2}}\begin{pmatrix}1\\0\\1\end{pmatrix},\quad \boldsymbol{p}_3=\begin{pmatrix}0\\1\\0\end{pmatrix}.$$

因此所求的正交矩阵为

$$\boldsymbol{P}=(\boldsymbol{p}_1,\boldsymbol{p}_2,\boldsymbol{p}_3)=\begin{pmatrix}-\frac{1}{\sqrt{2}} & \frac{1}{\sqrt{2}} & 0\\ 0 & 0 & 1\\ \frac{1}{\sqrt{2}} & \frac{1}{\sqrt{2}} & 0\end{pmatrix}.$$

(2) 由 $\boldsymbol{P}^{-1}\boldsymbol{A}^{10}\boldsymbol{P}=\boldsymbol{\Lambda}^{10}$,因此

$$\boldsymbol{A}^{10}=\boldsymbol{P}\boldsymbol{\Lambda}^{10}\boldsymbol{P}^{-1}=\boldsymbol{P}\boldsymbol{\Lambda}^{10}\boldsymbol{P}^{\mathrm{T}}=\begin{pmatrix}-\frac{1}{\sqrt{2}} & \frac{1}{\sqrt{2}} & 0\\ 0 & 0 & 1\\ \frac{1}{\sqrt{2}} & \frac{1}{\sqrt{2}} & 0\end{pmatrix}\begin{pmatrix}0 & 0 & 0\\ 0 & 2^{10} & 0\\ 0 & 0 & 2^{10}\end{pmatrix}\begin{pmatrix}-\frac{1}{\sqrt{2}} & 0 & \frac{1}{\sqrt{2}}\\ \frac{1}{\sqrt{2}} & 0 & \frac{1}{\sqrt{2}}\\ 0 & 1 & 0\end{pmatrix}$$

$$=\begin{pmatrix}2^9 & 0 & 2^9\\ 0 & 2^{10} & 0\\ 2^9 & 0 & 2^9\end{pmatrix}.$$

12. (1) 由 $\boldsymbol{A}$ 与 $\boldsymbol{B}$ 相似可知,$|\boldsymbol{A}|=|\boldsymbol{B}|$,$\mathrm{tr}(\boldsymbol{A})=\mathrm{tr}(\boldsymbol{B})$. 而

$$|\boldsymbol{A}|=\begin{vmatrix}1&-1&1\\2&4&-2\\-3&-3&a\end{vmatrix}\xlongequal[c_3-c_1]{c_2+c_1}\begin{vmatrix}1&0&0\\2&6&-4\\-3&-6&a+3\end{vmatrix}=6(a+3)-24=6(a-1),$$

且

$$|\boldsymbol{B}|=4k,\operatorname{tr}(\boldsymbol{A})=5+a,\operatorname{tr}(\boldsymbol{B})=4+k,$$

因此有

$$6(a-1)=4k,\quad 5+a=4+k.$$

解得 $a=5,k=6$.

(2) 由于矩阵 $\boldsymbol{A}$ 与对角矩阵 $\boldsymbol{B}$ 相似，因此 $\boldsymbol{A}$ 的特征值为 $\lambda_1=\lambda_2=2,\lambda_3=6$.

当 $\lambda_1=\lambda_2=2$ 时，解方程组 $(\boldsymbol{A}-2\boldsymbol{E})\boldsymbol{x}=\boldsymbol{0}$，解得基础解系 $\boldsymbol{\eta}_1=\begin{pmatrix}-1\\1\\0\end{pmatrix},\boldsymbol{\eta}_2=\begin{pmatrix}1\\0\\1\end{pmatrix}$.

当 $\lambda_3=6$ 时，解方程组 $(\boldsymbol{A}-6\boldsymbol{E})\boldsymbol{x}=\boldsymbol{0}$，解得基础解系 $\boldsymbol{\eta}_3=\begin{pmatrix}1\\-2\\3\end{pmatrix}$.

因此可逆矩阵 $\boldsymbol{P}$ 为

$$\boldsymbol{P}=(\boldsymbol{\eta}_1,\boldsymbol{\eta}_2,\boldsymbol{\eta}_3)=\begin{pmatrix}-1&1&1\\1&0&-2\\0&1&3\end{pmatrix}.$$

13. 矩阵 $\boldsymbol{A}$ 能对角化. 理由如下：

设 $\boldsymbol{A}=\begin{vmatrix}a&b\\c&d\end{vmatrix}$，则矩阵 $\boldsymbol{A}$ 的特征多项式为

$$\begin{aligned}f(\lambda)=|\boldsymbol{A}-\lambda\mathrm{E}|&=\begin{vmatrix}a-\lambda&b\\c&d-\lambda\end{vmatrix}=\lambda^2-(a+d)\lambda+ad-bc\\&=\lambda^2-(a+d)\lambda+|\boldsymbol{A}|,\end{aligned}$$

因为 $f(\lambda)$ 的判别式 $\Delta=(a+d)^2-4|\boldsymbol{A}|>0$，因此 $f(\lambda)=0$ 有两个不同的实根，即 2 阶矩阵 $\boldsymbol{A}$ 有两个不等的特征值，故矩阵 $\boldsymbol{A}$ 可以对角化.

14. 由于

$$|\boldsymbol{A}-\lambda\boldsymbol{E}|=\begin{vmatrix}-1-\lambda&1&0\\-4&3-\lambda&0\\2&0&-1-\lambda\end{vmatrix}=(-1-\lambda)(\lambda-1)^2,$$

所以 $\boldsymbol{A}$ 的特征值为 $\lambda_1=-1,\lambda_2=\lambda_3=1$.

当 $\lambda_1=-1$ 时，解方程组 $(\boldsymbol{A}+\boldsymbol{E})\boldsymbol{x}=\boldsymbol{0}$，由

$$\boldsymbol{A}+\boldsymbol{E}=\begin{pmatrix}0&1&0\\-4&4&0\\2&0&0\end{pmatrix}\xrightarrow{r}\begin{pmatrix}1&0&0\\0&1&0\\0&0&0\end{pmatrix},$$

解得基础解系 $\boldsymbol{\eta}_1=\begin{pmatrix}0\\0\\1\end{pmatrix}$，则 $\boldsymbol{A}$ 的对应于 $\lambda_1=-1$ 的全部特征向量为 $k_1\boldsymbol{\eta}_1\ (k_1\neq0)$.

当 $\lambda_2=\lambda_3=1$ 时，解方程组 $(\boldsymbol{A}-\boldsymbol{E})\boldsymbol{x}=\boldsymbol{0}$，由

$$\boldsymbol{A}-\boldsymbol{E}=\begin{pmatrix}-2&1&0\\-4&2&0\\2&0&-2\end{pmatrix}\xrightarrow{r}\begin{pmatrix}1&0&-1\\0&1&-2\\0&0&0\end{pmatrix},$$

解得基础解系 $\boldsymbol{\eta}_2=\begin{pmatrix}1\\2\\1\end{pmatrix}$，则 $\boldsymbol{A}$ 的对应于 $\lambda_2=\lambda_3=1$ 的全部特征向量为 $k_2\boldsymbol{\eta}_2(k_2\neq0)$.

因为 3 阶矩阵 $\boldsymbol{A}$ 只有 2 个线性无关的特征向量，因此 $\boldsymbol{A}$ 不能对角化.

15. (1) 由于

$$|\boldsymbol{A}-\lambda\boldsymbol{E}|=\begin{vmatrix}3-\lambda&2&-2\\-k&-1-\lambda&k\\4&2&-3-\lambda\end{vmatrix}\overset{c_1+c_3}{=\!=\!=}\begin{vmatrix}1-\lambda&2&-2\\0&-1-\lambda&k\\1-\lambda&2&-3-\lambda\end{vmatrix}$$

$$\overset{r_3-r_1}{=\!=\!=}\begin{vmatrix}1-\lambda&2&-2\\0&-1-\lambda&k\\0&0&-1-\lambda\end{vmatrix}=(1-\lambda)(1+\lambda)^2.$$

因此矩阵 $\boldsymbol{A}$ 的特征值为 $\lambda_1=1,\lambda_2=\lambda_3=-1$.

(2) 矩阵 $\boldsymbol{A}$ 可以对角化，则其充要条件为 $\boldsymbol{A}$ 存在 3 个线性无关的特征向量. 因此 $\lambda_2=\lambda_3=-1$ 需要存在 2 个线性无关的特征向量，即齐次方程 $(\boldsymbol{A}+\boldsymbol{E})x=\boldsymbol{0}$ 的基础解系含有 2 个解向量，因此 $R(\boldsymbol{A}+\boldsymbol{E})=1$. 由于

$$\boldsymbol{A}+\boldsymbol{E}=\begin{pmatrix}4&2&-2\\-k&0&k\\4&2&-2\end{pmatrix}\xrightarrow{r_3-r_1}\begin{pmatrix}4&2&-2\\-k&0&k\\0&0&0\end{pmatrix},$$

因此当且仅当 $k=0$ 时，$R(\boldsymbol{A}+\boldsymbol{E})=1$，故 $k=0$ 时，矩阵 $\boldsymbol{A}$ 可以对角化.

16. 由题意，$\lambda=\lambda_k(k=1,2,\cdots,n)$ 为特征方程 $|\boldsymbol{A}-\lambda\boldsymbol{E}|=\boldsymbol{0}$ 的根，故 $\lambda=\lambda_k-\lambda_1(k=1,2,\cdots,n)$ 为特征方程

$$|(\boldsymbol{A}-\lambda_1\boldsymbol{E})-\lambda\boldsymbol{E}|=|\boldsymbol{A}-(\lambda_1+\lambda)\boldsymbol{E}|=\boldsymbol{0}$$

的根. 因此矩阵 $\boldsymbol{A}-\lambda_1\boldsymbol{E}$ 的全部特征值为 $\lambda_k-\lambda_1(k=1,2,\cdots,n)$. 又因为

$$(\boldsymbol{A}-\lambda_1\boldsymbol{E})\boldsymbol{\eta}_k=\boldsymbol{A}\boldsymbol{\eta}_k-\lambda_1\boldsymbol{\eta}_k=\lambda_k\boldsymbol{\eta}_k-\lambda_1\boldsymbol{\eta}_k=(\lambda_k-\lambda_1)\boldsymbol{\eta}_k,$$

其中 $k=1,2,\cdots,n$，因此 $\boldsymbol{\eta}_1,\boldsymbol{\eta}_2,\cdots,\boldsymbol{\eta}_n$ 为 $\boldsymbol{A}-\lambda_1\boldsymbol{E}$ 的一组线性无关的特征向量.

17. 因为 $\boldsymbol{A}$ 为 n 阶对称矩阵，因此存在正交矩阵 $\boldsymbol{P}$，使得

$$\boldsymbol{P}^{-1}\boldsymbol{A}\boldsymbol{P}=\mathrm{diag}\{\lambda_1,\lambda_2,\cdots,\lambda_n\},$$

其中 $\lambda_1,\lambda_2,\cdots,\lambda_n$ 为 $\boldsymbol{A}$ 的特征值. 记

$$\boldsymbol{\Lambda}=\mathrm{diag}\{\sqrt[3]{\lambda_1},\sqrt[3]{\lambda_2},\cdots,\sqrt[3]{\lambda_n}\},\quad \boldsymbol{C}=\boldsymbol{P}\boldsymbol{\Lambda}\boldsymbol{P}^{-1},$$

则

$$\begin{aligned}\boldsymbol{A}&=\boldsymbol{P}\mathrm{diag}\{\lambda_1,\lambda_2,\cdots,\lambda_n\}\boldsymbol{P}^{-1}=\boldsymbol{P}\boldsymbol{\Lambda}(\boldsymbol{P}^{-1}\boldsymbol{P})\boldsymbol{\Lambda}(\boldsymbol{P}^{-1}\boldsymbol{P})\boldsymbol{\Lambda}\boldsymbol{P}^{-1}\\&=(\boldsymbol{P}\boldsymbol{\Lambda}\boldsymbol{P}^{-1})(\boldsymbol{P}\boldsymbol{\Lambda}\boldsymbol{P}^{-1})(\boldsymbol{P}\boldsymbol{\Lambda}\boldsymbol{P}^{-1})=\boldsymbol{C}^3.\end{aligned}$$

又因为 $\boldsymbol{P}$ 为正交矩阵，$\boldsymbol{P}^{\mathrm{T}}=\boldsymbol{P}^{-1}$，因此

$$\boldsymbol{C}^{\mathrm{T}} = (\boldsymbol{P\Lambda P}^{-1})^{\mathrm{T}} = (\boldsymbol{P}^{-1})^{\mathrm{T}}\boldsymbol{\Lambda P}^{\mathrm{T}} = \boldsymbol{P\Lambda P}^{-1} = \boldsymbol{C}.$$

即 $\boldsymbol{C}$ 为对称矩阵，从而结论得证.

18. 由于 $\boldsymbol{A}$ 为正交矩阵，因此有 $|\boldsymbol{A}|=1$ 或 -1，且 $\boldsymbol{A}^{\mathrm{T}}=\boldsymbol{A}^{-1}$. 而 $\boldsymbol{A}^{*}=|\boldsymbol{A}|\boldsymbol{A}^{-1}$，因此

$$\boldsymbol{A}^{*}(\boldsymbol{A}^{*})^{\mathrm{T}} = |\boldsymbol{A}|\boldsymbol{A}^{-1}(|\boldsymbol{A}|\boldsymbol{A}^{-1})^{\mathrm{T}} = |\boldsymbol{A}|^{2}\boldsymbol{A}^{-1}(\boldsymbol{A}^{\mathrm{T}})^{\mathrm{T}} = \boldsymbol{A}^{-1}\boldsymbol{A} = \boldsymbol{E},$$

故 $\boldsymbol{A}^{*}$ 为正交矩阵.

第6章

二　次　型

6.1　本章知识结构图

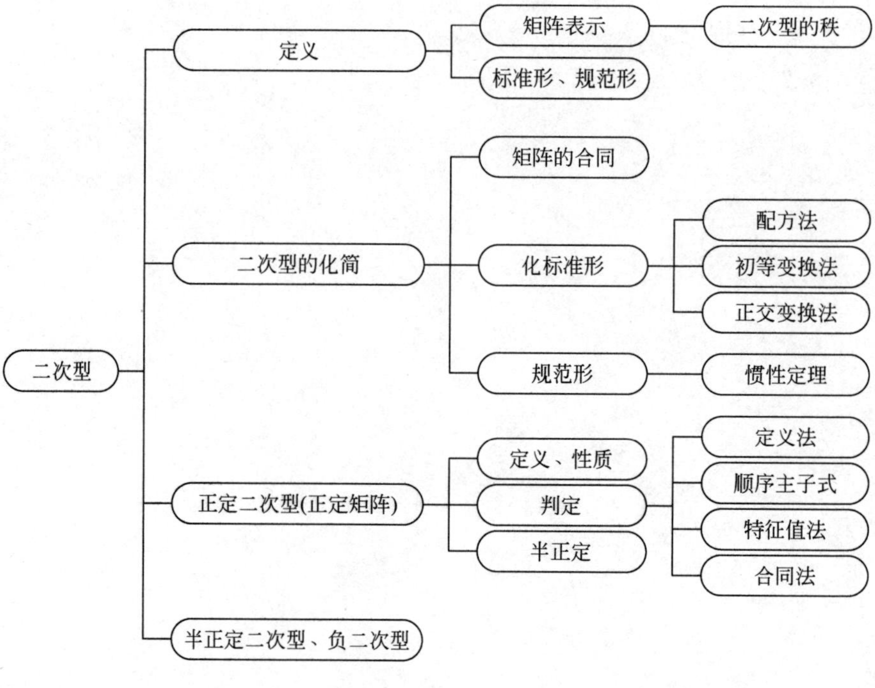

6.2　内容提要

6.2.1　二次型及其矩阵表示

n 元二次型指的是含有 n 个变量 $x_1, x_2, \cdots, x_n$ 的二次齐次函数.

$$f(x_1,x_2,\cdots x_n)=a_{11}x_1^2+a_{22}x_2^2+\cdots+a_{nn}x_n^2+2a_{12}x_1x_2+2a_{13}x_1x_3+\cdots+2a_{n-1,n}x_{n-1}x_n.$$

当系数 $a_{ij}(i,j=1,2,\cdots,n)$ 为实数时，称 f 为**实二次型**. 如果没有特殊说明，**本章的内容仅限于在实数域内讨论，即仅讨论实二次型的情形.**

若记 $a_{ji}=a_{ij}(i<j)$，则 $2a_{ij}x_ix_j=a_{ij}x_ix_j+a_{ji}x_jx_i$，二次型可写为

$$f(x_1,x_2,\cdots,x_n)=\sum_{i=1}^{n}\sum_{j=1}^{n}a_{ij}x_ix_j=(x_1,x_2,\cdots,x_n)\begin{pmatrix}a_{11}&a_{12}&\cdots&a_{1n}\\a_{21}&a_{22}&\cdots&a_{2n}\\\vdots&\vdots&&\vdots\\a_{n1}&a_{n2}&\cdots&a_{nn}\end{pmatrix}\begin{pmatrix}x_1\\x_2\\\vdots\\x_n\end{pmatrix}=\boldsymbol{x}^{\mathrm{T}}\boldsymbol{A}\boldsymbol{x},$$

其中

$$\boldsymbol{A}=\begin{pmatrix}a_{11}&a_{12}&\cdots&a_{1n}\\a_{21}&a_{22}&\cdots&a_{2n}\\\vdots&\vdots&&\vdots\\a_{n1}&a_{n2}&\cdots&a_{nn}\end{pmatrix},\quad \boldsymbol{x}=\begin{pmatrix}x_1\\x_2\\\vdots\\x_n\end{pmatrix}.$$

由于 $a_{ij}=a_{ji}$，所以系数矩阵 $\boldsymbol{A}$ 为对称矩阵，且主对角线元素 $a_{ii}(i=1,2,\cdots,n)$ 等于平方项 x_i^2 的系数，其他元素 $a_{ij}(i\neq j)$ 等于交叉项 x_ix_j 系数的一半.

二次型 f 与对称阵 $\boldsymbol{A}$ 之间存在一一对应关系，任给一个二次型 f，就唯一地确定一个对称阵 $\boldsymbol{A}$；反之，任给一个对称阵 $\boldsymbol{A}$ 也唯一地确定一个二次型 f. 对称阵 $\boldsymbol{A}$ 称为**二次型 f 的矩阵**，二次型 f 称为**对称阵 $\boldsymbol{A}$ 的二次型**，且对称阵 $\boldsymbol{A}$ 的秩 $R(\boldsymbol{A})$ 也称为**二次型 f 的秩**.

6.2.2 二次型的标准形与规范形

从变量 $y_1,y_2,\cdots,y_n$ 到变量 $x_1,x_2,\cdots,x_n$ 的一个线性变换可表示为

$$\begin{cases}x_1=c_{11}y_1+c_{12}y_2+\cdots+c_{1n}y_n\\x_2=c_{21}y_1+c_{22}y_2+\cdots+c_{2n}y_n\\\qquad\cdots\\x_n=c_{n1}y_1+c_{n2}y_2+\cdots+c_{nn}y_n\end{cases}$$

该线性变换的矩阵形式为

$$\begin{pmatrix}x_1\\x_2\\\vdots\\x_n\end{pmatrix}=\begin{pmatrix}c_{11}&c_{12}&\cdots&c_{1n}\\c_{21}&c_{22}&\cdots&c_{2n}\\\vdots&\vdots&&\vdots\\c_{n1}&c_{n2}&\cdots&c_{nn}\end{pmatrix}\begin{pmatrix}y_1\\y_2\\\vdots\\y_n\end{pmatrix}，即\ \boldsymbol{x}=\boldsymbol{C}\boldsymbol{y},$$

式中

$$\boldsymbol{x}=\begin{pmatrix}x_1\\x_2\\\vdots\\x_n\end{pmatrix},\quad \boldsymbol{C}=\begin{pmatrix}c_{11}&c_{12}&\cdots&c_{1n}\\c_{21}&c_{22}&\cdots&c_{2n}\\\vdots&\vdots&&\vdots\\c_{n1}&c_{n2}&\cdots&c_{nn}\end{pmatrix},\quad \boldsymbol{y}=\begin{pmatrix}y_1\\y_2\\\vdots\\y_n\end{pmatrix}.$$

在上述变换中，若矩阵 $\boldsymbol{C}$ 为可逆矩阵，称线性变换 $\boldsymbol{x}=\boldsymbol{C}\boldsymbol{y}$ 为一个**可逆变换**；若 $\boldsymbol{C}$ 为正交矩阵，称线性变换 $\boldsymbol{x}=\boldsymbol{C}\boldsymbol{y}$ 为一个**正交变换**. 可逆变换有一个很好的性质，即任一个二次型经过可逆变换仍为二次型.

只含平方项的二次型，即形式为 $d_1y_1^2+d_2y_2^2+\cdots+d_ny_n^2=\boldsymbol{y}^{\mathrm{T}}\boldsymbol{\Lambda}\boldsymbol{y}$ 的二次型称为二次型的**标准形**，其中 $\boldsymbol{\Lambda}=\mathrm{diag}\{d_1,d_2,\cdots,d_n\}$；若标准形中 $d_1,d_2,\cdots,d_n$ 的取值仅限于 -1，0，1 三个数，则称这样的标准形为**规范形**.

对于二次型 f，解决的主要问题是如何找一个可逆线性变换（或正交变换）$\boldsymbol{x}=\boldsymbol{C}\boldsymbol{y}$，将二次型化为标准形或规范形.

6.2.3 矩阵的合同

对于 n 阶方阵 $\boldsymbol{A}$ 和 $\boldsymbol{B}$，若存在可逆矩阵 $\boldsymbol{C}$，使得 $\boldsymbol{C}^{\mathrm{T}}\boldsymbol{A}\boldsymbol{C}=\boldsymbol{B}$，则称矩阵 $\boldsymbol{A}$ 与 $\boldsymbol{B}$ **合同**. 矩阵 $\boldsymbol{A}$ 与 $\boldsymbol{B}$ 合同关系是一种等价关系，具有下列性质：

(1) **反身性** $\boldsymbol{A}$ 与 $\boldsymbol{A}$ 合同；

(2) **对称性** 若 $\boldsymbol{A}$ 与 $\boldsymbol{B}$ 合同，则 $\boldsymbol{B}$ 与 $\boldsymbol{A}$ 合同；

(3) **传递性** 若 $\boldsymbol{A}$ 与 $\boldsymbol{B}$ 合同，$\boldsymbol{B}$ 与 $\boldsymbol{D}$ 合同，则 $\boldsymbol{A}$ 与 $\boldsymbol{D}$ 合同.

由矩阵合同的含义可以看出，将二次型 $f=\boldsymbol{x}^{\mathrm{T}}\boldsymbol{A}\boldsymbol{x}$ 经过可逆变换（或正交变换）$\boldsymbol{x}=\boldsymbol{C}\boldsymbol{y}$ 使之化为标准形，其实质上等同于将对称阵 $\boldsymbol{A}$ 合同于对角阵 $\boldsymbol{\Lambda}$，即 $\boldsymbol{C}^{\mathrm{T}}\boldsymbol{A}\boldsymbol{C}=\boldsymbol{\Lambda}$.

需要注意的是，矩阵的相似与合同是两个不同的概念.

若 n 阶矩阵 $\boldsymbol{A}$ 相似于对角阵 $\boldsymbol{\Lambda}$，即存在可逆矩阵 $\boldsymbol{C}$，使得 $\boldsymbol{C}^{-1}\boldsymbol{A}\boldsymbol{C}=\boldsymbol{\Lambda}$，则对角阵 $\boldsymbol{\Lambda}$ 的主对角线元素为 $\boldsymbol{A}$ 的特征值；而 n 阶对称阵 $\boldsymbol{A}$ 合同于对角阵 $\boldsymbol{\Lambda}$，即存在可逆矩阵 $\boldsymbol{C}$，使得 $\boldsymbol{C}^{\mathrm{T}}\boldsymbol{A}\boldsymbol{C}=\boldsymbol{\Lambda}$，对角阵 $\boldsymbol{\Lambda}$ 的主对角线元素不一定为 $\boldsymbol{A}$ 的特征值. 当然若 $\boldsymbol{C}$ 为正交矩阵时，则矩阵的相似与合同是等价的.

设 $\boldsymbol{A}$ 与 $\boldsymbol{B}$ 均为 n 阶对称矩阵，若 $\boldsymbol{A}$ 与 $\boldsymbol{B}$ 相似，则 $\boldsymbol{A}$ 与 $\boldsymbol{B}$ 一定合同；反之不然.

矩阵合同的性质：

(1) 设矩阵 $\boldsymbol{A}$ 与 $\boldsymbol{B}$ 合同，若 $\boldsymbol{A}$ 为对称阵，则 $\boldsymbol{B}$ 也为对称阵；

(2) 若 $\boldsymbol{A}$ 与 $\boldsymbol{B}$ 合同，则 $\boldsymbol{A}$ 与 $\boldsymbol{B}$ 的秩相同，即 $R(\boldsymbol{A})=R(\boldsymbol{B})$；

(3) 矩阵 $\boldsymbol{A}$ 与 $\boldsymbol{B}$ 合同的充分必要条件为对矩阵 $\boldsymbol{A}$ 的行和列实施相同的初等变换变成 $\boldsymbol{B}$.

6.2.4 利用正交变换化二次型为标准形

设 $\boldsymbol{A}$ 为对称矩阵，由对称阵的性质可知，存在正交阵 $\boldsymbol{P}$，使得 $\boldsymbol{P}^{-1}\boldsymbol{A}\boldsymbol{P}=\boldsymbol{P}^{\mathrm{T}}\boldsymbol{A}\boldsymbol{P}=\boldsymbol{\Lambda}$ 为对角阵，即正交阵 $\boldsymbol{P}$ 使对称阵 $\boldsymbol{A}$ 与对角阵 $\boldsymbol{\Lambda}$ 既相似又合同. 相应地，对于二次型 $f=\boldsymbol{x}^{\mathrm{T}}\boldsymbol{A}\boldsymbol{x}$ $(\boldsymbol{A}^{\mathrm{T}}=\boldsymbol{A})$，总有正交变换 $\boldsymbol{x}=\boldsymbol{P}\boldsymbol{y}$ 使

$$f=\boldsymbol{x}^{\mathrm{T}}\boldsymbol{A}\boldsymbol{x}=\boldsymbol{y}^{\mathrm{T}}(\boldsymbol{P}^{\mathrm{T}}\boldsymbol{A}\boldsymbol{P})\boldsymbol{y}=\boldsymbol{y}^{\mathrm{T}}\boldsymbol{\Lambda}\boldsymbol{y}=\lambda_1y_1^2+\cdots+\lambda_ny_n^2,$$

式中 $\lambda_1,\lambda_2,\cdots,\lambda_n$ 为对称矩阵 $\boldsymbol{A}$ 的特征值（这里可能有重根）$\boldsymbol{\Lambda}=\mathrm{diag}\{\lambda_1,\lambda_2,\cdots,\lambda_n\}$.

二次型的标准形不是唯一的，它与可逆线性变换 $\boldsymbol{x}=\boldsymbol{C}\boldsymbol{y}$ 有关，但如果忽略排列次序的差异，二次型的规范形是唯一的. 对于 n 元二次型 $f(\boldsymbol{x})=\boldsymbol{x}^{\mathrm{T}}\boldsymbol{A}\boldsymbol{x}$，总有可逆变换 $\boldsymbol{x}=\boldsymbol{C}\boldsymbol{z}$，使得 $f(\boldsymbol{C}\boldsymbol{z})$ 为规范形.

利用正交变换化二次型为标准形的步骤为：

第一步，求解二次型 f 的矩阵 $\boldsymbol{A}$ 的全部特征值 $\lambda_1,\lambda_2,\cdots,\lambda_s$；

第二步，对每个特征值 λ_i；求解齐次线性方程组 $(\boldsymbol{A}-\lambda_i\boldsymbol{E})\boldsymbol{x}=\boldsymbol{0}$ 的一个基础解系 $\boldsymbol{\eta}_{i1}$，$\boldsymbol{\eta}_{i2},\cdots,\boldsymbol{\eta}_{i,r_i}$；

第三步，将 $\boldsymbol{\eta}_{i1},\boldsymbol{\eta}_{i2},\cdots,\boldsymbol{\eta}_{i,r_i}$ 进行正交化、单位化得到 $\boldsymbol{\alpha}_{i1},\boldsymbol{\alpha}_{i2},\cdots,\boldsymbol{\alpha}_{i,r_i}$；

第四步，以 s 个正交单位向量组 $\boldsymbol{\alpha}_{i1},\boldsymbol{\alpha}_{i2},\cdots,\boldsymbol{\alpha}_{i,r_i}$ $(i=1,2,\cdots,s)$ 为列向量，作正交矩阵 $\boldsymbol{P}$，则 $\boldsymbol{P}$ 即为正交变换矩阵；

第五步，作正交变换 $\boldsymbol{x}=\boldsymbol{P}\boldsymbol{y}$，则二次型 f 的标准形为

$$f(\boldsymbol{P}\boldsymbol{y}) = \boldsymbol{y}^{\mathrm{T}}\boldsymbol{\Lambda}\boldsymbol{y} = \lambda_1 y_1^2 + \cdots + \lambda_n y_n^2,$$

式中 $\lambda_1,\lambda_2,\cdots,\lambda_n$ 为对称矩阵 $\boldsymbol{A}$ 的特征值(这里可能有重根).

6.2.5　用配方法化二次型为标准形

除了使用正交变换方法外，还有一些其他的方法将二次型化为标准形，例如配方法、初等变换法等. 这里我们仅仅讨论利用配方法化二次型为标准形. 配方法主要分为两种类型进行讨论.

情形 1，同时含有平方项和非平方项的二次型，例如 $f=x_1^2-3x_2^2+2x_1x_2+6x_1x_3$. 对于此种类型，首先对含有平方项的第一个变量(例如 x_1)进行完全平方，使得余下的项中不再含有这个变量，然后再对含有平方项的第二个变量(例如 x_2)进行类似操作，以此类推. 注意每次只对一个变量进行配方.

情形 2，不含有平方项的二次型，例如 $f=x_1x_2-2x_1x_3+8x_2x_3$. 对于此种类型，首先需要使用平方差公式，制造平方项，转化为情形一. 例如本题可以作变换 $\begin{cases} x_1=y_1+y_2 \\ x_2=y_1-y_2 \\ x_3=y_3 \end{cases}$，这样 f 可化为 $f=y_1^2-y_2^2+6y_1y_3-10y_2y_3$.

6.2.6　惯性定理

前面我们提到，二次型的标准形是不唯一的，但标准形中所含有的项数是确定的，并且标准形中正系数的个数也是确定的(从而负系数的个数也是确定的)，与所作可逆变换无关，这个结论称为**惯性定理**，即对于秩为 r 的 n 元二次型 $f=\boldsymbol{x}^{\mathrm{T}}\boldsymbol{A}\boldsymbol{x}$，存在两个可逆变换 $\boldsymbol{x}=\boldsymbol{B}\boldsymbol{y}$ 和 $\boldsymbol{x}=\boldsymbol{C}\boldsymbol{z}$，使得

$$f = \lambda_1 y_1^2 + \lambda_2 y_2^2 + \cdots + \lambda_k y_k^2, \quad (\lambda_i \neq 0, i = 1,2,\cdots,k)$$

及

$$f = d_1 z_1^2 + d_2 z_2^2 + \cdots + d_s z_s^2, \quad (d_i \neq 0, i = 1,2,\cdots,s)$$

则 $k=s=r$，且 $\lambda_1,\lambda_2,\cdots,\lambda_r$ 中正数的个数与 $d_1,d_2,\cdots,d_r$ 中正数的个数相等.

二次型标准形中的正系数的个数称为**正惯性指数**，负系数的个数称为**负惯性指数**. 若 n 元二次型 $f=\boldsymbol{x}^{\mathrm{T}}\boldsymbol{A}\boldsymbol{x}$ 的秩为 r，正惯性指数为 p，则 f 的规范形可以表示为

$$f = y_1^2 + \cdots + y_p^2 - y_{p+1}^2 - \cdots - y_r^2.$$

类似地，对于 n 阶实对称矩阵 $\boldsymbol{A}$，存在可逆阵 $\boldsymbol{P}$ 和 $\boldsymbol{Q}$，使得

$$\boldsymbol{P}^{\mathrm{T}}\boldsymbol{A}\boldsymbol{P}=\begin{pmatrix}\boldsymbol{E}_p & & \\ & -\boldsymbol{E}_{r-p} & \\ & & \boldsymbol{O}_{n-r}\end{pmatrix},\quad \boldsymbol{Q}^{\mathrm{T}}\boldsymbol{A}\boldsymbol{Q}=\begin{pmatrix}\boldsymbol{E}_q & & \\ & -\boldsymbol{E}_{r-q} & \\ & & \boldsymbol{O}_{n-r}\end{pmatrix},$$

则 $p=q$. 因此两个 n 阶实对称阵合同的充要条件是它们的秩相等、正惯性指数也相等.

6.2.7 正定二次型与正定矩阵

n 元二次型 $f=\boldsymbol{x}^{\mathrm{T}}\boldsymbol{A}\boldsymbol{x}$,若对任意的 $\boldsymbol{x}\neq\boldsymbol{0}$ 都有 $\boldsymbol{x}^{\mathrm{T}}\boldsymbol{A}\boldsymbol{x}>0(<0)$,则称 $f=\boldsymbol{x}^{\mathrm{T}}\boldsymbol{A}\boldsymbol{x}$ 为**正定(负定)二次型**,并称对称阵 $\boldsymbol{A}$ 为**正定矩阵(负定矩阵)**;若对任意的 $\boldsymbol{x}\neq\boldsymbol{0}$ 都有 $\boldsymbol{x}^{\mathrm{T}}\boldsymbol{A}\boldsymbol{x}\geqslant 0(\leqslant 0)$,则称 $f=\boldsymbol{x}^{\mathrm{T}}\boldsymbol{A}\boldsymbol{x}$ 为**半正定(半负定)**二次型,并称对称阵 $\boldsymbol{A}$ 为**半正定矩阵(半负定矩阵)**.

正定二次型的一些常用结论:

(1) n 元二次型 $f=\boldsymbol{x}^{\mathrm{T}}\boldsymbol{A}\boldsymbol{x}$ 为正定的充要条件是它的正惯性指数为 n,即它的标准形中 n 个系数全大于 0;

(2) 正定二次型经可逆变换得到的二次型仍为正定的;

(3) 对称矩阵 $\boldsymbol{A}$ 正定的充要条件是 $\boldsymbol{A}$ 的特征值全为正数.

(4) 对称阵 $\boldsymbol{A}$ 正定的充要条件是 $\boldsymbol{A}$ 与单位阵 $\boldsymbol{E}$ 合同,即存在可逆阵 $\boldsymbol{C}$,使得 $\boldsymbol{A}=\boldsymbol{C}^{\mathrm{T}}\boldsymbol{E}\boldsymbol{C}=\boldsymbol{C}^{\mathrm{T}}\boldsymbol{C}$.

半正定二次型的一些常用结论:

(1) 秩为 r 的 n 元二次型 $f=\boldsymbol{x}^{\mathrm{T}}\boldsymbol{A}\boldsymbol{x}$ 为半正定的充要条件是正惯性指数 $p=r<n$;

(2) n 阶对称阵 $\boldsymbol{A}$ 半正定的充要条件是 $\boldsymbol{A}$ 与 $\begin{pmatrix}E_r & \\ & \boldsymbol{O}\end{pmatrix}$ 合同($r=R(\boldsymbol{A})<n$);

(3) n 阶对称阵 $\boldsymbol{A}$ 半正定的充要条件是 $\boldsymbol{A}$ 的特征值大于或等于零.

6.2.8 顺序主子式

设 $\boldsymbol{A}$ 为 n 阶对称矩阵,子式 $D_i=\begin{vmatrix}a_{11} & a_{12} & \cdots & a_{1i}\\ a_{21} & a_{22} & \cdots & a_{2i}\\ \vdots & \vdots & & \vdots\\ a_{i1} & a_{i2} & \cdots & a_{ii}\end{vmatrix}$ $(i=1,2,\cdots,n)$ 称为矩阵 $\boldsymbol{A}$ 的**顺序主子式**.

n 阶对称阵 $\boldsymbol{A}$ 正定的充要条件是 $\boldsymbol{A}$ 的顺序主子式 $D_i(i=1,2,\cdots,n)$ 均大于 0;$\boldsymbol{A}$ 负定的充要条件是 $\boldsymbol{A}$ 的奇数阶顺序主子式为负,偶数阶顺序主子式为正,即 $(-1)^i D_i>0$,$i=1,2,\cdots,n$.

6.3 典型例题分析

6.3.1 题型一 二次型的基本概念

例 6.1 将二次型 $f=x_1^2+2x_2^2-2x_3^2+2x_1x_2-6x_1x_3$ 表示为矩阵形式.

分析　将二次型表示为矩阵形式时，二次型矩阵的主对角线元素 $a_{ii}(i=1,2,\cdots,n)$ 等于平方项 x_i^2 的系数，其他元素 $a_{ij}(i\neq j)$ 等于交叉项 x_ix_j 系数的一半.

解　取

$$\boldsymbol{x}=\begin{pmatrix}x_1\\x_2\\x_3\end{pmatrix},\quad \boldsymbol{A}=\begin{pmatrix}1&1&-3\\1&2&0\\-3&0&-2\end{pmatrix},$$

则二次型 f 化为 $f=\boldsymbol{x}^{\mathrm{T}}\boldsymbol{A}\boldsymbol{x}$.

例 6.2　已知矩阵 $\boldsymbol{A}=\begin{pmatrix}1&2&-3\\2&-1&1\\-3&1&0\end{pmatrix}$，求矩阵 $\boldsymbol{A}$ 对应的二次型表达式.

解　设 $\boldsymbol{x}=(x_1,x_2,x_3)^{\mathrm{T}}$，则矩阵 $\boldsymbol{A}$ 对应的二次型表达式为

$$f=\boldsymbol{x}^{\mathrm{T}}\boldsymbol{A}\boldsymbol{x}=(x_1,x_2,x_3)\begin{pmatrix}1&2&-3\\2&-1&1\\-3&1&0\end{pmatrix}\begin{pmatrix}x_1\\x_2\\x_3\end{pmatrix}=x_1^2-x_2^2+4x_1x_2-6x_1x_3+2x_2x_3.$$

例 6.3　试求二次型 $f=x_1^2+x_2^2-x_3^2+2x_1x_2+2x_1x_3+2x_2x_3$ 的秩.

分析　二次型 f 的秩等于对应的二次型矩阵 $\boldsymbol{A}$ 的秩，即问题转化为求矩阵 $\boldsymbol{A}$ 的秩.

解　由题设，二次型矩阵 $\boldsymbol{A}$ 为

$$\boldsymbol{A}=\begin{pmatrix}1&1&1\\1&1&1\\1&1&-1\end{pmatrix},$$

由于

$$\boldsymbol{A}=\begin{pmatrix}1&1&1\\1&1&1\\1&1&-1\end{pmatrix}\xrightarrow{r}\begin{pmatrix}1&1&1\\0&0&1\\0&0&0\end{pmatrix},$$

因此 $R(\boldsymbol{A})=2$，故二次型 f 的秩为 2.

例 6.4　已知 $\boldsymbol{x}=(x_1,x_2,x_3)^{\mathrm{T}}$，试求二次型 $f=\boldsymbol{x}^{\mathrm{T}}\begin{pmatrix}1&2&2\\0&1&2\\0&0&-1\end{pmatrix}\boldsymbol{x}$ 的秩.

解　由于

$$f=x_1^2+x_2^2-x_3^2+2x_1x_2+2x_1x_3+2x_2x_3,$$

因此二次型矩阵 $\boldsymbol{A}$ 为

$$\boldsymbol{A}=\begin{pmatrix}1&1&1\\1&1&1\\1&1&-1\end{pmatrix},$$

由例 6.3 可知，二次型 f 的秩为 2.

注　题设中给出的矩阵不是对称矩阵，因此不是二次型 f 的矩阵.

6.3.2　题型二　用配方法将二次型化为标准形

例 6.5　用配方法把二次型 $f=x_1^2+3x_2^2-2x_3^2+2x_1x_2-4x_1x_3+4x_2x_3$ 化为标准形，

并求可逆变换.

解 由于 f 含有平方项,可以先合并、配方含有 x_1 的项

$$\begin{aligned} f &= x_1^2+3x_2^2-2x_3^2+2x_1x_2-4x_1x_3+4x_2x_3 \\ &= (x_1+x_2-2x_3)^2+2x_2^2-6x_3^2+8x_2x_3, \end{aligned}$$

右端除第一项外不再含 x_1,下面对含 x_2 的项进行配方,有

$$f=(x_1+x_2-2x_3)^2+2(x_2+2x_3)^2-14x_3^2,$$

取变换

$$\begin{cases} y_1=x_1+x_2-2x_3 \\ y_2=\quad\quad x_2+2x_3, \\ y_3=\quad\quad\quad\quad x_3 \end{cases} \text{即} \begin{cases} x_1=y_1-y_2+4y_3 \\ x_2=\quad\quad y_2-2y_3, \\ x_3=\quad\quad\quad\quad y_3 \end{cases}$$

二次型 f 化为标准形 $f(y_1,y_2,y_3)=y_1^2+2y_2^2-14y_3^2$,所取可逆变换为 $\boldsymbol{x}=\boldsymbol{C}\boldsymbol{y}$,其中

$$\boldsymbol{C}=\begin{pmatrix} 1 & -1 & 4 \\ 0 & 1 & -2 \\ 0 & 0 & 1 \end{pmatrix} \quad (|\boldsymbol{C}|=1\neq 0).$$

注 标准形中的系数随可逆变换的不同而不同.例如上例中进行如下变换,

$$\begin{cases} y_1=x_1+x_2-2x_3 \\ y_2=\quad\quad x_2+2x_3 \\ y_3=\quad\quad\quad\quad \sqrt{14}x_3 \end{cases}, \quad \text{即} \begin{cases} x_1=y_1-y_2+\dfrac{4}{\sqrt{14}}y_3 \\ x_2=\quad\quad y_2-\dfrac{2}{\sqrt{14}}y_3, \\ x_3=\quad\quad\quad\quad \dfrac{1}{\sqrt{14}}y_3 \end{cases}$$

二次型化为标准形 $f=y_1^2+2y_2^2-y_3^2$,其中变换 $\boldsymbol{x}=\boldsymbol{C}_1\boldsymbol{y}$,可逆变换矩阵为

$$\boldsymbol{C}_1=\begin{pmatrix} 1 & -1 & \dfrac{4}{\sqrt{14}} \\ 0 & 1 & -\dfrac{2}{\sqrt{14}} \\ 0 & 0 & \dfrac{1}{\sqrt{14}} \end{pmatrix} \left(|\boldsymbol{C}_1|=\frac{1}{\sqrt{14}}\neq 0\right).$$

从矩阵合同的角度看,f 的矩阵 $\boldsymbol{A}=\begin{pmatrix} 1 & 1 & -2 \\ 1 & 3 & 2 \\ -2 & 2 & -2 \end{pmatrix}$ 既可以与对角阵 $\begin{pmatrix} 1 & 0 & 0 \\ 0 & 2 & 0 \\ 0 & 0 & -14 \end{pmatrix}$ 合同,也可以与对角阵 $\begin{pmatrix} 1 & 0 & 0 \\ 0 & 2 & 0 \\ 0 & 0 & -1 \end{pmatrix}$ 合同.

例 6.6 用配方法把二次型 $f=2x_1x_2-4x_1x_3+2x_2x_3$ 化为标准形,并求可逆变换.

解 由于二次型 f 不含平方项,因此需要先造平方项,取变换

$$\begin{cases} x_1=y_1+y_2 \\ x_2=y_1-y_2, \\ x_3=\quad\quad\quad y_3 \end{cases}$$

即 $\boldsymbol{x}=\boldsymbol{C}_1\boldsymbol{y}$,其中 $\boldsymbol{C}_1=\begin{pmatrix}1&1&0\\1&-1&0\\0&0&1\end{pmatrix}$ ($|\boldsymbol{C}_1|=-2\neq 0$),

则将二次型 f 化为

$$f=2y_1^2-2y_2^2-2y_1y_3-6y_2y_3.$$

首先合并、配方含有 y_1 的项,然后再合并、配方含有 y_2 的项,

$$\begin{aligned}f&=2\left(y_1-\frac{1}{2}y_3\right)^2-2y_2^2-\frac{1}{2}y_3^2-6y_2y_3\\&=2\left(y_1-\frac{1}{2}y_3\right)^2-2\left(y_2+\frac{3}{2}y_3\right)^2+4y_3^2.\end{aligned}$$

取变换

$$\begin{cases}z_1=y_1-\dfrac{1}{2}y_3\\z_2=y_2+\dfrac{3}{2}y_3,\\z_3=y_3\end{cases}\quad\text{即}\begin{cases}y_1=z_1+\dfrac{1}{2}z_3\\y_2=z_2-\dfrac{3}{2}z_3,\\y_3=z_3\end{cases}$$

即 $\boldsymbol{y}=\boldsymbol{C}_2\boldsymbol{z}$,其中

$$\boldsymbol{C}_2=\begin{pmatrix}1&0&\dfrac{1}{2}\\0&1&-\dfrac{3}{2}\\0&0&1\end{pmatrix}\ (|\boldsymbol{C}_2|=1\neq 0),$$

二次型 f 化为标准形 $f=2z_1^2-2z_2^2+4z_3^2$,可逆变换为 $\boldsymbol{x}=\boldsymbol{C}\boldsymbol{z}$,其中

$$\boldsymbol{C}=\boldsymbol{C}_1\boldsymbol{C}_2=\begin{pmatrix}1&1&0\\1&-1&0\\0&0&1\end{pmatrix}\begin{pmatrix}1&0&\dfrac{1}{2}\\0&1&-\dfrac{3}{2}\\0&0&1\end{pmatrix}=\begin{pmatrix}1&1&-1\\1&-1&2\\0&0&1\end{pmatrix}\ (|\boldsymbol{C}|=-2\neq 0).$$

例 6.7 已知矩阵 $\boldsymbol{A}=\begin{pmatrix}1&-2&4\\-2&3&1\\4&1&1\end{pmatrix}$,求一个可逆矩阵 $\boldsymbol{C}$ 使 $\boldsymbol{C}^{\mathrm{T}}\boldsymbol{A}\boldsymbol{C}$ 为对角矩阵.

分析 将一个矩阵 $\boldsymbol{A}$ 合同于一个对角矩阵 $\boldsymbol{\Lambda}$,即将矩阵 $\boldsymbol{A}$ 对应的二次型 f 化为标准形或规范形.

解 矩阵 $\boldsymbol{A}=\begin{pmatrix}1&-2&4\\-2&3&1\\4&1&1\end{pmatrix}$ 对应的二次型为

$$f=x_1^2+3x_2^2+x_3^2-4x_1x_2+8x_1x_3+2x_2x_3,$$

用配方法把二次型化为标准形 $f=(x_1-2x_2+4x_3)^2-(x_2-5x_3)^2+10x_3^2$,取可逆变换

$$\begin{cases}y_1=x_1-2x_2+4x_3\\y_2=x_2-5x_3,\\y_3=x_3\end{cases}\quad\text{即}\begin{cases}x_1=y_1+2y_2+6y_3\\x_2=y_2+5y_3\\x_3=y_3\end{cases}$$

则二次型化为 $f=y_1^2-y_2^2+10y_3^2$，可逆变换矩阵 $\boldsymbol{C}$ 和对角矩阵$\boldsymbol{\Lambda}$ 分别为

$$\boldsymbol{C}=\begin{pmatrix}1&2&6\\0&1&5\\0&0&1\end{pmatrix},\quad \boldsymbol{\Lambda}=\begin{pmatrix}1&0&0\\0&-1&0\\0&0&10\end{pmatrix}.$$

例 6.8 将三元二次型

$$f=(2x_1+2x_2-x_3)^2+(-x_1+2x_2-2x_3)^2+(-x_1-4x_2+3x_3)^2$$

化为标准形，并写出相应的可逆线性变换.

解 将平方项展开，合并得

$$f=6x_1^2+24x_2^2+14x_3^2+12x_1x_2-6x_1x_3-36x_2x_3,$$

由于 f 含有平方项，可以先合并、配方含有 x_1 的项，

$$f=6\left(x_1+x_2-\frac{1}{2}x_3\right)^2+18x_2^2+\frac{25}{2}x_3^2-30x_2x_3.$$

然后合并、配方含有 x_2 的项，

$$f=6\left(x_1+x_2-\frac{1}{2}x_3\right)^2+18\left(x_2-\frac{5}{6}x_3\right)^2.$$

作线性变换，

$$\begin{cases}y_1=x_1+x_2-\dfrac{1}{2}x_3\\ y_2=\quad\ \ x_2-\dfrac{5}{6}x_3\\ y_3=\qquad\quad x_3\end{cases},\quad \text{即}\begin{cases}x_1=y_1-y_2-\dfrac{1}{3}y_3\\ x_2=\quad\ \ y_2+\dfrac{5}{6}y_3\\ x_3=\qquad\quad y_3\end{cases},$$

则二次型化为 $f=6y_1^2+18y_2^2$. 相应的可逆线性变换为 $\boldsymbol{x}=\boldsymbol{C}\boldsymbol{y}$，其中

$$\boldsymbol{C}=\begin{pmatrix}1&-1&-\dfrac{1}{3}\\0&1&\dfrac{5}{6}\\0&0&1\end{pmatrix}.$$

注 本题若直接作线性变换 $\begin{cases}y_1=2x_1+2x_2-x_3\\y_2=-x_1+2x_2-2x_3\\y_3=-x_1-4x_2+3x_3\end{cases}$，将二次型化为 $f=y_1^2+y_2^2+y_3^2$，则解题过程错误. 因为线性变换矩阵

$$\begin{vmatrix}2&2&-1\\-1&2&-2\\-1&-4&3\end{vmatrix}\xlongequal[r_3+r_2]{r_3+r_1}\begin{vmatrix}2&2&-1\\-1&2&-2\\0&0&0\end{vmatrix}=0,$$

故上述线性变换不可逆.

6.3.3 题型三 用正交变换法将二次型化为标准形

例 6.9 已知二次型 $f=x_1^2+x_2^2+x_3^2+4x_1x_2+4x_1x_3+4x_2x_3$，求一个正交变换 $\boldsymbol{x}=\boldsymbol{C}\boldsymbol{y}$ 将二次型 f 化为标准形.

解　二次型 f 对应的矩阵 $\boldsymbol{A}=\begin{pmatrix}1&2&2\\2&1&2\\2&2&1\end{pmatrix}$，由于

$$|\boldsymbol{A}-\lambda\boldsymbol{E}|=\begin{vmatrix}1-\lambda&2&2\\2&1-\lambda&2\\2&2&1-\lambda\end{vmatrix}=(5-\lambda)(1+\lambda)^2,$$

因此矩阵 $\boldsymbol{A}$ 的特征值为 $\lambda_1=\lambda_2=-1,\lambda_3=5$.

当 $\lambda_1=\lambda_2=-1$ 时，解方程组 $(\boldsymbol{A}+\boldsymbol{E})\boldsymbol{x}=\boldsymbol{0}$，得基础解系为

$$\boldsymbol{\eta}_1=\begin{pmatrix}-1\\1\\0\end{pmatrix},\quad \boldsymbol{\eta}_2=\begin{pmatrix}-1\\0\\1\end{pmatrix},$$

将其正交化，有

$$\boldsymbol{\xi}_1=\begin{pmatrix}-1\\1\\0\end{pmatrix},\quad \boldsymbol{\xi}_2=\boldsymbol{\eta}_2-\frac{[\boldsymbol{\eta}_2,\boldsymbol{\xi}_1]}{[\boldsymbol{\xi}_1,\boldsymbol{\xi}_1]}\boldsymbol{\xi}_1=\frac{1}{2}\begin{pmatrix}-1\\-1\\2\end{pmatrix}.$$

将其单位化，有

$$\boldsymbol{e}_1=\begin{pmatrix}-\frac{1}{\sqrt{2}}\\\frac{1}{\sqrt{2}}\\0\end{pmatrix},\quad \boldsymbol{e}_2=\begin{pmatrix}-\frac{1}{\sqrt{6}}\\-\frac{1}{\sqrt{6}}\\\frac{2}{\sqrt{6}}\end{pmatrix}.$$

当 $\lambda_3=5$ 时，解方程组 $(\boldsymbol{A}-5\boldsymbol{E})\boldsymbol{x}=\boldsymbol{0}$，得基础解系为 $\boldsymbol{\eta}_3=\begin{pmatrix}1\\1\\1\end{pmatrix}$，单位化得 $\boldsymbol{e}_3=\begin{pmatrix}\frac{1}{\sqrt{3}}\\\frac{1}{\sqrt{3}}\\\frac{1}{\sqrt{3}}\end{pmatrix}$.

因此正交矩阵可取为

$$\boldsymbol{C}=(\boldsymbol{e}_1,\boldsymbol{e}_2,\boldsymbol{e}_3)=\begin{pmatrix}-\frac{1}{\sqrt{2}}&-\frac{1}{\sqrt{6}}&\frac{1}{\sqrt{3}}\\\frac{1}{\sqrt{2}}&-\frac{1}{\sqrt{6}}&\frac{1}{\sqrt{3}}\\0&\frac{2}{\sqrt{6}}&\frac{1}{\sqrt{3}}\end{pmatrix},$$

所求的正交变换为 $\boldsymbol{x}=\boldsymbol{C}\boldsymbol{y}$，二次型化为 $f=-y_1^2-y_2^2+5y_3^2$.

6.3.4　题型四　用初等变换法将二次型化为标准形

由对称矩阵的性质知，任意给定一个 n 阶对称矩阵 $\boldsymbol{A}$，都可以合同于一个对角矩阵，

即存在可逆矩阵 $\boldsymbol{C}$,使得 $\boldsymbol{C}^{\mathrm{T}}\boldsymbol{A}\boldsymbol{C}=\boldsymbol{\Lambda}$,其中$\boldsymbol{\Lambda}$为对角矩阵. 设 $\boldsymbol{C}=\boldsymbol{P}_1\boldsymbol{P}_2,\cdots,\boldsymbol{P}_s$,其中 $\boldsymbol{P}_1,\boldsymbol{P}_2,\cdots,\boldsymbol{P}_s$ 为初等矩阵,从而

$$\boldsymbol{C}^{\mathrm{T}}\boldsymbol{A}\boldsymbol{C}=\boldsymbol{P}_s^{\mathrm{T}}\cdots\boldsymbol{P}_2^{\mathrm{T}}\boldsymbol{P}_1^{\mathrm{T}}\boldsymbol{A}\boldsymbol{P}_1\boldsymbol{P}_2\cdots\boldsymbol{P}_s=\boldsymbol{\Lambda},$$

因此对 $2n\times n$ 阶矩阵 $\begin{pmatrix}\boldsymbol{A}\\ \cdots\\ \boldsymbol{E}\end{pmatrix}$ 进行初等列变换,再仅对矩阵 $\boldsymbol{A}$ 进行相同的初等行变换,当矩阵 $\boldsymbol{A}$ 变成对角矩阵$\boldsymbol{\Lambda}$ 时,单位矩阵 $\boldsymbol{E}$ 即变为合同变换矩阵 $\boldsymbol{C}$.

例 6.10 设 $\boldsymbol{A}=\begin{pmatrix}1&1&-2\\1&3&2\\-2&2&2\end{pmatrix}$,试用初等变换法求可逆矩阵 $\boldsymbol{C}$,使得 $\boldsymbol{C}^{\mathrm{T}}\boldsymbol{A}\boldsymbol{C}$ 为对角矩阵,并给出该对角矩阵.

解
$$\begin{pmatrix}\boldsymbol{A}\\ \cdots\\ \boldsymbol{E}\end{pmatrix}=\begin{pmatrix}1&1&-2\\1&3&2\\-2&2&2\\ \hdashline 1&0&0\\0&1&0\\0&0&1\end{pmatrix}\xrightarrow[c_2-c_1]{c_3+2c_1}\begin{pmatrix}1&0&0\\1&2&4\\-2&4&-2\\ \hdashline 1&-1&2\\0&1&0\\0&0&1\end{pmatrix}\xrightarrow[r_2-r_1]{r_3+2r_1}\begin{pmatrix}1&0&0\\0&2&4\\0&4&-2\\ \hdashline 1&-1&2\\0&1&0\\0&0&1\end{pmatrix}$$

$$\xrightarrow{c_3-2c_2}\begin{pmatrix}1&0&0\\0&2&0\\0&4&-10\\ \hdashline 1&-1&4\\0&1&-2\\0&0&1\end{pmatrix}\xrightarrow{r_3-2r_2}\begin{pmatrix}1&0&0\\0&2&0\\0&0&-10\\ \hdashline 1&-1&4\\0&1&-2\\0&0&1\end{pmatrix}.$$

因此 $\boldsymbol{C}=\begin{pmatrix}1&-1&4\\0&1&-2\\0&0&1\end{pmatrix}$,且 $\boldsymbol{C}^{\mathrm{T}}\boldsymbol{A}\boldsymbol{C}=\begin{pmatrix}1&0&0\\0&2&0\\0&0&-10\end{pmatrix}$.

例 6.11 用初等变换法将二次型 $f=x_1^2+2x_2^2+3x_3^2+2x_1x_2+2x_1x_3+2x_2x_3$ 化为标准形,并给出所用的可逆线性变换.

解 二次型矩阵为

$$\boldsymbol{A}=\begin{pmatrix}1&1&1\\1&2&1\\1&1&3\end{pmatrix},$$

由于

$$\begin{pmatrix}\boldsymbol{A}\\ \cdots\\ \boldsymbol{E}\end{pmatrix}=\begin{pmatrix}1&1&1\\1&2&1\\1&1&3\\ \hdashline 1&0&0\\0&1&0\\0&0&1\end{pmatrix}\xrightarrow[c_2-c_1]{c_3-c_1}\begin{pmatrix}1&0&0\\1&1&0\\1&0&2\\ \hdashline 1&-1&-1\\0&1&0\\0&0&1\end{pmatrix}\xrightarrow[r_2-r_1]{r_3-r_1}\begin{pmatrix}1&0&0\\0&1&0\\0&0&2\\ \hdashline 1&-1&-1\\0&1&0\\0&0&1\end{pmatrix},$$

因此可逆线性变换矩阵为 $C=\begin{pmatrix}1 & -1 & -1\\0 & 1 & 0\\0 & 0 & 1\end{pmatrix}$，可逆线性变换为 $x=Cy$，即

$$\begin{cases}x_1 = y_1 - y_2 - y_3\\x_2 = \quad\ \ y_2\\x_3 = \qquad\quad\ y_3\end{cases}.$$

二次型的标准形为 $f=y_1^2+y_2^2+2y_3^2$.

6.3.5 题型五 二次型的规范形的求解

例 6.12 将二次型 $f=x_1^2+2x_2^2+3x_3^2+2x_1x_2+2x_1x_3+2x_2x_3$ 化为规范形，并给出所用的可逆线性变换.

分析 先利用配方法(或正交变换法或初等变换方法)将二次型化为标准形，然后再将标准形化为规范形. 以初等变换为例，对 $2n\times n$ 阶矩阵 $\begin{pmatrix}A\\ \cdots\\ E\end{pmatrix}$ 进行初等列变换，再仅对矩阵 A 进行相同的初等行变换，当矩阵 A 变成对角矩阵Λ 时，单位矩阵 E 即变为合同变换矩阵 C. 这样就将矩阵 A 对应的二次型化为标准形. 然后继续进行初等变换，使得对角矩阵Λ 的主对角线上的元素均为 1，-1，0 的形式，即可将标准形化为规范形.

解法 1 在例 6.11 中，使用初等变换方法将二次型

$$f = x_1^2 + 2x_2^2 + 3x_3^2 + 2x_1x_2 + 2x_1x_3 + 2x_2x_3$$

化为了标准形 $f=y_1^2+y_2^2+2y_3^2$，所用的可逆线性变换为 $x=C_1y$，其中

$$C_1 = \begin{pmatrix}1 & -1 & -1\\0 & 1 & 0\\0 & 0 & 1\end{pmatrix}.$$

作可逆线性变换

$$\begin{cases}z_1 = y_1\\z_2 = y_2\\z_3 = \sqrt{2}\,y_3\end{cases},\quad 即\begin{cases}y_1 = z_1\\y_2 = z_2\\y_3 = \dfrac{1}{\sqrt{2}}z_3\end{cases},$$

亦即 $y=C_2z$，其中

$$C_2 = \begin{pmatrix}1 & 0 & 0\\0 & 1 & 0\\0 & 0 & \dfrac{1}{\sqrt{2}}\end{pmatrix},$$

二次型的规范形为 $f=z_1^2+z_2^2+z_3^2$，其中可逆线性变换为 $x=Cz$，其中

$$C = C_1C_2 = \begin{pmatrix}1 & -1 & -1\\0 & 1 & 0\\0 & 0 & 1\end{pmatrix}\begin{pmatrix}1 & 0 & 0\\0 & 1 & 0\\0 & 0 & \dfrac{1}{\sqrt{2}}\end{pmatrix} = \begin{pmatrix}1 & -1 & -\dfrac{1}{\sqrt{2}}\\0 & 1 & 0\\0 & 0 & \dfrac{1}{\sqrt{2}}\end{pmatrix}.$$

解法 2 在例 6.11 中,使用初等变换,

$$\begin{pmatrix} A \\ \cdots \\ E \end{pmatrix} = \begin{pmatrix} 1 & 1 & 1 \\ 1 & 2 & 1 \\ 1 & 1 & 3 \\ \hdashline 1 & 0 & 0 \\ 0 & 1 & 0 \\ 0 & 0 & 1 \end{pmatrix} \xrightarrow[c_2 - c_1]{c_3 - c_1} \begin{pmatrix} 1 & 0 & 0 \\ 1 & 1 & 0 \\ 1 & 0 & 2 \\ \hdashline 1 & -1 & -1 \\ 0 & 1 & 0 \\ 0 & 0 & 1 \end{pmatrix} \xrightarrow[r_2 - r_1]{r_3 - r_1} \begin{pmatrix} 1 & 0 & 0 \\ 0 & 1 & 0 \\ 0 & 0 & 2 \\ \hdashline 1 & -1 & -1 \\ 0 & 1 & 0 \\ 0 & 0 & 1 \end{pmatrix},$$

继续进行初等变换,使得对角矩阵$\boldsymbol{\Lambda}$ 的主对角线上的元素均为 1,−1,0 的形式,

$$\begin{pmatrix} 1 & 0 & 0 \\ 0 & 1 & 0 \\ 0 & 0 & 2 \\ 1 & -1 & -1 \\ 0 & 1 & 0 \\ 0 & 0 & 1 \end{pmatrix} \xrightarrow{c_3 \times \frac{1}{\sqrt{2}}} \begin{pmatrix} 1 & 0 & 0 \\ 0 & 1 & 0 \\ 0 & 0 & \sqrt{2} \\ \hdashline 1 & -1 & -\frac{1}{\sqrt{2}} \\ 0 & 1 & 0 \\ 0 & 0 & \frac{1}{\sqrt{2}} \end{pmatrix} \xrightarrow{r_3 \times \frac{1}{\sqrt{2}}} \begin{pmatrix} 1 & 0 & 0 \\ 0 & 1 & 0 \\ 0 & 0 & 1 \\ \hdashline 1 & -1 & -\frac{1}{\sqrt{2}} \\ 0 & 1 & 0 \\ 0 & 0 & \frac{1}{\sqrt{2}} \end{pmatrix}.$$

因此二次型的规范形为 $f=z_1^2+z_2^2+z_3^2$,其中可逆线性变换为 $\boldsymbol{x}=\boldsymbol{C}\boldsymbol{z}$,其中

$$\boldsymbol{C} = \begin{pmatrix} 1 & -1 & -\frac{1}{\sqrt{2}} \\ 0 & 1 & 0 \\ 0 & 0 & \frac{1}{\sqrt{2}} \end{pmatrix}.$$

6.3.6 题型六 矩阵的合同、相似问题

例 6.13 设 $\boldsymbol{A}=\begin{pmatrix} -2 & 0 & 1 \\ 0 & -2 & 0 \\ 1 & 0 & -2 \end{pmatrix}$,$\boldsymbol{B}=\begin{pmatrix} -1 & 0 & 0 \\ 0 & -1 & 0 \\ 0 & 0 & -1 \end{pmatrix}$,证明矩形 $\boldsymbol{A}$ 与 $\boldsymbol{B}$ 合同,但 $\boldsymbol{A}$ 与 $\boldsymbol{B}$ 不相似.

分析 两个同阶对称矩阵合同的充要条件为二者具有相同的秩和相同的正惯性指数;两个同阶对称矩阵相似的充要条件为二者具有相同的特征值及重数.

解 (1) 由于

$$|\boldsymbol{A}-\lambda \boldsymbol{E}| = \begin{vmatrix} -2-\lambda & 0 & 1 \\ 0 & -2-\lambda & 0 \\ 1 & 0 & -2-\lambda \end{vmatrix} = (-1-\lambda)(-2-\lambda)(-3-\lambda),$$

所以 $\boldsymbol{A}$ 的特征值为 $\lambda_1=-1,\lambda_2=-2,\lambda_3=-3$. 矩阵 $\boldsymbol{B}$ 的特征值为 $\lambda_1=\lambda_2=\lambda_3=-1$,因此矩阵 $\boldsymbol{A}$ 与 $\boldsymbol{B}$ 不相似. 又因为 $R(\boldsymbol{A})=R(\boldsymbol{B})=3$,矩阵 $\boldsymbol{A}$ 与 $\boldsymbol{B}$ 正惯性指数均为 0,因此 $\boldsymbol{A}$ 与 $\boldsymbol{B}$ 合同.

例 6.14 (2008 年考研题)设 $\boldsymbol{P}=\begin{pmatrix} 1 & 2 \\ 2 & 1 \end{pmatrix}$,则下列矩阵与 $\boldsymbol{P}$ 合同的是(　　).

(A) $\boldsymbol{A}=\begin{pmatrix}-2 & 1\\ 1 & -2\end{pmatrix}$；　　(B) $\boldsymbol{B}=\begin{pmatrix}2 & -1\\ -1 & 2\end{pmatrix}$；

(C) $\boldsymbol{C}=\begin{pmatrix}2 & 1\\ 1 & 2\end{pmatrix}$；　　(D) $\boldsymbol{D}=\begin{pmatrix}1 & -2\\ -2 & 1\end{pmatrix}$.

解　由于

$$|\boldsymbol{P}-\lambda\boldsymbol{E}|=\begin{vmatrix}1-\lambda & 2\\ 2 & 1-\lambda\end{vmatrix}=(-1-\lambda)(3-\lambda),$$

因此矩阵 $\boldsymbol{P}$ 的特征值为 $\lambda_1=-1,\lambda_2=3$. 从而 $R(\boldsymbol{P})=2$，正惯性指数为 1. 计算 4 个选项中矩阵的特征多项式：

$$|\boldsymbol{A}-\lambda\boldsymbol{E}|=\begin{vmatrix}-2-\lambda & 1\\ 1 & -2-\lambda\end{vmatrix}=(1+\lambda)(3+\lambda),$$

$$|\boldsymbol{B}-\lambda\boldsymbol{E}|=\begin{vmatrix}2-\lambda & -1\\ -1 & 2-\lambda\end{vmatrix}=(1-\lambda)(3-\lambda),$$

$$|\boldsymbol{C}-\lambda\boldsymbol{E}|=\begin{vmatrix}2-\lambda & 1\\ 1 & 2-\lambda\end{vmatrix}=(1-\lambda)(3-\lambda),$$

$$|\boldsymbol{D}-\lambda\boldsymbol{E}|=\begin{vmatrix}1-\lambda & -2\\ -2 & 1-\lambda\end{vmatrix}=(-1-\lambda)(3-\lambda),$$

从上述四个矩阵的特征多项式可以看到，只有矩阵 $\boldsymbol{D}$ 的秩 $R(\boldsymbol{D})=2$，正惯性指数为 1. 因此答案选(D).

6.3.7　题型七　二次型(或二次型矩阵)正定性的判定

矩阵 $\boldsymbol{A}$ 为正定矩阵的前提条件是 $\boldsymbol{A}$ 为对称矩阵，因此 $\boldsymbol{A}$ 为对称矩阵是 $\boldsymbol{A}$ 为正定矩阵的必要条件. 因此判定一个矩阵是否正定，应首先检验该矩阵是否对称.

二次型(或二次型矩阵)正定性(或负定性)的判定，常用的方法有顺序主子式法、定义法、特征值法及矩阵的合同法等.

例 6.15　判别二次型 $f=x_1^2+2x_2^2+4x_3^2-2x_1x_2-2x_1x_3$ 的正定性.

解　二次型矩阵为

$$\boldsymbol{A}=\begin{pmatrix}1 & -1 & -1\\ -1 & 2 & 0\\ -1 & 0 & 4\end{pmatrix}.$$

由于 $D_1=a_{11}=1>0,D_2=\begin{vmatrix}1 & -1\\ -1 & 2\end{vmatrix}=1>0,D_3=|\boldsymbol{A}|=2>0$，所以二次型为正定的.

注　本例使用了顺序主子式法来判定二次型(或二次型矩阵)正定性.

例 6.16　设对称矩阵 $\boldsymbol{A}=\begin{pmatrix}-2 & 0 & 1\\ 0 & -2 & 0\\ 1 & 0 & -2\end{pmatrix}$，判别矩阵 $\boldsymbol{A}$ 的正定性.

解　由于

$$|\boldsymbol{A}-\lambda\boldsymbol{E}|=\begin{vmatrix}-2-\lambda & 0 & 1\\ 0 & -2-\lambda & 0\\ 1 & 0 & -2-\lambda\end{vmatrix}=(-1-\lambda)(-2-\lambda)(-3-\lambda),$$

$\boldsymbol{A}$ 的特征值为 $\lambda_1=-1,\lambda_2=-2,\lambda_3=-3$. 由于 $\boldsymbol{A}$ 的特征值均小于零,因此 $\boldsymbol{A}$ 是负定的.

注 本例使用了特征值法来判定矩阵的正定性(或负定性). 一般来说,使用顺序主子式方法只需计算几个行列式的值,相对来说比求解特征多项式 $|\boldsymbol{A}-\lambda\boldsymbol{E}|=0$ 要简单些.

例 6.17 若 n 阶矩阵 $\boldsymbol{A}$ 和 $\boldsymbol{B}$ 均为正定矩阵,判定 $\boldsymbol{A}+\boldsymbol{B}$ 的正定性.

解 由于 $\boldsymbol{A}$ 和 $\boldsymbol{B}$ 均为正定矩阵,因此 $\boldsymbol{A}$ 和 $\boldsymbol{B}$ 均为对称矩阵,故 $\boldsymbol{A}+\boldsymbol{B}$ 也为对称矩阵. 而由 $\boldsymbol{A}$ 和 $\boldsymbol{B}$ 的正定性,对任意的 n 维向量 $\boldsymbol{x}\neq\boldsymbol{0}$,均有 $\boldsymbol{x}^{\mathrm{T}}\boldsymbol{A}\boldsymbol{x}>0,\boldsymbol{x}^{\mathrm{T}}\boldsymbol{B}\boldsymbol{x}>0$,因此对任意的 $\boldsymbol{x}\neq\boldsymbol{0}$,有

$$\boldsymbol{x}^{\mathrm{T}}(\boldsymbol{A}+\boldsymbol{B})\boldsymbol{x}=\boldsymbol{x}^{\mathrm{T}}\boldsymbol{A}\boldsymbol{x}+\boldsymbol{x}^{\mathrm{T}}\boldsymbol{B}\boldsymbol{x}>0,$$

故 $\boldsymbol{A}+\boldsymbol{B}$ 为正定矩阵.

注 (1) 一般地,对于任意的正数 k_1,k_2,若 n 阶矩阵 $\boldsymbol{A}$ 和 $\boldsymbol{B}$ 均为正定矩阵,则 $k_1\boldsymbol{A}+k_2\boldsymbol{B}$ 也为正定矩阵.

(2) 本例使用了正定性的定义来判定二次型(或二次型矩阵)的正定性.

例 6.18 若 $\boldsymbol{A}$ 为正定矩阵,讨论逆矩阵 $\boldsymbol{A}^{-1}$ 的正定性.

解法 1 由于 $\boldsymbol{A}$ 正定,因此 $|\boldsymbol{A}|>0$,故逆矩阵 $\boldsymbol{A}^{-1}$ 存在. 设 n 阶矩阵 $\boldsymbol{A}$ 的特征值分别为 $\lambda_1,\lambda_2,\cdots,\lambda_n$,由于 $\boldsymbol{A}$ 正定,因此 $\lambda_1,\lambda_2,\cdots,\lambda_n$ 全部大于零,故 $\lambda_1^{-1},\lambda_2^{-1},\cdots,\lambda_n^{-1}$ 全部大于零. 而 $\boldsymbol{A}^{-1}$ 的全部特征值为 $\lambda_1^{-1},\lambda_2^{-1},\cdots,\lambda_n^{-1}$,故 $\boldsymbol{A}^{-1}$ 正定.

解法 2 由于 $\boldsymbol{A}$ 正定,因此 $\boldsymbol{A}$ 与单位阵 $\boldsymbol{E}$ 合同,即存在可逆阵 $\boldsymbol{C}$,使得 $\boldsymbol{A}=\boldsymbol{C}^{\mathrm{T}}\boldsymbol{E}\boldsymbol{C}$. 因此

$$\boldsymbol{A}^{-1}=(\boldsymbol{C}^{\mathrm{T}}\boldsymbol{E}\boldsymbol{C})^{-1}=\boldsymbol{C}^{-1}\boldsymbol{E}(\boldsymbol{C}^{\mathrm{T}})^{-1}=\boldsymbol{C}^{-1}\boldsymbol{E}(\boldsymbol{C}^{-1})^{\mathrm{T}}=[(\boldsymbol{C}^{-1})^{\mathrm{T}}]^{\mathrm{T}}\boldsymbol{E}(\boldsymbol{C}^{-1})^{\mathrm{T}},$$

即 $\boldsymbol{A}^{-1}$ 与单位阵 $\boldsymbol{E}$ 合同,所以 $\boldsymbol{A}^{-1}$ 正定.

注 本例使用了特征值法和矩阵的合同法来判定矩阵的正定性.

6.3.8 题型八 二次型的参数求解问题

例 6.19 已知二次型 $f=x_1^2+ax_2^2+4x_3^2+4x_1x_2-2x_1x_3+2x_2x_3$ 的秩为 2,试求常数 a 的值.

解 二次型矩阵为

$$\boldsymbol{A}=\begin{pmatrix}1 & 2 & -1\\ 2 & a & 1\\ -1 & 1 & 4\end{pmatrix},$$

由于

$$\boldsymbol{A}=\begin{pmatrix}1 & 2 & -1\\ 2 & a & 1\\ -1 & 1 & 4\end{pmatrix}\xrightarrow[r_2-2r_1]{r_3+r_1}\begin{pmatrix}1 & 2 & -1\\ 0 & a-4 & 3\\ 0 & 3 & 3\end{pmatrix}\xrightarrow{r_2\leftrightarrow r_3}\begin{pmatrix}1 & 2 & -1\\ 0 & 3 & 3\\ 0 & a-4 & 3\end{pmatrix}$$

$$\xrightarrow{r_3-r_2}\begin{pmatrix}1 & 2 & -1\\ 0 & 3 & 3\\ 0 & a-7 & 0\end{pmatrix},$$

且由题设，$R(\boldsymbol{A})=2$，因此 $a=7$.

例 6.20　已知二次型 $f=x_1^2+3x_2^2+tx_3^2+2x_1x_2-2x_1x_3-4x_2x_3$ 是正定的，试求 t 的取值范围.

解　二次型矩阵为

$$\boldsymbol{A}=\begin{pmatrix}1 & 1 & -1\\ 1 & 3 & -2\\ -1 & -2 & t\end{pmatrix}.$$

由于

$$D_1=a_{11}=1>0,\quad D_2=\begin{vmatrix}1 & 1\\ 1 & 3\end{vmatrix}=2>0,$$

$$D_3=|\boldsymbol{A}|=\begin{vmatrix}1 & 1 & -1\\ 1 & 3 & -2\\ -1 & -2 & t\end{vmatrix}\xlongequal[c_3+c_1]{c_2-c_1}\begin{vmatrix}1 & 1 & -1\\ 0 & 2 & -1\\ 0 & -1 & t-1\end{vmatrix}=2t-3,$$

因此当 $2t-3>0$，即 $t>\frac{3}{2}$ 时，二次型 f 为正定的.

6.3.9　题型九　二次型（二次型矩阵）的证明问题

例 6.21　证明任意一个二次型经过可逆变换后仍为二次型.

证　设二次型 $f=\boldsymbol{x}^{\mathrm{T}}\boldsymbol{A}\boldsymbol{x}$，可逆变换为 $\boldsymbol{x}=\boldsymbol{C}\boldsymbol{y}$，则

$$f=\boldsymbol{x}^{\mathrm{T}}\boldsymbol{A}\boldsymbol{x}=(\boldsymbol{C}\boldsymbol{y})^{\mathrm{T}}\boldsymbol{A}(\boldsymbol{C}\boldsymbol{y})=\boldsymbol{y}^{\mathrm{T}}(\boldsymbol{C}^{\mathrm{T}}\boldsymbol{A}\boldsymbol{C})\boldsymbol{y}.$$

由于 $\boldsymbol{A}$ 为对称矩阵，因此

$$(\boldsymbol{C}^{\mathrm{T}}\boldsymbol{A}\boldsymbol{C})^{\mathrm{T}}=\boldsymbol{C}^{\mathrm{T}}\boldsymbol{A}^{\mathrm{T}}\boldsymbol{C}=\boldsymbol{C}^{\mathrm{T}}\boldsymbol{A}\boldsymbol{C},$$

所以 $\boldsymbol{C}^{\mathrm{T}}\boldsymbol{A}\boldsymbol{C}$ 对称矩阵，且 $R(\boldsymbol{C}^{\mathrm{T}}\boldsymbol{A}\boldsymbol{C})=R(\boldsymbol{A})$，故 $f=\boldsymbol{y}^{\mathrm{T}}(\boldsymbol{C}^{\mathrm{T}}\boldsymbol{A}\boldsymbol{C})\boldsymbol{y}$ 为二次型.

例 6.22　设 $\boldsymbol{A}$ 为 n 阶正定矩阵，试证明 $|\boldsymbol{A}+\boldsymbol{E}|>1$.

证　设 n 阶矩阵 $\boldsymbol{A}$ 的特征值分别为 $\lambda_1,\lambda_2,\cdots,\lambda_n$，则 $\boldsymbol{A}+\boldsymbol{E}$ 的特征值为 $\lambda_1+1,\lambda_2+1,\cdots,\lambda_n+1$. 由于 $\boldsymbol{A}$ 正定，因此 $\lambda_1,\lambda_2,\cdots,\lambda_n$ 全部大于零，故 $\boldsymbol{A}+\boldsymbol{E}$ 的特征值全部大于 1. 因此

$$|\boldsymbol{A}+\boldsymbol{E}|=(\lambda_1+1)(\lambda_2+1)\cdots(\lambda_n+1)>1.$$

例 6.23　设 $\boldsymbol{A}$ 为 n 阶正定矩阵，试证明存在正定矩阵 $\boldsymbol{C}$，使得 $\boldsymbol{A}=\boldsymbol{C}^2$.

证　因为 $\boldsymbol{A}$ 为 n 阶正定矩阵，因此存在正交矩阵 $\boldsymbol{P}$，使得

$$\boldsymbol{P}^{-1}\boldsymbol{A}\boldsymbol{P}=\mathrm{diag}\{\lambda_1,\lambda_2,\cdots,\lambda_n\},$$

其中 $\lambda_1,\lambda_2,\cdots,\lambda_n$ 为 $\boldsymbol{A}$ 的特征值，且全部大于零. 因此

$$\begin{aligned}\boldsymbol{A}&=\boldsymbol{P}\mathrm{diag}\{\lambda_1,\lambda_2,\cdots,\lambda_n\}\boldsymbol{P}^{-1}\\&=\boldsymbol{P}\mathrm{diag}\{\sqrt{\lambda_1},\sqrt{\lambda_2},\cdots,\sqrt{\lambda_n}\}\boldsymbol{P}^{-1}\boldsymbol{P}\mathrm{diag}\{\sqrt{\lambda_1},\sqrt{\lambda_2},\cdots,\sqrt{\lambda_n}\}\boldsymbol{P}^{-1}.\end{aligned}$$

记 $\boldsymbol{C}=\boldsymbol{P}\mathrm{diag}\{\sqrt{\lambda_1},\sqrt{\lambda_2},\cdots,\sqrt{\lambda_n}\}\boldsymbol{P}^{-1}$，由于 $\boldsymbol{C}$ 的特征值为 $\sqrt{\lambda_1},\sqrt{\lambda_2},\cdots,\sqrt{\lambda_n}$ 均大于零，因此 $\boldsymbol{C}$ 为正定矩阵，且 $\boldsymbol{A}=\boldsymbol{C}^2$.

例 6.24　若 n 阶对称矩阵 $\boldsymbol{A}$ 满足 $\boldsymbol{A}^2-4\boldsymbol{A}+3\boldsymbol{E}=\boldsymbol{0}$，则 $\boldsymbol{A}$ 为正定矩阵.

证　由题意，矩阵 $\boldsymbol{A}$ 的特征值 λ 满足方程 $\lambda^2-4\lambda+3=0$，解得 $\lambda=1$ 或 $\lambda=3$，即矩阵 $\boldsymbol{A}$ 的特征值全部为正，因此 $\boldsymbol{A}$ 为正定矩阵.

例 6.25 设 $\boldsymbol{A}$ 为 n 阶对称矩阵，则对于充分大的常数 k，矩阵 $\boldsymbol{A}+k\boldsymbol{E}$ 正定.

证 由于

$$(\boldsymbol{A}+k\boldsymbol{E})^{\mathrm{T}}=\boldsymbol{A}^{\mathrm{T}}+k\boldsymbol{E}=\boldsymbol{A}+k\boldsymbol{E},$$

因此 $\boldsymbol{A}+k\boldsymbol{E}$ 为对称矩阵. 设 $\boldsymbol{A}$ 的特征值分别为 $\lambda_1,\lambda_2,\cdots,\lambda_n$，则 $\boldsymbol{A}+k\boldsymbol{E}$ 的特征值为 λ_1+k，$\lambda_2+k,\cdots,\lambda_n+k$. 取 $M=\max\{|\lambda_1|,|\lambda_2|,\cdots,|\lambda_n|\}$，显然当 $k>M$ 时，$\boldsymbol{A}+k\boldsymbol{E}$ 的特征值全部为正，故 $\boldsymbol{A}+k\boldsymbol{E}$ 为正定矩阵.

6.4 习题精选

1. 填空题.

(1) 实对称矩阵 $\boldsymbol{A}$ 的所有特征值全大于零，是 $\boldsymbol{A}$ 正定的________条件.

(2) 已知三元二次型 $f=x_1^2-2x_2^2-2x_1x_2+4x_2x_3$，则 f 对应的二次型矩阵为________；

(3) 已知 n 元二次型 $f=\boldsymbol{x}^{\mathrm{T}}\boldsymbol{A}\boldsymbol{x}$ 正定，其正惯性指数为 p，秩为 r，则 r,p,n 三者间的关系为________.

(4) 二次型 $f=\boldsymbol{x}^{\mathrm{T}}\boldsymbol{A}\boldsymbol{x}$ 经可逆线性变换 $\boldsymbol{x}=\boldsymbol{C}\boldsymbol{y}$ 化成 $f=\boldsymbol{y}^{\mathrm{T}}\boldsymbol{B}\boldsymbol{y}$，则矩阵 $\boldsymbol{A}$ 和 $\boldsymbol{B}$ 的关系是________.

(5) 若 $f=x_1^2+x_2^2+4x_3^2-tx_2x_3$ 为正定二次型，则 t 的范围是________.

(6) 三元二次型 $f=x_1^2+2x_2^2-2x_1x_2+4x_2x_3$ 的秩 $r=$________；正惯性指数 $p=$________.

(7) 设三元二次型 $f=(a_1x_1+a_2x_2+a_3x_3)(b_1x_1+b_2x_2+b_3x_3)$，则二次型矩阵 $\boldsymbol{A}=$________.

2. 单项选择题.

(1) n 元二次型 $f=\boldsymbol{x}^{\mathrm{T}}\boldsymbol{A}\boldsymbol{x}$ 为正定二次型的充分必要条件是(   ).

(A) $\boldsymbol{A}$ 的 n 个特征值互不相同；　(B) $|\boldsymbol{A}|>0$；

(C) $\boldsymbol{A}$ 的 n 个特征值均为负；　(D) 存在可逆矩阵 $\boldsymbol{C}$，使 $\boldsymbol{A}=\boldsymbol{C}^{\mathrm{T}}\boldsymbol{C}$.

(2) n 元二次型 $f=\boldsymbol{x}^{\mathrm{T}}\boldsymbol{A}\boldsymbol{x}$ 为正定二次型的充分必要条件是(   ).

(A) 负惯性指数为 0；　(B) 各阶顺序主子式为正；

(C) $\boldsymbol{A}$ 的 n 个特征值均非负；　(D) 存在矩阵 $\boldsymbol{C}$，使 $\boldsymbol{A}=\boldsymbol{C}^{\mathrm{T}}\boldsymbol{C}$.

(3) 设 $\boldsymbol{A}$ 与 $\boldsymbol{B}$ 均为 n 阶对称矩阵，则 $\boldsymbol{A}$ 与 $\boldsymbol{B}$ 合同的充要条件为(   ).

(A) $\boldsymbol{A}$ 与 $\boldsymbol{B}$ 的特征值相同；

(B) $\boldsymbol{A}$ 与 $\boldsymbol{B}$ 都合同与单位矩阵；

(C) $\boldsymbol{A}$ 与 $\boldsymbol{B}$ 的秩相等；

(D) $\boldsymbol{A}$ 与 $\boldsymbol{B}$ 的秩相等，负惯性指数相等.

(4) 若 n 阶矩阵 $\boldsymbol{A}$ 与 $\boldsymbol{B}$ 合同，则(   ).

(A) $\boldsymbol{A}=\boldsymbol{B}$；　(B) $\boldsymbol{A}$ 与 $\boldsymbol{B}$ 相似；

(C) $|\boldsymbol{A}|=|\boldsymbol{B}|$；　(D) $R(\boldsymbol{A})=R(\boldsymbol{B})$.

(5) 设 $\boldsymbol{A}$ 与 $\boldsymbol{B}$ 均为 n 阶对称矩阵,则下列结论正确的是(　　).

(A) 若 $\boldsymbol{A}$ 与 $\boldsymbol{B}$ 相似,则 $\boldsymbol{A}$ 与 $\boldsymbol{B}$ 合同;　(B) 若 $\boldsymbol{A}$ 与 $\boldsymbol{B}$ 合同,则 $\boldsymbol{A}$ 与 $\boldsymbol{B}$ 相似;

(C) 若 $\boldsymbol{A}$ 与 $\boldsymbol{B}$ 等价,则 $\boldsymbol{A}$ 与 $\boldsymbol{B}$ 合同;　(D) 若 $\boldsymbol{A}$ 与 $\boldsymbol{B}$ 等价,则 $\boldsymbol{A}$ 与 $\boldsymbol{B}$ 相似.

(6) 矩阵 $\boldsymbol{A}=\begin{pmatrix}1&0&0\\0&-1&0\\0&0&1\end{pmatrix}$ 合同于矩阵(　　).

(A) $\begin{pmatrix}2&0&0\\0&-2&0\\0&0&0\end{pmatrix}$;　(B) $\begin{pmatrix}-2&0&0\\0&3&0\\0&0&4\end{pmatrix}$;

(C) $\begin{pmatrix}2&0&0\\0&-3&0\\0&0&-2\end{pmatrix}$;　(D) $\begin{pmatrix}1&0&0\\0&2&0\\0&0&3\end{pmatrix}$.

(7) 已知 n 元二次型 $f=\boldsymbol{x}^{\mathrm{T}}\boldsymbol{A}\boldsymbol{x}$ 经可逆矩阵变换 $\boldsymbol{x}=\boldsymbol{C}\boldsymbol{y}$ 化成标准形 $f=d_1y_1^2+d_2y_2^2+\cdots+d_ny_n^2$,则(　　).

(A) $d_1,d_2,\cdots,d_n$ 都是 $\boldsymbol{A}$ 的特征值;

(B) $d_1,d_2,\cdots,d_n$ 都不是 $\boldsymbol{A}$ 的特征值;

(C) $d_1,d_2,\cdots,d_n$ 不一定是 $\boldsymbol{A}$ 的特征值;

(D) $|\boldsymbol{A}|=d_1d_2\cdots d_n$.

(8) 已知 n 元二次型 $f=\boldsymbol{x}^{\mathrm{T}}\boldsymbol{A}\boldsymbol{x}$ 经过正交线性变换 $\boldsymbol{x}=\boldsymbol{C}\boldsymbol{y}$ 化为标准形 $f=d_1y_1^2+d_2y_2^2+\cdots+d_ny_n^2$,则(　　).

(A) $d_1,d_2,\cdots,d_n$ 为 $\boldsymbol{A}$ 的特征值;

(B) $d_1,d_2,\cdots,d_n$ 都不是 $\boldsymbol{A}$ 的特征值;

(C) $d_1,d_2,\cdots,d_n$ 不一定是 $\boldsymbol{A}$ 的特征值;

(D) $d_1,d_2,\cdots,d_n$ 均不为 0.

(9) 若三元二次型 $f=(k-1)x_1^2+(k-2)x_2^2+(3-k)x_3^2$ 正定,则(　　).

(A) $2<k<3$;　(B) $k>1$;　(C) $k>2$;　(D) $k<3$.

(10) 若 $\boldsymbol{A}$ 为 n 阶正定矩阵,则 $\boldsymbol{A}$ 与 $\boldsymbol{A}^{-1}$ 必定(　　).

(A) 相似;　(B) 合同;

(C) 有相同的特征值;　(D) 正交相似.

(11) 设 $\boldsymbol{A}$ 与 $\boldsymbol{B}$ 均为 n 阶正定矩阵,则下列矩阵不一定为正定矩阵的是(　　).

(A) $\boldsymbol{A}+\boldsymbol{B}$;　(B) $\boldsymbol{A}^{-1}+\boldsymbol{B}^{-1}$;

(C) $\boldsymbol{A}\boldsymbol{B}$;　(D) $k\boldsymbol{A}+l\boldsymbol{B}\ (k>0,l>0)$.

(12) 二次型 $f(x_1,x_2,x_3)=x_1^2+4x_1x_3+x_2^2+x_3^2$ 的正惯性指数等于(　　).

(A) 0;　(B) 1;　(C) 2;　(D) 3.

3. 用配方法将三元二次型 $f=x_1x_2-x_1x_3-x_2x_3$ 化成标准形,并写出相应的可逆线性变换.

4. 将三元二次型 $f=(x_1-2x_2-x_3)^2+(-2x_1+x_3)^2+(x_1+2x_2)^2$ 化为标准形,并写出相应的可逆线性变换.

5. 设三元二次型 $f=2x_1^2+3x_2^2+bx_3^2+2ax_1x_2+2x_2x_3$，其中 a 和 b 为常数，且 $a>0$，经过正交变换 $\boldsymbol{x}=\boldsymbol{P}\boldsymbol{y}$ 化成标准形 $f=y_1^2+2y_2^2+4y_3^2$. 求常数 a 和 b 的值.

6. 设三元二次型 $f=x_1^2+x_2^2+x_3^2+2ax_1x_2+2x_1x_3+2bx_2x_3$，其中 a 和 b 为常数，经过正交变换 $\boldsymbol{x}=\boldsymbol{P}\boldsymbol{y}$ 化成标准形 $f=y_2^2+2y_3^2$. 求常数 a 和 b 的值以及正交变换矩阵 $\boldsymbol{P}$.

7. 已知对称矩阵 $\boldsymbol{A}=\begin{pmatrix}3&2&4\\2&0&2\\4&2&3\end{pmatrix}$ 的特征值 $\lambda_1=8,\lambda_2=\lambda_3=-1$，则

(1) 求正交矩阵 $\boldsymbol{P}$，使 $\boldsymbol{P}^{\mathrm{T}}\boldsymbol{A}\boldsymbol{P}$ 为对角矩阵；

(2) 用正交变换化二次型 $f(x_1,x_2,x_3)=3x_1^2+3x_3^2+4x_1x_2+8x_1x_3+4x_2x_3$ 为标准形，并写出对应的正交变换.

8. 二次型 $f=x_1^2+4x_2^2+4x_3^2+2kx_1x_2-2x_1x_3+4x_2x_3$ 为正定二次型，试求 k 的取值范围.

9. 求四元二次型 $f=x_1x_4+3x_2x_3$ 的秩，正、负惯性指数以及符号差.

10. 已知三元二次型 $f=(x_1+a_1x_2)^2+(x_2+a_2x_3)^2+(x_3+a_3x_1)^2$，其中 a_1,a_2,a_3 为实数. 试问当 a_1,a_2,a_3 满足什么条件时，f 为正定二次型.

11. 若 $\boldsymbol{A}$ 为 n 阶正定矩阵，试证明 $\boldsymbol{A}^*$ 也是正定矩阵.

12. 若 $\boldsymbol{A}$ 为 n 阶矩阵，证明：必存在可逆矩阵 $\boldsymbol{P}$，使得 $(\boldsymbol{A}\boldsymbol{P})^{\mathrm{T}}\boldsymbol{A}\boldsymbol{P}$ 为对角矩阵.

13. 设 $\boldsymbol{A}$ 与 $\boldsymbol{B}$ 均为 n 阶对称矩阵，试证明 $\boldsymbol{A}$ 与 $\boldsymbol{B}$ 合同的充分必要条件是二次型 $f=\boldsymbol{x}^{\mathrm{T}}\boldsymbol{A}\boldsymbol{x}$ 与二次型 $g=\boldsymbol{y}^{\mathrm{T}}\boldsymbol{B}\boldsymbol{y}$ 具有相同的秩与正惯性指数.

6.5 习题详解

1. 填空题.

(1) 充分必要； (2) $\begin{pmatrix}1&-1&0\\-1&-2&2\\0&2&0\end{pmatrix}$； (3) $r=p=n$；

(4) 合同； (5) $-4<t<4$； (6) $r=3$；$p=2$；

(7) $\dfrac{1}{2}\begin{pmatrix}a_1\\a_2\\a_3\end{pmatrix}(b_1,b_2,b_3)+\dfrac{1}{2}\begin{pmatrix}b_1\\b_2\\b_3\end{pmatrix}(a_1,a_2,a_3)$；

提示 由于

$$f(x_1,x_2,x_3)=(x_1,x_2,x_3)\begin{pmatrix}a_1\\a_2\\a_3\end{pmatrix}(b_1,b_2,b_3)\begin{pmatrix}x_1\\x_2\\x_3\end{pmatrix},$$

注意到二次型矩阵为对称矩阵，因此二次型矩阵

$$\boldsymbol{A}=\frac{1}{2}\begin{pmatrix}a_1\\a_2\\a_3\end{pmatrix}(b_1,b_2,b_3)+\frac{1}{2}\begin{pmatrix}b_1\\b_2\\b_3\end{pmatrix}(a_1,a_2,a_3).$$

2. 单项选择题.

(1) (D)；　(2) (B)；　(3) (D)；　(4) (D)；　(5) (A)；　(6) (B)；

(7) (C)；　(8) (A)；　(9) (A)；　(10) (B)；　(11) (C)；　(12) (C).

3. 配方法. 由于二次型 f 不含平方项，因此需要先造平方项，取变换 $\boldsymbol{x}=\boldsymbol{C}_1\boldsymbol{y}$，

$$\begin{cases} x_1 = y_1 + y_2 \\ x_2 = y_1 - y_2, \\ x_3 = \quad\quad y_3 \end{cases} \quad 即\ \boldsymbol{C}_1 = \begin{pmatrix} 1 & 1 & 0 \\ 1 & -1 & 0 \\ 0 & 0 & 1 \end{pmatrix} \ (|\boldsymbol{C}_1| = -2 \neq 0),$$

则二次型 f 化为

$$f = y_1^2 - y_2^2 - 2y_1y_3,$$

合并、配方含有 y_1 的项，

$$f = (y_1 - y_3)^2 - y_2^2 - y_3^2,$$

取线性变换

$$\begin{cases} z_1 = y_1 \quad - y_3 \\ z_2 = \quad y_2 \\ z_3 = \quad\quad y_3 \end{cases}, \quad 即 \begin{cases} y_1 = z_1 \quad + z_3 \\ y_2 = \quad z_2 \\ y_3 = \quad\quad z_3 \end{cases},$$

即 $\boldsymbol{y}=\boldsymbol{C}_2\boldsymbol{z}$，其中

$$\boldsymbol{C}_2 = \begin{pmatrix} 1 & 0 & 1 \\ 0 & 1 & 0 \\ 0 & 0 & 1 \end{pmatrix} \ (|\boldsymbol{C}_2| = 1 \neq 0),$$

则二次型 f 化为标准形 $f=z_1^2-z_2^2-z_3^2$，所取的可逆变换为 $\boldsymbol{x}=\boldsymbol{C}\boldsymbol{z}$，其中

$$\boldsymbol{C} = \boldsymbol{C}_1\boldsymbol{C}_2 = \begin{pmatrix} 1 & 1 & 0 \\ 1 & -1 & 0 \\ 0 & 0 & 1 \end{pmatrix}\begin{pmatrix} 1 & 0 & 1 \\ 0 & 1 & 0 \\ 0 & 0 & 1 \end{pmatrix} = \begin{pmatrix} 1 & 1 & 1 \\ 1 & -1 & 1 \\ 0 & 0 & 1 \end{pmatrix} \ (|\boldsymbol{C}| = -2 \neq 0).$$

4. 将平方项展开，合并得

$$f = 6x_1^2 + 8x_2^2 + 2x_3^2 - 6x_1x_3 + 4x_2x_3,$$

由于 f 含有平方项，可以先合并、配方含有 x_1 的项，

$$f = 6\left(x_1 - \frac{1}{2}x_3\right)^2 + 8x_2^2 + \frac{1}{2}x_3^2 + 4x_2x_3.$$

然后合并、配方含有 x_2 的项，

$$f = 6\left(x_1 - \frac{1}{2}x_3\right)^2 + 8\left(x_2 + \frac{1}{4}x_3\right)^2.$$

作线性变换

$$\begin{cases} y_1 = x_1 - \frac{1}{2}x_3 \\ y_2 = x_2 + \frac{1}{4}x_3 \\ y_3 = x_3 \end{cases}, \quad 即 \begin{cases} x_1 = y_1 + \frac{1}{2}y_3 \\ x_2 = y_2 - \frac{1}{4}y_3 \\ x_3 = y_3 \end{cases},$$

则二次型化为 $f=6y_1^2+8y_2^2$，相应的可逆线性变换为亦即 $\boldsymbol{x}=\boldsymbol{C}\boldsymbol{y}$，其中

$$\boldsymbol{C}=\begin{pmatrix}1 & 0 & \frac{1}{2}\\ 0 & 1 & -\frac{1}{4}\\ 0 & 0 & 1\end{pmatrix}.$$

5. 二次型矩阵为

$$\boldsymbol{A}=\begin{pmatrix}2 & a & 0\\ a & 3 & 1\\ 0 & 1 & b\end{pmatrix}.$$

由题意，矩阵 $\boldsymbol{A}$ 的特征值为 $\lambda_1=1,\lambda_2=2,\lambda_3=4$. 因此由

$$|\boldsymbol{A}-\boldsymbol{E}|=\begin{vmatrix}1 & a & 0\\ a & 2 & 1\\ 0 & 1 & b-1\end{vmatrix}=2b-3-a^2(b-1)=0,$$

$$|\boldsymbol{A}-2\boldsymbol{E}|=\begin{vmatrix}0 & a & 0\\ a & 1 & 1\\ 0 & 1 & b-2\end{vmatrix}=-a^2(b-2)=0,$$

解得 $a=1,b=2$.

6. 二次型矩阵为

$$\boldsymbol{A}=\begin{pmatrix}1 & a & 1\\ a & 1 & b\\ 1 & b & 1\end{pmatrix}.$$

由题意，矩阵 $\boldsymbol{A}$ 的特征值为 $\lambda_1=0$, $\lambda_2=1$, $\lambda_3=2$. 因此由

$$|\boldsymbol{A}-0\boldsymbol{E}|=\begin{vmatrix}1 & a & 1\\ a & 1 & b\\ 1 & b & 1\end{vmatrix}=(b-a)^2=0,$$

$$|\boldsymbol{A}-\boldsymbol{E}|=\begin{vmatrix}0 & a & 1\\ a & 0 & b\\ 1 & b & 0\end{vmatrix}=2ab=0,$$

解得 $a=b=0$.

当 $\lambda_1=0$ 时，解方程 $(\boldsymbol{A}-0\boldsymbol{E})\boldsymbol{x}=\boldsymbol{0}$，解得基础解系 $\boldsymbol{\eta}_1=\begin{pmatrix}-1\\ 0\\ 1\end{pmatrix}$.

当 $\lambda_2=1$ 时，解方程 $(\boldsymbol{A}-\boldsymbol{E})\boldsymbol{x}=\boldsymbol{0}$，解得基础解系 $\boldsymbol{\eta}_2=\begin{pmatrix}0\\ 1\\ 0\end{pmatrix}$.

当 $\lambda_3=2$ 时，解方程 $(\boldsymbol{A}-2\boldsymbol{E})\boldsymbol{x}=\boldsymbol{0}$，解得基础解系 $\boldsymbol{\eta}_3=\begin{pmatrix}1\\ 0\\ 1\end{pmatrix}$.

由于$\boldsymbol{\eta}_1,\boldsymbol{\eta}_2,\boldsymbol{\eta}_3$ 已经正交，将其单位化得

$$\boldsymbol{p}_1=\frac{1}{\sqrt{2}}\begin{pmatrix}-1\\0\\1\end{pmatrix},\quad \boldsymbol{p}_2=\begin{pmatrix}0\\1\\0\end{pmatrix},\quad \boldsymbol{p}_3=\frac{1}{\sqrt{2}}\begin{pmatrix}1\\0\\1\end{pmatrix}.$$

因此正交变换矩阵为

$$\boldsymbol{P}=\begin{pmatrix}-\frac{1}{\sqrt{2}} & 0 & \frac{1}{\sqrt{2}}\\ 0 & 1 & 0\\ \frac{1}{\sqrt{2}} & 0 & -\frac{1}{\sqrt{2}}\end{pmatrix}.$$

7. (1) 当 $\lambda_1=8$ 时，解方程$(\boldsymbol{A}-8\boldsymbol{E})\boldsymbol{x}=\boldsymbol{0}$，

$$\boldsymbol{A}-8\boldsymbol{E}=\begin{pmatrix}-5 & 2 & 4\\ 2 & -8 & 2\\ 4 & 2 & -5\end{pmatrix}\xrightarrow{r}\begin{pmatrix}1 & 0 & -1\\ 0 & 2 & -1\\ 0 & 0 & 0\end{pmatrix},$$

解得基础解系 $\boldsymbol{\eta}_1=\begin{pmatrix}2\\1\\2\end{pmatrix}$，单位化得 $\boldsymbol{p}_1=\frac{1}{3}\begin{pmatrix}2\\1\\2\end{pmatrix}$.

当 $\lambda_2=\lambda_3=-1$ 时，解方程$(\boldsymbol{A}+\boldsymbol{E})\boldsymbol{x}=\boldsymbol{0}$，

$$\boldsymbol{A}+\boldsymbol{E}=\begin{pmatrix}4 & 2 & 4\\ 2 & 1 & 2\\ 4 & 2 & 4\end{pmatrix}\xrightarrow{r}\begin{pmatrix}1 & \frac{1}{2} & 1\\ 0 & 0 & 0\\ 0 & 0 & 0\end{pmatrix},$$

解得基础解系 $\boldsymbol{\eta}_2=\begin{pmatrix}-1\\0\\1\end{pmatrix}$，$\boldsymbol{\eta}_3=\begin{pmatrix}-1\\2\\0\end{pmatrix}$. 将$\boldsymbol{\eta}_2,\boldsymbol{\eta}_3$ 正交化得

$$\boldsymbol{\xi}_2=\boldsymbol{\eta}_2,\quad \boldsymbol{\xi}_3=\boldsymbol{\eta}_3-\frac{[\boldsymbol{\eta}_3,\boldsymbol{\xi}_2]}{[\boldsymbol{\xi}_2,\boldsymbol{\xi}_2]}\boldsymbol{\xi}_2=\begin{pmatrix}-\frac{1}{2}\\ 2\\ -\frac{1}{2}\end{pmatrix}.$$

将$\boldsymbol{\xi}_2,\boldsymbol{\xi}_3$ 单位化得

$$\boldsymbol{p}_2=\frac{1}{\sqrt{2}}\begin{pmatrix}-1\\0\\1\end{pmatrix},\quad \boldsymbol{p}_3=\frac{\sqrt{2}}{3}\begin{pmatrix}-\frac{1}{2}\\ 2\\ -\frac{1}{2}\end{pmatrix}.$$

因此正交矩阵为

$$P=\begin{pmatrix}\frac{2}{3} & -\frac{1}{\sqrt{2}} & -\frac{1}{3\sqrt{2}}\\ \frac{1}{3} & 0 & \frac{2\sqrt{2}}{3}\\ \frac{2}{3} & \frac{1}{\sqrt{2}} & -\frac{1}{3\sqrt{2}}\end{pmatrix}.$$

(2) 利用(1)中的正交矩阵 $\boldsymbol{P}$,作正交变换 $\boldsymbol{x}=\boldsymbol{P}\boldsymbol{y}$,则二次型化为 $f=8y_1^2-y_2^2-y_3^2$.

8. 二次型矩阵为

$$A=\begin{pmatrix}1 & k & -1\\ k & 4 & 2\\ -1 & 2 & 4\end{pmatrix}.$$

由于

$$D_1=1>0,\quad D_2=\begin{vmatrix}1 & k\\ k & 4\end{vmatrix}=4-k^2,$$

$$D_3=|A|=\begin{vmatrix}1 & k & -1\\ k & 4 & 2\\ -1 & 2 & 4\end{vmatrix}=-4(k^2+k-2),$$

因为二次型 f 正定,因此 $4-k^2>0$,$-4(k^2+k-2)>0$,解得 $-2<k<1$.

9. 作线性变换,

$$\begin{cases}x_1=y_1+y_4\\ x_2=y_2+y_3\\ x_3=y_2-y_3\\ x_4=y_1-y_4\end{cases},$$

由于

$$|C|=\begin{vmatrix}1 & 0 & 0 & 1\\ 0 & 1 & 1 & 0\\ 0 & 1 & -1 & 0\\ 1 & 0 & 0 & -1\end{vmatrix}=4\neq 0,$$

因此变换 $\boldsymbol{x}=\boldsymbol{C}\boldsymbol{y}$ 可逆. 二次型 f 的标准形为 $f=y_1^2+3y_2^2-3y_3^2-y_4^2$. 因此二次型 f 的秩 $r=4$,正惯性指数 $p=2$,负惯性指数 $q=r-p=2$,符号差 $p-q=0$.

10. 作线性变换,

$$\begin{cases}y_1=x_1+a_1x_2\\ y_2=x_2+a_2x_3\\ y_3=a_3x_1+x_3\end{cases},$$

即 $\boldsymbol{y}=\boldsymbol{C}\boldsymbol{x}$,其中

$$C=\begin{pmatrix}1 & a_1 & 0\\ 0 & 1 & a_2\\ a_3 & 0 & 1\end{pmatrix}.$$

若 $\boldsymbol{C}$ 可逆,即当 $|\boldsymbol{C}|\neq 0$ 时,二次型化为 $f=y_1^2+y_2^2+y_3^2$,从而 f 正定. 而 $|\boldsymbol{C}|=1-a_1a_2a_3$,因此当 $a_1a_2a_3\neq 1$ 时,f 正定.

11. 由于 $\boldsymbol{A}$ 正定,因此 $|\boldsymbol{A}|>0$,故逆矩阵 $\boldsymbol{A}^{-1}$ 存在,$\boldsymbol{A}^*=|\boldsymbol{A}|\boldsymbol{A}^{-1}$. 设 n 阶矩阵 $\boldsymbol{A}$ 的特征值为 $\lambda_1,\lambda_2,\cdots,\lambda_n$,由于 $\boldsymbol{A}$ 正定,因此 $\lambda_1,\lambda_2,\cdots,\lambda_n$ 全部大于零,故 $\boldsymbol{A}^*$ 的特征值 $\dfrac{|A|}{\lambda_1}$, $\dfrac{|A|}{\lambda_2},\cdots,\dfrac{|A|}{\lambda_n}$ 全部大于零,从而 $\boldsymbol{A}^*$ 正定.

12. 由于 $(\boldsymbol{A}^{\mathrm{T}}\boldsymbol{A})^{\mathrm{T}}=\boldsymbol{A}^{\mathrm{T}}\boldsymbol{A}$,因此 $\boldsymbol{A}^{\mathrm{T}}\boldsymbol{A}$ 为对称,必与对角矩阵合同,故存在可逆矩阵 $\boldsymbol{P}$,使得 $\boldsymbol{P}^{\mathrm{T}}(\boldsymbol{A}^{\mathrm{T}}\boldsymbol{A})\boldsymbol{P}$ 为对角矩阵. 而

$$\boldsymbol{P}^{\mathrm{T}}(\boldsymbol{A}^{\mathrm{T}}\boldsymbol{A})\boldsymbol{P}=\boldsymbol{P}^{\mathrm{T}}\boldsymbol{A}^{\mathrm{T}}\boldsymbol{A}\boldsymbol{P}=(\boldsymbol{A}\boldsymbol{P})^{\mathrm{T}}\boldsymbol{A}\boldsymbol{P},$$

因此 $(\boldsymbol{A}\boldsymbol{P})^{\mathrm{T}}\boldsymbol{A}\boldsymbol{P}$ 为对角矩阵.

13. 必要性：若 $\boldsymbol{A}$ 与 $\boldsymbol{B}$ 合同,则存在可逆矩阵 $\boldsymbol{P}$,使得 $\boldsymbol{B}=\boldsymbol{P}^{\mathrm{T}}\boldsymbol{A}\boldsymbol{P}$. 则

$$g=\boldsymbol{y}^{\mathrm{T}}\boldsymbol{B}\boldsymbol{y}=\boldsymbol{y}^{\mathrm{T}}(\boldsymbol{P}^{\mathrm{T}}\boldsymbol{A}\boldsymbol{P})\boldsymbol{y}=(\boldsymbol{y}^{\mathrm{T}}\boldsymbol{P}^{\mathrm{T}})\boldsymbol{A}(\boldsymbol{P}\boldsymbol{y})=(\boldsymbol{P}\boldsymbol{y})^{\mathrm{T}}\boldsymbol{A}(\boldsymbol{P}\boldsymbol{y}),$$

即二次型 $f=\boldsymbol{x}^{\mathrm{T}}\boldsymbol{A}\boldsymbol{x}$ 经过可逆线性变换 $\boldsymbol{x}=\boldsymbol{P}\boldsymbol{y}$ 化为 $g=\boldsymbol{y}^{\mathrm{T}}\boldsymbol{B}\boldsymbol{y}$,根据惯性定理,$f$ 与 g 具有相同的秩与正惯性指数.

充分性：若 $f=\boldsymbol{x}^{\mathrm{T}}\boldsymbol{A}\boldsymbol{x}$ 与 $g=\boldsymbol{y}^{\mathrm{T}}\boldsymbol{B}\boldsymbol{y}$ 具有相同的秩与正惯性指数,根据惯性定理,经过线性变换后 f 与 g 具有相同的规范形. 即存在可逆矩阵线性变换 $\boldsymbol{x}=\boldsymbol{C}\boldsymbol{z}$ 和 $\boldsymbol{y}=\boldsymbol{D}\boldsymbol{z}$,使得

$$f=\boldsymbol{x}^{\mathrm{T}}\boldsymbol{A}\boldsymbol{x}=(\boldsymbol{C}\boldsymbol{z})^{\mathrm{T}}\boldsymbol{A}\boldsymbol{C}\boldsymbol{z}=\boldsymbol{z}^{\mathrm{T}}\boldsymbol{C}^{\mathrm{T}}\boldsymbol{A}\boldsymbol{C}\boldsymbol{z},$$

$$g=\boldsymbol{y}^{\mathrm{T}}\boldsymbol{B}\boldsymbol{y}=(\boldsymbol{D}\boldsymbol{z})^{\mathrm{T}}\boldsymbol{B}\boldsymbol{D}\boldsymbol{z}=\boldsymbol{z}^{\mathrm{T}}\boldsymbol{D}^{\mathrm{T}}\boldsymbol{B}\boldsymbol{D}\boldsymbol{z},$$

且对任意的 n 维向量 z,都有 $\boldsymbol{z}^{\mathrm{T}}\boldsymbol{C}^{\mathrm{T}}\boldsymbol{A}\boldsymbol{C}\boldsymbol{z}=\boldsymbol{z}^{\mathrm{T}}\boldsymbol{D}^{\mathrm{T}}\boldsymbol{B}\boldsymbol{D}\boldsymbol{z}$. 故有 $\boldsymbol{C}^{\mathrm{T}}\boldsymbol{A}\boldsymbol{C}=\boldsymbol{D}^{\mathrm{T}}\boldsymbol{B}\boldsymbol{D}$. 由于 $\boldsymbol{D}$ 可逆,因此

$$\boldsymbol{B}=(\boldsymbol{D}^{\mathrm{T}})^{-1}\boldsymbol{C}^{\mathrm{T}}\boldsymbol{A}\boldsymbol{C}\boldsymbol{D}^{-1}=(\boldsymbol{D}^{-1})^{\mathrm{T}}\boldsymbol{C}^{\mathrm{T}}\boldsymbol{A}\boldsymbol{C}\boldsymbol{D}^{-1}=(\boldsymbol{C}\boldsymbol{D}^{-1})^{\mathrm{T}}\boldsymbol{A}\boldsymbol{C}\boldsymbol{D}^{-1},$$

由于 $\boldsymbol{C}\boldsymbol{D}^{-1}$ 可逆,因此矩阵 $\boldsymbol{A}$ 与 $\boldsymbol{B}$ 合同,结论得证.

第二部分

模拟试题及详解

模拟试题一

一、填空题

(1) 行列式 $\begin{vmatrix} 0 & 0 & 0 & 4 \\ 0 & 0 & 4 & 3 \\ 0 & 4 & 3 & 2 \\ 4 & 3 & 2 & 1 \end{vmatrix}=$________.

(2) $\begin{pmatrix} 2 & -1 \\ 3 & -2 \end{pmatrix}^{2015}=$________.

(3) 行列式 $\begin{vmatrix} 1 & 1 & 1 \\ 1 & 2 & 3 \\ 1 & 4 & x \end{vmatrix}$ 的余子式 $M_{21}+M_{22}+M_{23}=4$，则 $x=$________.

(4) 设 $\boldsymbol{B}=\begin{pmatrix} 1 & 2 \\ 1 & 0 \end{pmatrix}$，$\boldsymbol{C}=\begin{pmatrix} 1 & 2 \\ 3 & 4 \end{pmatrix}$，且有 $\boldsymbol{ABC}=\boldsymbol{E}$，则 $\boldsymbol{A}^{-1}=$________.

(5) $\boldsymbol{A},\boldsymbol{B}$ 均为 5 阶矩阵，且 $|\boldsymbol{A}|=\frac{1}{2}$，$|\boldsymbol{B}|=2$，则 $|-\boldsymbol{B}^{\mathrm{T}}\boldsymbol{A}^{-1}|=$________.

(6) 矩阵 $\boldsymbol{A}=\frac{1}{3}\begin{pmatrix} 2 & 0 & 0 \\ 0 & 1 & 3 \\ 0 & 2 & 5 \end{pmatrix}$，则 $\boldsymbol{A}^{-1}=$________.

(7) 已知 $m\times n$ 阶矩阵 $\boldsymbol{A}$ 的秩为 $n-1$，而 $\boldsymbol{\eta}_1$ 和 $\boldsymbol{\eta}_2$ 是非齐次线性方程组 $\boldsymbol{Ax}=\boldsymbol{b}$ 的 2 个不同的解，则 $\boldsymbol{Ax}=\boldsymbol{b}$ 的通解可表示为________.

(8) 向量 $\alpha=(1,2,2,3)^{\mathrm{T}}$ 与 $\beta=(3,1,5,1)^{\mathrm{T}}$ 的夹角为________.

(9) 设 $\boldsymbol{A}$ 为 n 阶可逆矩阵，$\boldsymbol{A}^*$ 为 $\boldsymbol{A}$ 的伴随矩阵，若 λ 是矩阵 $\boldsymbol{A}$ 的一个特征值，则 $\boldsymbol{A}^*$ 的一个特征值可表示为________.

(10) 二次型 $f(x_1,x_2,x_3)=x_1x_2+x_1x_3+x_2^2-3x_2x_3$ 的矩阵是________.

二、单项选择题

(1) 行列式 $\begin{vmatrix} 4 & 1 & 0 \\ 3 & -2 & a \\ 6 & 5 & -7 \end{vmatrix}$ 中，元素 a 的代数余子式是(　　).

(A) $\begin{vmatrix} 4 & 0 \\ 6 & -7 \end{vmatrix}$；　(B) $\begin{vmatrix} 4 & 1 \\ 6 & 5 \end{vmatrix}$；　(C) $-\begin{vmatrix} 4 & 0 \\ 6 & -7 \end{vmatrix}$；　(D) $-\begin{vmatrix} 4 & 1 \\ 6 & 5 \end{vmatrix}$.

(2) 设 $\boldsymbol{A},\boldsymbol{B}$ 均为 n 阶方阵，满足 $\boldsymbol{AB}=\boldsymbol{O}$，则下列结论一定成立的是(　　).

(A) $|\boldsymbol{A}|+|\boldsymbol{B}|=0$；　(B) $R(\boldsymbol{A})=R(\boldsymbol{B})$；

(C) $\boldsymbol{A}=\boldsymbol{O}$ 或 $\boldsymbol{B}=\boldsymbol{O}$；　(D) $|\boldsymbol{A}|=0$ 或 $|\boldsymbol{B}|=0$.

(3) 设 3 阶方阵 $\boldsymbol{A}=(\boldsymbol{\alpha}_1,\boldsymbol{\beta},\boldsymbol{\gamma})$，$\boldsymbol{B}=(\boldsymbol{\alpha}_2,\boldsymbol{\beta},\boldsymbol{\gamma})$，其中 $\boldsymbol{\alpha}_1,\boldsymbol{\alpha}_2,\boldsymbol{\beta},\boldsymbol{\gamma}$ 均为三维列向量，若 $|\boldsymbol{A}|=2$，$|\boldsymbol{B}|=-1$，则 $|\boldsymbol{A}+\boldsymbol{B}|=$(　　).

(A) 4；　(B) 2；　(C) 1；　(D) -4.

(4) 设 $\boldsymbol{\beta}_1,\boldsymbol{\beta}_2$ 是非齐次线性方程组 $\boldsymbol{Ax}=\boldsymbol{b}$ 的两个解向量，则下列向量中仍为该方程组解的是(　　).

(A) $\boldsymbol{\beta}_1+\boldsymbol{\beta}_2$；　(B) $\frac{1}{5}(3\boldsymbol{\beta}_1+2\boldsymbol{\beta}_2)$；

(C) $\frac{1}{2}(\boldsymbol{\beta}_1+2\boldsymbol{\beta}_2)$；　(D) $\boldsymbol{\beta}_1-\boldsymbol{\beta}_2$.

(5) 矩阵 $\boldsymbol{A}=\begin{pmatrix} 1 & 4 & 2 \\ 0 & x & 4 \\ 0 & 4 & 3 \end{pmatrix}$，$\boldsymbol{B}=\begin{pmatrix} 1 & 0 & 0 \\ 0 & 5 & 0 \\ 0 & 0 & y \end{pmatrix}$，若 $\boldsymbol{A}$ 与 $\boldsymbol{B}$ 相似，则(　　).

(A) $x=3,y=-5$；　(B) $x=-3$，$y=-5$；

(C) $x=-5$，$y=3$；　(D) 条件不足以确定 x 和 y 的值.

三、计算题

1. 计算行列式 $D=\begin{vmatrix} a_1+b & a_2 & \cdots & a_n \\ a_1 & a_2+b & \cdots & a_n \\ \vdots & \vdots & & \vdots \\ a_1 & a_2 & \cdots & a_n+b \end{vmatrix}$.

2. 用矩阵分块的方法求 $\boldsymbol{A}$ 的逆矩阵，其中 $\boldsymbol{A}=\begin{pmatrix} 4 & 3 & 1 & 2 \\ 3 & 2 & 0 & 1 \\ 0 & 0 & 2 & 1 \\ 0 & 0 & 1 & 0 \end{pmatrix}$.

3. 已知向量组 $\boldsymbol{\alpha}_1=(1,-1,5,-1)^{\mathrm{T}}$，$\boldsymbol{\alpha}_2=(1,1,-1,3)^{\mathrm{T}}$，$\boldsymbol{\alpha}_3=(3,-1,-2,1)^{\mathrm{T}}$，$\boldsymbol{\alpha}_4=(1,3,4,7)^{\mathrm{T}}$，求向量组的一个极大线性无关组，并将其余向量用它们线性表示.

4. 已知向量组 $\boldsymbol{\alpha}_1=\begin{pmatrix} 1 \\ 2 \\ -3 \end{pmatrix}$，$\boldsymbol{\alpha}_2=\begin{pmatrix} 3 \\ 0 \\ 1 \end{pmatrix}$，$\boldsymbol{\alpha}_3=\begin{pmatrix} 9 \\ 6 \\ -7 \end{pmatrix}$ 和 $\boldsymbol{\beta}_1=\begin{pmatrix} 0 \\ 1 \\ -1 \end{pmatrix}$，$\boldsymbol{\beta}_2=\begin{pmatrix} a \\ 2 \\ 1 \end{pmatrix}$，$\boldsymbol{\beta}_3=\begin{pmatrix} b \\ 1 \\ 0 \end{pmatrix}$，若 $\boldsymbol{\beta}_3$ 可以由 $\boldsymbol{\alpha}_1,\boldsymbol{\alpha}_2,\boldsymbol{\alpha}_3$ 线性表示，且 $\boldsymbol{\alpha}_1,\boldsymbol{\alpha}_2,\boldsymbol{\alpha}_3$ 与 $\boldsymbol{\beta}_1,\boldsymbol{\beta}_2,\boldsymbol{\beta}_3$ 具有相同的秩，求 a,b 的值.

5. 当 a 取何值时，线性方程组

$$\begin{cases} x_1+x_2-x_3=1 \\ 2x_1+3x_2+ax_3=3 \\ x_1+ax_2+3x_3=2 \end{cases}$$

无解？有唯一解？有无穷多解？在方程组有无穷多解时，求其通解(用基础解系表示).

6. 已知矩阵 $\boldsymbol{A}=\begin{pmatrix}2&1&0\\1&3&a\\0&a&2\end{pmatrix}$，$\boldsymbol{B}=\begin{pmatrix}1&0&0\\0&b&0\\0&0&4\end{pmatrix}$，其中 a,b 为实数且 $a>0$，若 $\boldsymbol{A}$ 与 $\boldsymbol{B}$ 相似，求 (1) a,b 的值. (2) 正交矩阵 $\boldsymbol{P}$，使 $\boldsymbol{P}^{-1}\boldsymbol{AP}$ 为对角阵.

7. 求可逆的线性变换将二次型 $f(x_1,x_2,x_3,x_4)=2x_1x_2+2x_2x_3+2x_3x_4+2x_1x_4$ 化为标准形，及其正惯性指数及秩.

四、证明题

已知向量 $\boldsymbol{\alpha}_1,\boldsymbol{\alpha}_2,\boldsymbol{\alpha}_3$ 是向量空间 R^3 的一个基，而向量 $\boldsymbol{\beta}_1,\boldsymbol{\beta}_2,\boldsymbol{\beta}_3$ 满足

$$\boldsymbol{\beta}_1=\boldsymbol{\alpha}_1-\boldsymbol{\alpha}_2-\boldsymbol{\alpha}_3,\quad \boldsymbol{\beta}_2=\boldsymbol{\alpha}_2+3\boldsymbol{\alpha}_3,\quad \boldsymbol{\beta}_3=3\boldsymbol{\alpha}_2-\boldsymbol{\alpha}_3,$$

证明 $\boldsymbol{\beta}_1,\boldsymbol{\beta}_2,\boldsymbol{\beta}_3$ 也是 R^3 一个基.

模拟试题二

一、填空题

(1) 若五元排列 $N(12i4j)=3$,则 $N(j4i21)=$________.

(2) 行列式 $D=\begin{vmatrix}2&0&0&0\\0&3&0&0\\0&0&0&4\\1&1&1&1\end{vmatrix}$ 的第 3,4 行元素代数余子式的和为________.

(3) 设 $\boldsymbol{A}$ 为 4 阶方阵,$\boldsymbol{A}^*$ 是 $\boldsymbol{A}$ 的伴随矩阵,若 $|\boldsymbol{A}|=-2$,则 $|-\boldsymbol{A}^*|=$________.

(4) 设 $\boldsymbol{A}=\begin{pmatrix}1\\-1\\4\end{pmatrix}(-1\quad 5\quad 4)$,则 $\boldsymbol{A}^5=$________.

(5) 求满足等式 $\begin{pmatrix}a_1&a_2&a_3\\b_1&b_2&b_3\\c_1&c_2&c_3\end{pmatrix}\boldsymbol{B}=\begin{pmatrix}a_1&a_2+ka_3&a_3\\b_1&b_2+kb_3&b_3\\c_1&c_2+kc_3&c_3\end{pmatrix}$ 的矩阵 $\boldsymbol{B}=$________.

(6) 设 $\boldsymbol{A},\boldsymbol{B}$ 为 3 阶方阵,$\boldsymbol{E}$ 为 3 阶单位阵,且满足 $\boldsymbol{AB}=\boldsymbol{A}+\boldsymbol{B}$,则 $(\boldsymbol{A}-\boldsymbol{E})^{-1}=$________.

(7) 设矩阵 $\boldsymbol{A}=(\boldsymbol{\alpha}_1,\boldsymbol{\alpha}_2,\boldsymbol{\alpha}_3)$,其中 $\boldsymbol{\alpha}_2,\boldsymbol{\alpha}_3$ 线性无关,$\boldsymbol{\alpha}_1+2\boldsymbol{\alpha}_2-\boldsymbol{\alpha}_3=\boldsymbol{0}$,向量 $\boldsymbol{\beta}=\boldsymbol{\alpha}_1+2\boldsymbol{\alpha}_2+3\boldsymbol{\alpha}_3$ 则 $\boldsymbol{Ax}=\boldsymbol{\beta}$ 的通解可表示为________.

(8) 设向量 $\boldsymbol{\alpha}=(2,1,3,2)^{\mathrm{T}}$,$\boldsymbol{\beta}=(1,2,-2,1)^{\mathrm{T}}$,则 $\boldsymbol{\alpha}$ 与 $\boldsymbol{\beta}$ 的夹角 $\theta=$________.

(9) 若 3 阶方阵 $\boldsymbol{A}$ 的特征值有 1,2,0,则 $\boldsymbol{A}-\boldsymbol{E}$ 的特征值为________,$\boldsymbol{A}$ 是否可逆________(填写可逆或不可逆).

(10) 若 $\begin{pmatrix}a-2&1&0\\1&1&0\\0&0&a+3\end{pmatrix}$ 为正定矩阵,则 a 的值为________.

二、单项选择题

(1) 已知 4 阶方阵 $\boldsymbol{A}$ 的第三列的元素依次为 $1,3,-2,2$,它们的余子式的值分别为 $3,-2,1,1$,则 $|\boldsymbol{A}|=$(　　).

(A) 5；　　(B) −5；　　(C) −3；　　(D) 3.

(2) 设 $\boldsymbol{A},\boldsymbol{B}$ 为 n 阶方阵，且 $\boldsymbol{A}\neq\boldsymbol{O},\boldsymbol{AB}=\boldsymbol{O}$，则下列结论正确的是(　　).

(A) $\boldsymbol{B}=\boldsymbol{O}$；　　(B) $|\boldsymbol{B}|=0$ 或 $|\boldsymbol{A}|=0$；

(C) $\boldsymbol{BA}=\boldsymbol{O}$；　　(D) $(\boldsymbol{A}-\boldsymbol{B})^2=\boldsymbol{A}^2+\boldsymbol{B}^2$.

(3) 向量组 $\boldsymbol{\alpha}_1,\boldsymbol{\alpha}_2,\cdots,\boldsymbol{\alpha}_n$ 线性无关的充要条件是(　　).

(A) $\boldsymbol{\alpha}_1,\boldsymbol{\alpha}_2,\cdots,\boldsymbol{\alpha}_n$ 都不是零向量；

(B) $\boldsymbol{\alpha}_1,\boldsymbol{\alpha}_2,\cdots,\boldsymbol{\alpha}_n$ 中任意两个向量都线性无关；

(C) $\boldsymbol{\alpha}_1,\boldsymbol{\alpha}_2,\cdots,\boldsymbol{\alpha}_n$ 中任意一个向量都不能用其余向量线性表出；

(D) $\boldsymbol{\alpha}_1,\boldsymbol{\alpha}_2,\cdots,\boldsymbol{\alpha}_n$ 中任意 $s-1$ 个向量都线性无关.

(4) 若非齐次线性方程组 $\boldsymbol{Ax}=\boldsymbol{b}$ 的导出组 $\boldsymbol{Ax}=\boldsymbol{0}$ 仅有零解，则 $\boldsymbol{Ax}=\boldsymbol{b}$(　　).

(A) 必有无穷多解；　　(B) 必有唯一解；

(C) 必定无解；　　(D) 上述选项均不对.

(5) 对于 n 阶实对称矩阵 $\boldsymbol{A}$，以下结论正确的是(　　).

(A) 一定有 n 个不同的特征根；

(B) 它的特征根一定是整数；

(C) 存在正交矩阵 $\boldsymbol{P}$，使 $\boldsymbol{P}^{\mathrm{T}}\boldsymbol{AP}$ 成对角形；

(D) 属于不同特征根的特征向量必线性无关，但不一定正交.

三、计算题

1. 设 $a_1a_2\cdots a_n\neq0$，计算 n 阶行列式

$$\begin{vmatrix} 1+a_1 & 1 & \cdots & 1 \\ 1 & 1+a_2 & \cdots & 1 \\ \vdots & \vdots & & \vdots \\ 1 & 1 & \cdots & 1+a_n \end{vmatrix}.$$

2. 给定矩阵 $\boldsymbol{A}=\begin{pmatrix} 3 & 1 & 0 & 0 & 0 \\ 0 & 3 & 1 & 0 & 0 \\ 0 & 0 & 3 & 0 & 0 \\ 0 & 0 & 0 & 3 & 2 \\ 0 & 0 & 0 & 4 & 3 \end{pmatrix}$. 求 $\boldsymbol{A}^{-1}$，$|\boldsymbol{A}^2|$ 以及 $(\boldsymbol{A}^*)^{-1}$.

3. 设 3 阶阵 $\boldsymbol{A}=\begin{pmatrix} 4 & 2 & 3 \\ 1 & 1 & 0 \\ -1 & 2 & 3 \end{pmatrix}$，$\boldsymbol{X}$ 是 3 阶未知方阵，解矩阵方程 $\boldsymbol{AX}=\boldsymbol{A}+2\boldsymbol{X}$.

4. 已知矩阵 $\boldsymbol{A}=\begin{pmatrix} 2 & 0 & 1 & 5 & -3 \\ 3 & -2 & 3 & 6 & -1 \\ 1 & 6 & -4 & -1 & 4 \\ 3 & 2 & 0 & 5 & 0 \end{pmatrix}$，求

(1) 矩阵 $\boldsymbol{A}$ 的秩，并给出 $\boldsymbol{A}$ 的一个最高阶非零子式；

(2) 矩阵 $\boldsymbol{A}$ 列向量组的一个极大线性无关组，并将其余向量用极大线性无关组表示.

5. 已知线性方程组$\begin{cases}x_1+x_2+2x_3+3x_4=1\\x_1+3x_2+6x_3+x_4=3\\x_1-5x_2-10x_3+9x_4=a\end{cases}$.

(1) a 为何值时方程组有解?(2) 当方程组有解时求出它的全部解(用解的结构表示).

6. 已知实二次型

$$f(x_1,x_2,x_3)=2x_1^2+2x_2^2+2x_3^2+2x_1x_2+2x_1x_3+2x_2x_3$$

求正交变换将该二次型化为标准形,并给出标准形(要求:写出计算步骤).

四、证明题

(1) 设 $\boldsymbol{A}=(a_{ij})$为 3 阶可逆阵,且 $A_{ij}=a_{ij}$(这里 A_{ij} 表示$|\boldsymbol{A}|$中 a_{ij} 的代数余子式).证明$|\boldsymbol{A}|=1$.

(2) 设矩阵 $\boldsymbol{A}_{m\times n}\boldsymbol{B}_{n\times m}$为可逆阵,证明 $\boldsymbol{A}$ 必为行满秩矩阵,$\boldsymbol{B}$ 必为列满秩矩阵.

模拟试题三

一、填空题

(1) 已知 $\begin{vmatrix} x & 0 & 2 & 0 \\ 0 & 0 & 0 & 3 \\ 0 & x & 0 & 2 \\ 4 & -2 & 0 & 0 \end{vmatrix}=-8$,则 $x=$________.

(2) 设$\boldsymbol{\alpha}_1,\boldsymbol{\alpha}_2,\boldsymbol{\alpha}_3$ 为三维列向量,若$|\boldsymbol{\alpha}_1,\boldsymbol{\alpha}_2,\boldsymbol{\alpha}_3|=1$,则$|\boldsymbol{\alpha}_1,\boldsymbol{\alpha}_1+\boldsymbol{\alpha}_2-3\boldsymbol{\alpha}_3,2\boldsymbol{\alpha}_2|=$________.

(3) $\begin{pmatrix} 1 & 1 \\ 0 & 1 \end{pmatrix}^{2015}=$________.

(4) 设 $\boldsymbol{A},\boldsymbol{B}$ 为 n 阶方阵,$|\boldsymbol{A}|=\frac{1}{2}$,$|\boldsymbol{B}|=2$ 则$|-\boldsymbol{B}^{\mathrm{T}}\boldsymbol{A}^{-1}|=$________.

(5) 设$\boldsymbol{\alpha}=(1,-2,1)^{\mathrm{T}}$,设 $\boldsymbol{A}=\boldsymbol{\alpha}\boldsymbol{\alpha}^{\mathrm{T}}$,则 $\boldsymbol{A}^6=$________.

(6) 向量空间 $V=\{(x_1,x_2,x_3)\mid x_1-2x_2-x_3=0,x_1,x_2,x_3\in R\}$的维数是________,写出 V 的一个基________.

(7) 设 $\boldsymbol{A}$ 为 $m\times n$ 矩阵,$\boldsymbol{b}$ 为 m 阶列向量,线性方程组 $\boldsymbol{Ax}=\boldsymbol{b}$ 有解的充分必要条件是________.

(8) 若 3 阶矩阵 $\boldsymbol{A}$ 的特征值分别为$-2,-3,-4$,则$|\boldsymbol{A}+\boldsymbol{E}|=$________.

(9) 已知向量$\boldsymbol{\alpha}=(x_1,y_1,z_1)^{\mathrm{T}}$,$\boldsymbol{\beta}=(x_2,y_2,z_2)^{\mathrm{T}}$,则$\|\boldsymbol{\alpha}-\boldsymbol{\beta}\|=$________,若$\boldsymbol{\alpha}$ 与$\boldsymbol{\beta}$正交,则$\boldsymbol{\alpha}$ 和$\boldsymbol{\beta}$ 的分量应满足的关系式是________.

(10) 设$\boldsymbol{\alpha}_1,\boldsymbol{\alpha}_2,\boldsymbol{\alpha}_3$ 及$\boldsymbol{\beta}_1,\boldsymbol{\beta}_2,\boldsymbol{\beta}_3$ 为 R^3 空间的两组基,且满足关系式$\boldsymbol{\beta}_1=\boldsymbol{\alpha}_1$,$\boldsymbol{\beta}_2=\boldsymbol{\alpha}_1+\boldsymbol{\alpha}_2$,$\boldsymbol{\beta}_3=\boldsymbol{\alpha}_1+\boldsymbol{\alpha}_2+\boldsymbol{\alpha}_3$,则由$\boldsymbol{\beta}_1,\boldsymbol{\beta}_2,\boldsymbol{\beta}_3$ 到$\boldsymbol{\alpha}_1,\boldsymbol{\alpha}_2,\boldsymbol{\alpha}_3$ 的过渡矩阵为________.

二、单项选择题

(1) 下列表述不正确的是(　　).

(A) 若矩阵 $\boldsymbol{A},\boldsymbol{B}$ 可逆,$\boldsymbol{C}=\begin{pmatrix} \boldsymbol{O} & \boldsymbol{A} \\ \boldsymbol{B} & \boldsymbol{O} \end{pmatrix}$,则 $\boldsymbol{C}$ 可逆且 $\boldsymbol{C}^{-1}=\begin{bmatrix} \boldsymbol{O} & \boldsymbol{B}^{-1} \\ \boldsymbol{A}^{-1} & \boldsymbol{O} \end{bmatrix}$;

(B) 对任意的两个同阶方阵 $\boldsymbol{A},\boldsymbol{B}$,均有$|\boldsymbol{AB}|=|\boldsymbol{BA}|$;

(C) 对任意的两个 n 阶方阵 $\boldsymbol{A},\boldsymbol{B}$,均有$||\boldsymbol{A}|\boldsymbol{B}|=|\boldsymbol{A}|^n|\boldsymbol{B}|$;

(D) 对任意的两个矩阵 $\boldsymbol{A},\boldsymbol{B}$,若 $\boldsymbol{A}$ 可逆,则有 $\boldsymbol{AB}=\boldsymbol{BA}$.

(2) 若齐次线性方程组 $\begin{cases}\lambda x_1+x_2+x_3=0\\ x_1+\lambda x_2+x_3=0\\ x_1+x_2+\lambda x_3=0\end{cases}$ 有非零解,则 $\lambda=$(　　).

(A) -1 或 2;　(B) 1 或 2;　(C) -1 或 -2;　(D) 1 或 -2.

(3) s 个 r 维的向量 $\boldsymbol{\alpha}_1,\boldsymbol{\alpha}_2,\cdots,\boldsymbol{\alpha}_s$ 线性相关的充要条件是(　　).

(A) 向量的个数 s 大于向量的维数 r;

(B) 向量组的任意的一个向量都可表示成其余向量的线性组合;

(C) 线性方程组 $x_1\boldsymbol{\alpha}_1+x_2\boldsymbol{\alpha}_2+\cdots+x_s\boldsymbol{\alpha}_s=0$ 有非零解;

(D) 矩阵 $\boldsymbol{A}=(\boldsymbol{\alpha}_1,\boldsymbol{\alpha}_2,\cdots,\boldsymbol{\alpha}_s)$ 的任意一个 s 阶子式值为零.

(4) 已知 $\boldsymbol{A},\boldsymbol{B}$ 均为 n 阶方阵,且 $\boldsymbol{A}\neq\boldsymbol{O}$,若 $\boldsymbol{AB}=\boldsymbol{O}$,则一定有(　　).

(A) $\boldsymbol{B}=\boldsymbol{O}$;　(B) $\boldsymbol{A}$ 可逆;

(C) $R(\boldsymbol{A})+R(\boldsymbol{B})\leqslant n$;　(D) $R(\boldsymbol{A})+R(\boldsymbol{B})=n$.

(5) 矩阵 $\begin{pmatrix}1&0&0\\0&-1&0\\0&0&1\end{pmatrix}$ 合同于矩阵(　　).

(A) $\begin{pmatrix}-1&0&0\\0&3&0\\0&0&2\end{pmatrix}$;　(B) $\begin{pmatrix}1&0&0\\0&-2&0\\0&0&0\end{pmatrix}$;

(C) $\begin{pmatrix}-1&0&0\\0&-2&0\\0&0&3\end{pmatrix}$;　(D) $\begin{pmatrix}1&0&0\\0&1&0\\0&0&1\end{pmatrix}$.

三、计算题

1. 计算 n 阶行列式 $D_n=\begin{vmatrix}x_1-a&x_2&x_3&\cdots&x_n\\x_1&x_2-a&x_3&\cdots&x_n\\x_1&x_2&x_3-a&\cdots&x_n\\\vdots&\vdots&\vdots&&\vdots\\x_1&x_2&x_3&\cdots&x_n-a\end{vmatrix}$ 的值,其中 $a\neq0$.

2. 已知矩阵 $\boldsymbol{A}=\begin{pmatrix}3&0&0\\0&1&2\\0&1&3\end{pmatrix}$,矩阵 $\boldsymbol{B}$ 满足关系式 $\boldsymbol{AB}=\boldsymbol{B}+\boldsymbol{E}$,试求

(1) 行列式 $|\boldsymbol{A}^{-1}+\boldsymbol{A}^*|$ 的值;(2) 矩阵 $\boldsymbol{B}$.

3. 已知向量组 $\boldsymbol{\alpha}_1=\begin{pmatrix}1\\2\\-3\end{pmatrix}$,$\boldsymbol{\alpha}_2=\begin{pmatrix}3\\0\\1\end{pmatrix}$,$\boldsymbol{\alpha}_3=\begin{pmatrix}9\\6\\-7\end{pmatrix}$ 和 $\boldsymbol{\beta}_1=\begin{pmatrix}0\\1\\-1\end{pmatrix}$,$\boldsymbol{\beta}_2=\begin{pmatrix}a\\2\\1\end{pmatrix}$,$\boldsymbol{\beta}_3=\begin{pmatrix}b\\1\\0\end{pmatrix}$,且向量 $\boldsymbol{\beta}_3$ 可由 $\boldsymbol{\alpha}_1,\boldsymbol{\alpha}_2,\boldsymbol{\alpha}_3$ 线性表示,$\boldsymbol{\alpha}_1,\boldsymbol{\alpha}_2,\boldsymbol{\alpha}_3$ 与 $\boldsymbol{\beta}_1,\boldsymbol{\beta}_2,\boldsymbol{\beta}_3$ 具有相同的秩,试求常数 a,b 的值.

4. 已知向量组$\boldsymbol{\alpha}_1=\begin{pmatrix}1\\-1\\2\\4\end{pmatrix},\boldsymbol{\alpha}_2=\begin{pmatrix}0\\3\\1\\2\end{pmatrix},\boldsymbol{\alpha}_3=\begin{pmatrix}2\\-5\\3\\6\end{pmatrix},\boldsymbol{\alpha}_4=\begin{pmatrix}1\\-2\\2\\0\end{pmatrix},\boldsymbol{\alpha}_5=\begin{pmatrix}4\\-11\\6\\8\end{pmatrix}$.则

(1) 试求向量组$\boldsymbol{\alpha}_1,\boldsymbol{\alpha}_2,\boldsymbol{\alpha}_3,\boldsymbol{\alpha}_4,\boldsymbol{\alpha}_5$的秩及它的一个最大线性无关组；

(2) 将其余的向量用所求的最大线性无关组线性表示.

5. 讨论当a为何值时,线性方程组$\begin{cases}x_1+3x_2+6x_3+x_4=3\\x_1+x_2+2x_3+3x_4=1\\3x_1-x_2-ax_3+15x_4=3\\x_1-5x_2-10x_3+12x_4=1\end{cases}$有解,当有无穷多解时求其通解(用基础解系表示).

6. 已知对称矩阵$\boldsymbol{A}=\begin{pmatrix}1&-2&2\\-2&-2&4\\2&4&-2\end{pmatrix}$,试求

(1) 矩阵$\boldsymbol{A}$的特征值及对应的全部特征向量；

(2) 正交矩阵$\boldsymbol{P}$,使得$\boldsymbol{P}^{-1}\boldsymbol{AP}$为对角矩阵,并写出该对角矩阵.

7. 已知二次型$f(x_1,x_2,x_3)=x_1^2-2x_2^2+3x_3^2-4x_1x_3+4x_2x_3$,则

(1) 将f化为标准形,并写出相应的可逆线性变换；

(2) 求二次型f的秩、正惯性指数和负惯性指数.

四、证明题

已知3阶矩阵$\boldsymbol{B}$的列向量都是齐次线性方程组$\begin{cases}x_1+2x_2-x_3=0\\2x_1-x_2+0x_3=0\\3x_1+x_2-x_3=0\end{cases}$的解,且$\boldsymbol{B}\neq\boldsymbol{O}$,试证明$|\boldsymbol{B}|=\boldsymbol{0}$.

模拟试题四

一、填空题

(1) 如果行列式 $\begin{vmatrix} a_{11} & a_{12} & a_{13} \\ a_{21} & a_{22} & a_{23} \\ a_{31} & a_{32} & a_{33} \end{vmatrix}=2$,则 $\begin{vmatrix} -2a_{11} & -2a_{12} & -2a_{13} \\ -2a_{21} & -2a_{22} & -2a_{23} \\ -2a_{31} & -2a_{32} & -2a_{33} \end{vmatrix}=$________.

(2) 设 $D=\begin{vmatrix} 1 & 3 & -1 & 2 \\ 6 & 8 & 1 & 2 \\ 3 & 9 & 1 & 2 \\ 6 & 2 & 3 & 2 \end{vmatrix}$,则 $A_{12}+A_{22}+A_{32}+A_{42}=$________.

(3) 向量组 $\boldsymbol{\alpha}_1,\boldsymbol{\alpha}_2,\boldsymbol{\alpha}_3$ 线性无关,则 $\boldsymbol{\alpha}_1,\boldsymbol{\alpha}_1+\boldsymbol{\alpha}_2,\boldsymbol{\alpha}_1+\boldsymbol{\alpha}_2+\boldsymbol{\alpha}_3$ 线性________(填写相关或无关).

(4) 设 $\boldsymbol{A}=(\boldsymbol{\alpha}_1,\boldsymbol{\alpha}_2,\boldsymbol{\alpha}_3)$,$\boldsymbol{B}=(\boldsymbol{\beta},\boldsymbol{\alpha}_2,\boldsymbol{\alpha}_3)$ 均为 3 阶方阵,且 $|\boldsymbol{A}|=1$,$|\boldsymbol{B}|=2$,则 $|2\boldsymbol{A}-\boldsymbol{B}|=$________(这里 $\boldsymbol{\alpha}_1,\boldsymbol{\alpha}_2,\boldsymbol{\alpha}_3,\boldsymbol{\beta}$ 均为三维列向量).

(5) n 阶方阵 A 满足 $\boldsymbol{A}^2-2\boldsymbol{A}=\boldsymbol{O}$,则矩阵 $\boldsymbol{A}-\boldsymbol{E}$ 的逆矩阵是________.

(6) 已知 $\boldsymbol{A}$ 为 4 阶矩阵,且 $|\boldsymbol{A}|=2$,$\boldsymbol{A}^*$ 为 $\boldsymbol{A}$ 的伴随矩阵,则 $|\boldsymbol{A}^*|=$________.

(7) $\boldsymbol{A}$ 为 n 阶方阵,$\boldsymbol{b}$ 为 n 维向量,非齐次线性方程组 $\boldsymbol{Ax}=\boldsymbol{b}$ 有唯一解的充分必要条件是________.

(8) 若 3 阶矩阵 $\boldsymbol{A}$ 的特征值分别为 1,2,3,则 $|\boldsymbol{A}+\boldsymbol{E}|=$________.

(9) 已知 $\boldsymbol{A}-\boldsymbol{B}$ 为可逆矩阵,若矩阵 $\boldsymbol{X}$ 满足 $\boldsymbol{AXA}+\boldsymbol{BXB}=\boldsymbol{AXB}+\boldsymbol{BXA}+\boldsymbol{E}$,经化简 $\boldsymbol{X}=$________.

(10) 若 $f=2x_1^2+x_2^2+3x_3^2+2tx_1x_2-2x_1x_3$ 为正定二次型,则 t 的范围是________.

二、单项选择题

(1) 设 $\boldsymbol{A},\boldsymbol{B}$ 均为 n 阶矩阵,满足 $\boldsymbol{AB}=\boldsymbol{0}$,则必有(　　).

(A) $|\boldsymbol{A}|+|\boldsymbol{B}|=0$;　　(B) $\boldsymbol{A}=\boldsymbol{0}$ 或 $\boldsymbol{B}=\boldsymbol{0}$;

(C) $R(\boldsymbol{A})=R(\boldsymbol{B})$;　　(D) $|\boldsymbol{A}|=0$ 或 $|\boldsymbol{B}|=0$.

(2) 设 $\boldsymbol{A},\boldsymbol{B}$ 均为 n 阶矩阵,则正确的为(　　).

(A) $|\boldsymbol{A}+\boldsymbol{B}|=|\boldsymbol{A}|+|\boldsymbol{B}|$；
(B) $\boldsymbol{AB}=\boldsymbol{BA}$；
(C) $|\boldsymbol{AB}|=|\boldsymbol{BA}|$；
(D) $(\boldsymbol{A}-\boldsymbol{B})^2=\boldsymbol{A}^2-2\boldsymbol{AB}+\boldsymbol{B}^2$.

(3) 下列命题正确的是(　　).

(A) 若 n 维向量组$\boldsymbol{\alpha}_1,\boldsymbol{\alpha}_2,\cdots,\boldsymbol{\alpha}_m$ 线性无关，$\boldsymbol{\beta}_1,\boldsymbol{\beta}_2,\cdots,\boldsymbol{\beta}_m$ 也线性无关，则$\boldsymbol{\alpha}_1+\boldsymbol{\beta}_1,\boldsymbol{\alpha}_2+\boldsymbol{\beta}_2,\cdots,\boldsymbol{\alpha}_m+\boldsymbol{\beta}_m$ 也线性无关；

(B) 若向量$\boldsymbol{\beta}$可由$\boldsymbol{\alpha}_1,\boldsymbol{\alpha}_2,\cdots,\boldsymbol{\alpha}_m$ 线性表示，但不能由$\boldsymbol{\alpha}_1,\boldsymbol{\alpha}_2,\cdots,\boldsymbol{\alpha}_{m-1}$线性表示，则$\boldsymbol{\alpha}_m$一定不能由$\boldsymbol{\alpha}_1,\boldsymbol{\alpha}_2,\cdots,\boldsymbol{\alpha}_{m-1}$线性表示；

(C) 若向量$\boldsymbol{\beta}$不能由$\boldsymbol{\alpha}_1,\boldsymbol{\alpha}_2,\cdots,\boldsymbol{\alpha}_m$ 线性表示，则$\boldsymbol{\alpha}_1,\boldsymbol{\alpha}_2,\cdots,\boldsymbol{\alpha}_m,\boldsymbol{\beta}$一定线性无关；

(D) 若 n 维向量组$\boldsymbol{\alpha}_1,\boldsymbol{\alpha}_2,\cdots,\boldsymbol{\alpha}_m$ 与$\boldsymbol{\beta}_1,\boldsymbol{\beta}_2,\cdots,\boldsymbol{\beta}_r$ 秩相等，则这两个向量组一定等价.

(4) n 元齐次线性方程组 $\boldsymbol{Ax}=\boldsymbol{0}$ 系数矩阵的秩为 r，则其有非零解的充要条件是(　　).

(A) $r>n$；　(B) $r<n$；　(C) $r\geqslant n$；　(D) $r=n$.

(5) 设矩阵 $\boldsymbol{A}=\begin{pmatrix}2&-1&-1\\-1&2&-1\\-1&-1&2\end{pmatrix}$，$\boldsymbol{B}=\begin{pmatrix}1&0&0\\0&1&0\\0&0&0\end{pmatrix}$，则 $\boldsymbol{A}$ 与 $\boldsymbol{B}$(　　).

(A) 合同且相似；
(B) 合同但不相似；
(C) 不合同但相似；
(D) 既不合同也不相似.

三、计算题

1. 计算 n 阶行列式 $D_n=\begin{vmatrix}a&b&\cdots&b\\b&a&\cdots&b\\\vdots&\vdots&&\vdots\\b&b&\cdots&a\end{vmatrix}$.

2. 矩阵 $\boldsymbol{A}=\begin{pmatrix}1&-2&0&0\\-2&4&0&0\\0&0&1&2\\0&0&0&1\end{pmatrix}$，求 $\boldsymbol{A}^n$.

3. 已知向量组$\boldsymbol{\alpha}_1=\begin{pmatrix}1\\-1\\2\\4\end{pmatrix}$，$\boldsymbol{\alpha}_2=\begin{pmatrix}0\\3\\1\\2\end{pmatrix}$，$\boldsymbol{\alpha}_3=\begin{pmatrix}2\\-5\\3\\6\end{pmatrix}$，$\boldsymbol{\alpha}_4=\begin{pmatrix}1\\5\\4\\8\end{pmatrix}$，$\boldsymbol{\alpha}_5=\begin{pmatrix}1\\-2\\2\\0\end{pmatrix}$

(1) 求向量组$\boldsymbol{\alpha}_1,\boldsymbol{\alpha}_2,\boldsymbol{\alpha}_3,\boldsymbol{\alpha}_4,\boldsymbol{\alpha}_5$ 的秩以及它的一个极大线性无关组；

(2) 将其余的向量用所求的极大线性无关组线性表示.

4. 求矩阵 $\boldsymbol{A}=\begin{pmatrix}-1&-2&0\\2&3&0\\2&0&2\end{pmatrix}$ 的所有特征值，判断 $\boldsymbol{A}$ 能否与对角矩阵相似，说明理由.

5. λ 为何值时，线性方程组 $\begin{cases}x_1+x_2+x_3=\lambda\\\lambda x_1+x_2+x_3=1\\x_1+x_2+\lambda x_3=1\end{cases}$ 有解？并求其解(有无穷多解时用通解

表示其解).

6. 已知二次型 $f(x_1,x_2,x_3)=2x_1^2+2x_2^2+ax_3^2+2x_2x_3$ 的系数矩阵 $\boldsymbol{A}$ 有一个特征值等于 1. (1)求 a 的值；(2)将该二次型化为标准形,并写出所对应的可逆线性变换.

四、证明题

已知 3 阶矩阵 $\boldsymbol{B}\neq\boldsymbol{O}$,且矩阵 $\boldsymbol{B}$ 的列向量都是齐次线性方程组

$$\begin{cases}x_1+2x_2-x_3=0\\2x_1-x_2+\lambda x_3=0\\3x_1+x_2-x_3=0\end{cases}$$

的解，(1)求 λ 的值；(2)证明 $|\boldsymbol{B}|=0$.

模拟试题五

一、填空题

(1) 设$\boldsymbol{A}$为4阶方阵，$|\boldsymbol{A}|=3$，则$|2\boldsymbol{A}^{\mathrm{T}}|=$________.

(2) 设n阶方阵$\boldsymbol{A}$满足$\boldsymbol{A}^2-2\boldsymbol{A}-3\boldsymbol{E}=\boldsymbol{O}$，则$\boldsymbol{A}^{-1}=$________.

(3) 设矩阵$\boldsymbol{A}=\begin{pmatrix}1 & -2 & 2\\ 4 & 3 & t\\ 3 & 1 & -1\end{pmatrix}$，若存在$\boldsymbol{B}\neq\boldsymbol{O}$，使$\boldsymbol{AB}=\boldsymbol{O}$，则$t=$________.

(4) 设$\boldsymbol{A}$为n阶方阵，且$\boldsymbol{A}$的列向量组线性无关，则$R(\boldsymbol{A}^*)=$________.

(5) $\begin{pmatrix}0 & 1 & 0\\ 1 & 0 & 0\\ 0 & 0 & 1\end{pmatrix}^{100}\begin{pmatrix}a_1 & a_2 & a_3\\ b_1 & b_2 & b_3\\ c_1 & c_2 & c_3\end{pmatrix}\begin{pmatrix}1 & 0 & 0\\ 0 & 0 & 1\\ 0 & 1 & 0\end{pmatrix}^{101}=$________.

(6) 矩阵$\boldsymbol{A}$按列分块记为$(\boldsymbol{\alpha}_1,\boldsymbol{\alpha}_2,\boldsymbol{\alpha}_3,\boldsymbol{\alpha}_4)$，其中$\boldsymbol{\alpha}_2,\boldsymbol{\alpha}_3,\boldsymbol{\alpha}_4$线性无关，$\boldsymbol{\alpha}_1+\boldsymbol{\alpha}_3=\boldsymbol{\alpha}_2$，若向量$\boldsymbol{\beta}$满足$\boldsymbol{\alpha}_1+2\boldsymbol{\alpha}_2+\boldsymbol{\alpha}_3+\boldsymbol{\alpha}_4=\boldsymbol{\beta}$，则线性方程组$\boldsymbol{Ax}=\boldsymbol{\beta}$的通解可以表示为________.

(7) 3阶方阵$\boldsymbol{A}$的特征值为1,2,3，则$|\boldsymbol{A}+\boldsymbol{E}|=$________.

(8) 向量$\boldsymbol{\alpha}=(1,0,1)^{\mathrm{T}}$，$\boldsymbol{\beta}=(3,-1,5)^{\mathrm{T}}$，则内积$[\boldsymbol{\alpha},\boldsymbol{\beta}]=$________.

(9) 二次型$f(x_1,x_2,x_3)=4x_1^2+3x_2^2+3x_3^2+2x_2x_3$的正惯性指数是________.

(10) 二次型$f(x_1,x_2,x_3)=5x_1^2+x_2^2+cx_3^2+4x_1x_2-2x_1x_3-2x_2x_3$为正定的，则$c$的取值范围是________.

二、单项选择题

(1) 设$\boldsymbol{A}=\begin{pmatrix}k & 1 & 1 & 1\\ 1 & k & 1 & 1\\ 1 & 1 & k & 1\\ 1 & 1 & 1 & k\end{pmatrix}$，若$\boldsymbol{A}$的伴随矩阵$\boldsymbol{A}^*$的秩为1，则$k$值为(　　).

(A) -1；　(B) 1；　(C) -3；　(D) $-\dfrac{1}{3}$.

(2) $\boldsymbol{A}$为3阶方阵，$\boldsymbol{A}$的3个列向量记为$\boldsymbol{A}_1,\boldsymbol{A}_2,\boldsymbol{A}_3$，则下列行列式中与$|\boldsymbol{A}|$值相等的是(　　).

(A) $|A_1-A_2,A_2-A_3,A_3-A_1|$；　　(B) $|A_1,A_1+A_2,A_1+A_2+A_3|$；

(C) $|A_1+A_2,A_1-A_2,A_3|$；　　(D) $|2A_3-A_1,A_1,A_1+A_3|$.

(3) $\boldsymbol{A},\boldsymbol{B},\boldsymbol{C}$ 均为 n 阶矩阵，且 $\boldsymbol{ABC}=\boldsymbol{E}$，则必有(　　).

(A) $\boldsymbol{BAC}=\boldsymbol{E}$；　(B) $\boldsymbol{ACB}=\boldsymbol{E}$；　(C) $\boldsymbol{BCA}=\boldsymbol{E}$；　(D) $\boldsymbol{CBA}=\boldsymbol{E}$.

(4) 如果齐次线性方程组 $\boldsymbol{Ax}=\boldsymbol{0}$ 仅有零解，则非齐次线性方程组 $\boldsymbol{Ax}=\boldsymbol{b}$(　　).

(A) 必有唯一解；　　(B) 必定无解；

(C) 必有无穷多解；　　(D) 前三个选项均不对.

(5) 下列矩阵中与 $\begin{pmatrix}-1&0&0\\0&1&0\\0&0&-1\end{pmatrix}$ 合同的是(　　).

(A) $\begin{pmatrix}-1&0&0\\0&-2&0\\0&0&-1\end{pmatrix}$；　　(B) $\begin{pmatrix}1&0&0\\0&3&0\\0&0&1\end{pmatrix}$；

(C) $\begin{pmatrix}1&-1&0\\1&1&0\\0&0&0\end{pmatrix}$；　　(D) $\begin{pmatrix}2&0&0\\0&-2&0\\0&0&-1\end{pmatrix}$.

三、计算题

1. 计算行列式 $D_n=\begin{vmatrix}1&2&3&\cdots&n-1&n\\1&-1&0&\cdots&0&0\\0&2&-2&\cdots&0&0\\\vdots&\vdots&\vdots&&\vdots&\vdots\\0&0&0&\cdots&2-n&0\\0&0&0&\cdots&n-1&1-n\end{vmatrix}$.

2. 设矩阵 $\boldsymbol{P}=\begin{pmatrix}-1&-4\\1&1\end{pmatrix}$，$\boldsymbol{D}=\begin{pmatrix}-1&0\\0&2\end{pmatrix}$，矩阵 $\boldsymbol{A}$ 由关系式 $\boldsymbol{P}^{-1}\boldsymbol{AP}=\boldsymbol{D}$ 确定，试求 $\boldsymbol{A}^n$.

3. 设有 3 阶方阵 $\boldsymbol{A}=\begin{pmatrix}4&2&3\\1&1&0\\-1&2&3\end{pmatrix}$，$\boldsymbol{X}$ 是 3 阶未知方阵，解矩阵方程 $\boldsymbol{AX}=\boldsymbol{A}+2\boldsymbol{X}$ 并求出 $\boldsymbol{X}$.

4. 已知向量组 $\boldsymbol{\alpha}_1=\begin{pmatrix}2\\1\\1\\1\end{pmatrix}$，$\boldsymbol{\alpha}_2=\begin{pmatrix}-1\\1\\7\\10\end{pmatrix}$，$\boldsymbol{\alpha}_3=\begin{pmatrix}3\\1\\-1\\-2\end{pmatrix}$，$\boldsymbol{\alpha}_4=\begin{pmatrix}8\\5\\9\\11\end{pmatrix}$，求向量组的秩及一个极大线性无关组，并将其余的向量用所求的极大线性无关组线性表示.

5. 已知线性方程组

$$\begin{cases}x_1+x_2+x_3+x_4=4\\x_1-2x_2+x_3-3x_4=-3.\\2x_1-x_2+2x_3-2x_4=a\end{cases}$$

(1) a 为何值时方程组有解？(2) 当方程组有解时求出它的通解.

6. 矩阵 $\boldsymbol{A}=\begin{pmatrix}1 & 2 & 2\\2 & 1 & 2\\2 & 2 & 1\end{pmatrix}$,求正交矩阵 $\boldsymbol{C}$,使 $\boldsymbol{C}^{\mathrm{T}}\boldsymbol{A}\boldsymbol{C}$ 成为对角矩阵.

7. 将二次型 $f(x_1,x_2,x_3)=x_1^2+5x_2^2-x_3^2+4x_1x_2+2x_1x_3$ 化为标准形,并给出所用的可逆线性变换.

四、证明题

若 $\boldsymbol{A}$ 为 n 阶方阵($n\geqslant 2$),且 $R(\boldsymbol{A})=n-1$,证明 $R(\boldsymbol{A}^*)=1$.

模拟试题六

一、填空题

(1) 6 级排列 $a_1a_2a_3a_4a_5a_6$ 与 $a_6a_5a_4a_3a_2a_1$ 的逆序数之和等于________.

(2) 行列式 $\begin{vmatrix} 1 & 1 & 1 & 0 \\ 1 & 1 & 0 & 1 \\ 1 & 0 & 1 & 1 \\ 0 & 1 & 1 & 1 \end{vmatrix}=$________.

(3) 设 $D=\begin{vmatrix} 1 & 3 & -1 & 2 \\ 6 & 0 & 1 & 2 \\ 0 & 9 & 4 & 2 \\ 5 & 2 & 3 & 2 \end{vmatrix}$,则 D 的第 2 列元素代数余子式的和 $A_{12}+A_{22}+A_{32}+A_{42}=$________.

(4) 已知矩阵 $\boldsymbol{A}=\begin{pmatrix} 1 & 2 & -1 \\ 0 & 2 & 1 \\ 0 & 0 & 1 \end{pmatrix}$,$\boldsymbol{A}^*$ 为 $\boldsymbol{A}$ 的伴随矩阵,则 $|\boldsymbol{A}^*|=$________.

(5) 矩阵 $\boldsymbol{A}=\begin{pmatrix} 0 & x & 0 \\ x & 0 & 0 \\ 0 & 0 & x \end{pmatrix}$,其中 $x\neq 0$,则 $\boldsymbol{A}^{2015}=$________.

(6) 向量 $\boldsymbol{\alpha}_1=(1,1,2,1)^{\mathrm{T}}$,$\boldsymbol{\alpha}_2=(1,0,0,2)^{\mathrm{T}}$,$\boldsymbol{\alpha}_3=(1,4,8,k)^{\mathrm{T}}$ 线性相关,则 $k=$________.

(7) 设齐次线性方程组 $\begin{pmatrix} a & 1 & 1 \\ 1 & a & 1 \\ 1 & 1 & a \end{pmatrix}\begin{pmatrix} x_1 \\ x_2 \\ x_3 \end{pmatrix}=\begin{pmatrix} 0 \\ 0 \\ 0 \end{pmatrix}$ 的基础解系含有 2 个解向量,则 $a=$________.

(8) 设 $\boldsymbol{A}$ 为 n 阶可逆矩阵,$\boldsymbol{A}^*$ 为 $\boldsymbol{A}$ 的伴随矩阵,若 $\boldsymbol{A}$ 的一个特征值为 λ,则 $\boldsymbol{A}^*$ 必有一个特征值为________.

(9) 当 $a=$ ________ , $b=$ ________ , $c=$ ________ 时，向量组 $\boldsymbol{\alpha}_1=\left(\frac{1}{3},-\frac{2}{3},-\frac{2}{3}\right)$，$\boldsymbol{\alpha}_2=\left(a,b,-\frac{2}{3}\right)$，$\boldsymbol{\alpha}_3=\left(-\frac{2}{3},-\frac{2}{3},c\right)$为正交向量组.

(10) 设二次型 $f(x_1,x_2)=x_1^2+4x_1x_2-x_2^2$，则二次型的秩为________，负惯性指数为________.

二、单项选择题

(1) 设 $\boldsymbol{A},\boldsymbol{B}$ 均为 n 阶可逆矩阵，则 $\boldsymbol{AB}$ 的伴随矩阵 $(\boldsymbol{AB})^*=$(　　).

(A) $\boldsymbol{B}^*\boldsymbol{A}^*$；　(B) $|\boldsymbol{AB}|\boldsymbol{A}^{-1}\boldsymbol{B}^{-1}$；　(C) $\boldsymbol{B}^{-1}\boldsymbol{A}^{-1}$；　(D) $\boldsymbol{A}^*\boldsymbol{B}^*$.

** (2) 非齐次线性方程组 $\boldsymbol{A}_{m\times n}\boldsymbol{x}=\boldsymbol{b}$ 的导出组为 $\boldsymbol{A}_{m\times n}\boldsymbol{x}=\boldsymbol{0}$，若 $R(\boldsymbol{A})=m$，则(　　).

(A) 方程组 $\boldsymbol{A}_{m\times n}\boldsymbol{x}=\boldsymbol{b}$ 可能无解；　(B) 方程组 $\boldsymbol{A}_{m\times n}\boldsymbol{x}=\boldsymbol{b}$ 必有解；

(C) 导出组为 $\boldsymbol{A}_{m\times n}\boldsymbol{x}=\boldsymbol{0}$ 必有无穷多解；　(D) 导出组为 $\boldsymbol{A}_{m\times n}\boldsymbol{x}=\boldsymbol{0}$只有零解.

(3) 下列命题中正确的是(　　).

(A) n 维向量组$\boldsymbol{\alpha}_1,\boldsymbol{\alpha}_2,\cdots,\boldsymbol{\alpha}_m$ 线性相关的充分条件是 $m<n$；

(B) n 维向量组$\boldsymbol{\alpha}_1,\boldsymbol{\alpha}_2,\cdots,\boldsymbol{\alpha}_m$ 线性无关的必要条件是 $m<n$；

(C) 若 n 维向量组$\boldsymbol{\alpha}_1,\boldsymbol{\alpha}_2,\cdots,\boldsymbol{\alpha}_m$ 线性相关，则其中至少有一个向量可由其余向量线性表示；

(D) 若 n 维向量组$\boldsymbol{\alpha}_1,\boldsymbol{\alpha}_2,\cdots,\boldsymbol{\alpha}_m$ 线性相关，则其中至少有两个向量对应分量成比例.

(4) 已知 $\boldsymbol{A},\boldsymbol{B}$ 均为 n 阶方阵，则选项(　　)成立时，矩阵 $\boldsymbol{A}$ 一定可对角化.

(A) $\boldsymbol{A}$ 是 n 阶可逆矩阵；　(B) $\boldsymbol{A}=\boldsymbol{B}^{\mathrm{T}}\boldsymbol{B}$；

(C) $\boldsymbol{A}$ 的 n 的特征值全部为正；　(D) $\boldsymbol{A}$ 有 n 个不同的特征向量.

(5) 设 $\boldsymbol{A},\boldsymbol{B}$ 为 n 阶矩阵，若存在 n 阶可逆阵 $\boldsymbol{P},\boldsymbol{Q}$ 使 $\boldsymbol{P}^{-1}\boldsymbol{AQ}=\boldsymbol{B}$，则矩阵 $\boldsymbol{A}$ 与 $\boldsymbol{B}$ 的关系是(　　).

(A) 合同；　(B) 相似；　(C) 等价；　(D) 相等.

三、计算题

1. 计算 n 阶行列式 $D_n=\begin{vmatrix} a & b & 0 & \cdots & 0 & 0 \\ 0 & a & b & \cdots & 0 & 0 \\ 0 & 0 & a & \cdots & 0 & 0 \\ \vdots & \vdots & \vdots & & \vdots & \vdots \\ 0 & 0 & 0 & \cdots & a & b \\ b & 0 & 0 & \cdots & 0 & a \end{vmatrix}$的值.

2. 设 $\boldsymbol{A}=\begin{pmatrix} 1 & 3 \\ 1 & 2 \end{pmatrix}$，$\boldsymbol{B}=\begin{pmatrix} 1 & 1 & 1 \\ 0 & 1 & 1 \\ 0 & 0 & 1 \end{pmatrix}$，$\boldsymbol{C}=\begin{pmatrix} \boldsymbol{O} & \boldsymbol{A} \\ \boldsymbol{B} & \boldsymbol{O} \end{pmatrix}$，试求 $\boldsymbol{A}^{-1}$，$\boldsymbol{B}^{-1}$以及 $\boldsymbol{C}^{-1}$.

3. 已知 $\boldsymbol{A}=\begin{pmatrix} 1 & 3 & 2 \\ -2 & -5 & -3 \\ 1 & 2 & 0 \end{pmatrix}$，$\boldsymbol{B}=\begin{pmatrix} 1 & 0 & 2 \\ 1 & 2 & 0 \\ -1 & 0 & 1 \end{pmatrix}$，且有 $\boldsymbol{XA}=\boldsymbol{B}$，试用初等行变换的方

法求解矩阵 $\boldsymbol{X}$.

4. 已知向量组 $\boldsymbol{\alpha}_1=\begin{pmatrix}1\\-2\\2\\1\end{pmatrix},\boldsymbol{\alpha}_2=\begin{pmatrix}0\\3\\-2\\-3\end{pmatrix},\boldsymbol{\alpha}_3=\begin{pmatrix}2\\-3\\2\\1\end{pmatrix},\boldsymbol{\alpha}_4=\begin{pmatrix}1\\5\\2\\-6\end{pmatrix},\boldsymbol{\alpha}_5=\begin{pmatrix}1\\-1\\-2\\0\end{pmatrix}$,则

(1) 试求向量组 $\boldsymbol{\alpha}_1,\boldsymbol{\alpha}_2,\boldsymbol{\alpha}_3,\boldsymbol{\alpha}_4,\boldsymbol{\alpha}_5$ 的秩及它的一个最大线性无关组;

(2) 将其余的向量用所求的最大线性无关组线性表示.

5. 已知线性方程组 $\begin{cases}x_1-x_2+2x_3+3x_4=1\\x_1+0x_2+0x_3+x_4=3\\2x_1-x_2-2x_3+8x_4=4\\x_1-x_2-5x_3+10x_4=a\end{cases}$,则

(1) 讨论 a 为何值时非齐次线性方程组有解;(2)有解时求出它的通解(用基础解系表示).

6. 设 3 阶矩阵 $\boldsymbol{A}=\begin{pmatrix}1&0&1\\0&2&0\\1&0&a\end{pmatrix}$ 与对角矩阵 $\boldsymbol{\Lambda}=\begin{pmatrix}2&0&0\\0&2&0\\0&0&b\end{pmatrix}$ 相似,试求

(1) 常数 a,b 的值;(2) 正交矩阵 $\boldsymbol{P}$,使得 $\boldsymbol{P}^{-1}\boldsymbol{AP}=\boldsymbol{\Lambda}$.

7. 已知二次型 $f(x_1,x_2,x_3)=4x_1x_2+2x_1x_3-6x_2x_3$,则

(1) 写出二次型 f 对应的矩阵;

(2) 化二次型 f 为标准形,写出所用的可逆线性变换.

四、证明题

已知 n 阶矩阵 $\boldsymbol{A}$ 满足 $\boldsymbol{A}^2=\boldsymbol{A}$,$\boldsymbol{E}$ 为 n 阶单位矩阵. 证明矩阵 $\boldsymbol{A}+\boldsymbol{E}$ 可逆,并求 $(\boldsymbol{A}+\boldsymbol{E})^{-1}$.

模拟试题七

一、填空题

(1) 在 6 阶行列式 $|a_{ij}|$ 中，元素乘积 $a_{65}a_{53}a_{44}a_{11}a_{26}a_{32}$ 前应带________号.(正/负)

(2) 行列式 $\begin{vmatrix} x-1 & 0 & 5 & 3 \\ 1 & x-2 & 1 & -1 \\ 3 & 4 & x+3 & 1 \\ 1 & -2 & 1 & x+4 \end{vmatrix}$ 中 x^3 的系数为________.

(3) 设 $D_4=\begin{vmatrix} 1 & 2 & 3 & 4 \\ 2 & 3 & 4 & 1 \\ 3 & 4 & 1 & 2 \\ 4 & 1 & 2 & 3 \end{vmatrix}$，则 $A_{12}+2A_{22}+3A_{32}+4A_{42}=$________.

(4) 若 4 阶方阵 $\boldsymbol{A}$ 的秩等于 2，则它的伴随阵 $\boldsymbol{A}^*$ 的秩为________.

(5) 已知矩阵 $\boldsymbol{A}=\begin{pmatrix} 1 & 1 & 1 \\ 2 & 2 & 2 \\ 3 & 3 & 3 \end{pmatrix}$，则 $\boldsymbol{A}^5=$________.

(6) 四元非齐次线性方程组系数矩阵的秩是 3，已知它的 3 个解向量 $\boldsymbol{\eta}_1$，$\boldsymbol{\eta}_2$，$\boldsymbol{\eta}_3$，且 $\boldsymbol{\eta}_1$ 与 $\boldsymbol{\eta}_2+\boldsymbol{\eta}_3$ 线性无关，则方程组的通解________.

(7) $\boldsymbol{\alpha}=(1,1,-1)^{\mathrm{T}}$ 是矩阵 $\boldsymbol{A}=\begin{pmatrix} a & -1 & 2 \\ 5 & b & 3 \\ -1 & 0 & -2 \end{pmatrix}$ 的特征向量，则 $a=$________，$b=$________.

(8) 3 阶矩阵 $\boldsymbol{A}$ 的特征值为 $1,-1,2$，则 $|\boldsymbol{A}|$ 的代数余子式 $A_{11}+A_{22}+A_{33}=$________.

(9) 已知向量 $\boldsymbol{\alpha}=(1,2,2,3)$ 与 $\boldsymbol{\beta}=(3,1,5,c)$ 正交，则 $c=$________.

(10) 若二次型 $f(x_1,x_2,x_3)=x_1^2+x_2^2+cx_3^2+4x_1x_2+6x_2x_3$ 的秩为 2，则 $c=$________.

二、单项选择题

(1) 下列表述不正确的有(　　).

(A) 若矩阵 $\boldsymbol{A},\boldsymbol{B}$ 可逆,$\boldsymbol{C}=\begin{pmatrix}\boldsymbol{O} & \boldsymbol{A}\\ \boldsymbol{B} & \boldsymbol{O}\end{pmatrix}$,则 $\boldsymbol{C}$ 可逆且 $\boldsymbol{C}^{-1}=\begin{bmatrix}\boldsymbol{O} & \boldsymbol{B}^{-1}\\ \boldsymbol{A}^{-1} & \boldsymbol{O}\end{bmatrix}$;

(B) 对任意两个同阶方阵 $\boldsymbol{A},\boldsymbol{B}$ 均有 $|\boldsymbol{AB}|=|\boldsymbol{BA}|$;

(C) 对任意两个 n 阶方阵 $\boldsymbol{A},\boldsymbol{B}$ 均有 $||\boldsymbol{A}|\boldsymbol{B}|=|\boldsymbol{A}|^n|\boldsymbol{B}|$;

(D) 对任意两个矩阵 $\boldsymbol{A},\boldsymbol{B}$,若 $\boldsymbol{A}$ 可逆,则有 $\boldsymbol{AB}=\boldsymbol{BA}$.

(2) 设向量组 $\boldsymbol{\alpha}_1,\boldsymbol{\alpha}_2,\boldsymbol{\alpha}_3$ 线性无关,则下列向量组线性相关的是(　　).

(A) $\boldsymbol{\alpha}_1-\boldsymbol{\alpha}_2,\boldsymbol{\alpha}_2-\boldsymbol{\alpha}_3,\boldsymbol{\alpha}_3-\boldsymbol{\alpha}_1$;　　(B) $\boldsymbol{\alpha}_1+\boldsymbol{\alpha}_2,\boldsymbol{\alpha}_2+\boldsymbol{\alpha}_3,\boldsymbol{\alpha}_3+\boldsymbol{\alpha}_1$;

(C) $\boldsymbol{\alpha}_1-2\boldsymbol{\alpha}_2,\boldsymbol{\alpha}_2-2\boldsymbol{\alpha}_3,\boldsymbol{\alpha}_3-2\boldsymbol{\alpha}_1$;　　(D) $\boldsymbol{\alpha}_1+2\boldsymbol{\alpha}_2,\boldsymbol{\alpha}_2+2\boldsymbol{\alpha}_3,\boldsymbol{\alpha}_3+2\boldsymbol{\alpha}_1$.

(3) $\boldsymbol{A}$ 为 3 阶方阵,且 $R(\boldsymbol{A})=1$,则有(　　).

(A) $R(\boldsymbol{A}^*)=3$;　　(B) $R(\boldsymbol{A}^*)=2$;

(C) $R(\boldsymbol{A}^*)=1$;　　(D) $R(\boldsymbol{A}^*)=0$.

(4) 矩阵 $\boldsymbol{A}_{m\times n}$ 的秩为 $n-1$,$\boldsymbol{\alpha}_1,\boldsymbol{\alpha}_2$ 为 $\boldsymbol{A}_{m\times n}\boldsymbol{x}=\boldsymbol{0}$ 的两个不同的解,则其通解为(　　).

(A) $c\boldsymbol{\alpha}_1,c\in R$;　　(B) $c\boldsymbol{\alpha}_2,c\in R$;

(C) $c(\boldsymbol{\alpha}_1+\boldsymbol{\alpha}_2),c\in R$;　　(D) $c(\boldsymbol{\alpha}_1-\boldsymbol{\alpha}_2),c\in R$.

(5) 关于特征值的结论正确的是(　　).

(A) 任何矩阵都有特征值;

(B) n 阶矩阵有 n 个实特征值;

(C) 矩阵属于不同特征值的特征向量线性无关;

(D) n 阶矩阵有 n 个特征值,则其一定能对角化.

三、计算题

1. 计算行列式 $D_{n+1}=\begin{vmatrix} x & y_1 & y_2 & y_3 & \cdots & y_n\\ y_1 & x & y_2 & y_3 & \cdots & y_n\\ y_1 & y_2 & x & y_3 & \cdots & y_n\\ \vdots & \vdots & \vdots & \vdots & & \vdots\\ y_1 & y_2 & y_3 & y_4 & \cdots & x \end{vmatrix}$.

2. 已知矩阵 $\boldsymbol{A}=\begin{pmatrix}1 & 2 & 0 & 0\\ 1 & 3 & 0 & 0\\ 0 & 0 & 0 & 2\\ 0 & 0 & -1 & 0\end{pmatrix}$,(1)计算 $|\boldsymbol{A}^{-1}+\boldsymbol{A}^*|$;(2) $|\boldsymbol{A}^4|$.

3. $\boldsymbol{A},\boldsymbol{B}$ 为 m 阶方矩阵,且满足 $\boldsymbol{AB}+\boldsymbol{B}-2\boldsymbol{A}=3\boldsymbol{E}$,其中的 $\boldsymbol{E}$ 为 m 阶单位阵,

(1) 证明:$\boldsymbol{B}-2\boldsymbol{E}$ 可逆;　(2) 已知 $\boldsymbol{A}=\begin{pmatrix}0 & 1 & 2\\ 0 & 1 & -2\\ 0 & 0 & 1\end{pmatrix}$,求矩阵 $\boldsymbol{B}$.

4. 给定向量组

$$\boldsymbol{\alpha}_1=(1,1,-2,7)^{\mathrm{T}},\quad \boldsymbol{\alpha}_2=(-1,-2,2,-9)^{\mathrm{T}},$$
$$\boldsymbol{\alpha}_3=(-1,1,-6,6)^{\mathrm{T}},\quad \boldsymbol{\alpha}_4=(2,4,4,9)^{\mathrm{T}},$$

(1) 求向量组的秩与极大线性无关组；(2) 将其余向量用极大线性无关组表示.

5. 当 λ 为何值时，非齐次线性方程组

$$\begin{cases}\lambda x_1+x_2+x_3=1\\ x_1+\lambda x_2+x_3=\lambda\\ x_1+x_2+\lambda x_3=\lambda^2\end{cases}$$

有唯一解？无解？无穷多解？有无穷多解时求其通解.

6. 矩阵 $\boldsymbol{A}=\begin{pmatrix}1 & a & -3\\ -1 & 4 & -3\\ 1 & -2 & 5\end{pmatrix}$ 的特征值有重根，判断矩阵 $\boldsymbol{A}$ 能否对角化，并说明理由.

7. 二次型 $f(x_1,x_2,x_3)=4x_1^2+4x_2^2+ax_3^2-2x_1x_2-2bx_1x_3-2x_2x_3(b>0)$ 经过正交变换化为标准形 $f(y_1,y_2,y_3)=2y_1^2+5y_2^2+5y_3^2$，求 a,b 值及所用的正交变换.

四、证明题

方阵 $\boldsymbol{A},\boldsymbol{B}$ 满足 $\boldsymbol{A}+\boldsymbol{B}+\boldsymbol{AB}=\boldsymbol{O}$，证明 $\boldsymbol{E}+\boldsymbol{A}$ 与 $\boldsymbol{E}+\boldsymbol{B}$ 均可逆及 $\boldsymbol{A},\boldsymbol{B}$ 可交换.

模拟试题八

一、填空题

(1) 若行列式 $\begin{vmatrix} a_{11} & a_{12} & a_{13} \\ a_{21} & a_{22} & a_{23} \\ a_{31} & a_{32} & a_{33} \end{vmatrix}=2$,则 $\begin{vmatrix} -2a_{11} & a_{13} & -2a_{12} \\ -2a_{21} & a_{23} & -2a_{22} \\ -2a_{31} & a_{33} & -2a_{32} \end{vmatrix}=$________.

(2) 行列式的第 3 列元素依次是 $-1,2,0$,对应的余子式分别为 $3,1,-2$,则行列式的值为________.

(3) 若矩阵 $\boldsymbol{A}$ 满足 $\boldsymbol{A}^2-3\boldsymbol{A}+\boldsymbol{E}=\boldsymbol{O}$,则 $\boldsymbol{A}^{-1}=$________.

(4) 设 $\boldsymbol{\alpha}=(1,-2,1)^{\mathrm{T}}$,设 $\boldsymbol{A}=\boldsymbol{\alpha}\boldsymbol{\alpha}^{\mathrm{T}}$,则 $\boldsymbol{A}^6=$________.

(5) 设 $\boldsymbol{B}=\begin{pmatrix} 1 & 2 \\ 1 & 0 \end{pmatrix}$,$\boldsymbol{C}=\begin{pmatrix} 1 & 2 \\ 3 & 4 \end{pmatrix}$,矩阵 $\boldsymbol{A}$ 满足 $\boldsymbol{BAC}=\boldsymbol{E}$,则 $\boldsymbol{A}^{-1}=$________.

(6) 已知向量组 $\boldsymbol{\alpha}_1,\boldsymbol{\alpha}_2,\boldsymbol{\alpha}_3$ 可以表示向量 $\boldsymbol{\beta}$,则 $R(\boldsymbol{\alpha}_1,\boldsymbol{\alpha}_2,\boldsymbol{\alpha}_3)$________$R(\boldsymbol{\alpha}_1,\boldsymbol{\alpha}_2,\boldsymbol{\alpha}_3,\boldsymbol{\beta})$

(7) 已知矩阵 $\boldsymbol{A}=\begin{pmatrix} 1 & 0 & 0 & 2 \\ 0 & 4 & 0 & 8 \\ -1 & 1 & 1 & 2 \\ 0 & 1 & k & 0 \\ 0 & 1 & 0 & 2 \end{pmatrix}$ 的秩为 3,则 $k=$________.

(8) 设齐次线性方程组 $\begin{pmatrix} a & 1 & 1 \\ 1 & a & 1 \\ 1 & 1 & a \end{pmatrix}\begin{pmatrix} x_1 \\ x_2 \\ x_3 \end{pmatrix}=\begin{pmatrix} 0 \\ 0 \\ 0 \end{pmatrix}$ 的基础解系含有 2 个解向量,则 $a=$________.

(9) 设 λ 是 n 阶矩阵 $\boldsymbol{A}$ 的特征值,且 $\boldsymbol{A}^2=\boldsymbol{A}$ 和 $|\boldsymbol{A}|\neq 0$,则 $\lambda=$________.

(10) 设矩阵 $\boldsymbol{A}=\begin{pmatrix} 1 & -2 & 0 \\ -2 & -2 & 0 \\ 0 & 0 & 4 \end{pmatrix}$ 与 $\boldsymbol{B}=\begin{pmatrix} 2 & 0 & 0 \\ 0 & y & 0 \\ 0 & 0 & 4 \end{pmatrix}$ 相似,则 $y=$________.

二、单项选择题

(1) 设 $\boldsymbol{A},\boldsymbol{B}$ 均为 n 阶方阵，则下列结论成立的是(　　).

(A) 若 $|\boldsymbol{A}-\boldsymbol{B}|=1$，则 $\boldsymbol{A}-\boldsymbol{B}=\boldsymbol{E}$；

(B) 若 $|\boldsymbol{A}-\boldsymbol{B}|=1$，当且仅当 $\boldsymbol{x}=\boldsymbol{0}$ 时，$\boldsymbol{Ax}=\boldsymbol{Bx}$；

(C) 若 $|\boldsymbol{A}-\boldsymbol{B}|=0$，则 $\boldsymbol{A}=\boldsymbol{B}$；

(D) 若 $\boldsymbol{A}^2=\boldsymbol{B}^2$，则 $\boldsymbol{A}=\boldsymbol{B}$ 或 $\boldsymbol{A}=-\boldsymbol{B}$.

(2) 若 3 阶矩阵 $\boldsymbol{A}$ 满足 $|\boldsymbol{A}-3\boldsymbol{E}|=|\boldsymbol{A}+2\boldsymbol{E}|=|\boldsymbol{A}-\boldsymbol{E}|=0$，则 $|\boldsymbol{A}|=$(　　).

(A) 1；　　(B) -2；　　(C) 3；　　(D) -6.

(3) 齐次线性方程组 $\begin{cases} x_1+x_2+\cdots+x_n=0 \\ -x_1-x_2-\cdots-x_n=0 \end{cases}$ 基础解系所含解向量的个数为(　　).

(A) 1；　　(B) 2；　　(C) $n-1$；　　(D) $n+1$.

(4) 若 $\boldsymbol{A}$ 为 n 阶矩阵，则下列选项(　　)成立时，矩阵 $\boldsymbol{A}$ 不可对角化.

(A) $\boldsymbol{A}$ 有 n 个线性无关的特征向量；

(B) $\boldsymbol{A}$ 无 n 个线性无关的特征向量；

(C) $\boldsymbol{A}$ 有 n 个互不相同的特征值；

(D) $\boldsymbol{A}$ 为 n 阶实对称矩阵.

(5) 若二次型 $f(x_1,x_2,x_3)=x_1^2+x_2^2-tx_2x_3+4x_3^2$ 正定，则 t 的取值范围是(　　).

(A) $-2<t<2$；　　(B) $t<2$；　　(C) $t>1$；　　(D) $-4<t<4$.

三、计算题

1. 计算 n 阶行列式 $D_n=\begin{vmatrix} a & 0 & 0 & \cdots & 0 & 1 \\ 0 & a & 0 & \cdots & 0 & 0 \\ 0 & 0 & a & \cdots & 0 & 0 \\ \vdots & \vdots & \vdots & & \vdots & \vdots \\ 0 & 0 & 0 & \cdots & a & 0 \\ 1 & 0 & 0 & \cdots & 0 & a \end{vmatrix}$ 的值.

2. 设矩阵 $\boldsymbol{P}=\begin{pmatrix} -1 & -4 \\ 1 & 1 \end{pmatrix}$，$\boldsymbol{D}=\begin{pmatrix} -1 & 0 \\ 0 & 2 \end{pmatrix}$，矩阵 $\boldsymbol{A}$ 由关系式 $\boldsymbol{P}^{-1}\boldsymbol{AP}=\boldsymbol{D}$ 确定，试求 $\boldsymbol{A}^5$.

3. 已知 $\boldsymbol{A}=\begin{pmatrix} 1 & 0 & 1 \\ 1 & 1 & 0 \\ 0 & 1 & 1 \end{pmatrix}$，矩阵 $\boldsymbol{B}$ 满足 $\boldsymbol{AB}=\boldsymbol{A}+2\boldsymbol{E}$，求 $\boldsymbol{B}$.

4. 已知向量组 $\boldsymbol{\alpha}_1=\begin{pmatrix} 1 \\ 1 \\ -2 \\ 6 \end{pmatrix}$，$\boldsymbol{\alpha}_2=\begin{pmatrix} -1 \\ -2 \\ 2 \\ -8 \end{pmatrix}$，$\boldsymbol{\alpha}_3=\begin{pmatrix} -1 \\ 1 \\ -6 \\ -2 \end{pmatrix}$，$\boldsymbol{\alpha}_4=\begin{pmatrix} 2 \\ 4 \\ 4 \\ 16 \end{pmatrix}$，则

(1) 试求向量组 $\boldsymbol{\alpha}_1,\boldsymbol{\alpha}_2,\boldsymbol{\alpha}_3,\boldsymbol{\alpha}_4$ 的秩及它的一个最大线性无关组；

(2) 将其余的向量用所求的最大线性无关组线性表示.

5. 已知线性方程组

$$\begin{cases} x_1 + x_2 + x_3 + x_4 + x_5 = a \\ 3x_1 + 2x_2 + x_3 + x_4 - 3x_5 = 0 \\ x_2 + 2x_3 + 2x_4 + 6x_5 = b \\ 5x_1 + 4x_2 + 3x_3 + 3x_4 - x_5 = 2 \end{cases},$$

(1) 当 a,b 取何值时该线性方程组有解?

(2) 在有解的情况下,求出线性方程组的通解.

6. 已知 3 阶方阵 $\boldsymbol{A}$ 的特征值分别为 $\lambda_1=1,\lambda_2=0,\lambda_3=-1$,对应的特征向量依次为

$$\boldsymbol{\alpha}_1 = \begin{pmatrix} 1 \\ 2 \\ 2 \end{pmatrix}, \boldsymbol{\alpha}_2 = \begin{pmatrix} 2 \\ -2 \\ 1 \end{pmatrix}, \boldsymbol{\alpha}_3 = \begin{pmatrix} -2 \\ -1 \\ 2 \end{pmatrix},$$

(1) 给出可逆矩阵 $\boldsymbol{P}$ 与对角矩阵$\boldsymbol{\Lambda}$,使得 $\boldsymbol{P}^{-1}\boldsymbol{AP}=\boldsymbol{\Lambda}$;(2) 求矩阵 $\boldsymbol{A}$.

7. 将二次型 $f(x_1,x_2,x_3)=x_1^2+2x_2^2+x_3^2+2x_1x_2+2x_1x_3+4x_2x_3$ 化为标准形,并写出相应的可逆线性变换.

四、证明题

已知 $\boldsymbol{A},\boldsymbol{B},\boldsymbol{AB}-\boldsymbol{E}$ 均为可逆矩阵,证明:$\boldsymbol{A}-\boldsymbol{B}^{-1}$ 及 $(\boldsymbol{A}-\boldsymbol{B}^{-1})^{-1}-\boldsymbol{A}^{-1}$ 可逆.

模拟试题九

一、填空题

(1) 将正整数 1～6 进行全排列,若 $1a25b4$ 为偶排列,则 a,b 的值分别为________.

(2) $D=\begin{vmatrix}1&1&1&1\\2&3&4&5\\4&9&16&25\\8&27&64&125\end{vmatrix}$,则 $D=$________.

(3) 设$\boldsymbol{\alpha}=(1,2,3)$,则$\boldsymbol{\alpha}^{\mathrm{T}}\boldsymbol{\alpha}=$________.

(4) 设矩阵 $\boldsymbol{A}=\begin{pmatrix}-1&0&0\\1&-1&0\\1&1&-1\end{pmatrix}$,则$(\boldsymbol{A}+2\boldsymbol{E})^{-1}=$________.

(5) 若向量组$\boldsymbol{\alpha}_1,\boldsymbol{\alpha}_2,\boldsymbol{\alpha}_3$ 线性无关,则向量组$-2\boldsymbol{\alpha}_1+\boldsymbol{\alpha}_2+\boldsymbol{\alpha}_3,\boldsymbol{\alpha}_1-2\boldsymbol{\alpha}_2+\boldsymbol{\alpha}_3,\boldsymbol{\alpha}_1+\boldsymbol{\alpha}_2-2\boldsymbol{\alpha}_3$ 线性________(填写相关或无关).

(6) 向量组$\boldsymbol{\alpha}_1=(-1,2,-4,1)^{\mathrm{T}},\boldsymbol{\alpha}_2=(2,0,3,0)^{\mathrm{T}},\boldsymbol{\alpha}_3=(-1,2,-4,1)^{\mathrm{T}}$ 的秩等于________.

(7) 若 4 阶矩阵 $\boldsymbol{A}$ 的伴随矩阵为$\boldsymbol{A}^*$,且已知$|\boldsymbol{A}|=3$,则$\left|\boldsymbol{A}^{-1}-\frac{1}{2}\boldsymbol{A}^*\right|=$________.

(8) 设 3 阶矩阵 $\boldsymbol{A}$ 与 $\boldsymbol{B}$ 相似,$\boldsymbol{A}$ 的特征值为 2,3,4,$\boldsymbol{E}$ 为 3 阶单位阵,则$|\boldsymbol{B}-\boldsymbol{E}|=$________,$|\boldsymbol{B}-3\boldsymbol{E}|=$________.

(9) 3 阶矩阵 $\boldsymbol{A}$ 的特征值为 $1,-1,2$,设 $\boldsymbol{B}=\boldsymbol{A}^3-3\boldsymbol{A}^2$,则$|\boldsymbol{B}|=$________.

(10) 若 $f=2x_1^2+2x_2^2+3x_3^2+2tx_1x_2-4x_1x_3$ 为正定二次型,则 t 的取值范围为________.

二、单项选择题

(1) $\boldsymbol{A},\boldsymbol{B}$ 均为 n 阶可逆矩阵,则$(\boldsymbol{AB})^*=$(　　).

(A) $\boldsymbol{A}^*\boldsymbol{B}^*$;　(B) $|\boldsymbol{AB}|\boldsymbol{A}^{-1}\boldsymbol{B}^{-1}$;　(C) $\boldsymbol{B}^{-1}\boldsymbol{A}^{-1}$;　(D) $\boldsymbol{B}^*\boldsymbol{A}^*$.

(2) 若向量组$\boldsymbol{\alpha}_1=(1,1,1,0)^{\mathrm{T}},\boldsymbol{\alpha}_2=(2,2,0,1)^{\mathrm{T}},\boldsymbol{\alpha}_3=(0,0,2,1)^{\mathrm{T}},\boldsymbol{\alpha}_4=(0,k,0,1)^{\mathrm{T}}$ 线性相关,则 k 值为(　　).

(A) -1;　(B) -2;　(C) 0;　(D) 1.

(3) 若齐次线性方程组$\begin{cases}\lambda x_1+x_2+x_3=0\\ x_1+\lambda x_2+x_3=0\\ x_1+x_2+\lambda x_3=0\end{cases}$有非零解，则 $\lambda=($　　$)$.

(A) 1 或 2；　(B) -1 或 -2；　(C) 1 或 -2；　(D) -1 或 2.

(4) 设矩阵 $\boldsymbol{A}$ 是正交矩阵，则下述结论不正确的是(　　).

(A) $\boldsymbol{A}^{-1}$ 为正交矩阵；

(B) $\boldsymbol{A}^*$ 为正交矩阵；

(C) $\boldsymbol{A}$ 的行和列向量组都是单位正交向量组；

(D) $|\boldsymbol{A}|=1$.

(5) 若二次型 $f=5x_1^2+5x_2^2+kx_3^2-2x_1x_2+6x_1x_3-6x_2x_3$ 的秩为 2，则 $k=($　　$)$.

(A) 1；　(B) 2；　(C) 3；　(D) 4.

三、计算题

1. 计算 n 阶行列式

$$\boldsymbol{D}=\begin{vmatrix} a_1+b & a_2 & \cdots & a_n \\ a_1 & a_2+b & \cdots & a_n \\ \vdots & \vdots & & \vdots \\ a_1 & a_2 & \cdots & a_n+b \end{vmatrix}.$$

2. 设 $\boldsymbol{A},\boldsymbol{B}$ 均为 3 阶矩阵，且满足 $\boldsymbol{AB}+\boldsymbol{E}=\boldsymbol{A}^2+\boldsymbol{B}$，若矩阵 $\boldsymbol{A}=\begin{pmatrix} 1 & 0 & 1 \\ 0 & 2 & 0 \\ -1 & 0 & 1 \end{pmatrix}$，求矩阵 $\boldsymbol{B}$.

3. 设矩阵矩阵 $\boldsymbol{A}=\begin{pmatrix} 1 & 0 & 1 \\ 2 & 1 & 0 \\ -3 & 2 & -5 \end{pmatrix}$，$\boldsymbol{B}=\begin{pmatrix} 1 & -2 & 3 \\ -1 & 3 & 0 \\ 0 & 5 & 2 \end{pmatrix}$.

(1) 求 $\boldsymbol{AB}^{\mathrm{T}}$；(2)解矩阵方程 $\boldsymbol{AX}=\boldsymbol{B}$.

4. 已知向量组 $\boldsymbol{\alpha}_1=(1,1,0,4)^{\mathrm{T}}$，$\boldsymbol{\alpha}_2=(2,1,5,6)^{\mathrm{T}}$，$\boldsymbol{\alpha}_3=(1,2,5,2)^{\mathrm{T}}$，$\boldsymbol{\alpha}_4=(1,-1,-2,0)^{\mathrm{T}}$，$\boldsymbol{\alpha}_5=(3,0,7,14)^{\mathrm{T}}$. 求向量组的一个极大线性无关组；并将其余向量用所求的极大线性无关组线性表示.

5. 已知矩阵 $\boldsymbol{A}=\begin{pmatrix} 2 & 3 \\ 1 & 0 \end{pmatrix}$，求 $\boldsymbol{A}^{2015}$.

6. 已知 $\boldsymbol{\alpha}_1,\boldsymbol{\alpha}_2,\boldsymbol{\alpha}_3$ 是四元非齐次线性方程 $Ax=b$ 的 3 个解向量，其中 $\boldsymbol{\alpha}_1=(-3,2,0,1)^{\mathrm{T}}$，$\boldsymbol{\alpha}_2-2\boldsymbol{\alpha}_1=(4,0,-1,0)^{\mathrm{T}}$，$\boldsymbol{\alpha}_1-\boldsymbol{\alpha}_2+\boldsymbol{\alpha}_3=(5,-8,-1,2)^{\mathrm{T}}$，且 $R(\boldsymbol{A})=2$，试求该方程组的通解.

7. 设 n 为正整数，已知二次型 $f(x_1,x_2,x_3)=2x_1^2+(2-n)x_2^2+2nx_3^2-2x_1x_3$ 正定，试求(1) n 的值；(2)正交变换矩阵 $\boldsymbol{P}$，使得二次型 f 经过正交变换 $\boldsymbol{x}=\boldsymbol{Py}$ 后化为标准形.

四、证明题

(1) 设 $\boldsymbol{A},\boldsymbol{B}$ 都是 n 阶正交矩阵，证明 $\boldsymbol{AB}$ 也是正交矩阵.

(2) 设 $\boldsymbol{A},\boldsymbol{B},\boldsymbol{C}$ 均为 n 阶方阵，若 $\boldsymbol{AB}=\boldsymbol{BA}$，$\boldsymbol{AC}=\boldsymbol{CA}$，证明

$$\boldsymbol{A}(\boldsymbol{B}+\boldsymbol{C})=(\boldsymbol{B}+\boldsymbol{C})\boldsymbol{A},\quad \boldsymbol{A}(\boldsymbol{BC})=(\boldsymbol{BC})\boldsymbol{A}.$$

模拟试题十

一、填空题

(1) $D=\begin{vmatrix} a_{11} & 0 & 0 & 0 & 0 \\ 0 & 0 & 0 & 0 & a_{25} \\ 0 & a_{32} & 0 & 0 & 0 \\ 0 & 0 & a_{43} & 0 & 0 \\ 0 & 0 & 0 & a_{54} & 0 \end{vmatrix}$,则 $D=$________.

(2) 设矩阵 $\boldsymbol{A}=(a_{ij})_{m\times n}$,$\boldsymbol{B}=(b_{ij})_{n\times s}$,则 $\boldsymbol{B}^{\mathrm{T}}\boldsymbol{A}^{\mathrm{T}}$ 的(i,j)位置元素是________.

(3) 3 阶矩阵 $\boldsymbol{B}$ 满足$\left[\left(\frac{1}{3}\boldsymbol{A}\right)^{*}\right]^{-1}\boldsymbol{B}\boldsymbol{A}^{-1}=3\boldsymbol{A}\boldsymbol{B}+3\boldsymbol{E}$,且$|\boldsymbol{A}|=3$,则 $\boldsymbol{B}=$________.

(4) 设矩阵 $\boldsymbol{A}=\begin{pmatrix} 1 & -1 & 1 & 2 \\ 3 & a & -1 & 2 \\ 5 & 3 & b & 6 \end{pmatrix}$,且 $R(\boldsymbol{A})=2$,则 $a=$________,$b=$________.

(5) 设 $\boldsymbol{A}$ 是 3 阶矩阵,秩 $R(\boldsymbol{A})=2$,则 $\boldsymbol{A}^{*}\boldsymbol{x}=\boldsymbol{0}$ 的基础解系中含的向量个数为________.

(6) 已知 $\boldsymbol{A}=\begin{pmatrix} 2 & 2 & 2 \\ 2 & 2 & 2 \\ 2 & 2 & 2 \end{pmatrix}$,则 $\boldsymbol{A}$ 的非零特征值为________.

(7) 3 阶方阵 $\boldsymbol{A}$ 的特征值为 $1,-1,2$,则$|\boldsymbol{A}^{-1}+2\boldsymbol{A}-\boldsymbol{E}|=$________.

(8) 设$\boldsymbol{\alpha}_1,\boldsymbol{\alpha}_2,\boldsymbol{\alpha}_3$ 是一个规范正交基,则$\|3\boldsymbol{\alpha}_1-2\boldsymbol{\alpha}_2+\boldsymbol{\alpha}_3\|=$________.

(9) $\boldsymbol{A}$ 为 3 阶实对称矩阵 ,且满足 $\boldsymbol{A}^3-\boldsymbol{A}^2-\boldsymbol{A}=2\boldsymbol{E}$,则 $\boldsymbol{A}$ 特征值为________.

(10) 已知二次型 $f(x_1,x_2,x_3)=(a_1x_1+a_2x_2+a_3x_3)(b_1x_1+b_2x_2+b_3x_3)$,其中 a_1,a_2,a_3 与 b_1,b_2,b_3 对应不成比例,则二次型的秩为________,符号差是________.

二、单项选择题

(1) 设 n 阶矩阵 $\boldsymbol{A}$ 满足 $\boldsymbol{A}^2-\boldsymbol{A}-2\boldsymbol{E}=\boldsymbol{0}$,则下列矩阵中哪个可能不可逆(　　).

(A) $\boldsymbol{A}+2\boldsymbol{E}$；　(B) $\boldsymbol{A}+\boldsymbol{E}$；　(C) $\boldsymbol{A}-\boldsymbol{E}$；　(D) $\boldsymbol{A}$.

(2) 非齐次线性方程组 $\boldsymbol{A}_{m\times n}\boldsymbol{x}=\boldsymbol{b}$ 的导出组为 $\boldsymbol{A}_{m\times n}\boldsymbol{x}=\boldsymbol{0}$，若 $m<n$ 则(　　).

(A) 方程组 $\boldsymbol{A}_{m\times n}\boldsymbol{x}=\boldsymbol{b}$ 必有无穷多解；

(B) 导出组为 $\boldsymbol{A}_{m\times n}\boldsymbol{x}=\boldsymbol{0}$ 有无穷多解；

(C) 方程组 $\boldsymbol{A}_{m\times n}\boldsymbol{x}=\boldsymbol{b}$ 必有唯一解；

(D) 导出组为 $\boldsymbol{A}_{m\times n}\boldsymbol{x}=\boldsymbol{0}$ 只有零解.

(3) 设 $\boldsymbol{A}=(\boldsymbol{\alpha}_1,\boldsymbol{\alpha}_2,\boldsymbol{\alpha}_3,\boldsymbol{\alpha}_4)$ 是 4 阶方阵，若 $(-1,0,-1,0)^{\mathrm{T}}$ 是齐次线性方程组 $\boldsymbol{A}\boldsymbol{x}=\boldsymbol{0}$ 的一个基础解系，则 $\boldsymbol{A}^*\boldsymbol{x}=\boldsymbol{0}$ 的基础解系可为(　　).

(A) $\boldsymbol{\alpha}_1,\boldsymbol{\alpha}_2$；　(B) $\boldsymbol{\alpha}_1,\boldsymbol{\alpha}_3$；　(C) $\boldsymbol{\alpha}_1,\boldsymbol{\alpha}_2,\boldsymbol{\alpha}_3$；　(D) $\boldsymbol{\alpha}_2,\boldsymbol{\alpha}_3,\boldsymbol{\alpha}_4$.

(4) 下列命题正确的是(　　).

(A) 正交矩阵的行列式值等于 1；　(B) 正定矩阵必相似于单位矩阵；

(C) 正定矩阵必合同于单位矩阵；　(D) 以上结论均错误.

(5) 下列矩阵中与 $\begin{pmatrix}1&0&0\\0&-1&0\\0&0&1\end{pmatrix}$ 合同的是(　　).

(A) $\begin{pmatrix}2&0&0\\0&-2&0\\0&0&0\end{pmatrix}$；　(B) $\begin{pmatrix}-2&0&0\\0&3&0\\0&0&4\end{pmatrix}$；

(C) $\begin{pmatrix}2&0&0\\0&-3&0\\0&0&-2\end{pmatrix}$；　(D) $\begin{pmatrix}1&0&0\\0&2&0\\0&0&3\end{pmatrix}$.

三、计算题

1. 计算行列式 $D_{n+1}=\begin{vmatrix}-x_1&x_1&0&\cdots&0&0\\0&-x_2&x_2&\cdots&0&0\\\vdots&\vdots&\vdots&&\vdots&\vdots\\0&0&0&\cdots&-x_n&x_n\\y&y&y&\cdots&y&y\end{vmatrix}$.

2. 设矩阵 $\boldsymbol{A}$ 的伴随阵 $\boldsymbol{A}^*=\begin{pmatrix}4&3&0&0\\1&1&0&0\\0&0&2&1\\0&0&3&2\end{pmatrix}$，且 $\boldsymbol{A}\boldsymbol{X}\boldsymbol{A}^{-1}=\boldsymbol{X}\boldsymbol{A}^{-1}+8\boldsymbol{E}$，求矩阵 $\boldsymbol{X}$.

3. 设矩阵 $\boldsymbol{A}=\begin{pmatrix}2&0&1&5&-3\\1&6&-4&-1&4\\3&2&0&5&0\\3&-2&3&6&-1\end{pmatrix}$，

(1) 给出 $\boldsymbol{A}$ 列向量组的一个极大线性无关组；

(2) 将列向量组中其余的向量用给出的极大线性无关组表示.

4. 已知线性方程组$\begin{cases}x_1-x_2+x_3+2x_4=0\\3x_1+ax_2-x_3+2x_4=0\\5x_1+3x_2+bx_3+6x_4=0\end{cases}$的基础解系中有两个向量，求未知参数$a,b$及其通解.

**5. 设a,b为常数，讨论线性方程组$\begin{cases}ax_1+bx_2+2x_3=1\\(b-1)x_2+x_3=1\\ax_1+bx_2+(1-b)x_3=2-b\end{cases}$解的情况.

6. 已知矩阵$\boldsymbol{A}=\begin{pmatrix}5&1&2\\1&5&-2\\2&-2&2\end{pmatrix}$，求正交矩阵$\boldsymbol{C}$，使$\boldsymbol{C}^{-1}\boldsymbol{AC}$成为对角矩阵.

7. 已知二次型$f(x_1,x_2,x_3)=t(x_1^2+x_2^2+x_3^2)+2x_1x_2+2x_1x_3-2x_2x_3$，

(1) 当t为何值时二次型为正定二次型；

(2) 当$t=1$时，用可逆变换将二次型化为标准形，写出所用变换.

四、证明题

设$\boldsymbol{A}=\begin{pmatrix}1&x_1\\1&x_2\\\vdots&\vdots\\1&x_m\end{pmatrix}$，$\boldsymbol{B}=\begin{pmatrix}1&1&\cdots&1\\y_1&y_2&\cdots&y_m\end{pmatrix}$，证明：

(1) $\boldsymbol{BA}$可逆的充分必要条件是$\left(\sum_{i=1}^{m}x_i\right)\left(\sum_{i=1}^{m}y_i\right)\neq m\sum_{i=1}^{m}x_iy_i$；

(2) 当$m>2$时，$\boldsymbol{AB}$不可逆.

模拟试题详解

模拟试题一详解

一、填空题

(1) 4^4;

(2) $\begin{pmatrix} 2 & -1 \\ 3 & -2 \end{pmatrix}$;

提示 $\begin{pmatrix} 2 & -1 \\ 3 & -2 \end{pmatrix}^2=\begin{pmatrix} 1 & 0 \\ 0 & 1 \end{pmatrix}$, $\begin{pmatrix} 2 & -1 \\ 3 & -2 \end{pmatrix}^{2015}=\left[\begin{pmatrix} 2 & -1 \\ 3 & -2 \end{pmatrix}^2\right]^{1007}\begin{pmatrix} 2 & -1 \\ 3 & -2 \end{pmatrix}$.

(3) 3; **提示** $M_{21}+M_{22}+M_{23}=4$,所以$-A_{21}+A_{22}-A_{23}=4$,即$\begin{vmatrix} 1 & 1 & 1 \\ -1 & 1 & -1 \\ 1 & 4 & x \end{vmatrix}=4$.

(4) $\begin{pmatrix} 7 & 10 \\ 1 & 2 \end{pmatrix}$; **提示** 由于$\boldsymbol{ABC}=\boldsymbol{E}$,所以$\boldsymbol{A}^{-1}=\boldsymbol{BC}$.

(5) -4; **提示** $|-\boldsymbol{B}^{\mathrm{T}}\boldsymbol{A}^{-1}|=(-1)^5|\boldsymbol{B}^{\mathrm{T}}||\boldsymbol{A}^{-1}|=-\dfrac{|\boldsymbol{B}|}{|\boldsymbol{A}|}$.

(6) $3\begin{pmatrix} \frac{1}{2} & 0 & 0 \\ 0 & -5 & 3 \\ 0 & 2 & -1 \end{pmatrix}$; (7) $\boldsymbol{x}=\boldsymbol{\eta}_1+k(\boldsymbol{\eta}_2-\boldsymbol{\eta}_1)$,其中$k\in R$;

(8) $\dfrac{\pi}{4}$; (9) $\dfrac{1}{\lambda}|\boldsymbol{A}|$; (10) $\begin{pmatrix} 0 & \frac{1}{2} & \frac{1}{2} \\ \frac{1}{2} & 1 & -\frac{3}{2} \\ \frac{1}{2} & -\frac{3}{2} & 0 \end{pmatrix}$.

二、单项选择题

(1) (D); (2) (D);

(3) (A); **提示**

$|\boldsymbol{A}+\boldsymbol{B}|=|\boldsymbol{\alpha}_1+\boldsymbol{\alpha}_2,2\boldsymbol{\beta},2\boldsymbol{\gamma}|=4|\boldsymbol{\alpha}_1+\boldsymbol{\alpha}_2,\boldsymbol{\beta},\boldsymbol{\gamma}|=4|\boldsymbol{\alpha}_1,\boldsymbol{\beta},\boldsymbol{\gamma}|+4|\boldsymbol{\alpha}_2,\boldsymbol{\beta},\boldsymbol{\gamma}|=4|\boldsymbol{A}|+4|\boldsymbol{B}|$.

(4) (B);

(5) (B); **提示** 由于$\boldsymbol{A}$与$\boldsymbol{B}$相似,因此$|\boldsymbol{A}|=|\boldsymbol{B}|$,$\mathrm{tr}(\boldsymbol{A})=\mathrm{tr}(\boldsymbol{B})$,即有$3x-16=5y$,$4+x=6+y$,解得$x=-3,y=-5$.

三、计算题

1. $D=\begin{vmatrix} a_1+b & a_2 & \cdots & a_n \\ a_1 & a_2+b & \cdots & a_n \\ \vdots & \vdots & & \vdots \\ a_1 & a_2 & \cdots & a_n+b \end{vmatrix}$

$$\xlongequal{c_1+c_2+\cdots+c_n}\begin{vmatrix} b+\sum\limits_{i=1}^{n}a_i & a_2 & \cdots & a_n \\ b+\sum\limits_{i=1}^{n}a_i & a_2+b & \cdots & a_n \\ \vdots & \vdots & & \vdots \\ b+\sum\limits_{i=1}^{n}a_i & a_2 & \cdots & a_n+b \end{vmatrix}$$

$$=\left(b+\sum_{i=1}^{n}a_i\right)\begin{vmatrix} 1 & a_2 & \cdots & a_n \\ 1 & a_2+b & \cdots & a_n \\ \vdots & \vdots & & \vdots \\ 1 & a_2 & \cdots & a_n+b \end{vmatrix}$$

$$\xlongequal[\substack{c_3-a_3c_1 \\ \cdots \\ c_n-a_nc_1}]{c_2-a_2c_1}\left(b+\sum_{i=1}^{n}a_i\right)\begin{vmatrix} 1 & 0 & \cdots & 0 \\ 1 & b & \cdots & 0 \\ \vdots & \vdots & & \vdots \\ 1 & 0 & \cdots & b \end{vmatrix}$$

$$=\left(b+\sum_{i=1}^{n}a_i\right)b^{n-1}.$$

2. 设 $\boldsymbol{B}=\begin{pmatrix} 4 & 3 \\ 3 & 2 \end{pmatrix}$，$\boldsymbol{C}=\begin{pmatrix} 1 & 2 \\ 0 & 1 \end{pmatrix}$，$\boldsymbol{D}=\begin{pmatrix} 2 & 1 \\ 1 & 0 \end{pmatrix}$，则 $\boldsymbol{A}=\begin{pmatrix} \boldsymbol{B} & \boldsymbol{C} \\ \boldsymbol{O} & \boldsymbol{D} \end{pmatrix}$，设 $\boldsymbol{A}$ 的逆矩阵为 $\boldsymbol{A}^{-1}=\begin{bmatrix} \boldsymbol{B}^{-1} & \boldsymbol{K} \\ \boldsymbol{O} & \boldsymbol{D}^{-1} \end{bmatrix}$，则由

$$\boldsymbol{AA}^{-1}=\begin{pmatrix} \boldsymbol{B} & \boldsymbol{C} \\ \boldsymbol{O} & \boldsymbol{D} \end{pmatrix}\begin{bmatrix} \boldsymbol{B}^{-1} & \boldsymbol{K} \\ \boldsymbol{O} & \boldsymbol{D}^{-1} \end{bmatrix}=\begin{pmatrix} \boldsymbol{E} & \boldsymbol{BK}+\boldsymbol{CD}^{-1} \\ \boldsymbol{O} & \boldsymbol{E} \end{pmatrix}=\begin{pmatrix} \boldsymbol{E} & \boldsymbol{O} \\ \boldsymbol{O} & \boldsymbol{E} \end{pmatrix}$$

可知 $\boldsymbol{BK}+\boldsymbol{CD}^{-1}=\boldsymbol{O}$；因此 $\boldsymbol{K}=-\boldsymbol{B}^{-1}\boldsymbol{CD}^{-1}$．又因为

$$\boldsymbol{B}^{-1}=\begin{pmatrix} -2 & 3 \\ 3 & -4 \end{pmatrix},\quad \boldsymbol{D}^{-1}=\begin{pmatrix} 0 & 1 \\ 1 & -2 \end{pmatrix},$$

因此

$$\boldsymbol{K}=-\boldsymbol{B}^{-1}\boldsymbol{CD}^{-1}=-\begin{pmatrix} -2 & 3 \\ 3 & -4 \end{pmatrix}\begin{pmatrix} 1 & 2 \\ 0 & 1 \end{pmatrix}\begin{pmatrix} 0 & 1 \\ 1 & -2 \end{pmatrix}=\begin{pmatrix} 1 & 0 \\ -2 & 1 \end{pmatrix}.$$

故

$$A^{-1}=\begin{pmatrix}-2&3&1&0\\3&-4&-2&1\\0&0&0&1\\0&0&1&-2\end{pmatrix}.$$

3. 由于

$$(\boldsymbol{\alpha}_1,\boldsymbol{\alpha}_2,\boldsymbol{\alpha}_3,\boldsymbol{\alpha}_4)=\begin{pmatrix}1&1&3&1\\-1&1&-1&3\\5&-1&-2&4\\-1&3&1&7\end{pmatrix}\xlongequal[r_4+r_1]{\substack{r_2+r_1\\r_3-5r_1}}\begin{pmatrix}1&1&3&1\\0&2&2&4\\0&-6&-17&-1\\0&4&4&8\end{pmatrix}$$

$$\xrightarrow[r_4-2r_2]{r_3+3r_2}\begin{pmatrix}1&1&3&1\\0&2&2&4\\0&0&-11&11\\0&0&0&0\end{pmatrix}\xrightarrow[r_3\div(-11)]{\frac{r_2}{2}}\begin{pmatrix}1&1&3&1\\0&1&1&2\\0&0&1&-1\\0&0&0&0\end{pmatrix}\begin{pmatrix}1&0&0&1\\0&1&0&3\\0&0&1&-1\\0&0&0&0\end{pmatrix},$$

故极大线性无关组可取$\boldsymbol{\alpha}_1,\boldsymbol{\alpha}_2,\boldsymbol{\alpha}_3$，且$\boldsymbol{\alpha}_4=\boldsymbol{\alpha}_1+3\boldsymbol{\alpha}_2-\boldsymbol{\alpha}_3$.

4. 利用初等行变换，有

$$\begin{pmatrix}1&3&9&b\\2&0&6&1\\-3&1&-7&0\end{pmatrix}\rightarrow\begin{pmatrix}1&3&9&b\\0&-6&-12&1-2b\\0&10&20&3b\end{pmatrix}\rightarrow\begin{pmatrix}1&3&9&b\\0&-6&-12&1-2b\\0&0&0&\frac{5-b}{3}\end{pmatrix},$$

因此$b=5$，且$R(\boldsymbol{\alpha}_1,\boldsymbol{\alpha}_2,\boldsymbol{\alpha}_3)=2$，故$R(\boldsymbol{\beta}_1,\boldsymbol{\beta}_2,\boldsymbol{\beta}_3)=2$. 由于

$$\begin{pmatrix}0&a&b\\1&2&1\\-1&1&0\end{pmatrix}\rightarrow\begin{pmatrix}1&2&1\\0&3&1\\0&a&5\end{pmatrix}\rightarrow\begin{pmatrix}1&2&1\\0&3&1\\0&a-15&0\end{pmatrix},$$

故$a=15$.

5. $$\bar{\boldsymbol{A}}=\begin{pmatrix}1&1&-1&1\\2&3&a&3\\1&a&3&2\end{pmatrix}\rightarrow\begin{pmatrix}1&1&-1&1\\0&1&a+2&1\\0&a-1&4&1\end{pmatrix}\rightarrow\begin{pmatrix}1&1&-1&1\\0&1&a+2&1\\0&0&-a^2-a+6&2-a\end{pmatrix}$$

当$a\neq-3,2$时，方程组有唯一解；当$a=-3$时$R(\boldsymbol{A})\neq R(\bar{\boldsymbol{A}})$，方程组无解；当$a=2$时$R(\boldsymbol{A})=R(\bar{\boldsymbol{A}})=2<3$，方程组有无穷多解. 由于

$$\bar{\boldsymbol{A}}\rightarrow\begin{pmatrix}1&0&-5&0\\0&1&4&1\\0&0&0&0\end{pmatrix},$$

因此与导出组通解的方程组为$\begin{cases}x_1=5x_3\\x_2=-4x_3\end{cases}$，基础解系$\boldsymbol{\xi}=(5,-4,1)^{\mathrm{T}}$，非齐次方程组为$\begin{cases}x_1=5x_3\\x_2=-4x_3+1\end{cases}$，特解为$\boldsymbol{\eta}=(0,1,0)^{\mathrm{T}}$，故方程组的通解为$\boldsymbol{x}=\boldsymbol{\eta}+c\boldsymbol{\xi}$，$c\in R$.

6. 由$\boldsymbol{A}$与$\boldsymbol{B}$相似，有$\mathrm{tr}(\boldsymbol{A})=\mathrm{tr}(\boldsymbol{B})$，$|\boldsymbol{A}|=|\boldsymbol{B}|$，于是有$7=5+b$，$10-2a^2=4b$，解得$a=1$，$b=2$. 因此$\boldsymbol{A}$的特征值为$\lambda_1=1$，$\lambda_2=2$，$\lambda_3=4$.

当 $\lambda_1=1$ 时,由方程组 $(\boldsymbol{E}-\boldsymbol{A})\boldsymbol{x}=\boldsymbol{0}$,解得基础解系 $\boldsymbol{\eta}_1=\begin{pmatrix}1\\-1\\1\end{pmatrix}$.

当 $\lambda_2=2$ 时,由方程组 $(2\boldsymbol{E}-\boldsymbol{A})\boldsymbol{x}=\boldsymbol{0}$,解得基础解系 $\boldsymbol{\eta}_2=\begin{pmatrix}-1\\0\\1\end{pmatrix}$.

当 $\lambda_2=4$ 时,由方程组 $(4\boldsymbol{E}-\boldsymbol{A})\boldsymbol{x}=\boldsymbol{0}$,解得基础解系 $\boldsymbol{\eta}_3=\begin{pmatrix}1\\2\\1\end{pmatrix}$.

由于实对称矩阵对应于不同特征值的特征向量相互正交,故只需对 $\boldsymbol{\eta}_1,\boldsymbol{\eta}_2,\boldsymbol{\eta}_3$ 单位化即可,

$$\boldsymbol{P}_1=\frac{1}{\sqrt{3}}\begin{pmatrix}1\\-1\\1\end{pmatrix},\quad \boldsymbol{P}_2=\frac{1}{\sqrt{2}}\begin{pmatrix}-1\\0\\1\end{pmatrix},\quad \boldsymbol{P}_3=\frac{1}{\sqrt{6}}\begin{pmatrix}1\\2\\1\end{pmatrix}.$$

因此所求的正交矩阵

$$\boldsymbol{P}=(\boldsymbol{P}_1,\boldsymbol{P}_2,\boldsymbol{P}_3)=\begin{pmatrix}\frac{1}{\sqrt{3}} & -\frac{1}{\sqrt{2}} & \frac{1}{\sqrt{6}}\\ -\frac{1}{\sqrt{3}} & 0 & \frac{2}{\sqrt{6}}\\ \frac{1}{\sqrt{3}} & \frac{1}{\sqrt{2}} & \frac{1}{\sqrt{6}}\end{pmatrix},$$

满足 $\boldsymbol{P}^{-1}\boldsymbol{A}\boldsymbol{P}=\boldsymbol{B}$.

7. $f(x_1,x_2,x_3,x_4)=2x_1x_2+2x_2x_3+2x_3x_4+2x_1x_4=2(x_1+x_3)(x_2+x_4)$,令

$$\begin{cases}y_1=x_1+x_3\\y_2=x_2+x_4\\y_3=x_3\\y_4=x_4\end{cases},\quad 即\begin{cases}x_1=y_1-y_3\\x_2=y_2-y_4\\x_3=y_3\\x_4=y_4\end{cases},$$

变换的行列式 $C_1=\begin{vmatrix}1&0&-1&0\\0&1&0&-1\\0&0&1&0\\0&0&0&1\end{vmatrix}=1\neq0$,代入上式有

$$f(y_1,y_2,y_3,y_4)=2y_1y_2,$$

令 $\begin{cases}y_1=z_1-z_2\\y_2=z_1+z_2\\y_3=z_3\\y_4=z_4\end{cases}$,变换的行列式 $C_2=\begin{vmatrix}1&-1&0&0\\1&1&0&0\\0&0&1&0\\0&0&0&1\end{vmatrix}=2\neq0$,代入上式有

$$f(z_1,z_2,z_3,z_4)=2z_1^2-2z_2^2,$$

令矩阵 $\boldsymbol{C}=\boldsymbol{C}_1\boldsymbol{C}_2$，其可逆且原二次型经可逆线性变换 $\boldsymbol{x}=\boldsymbol{C}\boldsymbol{z}$ 化为标准形 $2z_1^2-2z_2^2$，原二次型的正惯性指数为1，秩为2.

四、证明题

由题意，

$$(\boldsymbol{\beta}_1,\boldsymbol{\beta}_2,\boldsymbol{\beta}_3)=(\boldsymbol{\alpha}_1,\boldsymbol{\alpha}_2,\boldsymbol{\alpha}_3)\boldsymbol{A}=(\boldsymbol{\alpha}_1,\boldsymbol{\alpha}_2,\boldsymbol{\alpha}_3)\begin{pmatrix}1&0&0\\-1&1&3\\-1&3&-1\end{pmatrix}.$$

由于 $|\boldsymbol{A}|=\begin{vmatrix}1&0&0\\-1&1&3\\-1&3&-1\end{vmatrix}=-10\neq0$，且 $\boldsymbol{\alpha}_1,\boldsymbol{\alpha}_2,\boldsymbol{\alpha}_3$ 线性无关，故有 $R(\boldsymbol{\beta}_1,\boldsymbol{\beta}_2,\boldsymbol{\beta}_3)=3$，因此 $\boldsymbol{\beta}_1,\boldsymbol{\beta}_2,\boldsymbol{\beta}_3$ 线性无关.

由题意，$\boldsymbol{\beta}_1,\boldsymbol{\beta}_2,\boldsymbol{\beta}_3$ 可以由 $\boldsymbol{\alpha}_1,\boldsymbol{\alpha}_2,\boldsymbol{\alpha}_3$ 线性表示. 又因为 $(\boldsymbol{\alpha}_1,\boldsymbol{\alpha}_2,\boldsymbol{\alpha}_3)=(\boldsymbol{\beta}_1,\boldsymbol{\beta}_2,\boldsymbol{\beta}_3)\boldsymbol{A}^{-1}$，即 $\boldsymbol{\alpha}_1,\boldsymbol{\alpha}_2,\boldsymbol{\alpha}_3$ 可以由 $\boldsymbol{\beta}_1,\boldsymbol{\beta}_2,\boldsymbol{\beta}_3$ 线性表示，故向量组 $\boldsymbol{\alpha}_1,\boldsymbol{\alpha}_2,\boldsymbol{\alpha}_3$ 与向量组 $\boldsymbol{\beta}_1,\boldsymbol{\beta}_2,\boldsymbol{\beta}_3$ 等价，因此 $\boldsymbol{\beta}_1,\boldsymbol{\beta}_2,\boldsymbol{\beta}_3$ 也是 $\boldsymbol{R}^3$ 一个基.

模拟试题二详解

一、填空题

(1) 7；**提示** 因为 $N(12i4j)=3$，显然 $i=5,j=3$.

(2) -24；

提示 根据行列式按行展开法则，$A_{31}+A_{32}+A_{33}+A_{34}$ 等于用1,1,1,1替代 D 中的第3行元素后所得的行列式，即

$$A_{31}+A_{32}+A_{33}+A_{34}=\begin{vmatrix}2&0&0&0\\0&3&0&0\\1&1&1&1\\1&1&1&1\end{vmatrix}=0.$$

$A_{41}+A_{42}+A_{43}+A_{44}$ 等于用1,1,1,1替代 D 中的第4行元素后所得的行列式，即

$$A_{41}+A_{42}+A_{43}+A_{44}=D=\begin{vmatrix}2&0&0&0\\0&3&0&0\\0&0&0&4\\1&1&1&1\end{vmatrix}=-24.$$

因此答案为 -24.

(3) -8；**提示** 因为 $|-\boldsymbol{A}^*|=|\boldsymbol{A}^*|=|\boldsymbol{A}|^3$.

(4) $10^4\boldsymbol{A}=10^4\begin{pmatrix}-1&5&4\\1&-5&-4\\-4&20&10\end{pmatrix}$；

(5) $\begin{pmatrix}1&0&0\\0&1&0\\0&k&1\end{pmatrix}$；**提示** 对矩阵作第3列乘以$k$加到第2列上去的初等变换，相当于$\boldsymbol{B}$为对单位矩阵作同样的列变换所得.

(6) $\boldsymbol{B}-\boldsymbol{E}$；

提示 由于$\boldsymbol{AB}=\boldsymbol{A}+\boldsymbol{B}$，因此$(\boldsymbol{A}-\boldsymbol{E})(\boldsymbol{B}-\boldsymbol{E})=\boldsymbol{E}$，故$(\boldsymbol{A}-\boldsymbol{E})^{-1}=\boldsymbol{B}-\boldsymbol{E}$.

(7) $\boldsymbol{x}=(1,2,3)^{\mathrm{T}}+c(1,2,-1)^{\mathrm{T}}$；

提示 $\boldsymbol{\alpha}_2,\boldsymbol{\alpha}_3$线性无关，$\boldsymbol{\alpha}_1+2\boldsymbol{\alpha}_2-\boldsymbol{\alpha}_3=\boldsymbol{0}$，$\boldsymbol{\alpha}_1,\boldsymbol{\alpha}_2,\boldsymbol{\alpha}_3$线性相关，所以$R(\boldsymbol{A})=2$，且齐次方程组基础解系为$\boldsymbol{\xi}=(1,2,-1)^{\mathrm{T}}$，又因为$\boldsymbol{\beta}=\boldsymbol{\alpha}_1+2\boldsymbol{\alpha}_2+3\boldsymbol{\alpha}_3$，非齐次方程组的特解为$\boldsymbol{\eta}=(1,2,3)^{\mathrm{T}}$.

(8) $\frac{\pi}{2}$；**提示** $[\boldsymbol{\alpha},\boldsymbol{\beta}]=0$，所以$\boldsymbol{\alpha}$与$\boldsymbol{\beta}$正交.

(9) 0,1,−1；不可逆； (10) $2<a<3$.

二、单项选择题

(1) (A)； (2) (B)； (3) (C)； (4) (D)； (5) (C).

三、计算题

1. $$\begin{vmatrix}1+a_1&1&\cdots&1\\1&1+a_2&\cdots&1\\\vdots&\vdots&&\vdots\\1&1&\cdots&1+a_n\end{vmatrix}=\begin{vmatrix}1+a_1&1&\cdots&1\\-a_1&a_2&\cdots&0\\\vdots&\vdots&&\vdots\\-a_1&0&\cdots&a_n\end{vmatrix}$$

$$=\begin{vmatrix}1+a_1+\sum\limits_{i=2}^{n}\frac{a_1}{a_i}&1&\cdots&1\\0&a_2&\cdots&0\\\vdots&\vdots&&\vdots\\0&0&\cdots&a_n\end{vmatrix}$$

$$=\left(1+a_1+\sum_{i=2}^{n}\frac{a_1}{a_i}\right)a_2a_3\cdots a_n$$

$$=\left(1+\sum_{i=1}^{n}\frac{1}{a_i}\right)a_1a_2a_3\cdots a_n.$$

2. 记$\boldsymbol{A}=\begin{pmatrix}3&1&0&0&0\\0&3&1&0&0\\0&0&3&0&0\\0&0&0&3&2\\0&0&0&4&3\end{pmatrix}=\begin{pmatrix}\boldsymbol{B}&\boldsymbol{O}\\\boldsymbol{O}&\boldsymbol{C}\end{pmatrix}$，其中$\boldsymbol{B}=\begin{pmatrix}3&1&0\\0&3&1\\0&0&3\end{pmatrix}$，$\boldsymbol{C}=\begin{pmatrix}3&2\\4&3\end{pmatrix}$，由于

$$(\boldsymbol{B}\vdots\boldsymbol{E})=\left(\begin{array}{ccc:ccc}3&1&0&1&0&0\\0&3&1&0&1&0\\0&0&3&0&0&1\end{array}\right)\rightarrow\left(\begin{array}{ccc:ccc}1&\frac{1}{3}&0&\frac{1}{3}&0&0\\0&1&\frac{1}{3}&0&\frac{1}{3}&0\\0&0&1&0&0&\frac{1}{3}\end{array}\right)$$

$$\rightarrow\left(\begin{array}{ccc:ccc}1&0&0&\frac{1}{3}&-\frac{1}{9}&\frac{1}{27}\\0&1&0&0&\frac{1}{3}&-\frac{1}{9}\\0&0&1&0&0&\frac{1}{3}\end{array}\right),$$

因此

$$B^{-1}=\begin{pmatrix}\frac{1}{3}&-\frac{1}{9}&\frac{1}{27}\\0&\frac{1}{3}&-\frac{1}{9}\\0&0&\frac{1}{3}\end{pmatrix}\quad C^{-1}=\begin{pmatrix}3&-2\\-4&3\end{pmatrix},$$

$$A^{-1}=\begin{pmatrix}B^{-1}&O\\O&C^{-1}\end{pmatrix}=\begin{pmatrix}\frac{1}{3}&-\frac{1}{9}&\frac{1}{27}&0&0\\0&\frac{1}{3}&-\frac{1}{9}&0&0\\0&0&\frac{1}{3}&0&0\\0&0&0&3&-2\\0&0&0&-4&3\end{pmatrix},$$

$$|A^2|=|A|^2=3^6,(A^*)^{-1}=\frac{1}{|A|}A=\frac{1}{27}A.$$

3. 由条件 $AX=A+2X$ 可知，$(A-2E)X=A$，且 $A-2E=\begin{pmatrix}2&2&3\\1&-1&0\\-1&2&1\end{pmatrix}$. 由于

$$(A-2E\ \vdots\ A)=\left(\begin{array}{ccc:ccc}2&2&3&4&2&3\\1&-1&0&1&1&0\\-1&2&1&-1&2&3\end{array}\right)\rightarrow\left(\begin{array}{ccc:ccc}1&0&0&3&-8&-6\\0&1&0&2&-9&-6\\0&0&1&-2&12&9\end{array}\right),$$

因此

$$X=\begin{pmatrix}3&-8&-6\\2&-9&-6\\-2&12&9\end{pmatrix}.$$

4. 由于

$$A=\begin{pmatrix}2&0&1&5&-3\\3&-2&3&6&-1\\1&6&-4&-1&4\\3&2&0&5&0\end{pmatrix}\rightarrow\begin{pmatrix}1&0&\frac{1}{2}&0&\frac{7}{2}\\0&1&-\frac{3}{4}&0&-\frac{1}{4}\\0&0&0&1&-2\\0&0&0&0&0\end{pmatrix},$$

因此 $R(A)=3$，可选取前 3 行，与第 1、2、4 列得到的 3 阶子式 $\begin{vmatrix}2&0&5\\3&-2&6\\1&6&-1\end{vmatrix}$ 为最高阶非

零子式；

设列向量组为$\boldsymbol{\alpha}_1,\boldsymbol{\alpha}_2,\boldsymbol{\alpha}_3,\boldsymbol{\alpha}_4,\boldsymbol{\alpha}_5$，可选取$\boldsymbol{\alpha}_1,\boldsymbol{\alpha}_2,\boldsymbol{\alpha}_4$为极大线性无关组，且

$$\boldsymbol{\alpha}_3=\frac{1}{2}\boldsymbol{\alpha}_1-\frac{3}{4}\boldsymbol{\alpha}_2,\quad \boldsymbol{\alpha}_5=\frac{7}{2}\boldsymbol{\alpha}_1-\frac{1}{4}\boldsymbol{\alpha}_2-2\boldsymbol{\alpha}_4.$$

5. 由于

$$\begin{pmatrix}1&1&2&3&1\\1&3&6&1&3\\1&-5&-10&9&a\end{pmatrix}\xrightarrow{r}\begin{pmatrix}1&1&2&3&1\\0&2&4&-2&2\\0&-6&-12&6&a-1\end{pmatrix}\xrightarrow{r}\begin{pmatrix}1&0&0&4&0\\0&1&2&-1&1\\0&0&0&0&a+5\end{pmatrix},$$

当$a=-5$时，线性方程组有解，与原方程组同解的方程组为

$$\begin{cases}x_1= & -4x_4\\ x_2=1-2x_3+x_4\end{cases},$$

非齐次方程组的一个特解为$\boldsymbol{\eta}=\begin{pmatrix}0\\1\\0\\0\end{pmatrix}$. 其导出组为$\begin{cases}x_1= & -4x_4\\ x_2=-2x_3+x_4\end{cases}$，基础解系为

$$\boldsymbol{\xi}_1=\begin{pmatrix}0\\-2\\1\\0\end{pmatrix},\boldsymbol{\xi}_2=\begin{pmatrix}-4\\1\\0\\1\end{pmatrix},$$

因此非齐次线性方程组的通解为$\boldsymbol{x}=\boldsymbol{\eta}+k_1\boldsymbol{\xi}_1+k_2\boldsymbol{\xi}_2$，其中$k_1,k_2$为任意常数.

6. $f(x_1,x_2,x_3)=(x_1,x_2,x_3)\begin{pmatrix}2&1&1\\1&2&1\\1&1&2\end{pmatrix}\begin{pmatrix}x_1\\x_2\\x_3\end{pmatrix}$，对应矩阵为$\boldsymbol{A}=\begin{pmatrix}2&1&1\\1&2&1\\1&1&2\end{pmatrix}$，特征方程为

$$|\lambda\boldsymbol{E}-\boldsymbol{A}|=\begin{vmatrix}\lambda-2&-1&-1\\-1&\lambda-2&-1\\-1&-1&\lambda-2\end{vmatrix}=\begin{vmatrix}\lambda-4&-1&-1\\0&\lambda-1&0\\0&0&\lambda-1\end{vmatrix}=(\lambda-1)^2(\lambda-4),$$

其特征值为$\lambda_1=\lambda_2=1,\lambda_3=4$.

当$\lambda_1=\lambda_2=1$时，方程组为$(\boldsymbol{E}-\boldsymbol{A})\boldsymbol{x}=\boldsymbol{0}$，系数矩阵为$\begin{pmatrix}-1&-1&-1\\-1&-1&-1\\-1&-1&-1\end{pmatrix}$，对应方程组为$x_1+x_2+x_3=0$，对应特征向量为$\boldsymbol{\xi}_1=(-1,1,0)^{\mathrm{T}},\boldsymbol{\xi}_2=(-1,0,1)^{\mathrm{T}}$，

当$\lambda_3=4$时，方程组为$(4\boldsymbol{E}-\boldsymbol{A})\boldsymbol{x}=\boldsymbol{0}$，系数矩阵为$\begin{pmatrix}2&-1&-1\\-1&2&-1\\-1&-1&2\end{pmatrix}$. 由于

$$\begin{pmatrix}2&-1&-1\\-1&2&-1\\-1&-1&2\end{pmatrix}\to\begin{pmatrix}-1&-1&2\\-1&2&-1\\2&-1&-1\end{pmatrix}\to\begin{pmatrix}-1&-1&2\\0&3&-3\\0&-3&3\end{pmatrix}$$

$$\to\begin{pmatrix}-1&-1&2\\0&1&-1\\0&0&0\end{pmatrix}\to\begin{pmatrix}1&0&-1\\0&1&-1\\0&0&0\end{pmatrix},$$

对应方程组为方程为$\begin{cases}x_1-x_3=0\\x_2-x_3=0\end{cases}$,对应特征向量为$\boldsymbol{\xi}_3=(1,1,1)^{\mathrm{T}}$,正交化

$$\boldsymbol{\beta}_1=\boldsymbol{\xi}_1=(-1,1,0)^{\mathrm{T}},$$

$$\boldsymbol{\beta}_2=\boldsymbol{\xi}_2-\frac{[\boldsymbol{\xi}_2,\boldsymbol{\beta}_1]}{[\boldsymbol{\beta}_1,\boldsymbol{\beta}]_1}\boldsymbol{\beta}_1=(-1,0,1)^{\mathrm{T}}-\frac{1}{2}(-1,1,0)^{\mathrm{T}}=\frac{1}{2}(-1,-1,2)^{\mathrm{T}},$$

规范化

$$\boldsymbol{\gamma}_1=\frac{1}{\|\boldsymbol{\beta}_1\|}\boldsymbol{\beta}_1=\left(-\frac{1}{\sqrt{2}},\frac{1}{\sqrt{2}},0\right)^{\mathrm{T}},\boldsymbol{\gamma}_2=\frac{1}{\|\boldsymbol{\beta}_2\|}\boldsymbol{\beta}_2=\left(-\frac{1}{\sqrt{6}},-\frac{1}{\sqrt{6}},\frac{2}{\sqrt{6}}\right)^{\mathrm{T}},$$

$$\boldsymbol{\gamma}_3=\frac{1}{\|\boldsymbol{\xi}_3\|}\boldsymbol{\xi}_3=\left(\frac{1}{\sqrt{3}},\frac{1}{\sqrt{3}},\frac{1}{\sqrt{3}}\right)^{\mathrm{T}},$$

所求正交阵为$\boldsymbol{Q}=\begin{pmatrix}-\frac{1}{\sqrt{2}}&-\frac{1}{\sqrt{6}}&\frac{1}{\sqrt{3}}\\\frac{1}{\sqrt{2}}&-\frac{1}{\sqrt{6}}&\frac{1}{\sqrt{3}}\\0&\frac{2}{\sqrt{6}}&\frac{1}{\sqrt{3}}\end{pmatrix}$,正交变换 $\boldsymbol{x}=\boldsymbol{Q}\boldsymbol{y}$ 使 f 化为 $f=y_1^2+y_2^2+4y_3^2$.

四、证明题

(1) 由于

$$\boldsymbol{A}^*=\begin{pmatrix}A_{11}&A_{21}&A_{31}\\A_{12}&A_{22}&A_{32}\\A_{13}&A_{23}&A_{33}\end{pmatrix}=\begin{pmatrix}a_{11}&a_{21}&a_{31}\\a_{12}&a_{22}&a_{32}\\a_{13}&a_{23}&a_{33}\end{pmatrix}=\boldsymbol{A}^{\mathrm{T}},$$

而$|\boldsymbol{A}|=|\boldsymbol{A}^{\mathrm{T}}|=|\boldsymbol{A}^*|=|\boldsymbol{A}|^2$,$|\boldsymbol{A}|^2-|\boldsymbol{A}|=0$,所以$|\boldsymbol{A}|=1$.

(2) 设 $\boldsymbol{A}_{m\times n}\boldsymbol{B}_{n\times m}=\boldsymbol{C}_{m\times m}$,由于因为 $\boldsymbol{C}_{m\times m}$ 可逆,因此 $R(\boldsymbol{C}_{m\times m})=m$. 又因为

$$m=R(\boldsymbol{C}_{m\times m})\leqslant R(\boldsymbol{A})\leqslant\min\{m,n\},$$

$$m=R(\boldsymbol{C}_{m\times m})\leqslant R(\boldsymbol{B})\leqslant\min\{m,n\},$$

因此 $R(\boldsymbol{A})=m$,$R(\boldsymbol{B})=m$,从而 $\boldsymbol{A}$ 必为行满秩矩阵,$\boldsymbol{B}$ 必为列满秩矩阵.

模拟试题三详解

一、填空题

(1) $\frac{1}{3}$;　(2) 6;　(3) $\begin{pmatrix}1&2015\\0&1\end{pmatrix}$;　(4) $4(-1)^n$;

(5) $6^5\begin{pmatrix}1&-2&1\\-2&4&-2\\1&-2&1\end{pmatrix}$;

提示 由于

$$A^2=\alpha\alpha^{\mathrm T}\alpha\alpha^{\mathrm T}=\alpha(\alpha^{\mathrm T}\alpha)\alpha^{\mathrm T}=6\alpha\alpha^{\mathrm T}=6A,$$

因此

$$A^6=6^5A=6^5\begin{pmatrix}1&-2&1\\-2&4&-2\\1&-2&1\end{pmatrix}.$$

(6) 2；$(2,1,0)^{\mathrm T},(1,0,1)^{\mathrm T}$；　(7) $R(A)=R(\bar{A})$；　(8) -6；

(9) $\sqrt{(x_1-x_2)^2+(y_1-y_2)^2+(z_1-z_2)^2}$，$x_1x_2+y_1y_2+z_1z_2=0$；

(10) $\begin{pmatrix}1&-1&0\\0&1&-1\\0&0&1\end{pmatrix}$.

二、单项选择题

(1) (D)；　(2) (D)；　(3) (C)；　(4) (C)；　(5) (A).

三、计算题

1. **解法1** 利用行列式的性质有

$$D_n=\begin{vmatrix}x_1-a&x_2&x_3&\cdots&x_n\\x_1&x_2-a&x_3&\cdots&x_n\\x_1&x_2&x_3-a&\cdots&x_n\\\vdots&\vdots&\vdots&&\vdots\\x_1&x_2&x_3&\cdots&x_n-a\end{vmatrix}\xlongequal[k=2,3,\cdots,n]{r_k-r_1}\begin{vmatrix}x_1-a&x_2&x_3&\cdots&x_n\\a&-a&0&\cdots&0\\a&0&-a&\cdots&0\\\vdots&\vdots&\vdots&&\vdots\\a&0&0&\cdots&-a\end{vmatrix}$$

$$\xlongequal[k=2,3,\cdots,n]{c_1+c_k}\begin{vmatrix}\sum\limits_{i=1}^n x_i-a&x_2&x_3&\cdots&x_n\\0&-a&0&\cdots&0\\0&0&-a&\cdots&0\\\vdots&\vdots&\vdots&&\vdots\\0&0&0&\cdots&-a\end{vmatrix}=(-a)^{n-1}\left(\sum_{i=1}^n x_i-a\right).$$

解法2

$$D_n\xlongequal[k=2,3,\cdots,n]{r_1+r_k}\begin{vmatrix}\sum\limits_{i=1}^n x_i-a&x_2&x_3&\cdots&x_n\\\sum\limits_{i=1}^n x_i-a&x_2-a&x_3&\cdots&x_n\\\sum\limits_{i=1}^n x_i-a&x_2&x_3-a&\cdots&x_n\\\vdots&\vdots&\vdots&&\vdots\\\sum\limits_{i=1}^n x_i-a&x_2&x_3&\cdots&x_n-a\end{vmatrix}$$

$$=\left(\sum_{i=1}^{n}x_i-a\right)\begin{vmatrix}1 & x_2 & x_3 & \cdots & x_n\\1 & x_2-a & x_3 & \cdots & x_n\\1 & x_2 & x_3-a & \cdots & x_n\\\vdots & \vdots & \vdots & & \vdots\\1 & x_2 & x_3 & \cdots & x_n-a\end{vmatrix}$$

$$\xlongequal[k=2,3,\cdots,n]{r_k-r_1}\left(\sum_{i=1}^{n}x_i-a\right)\begin{vmatrix}1 & x_2 & x_3 & \cdots & x_n\\0 & -a & 0 & \cdots & 0\\0 & 0 & -a & \cdots & 0\\\vdots & \vdots & \vdots & & \vdots\\0 & 0 & 0 & \cdots & -a\end{vmatrix}=(-a)^{n-1}\left(\sum_{i=1}^{n}x_i-a\right).$$

2. (1) 由题意$|\boldsymbol{A}|=3$,因此

$$|\boldsymbol{A}^{-1}+\boldsymbol{A}^*|=|\boldsymbol{A}^{-1}+|\boldsymbol{A}|\boldsymbol{A}^{-1}|=|4\boldsymbol{A}^{-1}|=4^3|\boldsymbol{A}^{-1}|=\frac{64}{3}.$$

(2) 由$\boldsymbol{AB}=\boldsymbol{B}+\boldsymbol{E}$可知$(\boldsymbol{A}-\boldsymbol{E})\boldsymbol{B}=\boldsymbol{E}$,因此$\boldsymbol{B}=(\boldsymbol{A}-\boldsymbol{E})^{-1}$. 而$\boldsymbol{A}-\boldsymbol{E}=\begin{pmatrix}2 & 0 & 0\\0 & 0 & 2\\0 & 1 & 2\end{pmatrix}$,利用初等行变换,

$$(\boldsymbol{A}-\boldsymbol{E}\,\vdots\,\boldsymbol{E})=\left(\begin{array}{ccc:ccc}2 & 0 & 0 & 1 & 0 & 0\\0 & 0 & 2 & 0 & 1 & 0\\0 & 1 & 2 & 0 & 0 & 1\end{array}\right)\xrightarrow[r_2\times\frac{1}{2}]{r_1\times\frac{1}{2}}\left(\begin{array}{ccc:ccc}1 & 0 & 0 & \frac{1}{2} & 0 & 0\\0 & 0 & 1 & 0 & \frac{1}{2} & 0\\0 & 1 & 2 & 0 & 0 & 1\end{array}\right)$$

$$\xrightarrow{r_2\leftrightarrow r_3}\left(\begin{array}{ccc:ccc}1 & 0 & 0 & \frac{1}{2} & 0 & 0\\0 & 1 & 2 & 0 & 0 & 1\\0 & 0 & 1 & 0 & \frac{1}{2} & 0\end{array}\right)\xrightarrow{r_2-2r_3}\left(\begin{array}{ccc:ccc}1 & 0 & 0 & \frac{1}{2} & 0 & 0\\0 & 1 & 0 & 0 & -1 & 1\\0 & 0 & 1 & 0 & \frac{1}{2} & 0\end{array}\right).$$

因此

$$\boldsymbol{B}=(\boldsymbol{A}-\boldsymbol{E})^{-1}=\begin{pmatrix}\frac{1}{2} & 0 & 0\\0 & -1 & 1\\0 & \frac{1}{2} & 0\end{pmatrix}.$$

3. 利用初等行变换,有

$$(\boldsymbol{\alpha}_1,\boldsymbol{\alpha}_2,\boldsymbol{\alpha}_3,\boldsymbol{\beta}_3)=\begin{pmatrix}1 & 3 & 9 & b\\2 & 0 & 6 & 1\\-3 & 1 & -7 & 0\end{pmatrix}\to\begin{pmatrix}1 & 3 & 9 & b\\0 & -6 & -12 & 1-2b\\0 & 0 & 0 & 5-b\end{pmatrix}.$$

因为向量$\boldsymbol{\beta}_3$可以由$\boldsymbol{\alpha}_1,\boldsymbol{\alpha}_2,\boldsymbol{\alpha}_3$线性表示,所以$R(\boldsymbol{\alpha}_1,\boldsymbol{\alpha}_2,\boldsymbol{\alpha}_3,\boldsymbol{\beta}_3)=R(\boldsymbol{\alpha}_1,\boldsymbol{\alpha}_2,\boldsymbol{\alpha}_3)=2$,因此$b=5$.而

$$(\boldsymbol{\beta}_1,\boldsymbol{\beta}_2,\boldsymbol{\beta}_3)=\begin{pmatrix}0&a&5\\1&2&1\\-1&1&0\end{pmatrix}\to\begin{pmatrix}1&2&1\\0&3&1\\0&a&5\end{pmatrix}\to\begin{pmatrix}1&2&1\\0&3&1\\0&a-15&0\end{pmatrix},$$

又因为 $R(\boldsymbol{\beta}_1,\boldsymbol{\beta}_2,\boldsymbol{\beta}_3)=R(\boldsymbol{\alpha}_1,\boldsymbol{\alpha}_2,\boldsymbol{\alpha}_3)=2$，因此 $a=15$.

4. (1) 利用初等行变换，将$(\boldsymbol{\alpha}_1,\boldsymbol{\alpha}_2,\boldsymbol{\alpha}_3,\boldsymbol{\alpha}_4,\boldsymbol{\alpha}_5)$化为阶梯形矩阵，

$$(\boldsymbol{\alpha}_1,\boldsymbol{\alpha}_2,\boldsymbol{\alpha}_3,\boldsymbol{\alpha}_4,\boldsymbol{\alpha}_5)=\begin{pmatrix}1&0&2&1&4\\-1&3&-5&-2&-11\\2&1&3&2&6\\4&2&6&0&8\end{pmatrix}\to\begin{pmatrix}1&0&2&1&4\\0&1&-1&0&-2\\0&0&0&1&1\\0&0&0&0&0\end{pmatrix},$$

因此$\boldsymbol{\alpha}_1,\boldsymbol{\alpha}_2,\boldsymbol{\alpha}_3,\boldsymbol{\alpha}_4,\boldsymbol{\alpha}_5$ 的秩为 3，最大线性无关组可以取为$\boldsymbol{\alpha}_1,\boldsymbol{\alpha}_2,\boldsymbol{\alpha}_4$.

(2) 利用初等行变换，将$(\boldsymbol{\alpha}_1,\boldsymbol{\alpha}_2,\boldsymbol{\alpha}_3,\boldsymbol{\alpha}_4,\boldsymbol{\alpha}_5)$化为行最简形矩阵，

$$(\boldsymbol{\alpha}_1,\boldsymbol{\alpha}_2,\boldsymbol{\alpha}_3,\boldsymbol{\alpha}_4,\boldsymbol{\alpha}_5)\to\begin{pmatrix}1&0&2&1&4\\0&1&-1&0&-2\\0&0&0&1&1\\0&0&0&0&0\end{pmatrix}\to\begin{pmatrix}1&0&2&0&3\\0&1&-1&0&-2\\0&0&0&1&1\\0&0&0&0&0\end{pmatrix}.$$

因此$\boldsymbol{\alpha}_3=2\boldsymbol{\alpha}_1-\boldsymbol{\alpha}_2,\boldsymbol{\alpha}_5=3\boldsymbol{\alpha}_1-2\boldsymbol{\alpha}_2+\boldsymbol{\alpha}_4$.

5. 利用初等行变换将增广矩阵 $\boldsymbol{B}$ 化为阶梯形矩阵，

$$\boldsymbol{B}=(\boldsymbol{A},\boldsymbol{b})=\begin{pmatrix}1&3&6&1&3\\1&1&2&3&1\\3&-1&-a&15&3\\1&-5&-10&12&1\end{pmatrix}\to\begin{pmatrix}1&1&2&3&1\\0&1&2&-1&1\\0&0&2-a&2&4\\0&0&0&1&2\end{pmatrix}.$$

当 $a\neq2$ 时，$R(\boldsymbol{A})=R(\boldsymbol{B})=4$，方程组有唯一解.

当 $a=2$ 时，利用初等行变换将增广矩阵 $\boldsymbol{B}$ 化为行最简形矩阵，

$$\boldsymbol{B}\to\begin{pmatrix}1&1&2&3&1\\0&1&2&-1&1\\0&0&0&2&4\\0&0&0&1&2\end{pmatrix}\to\begin{pmatrix}1&0&0&0&-8\\0&1&2&0&3\\0&0&0&1&2\\0&0&0&0&0\end{pmatrix}.$$

由于 $R(\boldsymbol{A})=R(\boldsymbol{B})=3$，因此方程组有无穷多解，且有$\begin{cases}x_1=-8\\x_2+2x_3=3.\\x_4=2\end{cases}$取 $x_3=0$ 时，可得到方程组的一个特解 $\eta=(-8,3,0,2)^{\mathrm{T}}$. 对应的齐次线性方程组$\begin{cases}x_1=0\\x_2=-2x_3\\x_4=0\end{cases}$的基础解系为$\eta=(0,-2,1,0)^{\mathrm{T}}$. 于是所求的通解为

$$\begin{pmatrix}x_1\\x_2\\x_3\\x_4\end{pmatrix}=\begin{pmatrix}-8\\3\\0\\2\end{pmatrix}+k\begin{pmatrix}0\\-2\\1\\0\end{pmatrix},$$

其中 $k\in R$.

6. (1) 由于

$$|\boldsymbol{A}-\lambda\boldsymbol{E}|=\begin{vmatrix}1-\lambda & -2 & 2\\ -2 & -2-\lambda & 4\\ 2 & 4 & -2-\lambda\end{vmatrix}=-(\lambda+7)(\lambda-2)^2,$$

所以 $\boldsymbol{A}$ 的特征值为 $\lambda_1=-7,\lambda_2=\lambda_3=2$.

当 $\lambda_1=-7$ 时，解方程组 $(\boldsymbol{A}+7\boldsymbol{E})\boldsymbol{x}=\boldsymbol{0}$，由

$$\boldsymbol{A}+7\boldsymbol{E}=\begin{pmatrix}8 & -2 & 2\\ -2 & 5 & 4\\ 2 & 4 & 5\end{pmatrix}\xrightarrow{r}\begin{pmatrix}2 & 0 & 1\\ 0 & 1 & 1\\ 0 & 0 & 0\end{pmatrix},$$

解得基础解系 $\boldsymbol{\eta}_1=\begin{pmatrix}-1\\ -2\\ 2\end{pmatrix}$，则 $\boldsymbol{A}$ 的对应于 $\lambda_1=-7$ 的全部特征向量为 $k_1\boldsymbol{\eta}_1(k_1\neq 0)$.

当 $\lambda_2=\lambda_3=2$ 时，解方程组 $(\boldsymbol{A}-2\boldsymbol{E})\boldsymbol{x}=\boldsymbol{0}$，由

$$\boldsymbol{A}-2\boldsymbol{E}=\begin{pmatrix}-1 & -2 & 2\\ -2 & -4 & 4\\ 2 & 4 & -4\end{pmatrix}\xrightarrow{r}\begin{pmatrix}1 & 2 & -2\\ 0 & 0 & 0\\ 0 & 0 & 0\end{pmatrix},$$

解得基础解系 $\boldsymbol{\eta}_2=\begin{pmatrix}2\\ 0\\ 1\end{pmatrix},\boldsymbol{\eta}_3=\begin{pmatrix}-2\\ 1\\ 0\end{pmatrix}$. 则 $\boldsymbol{A}$ 的对应于 $\lambda_2=\lambda_3=2$ 的全部特征向量为 $k_2\boldsymbol{\eta}_2+k_3\boldsymbol{\eta}_3$，其中 k_2,k_3 不全为 0.

(2) 将 $\boldsymbol{\eta}_2,\boldsymbol{\eta}_3$ 正交化. 取 $\boldsymbol{\beta}_2=\boldsymbol{\eta}_2,\boldsymbol{\beta}_3=\boldsymbol{\eta}_3-\frac{[\boldsymbol{\eta}_3,\boldsymbol{\beta}_2]}{[\boldsymbol{\beta}_2,\boldsymbol{\beta}_2]}\boldsymbol{\beta}_2=\frac{1}{5}\begin{pmatrix}-2\\ 5\\ 4\end{pmatrix}$，将向量组 $\boldsymbol{\eta}_1,\boldsymbol{\beta}_2,\boldsymbol{\beta}_3$ 单位化得

$$\boldsymbol{p}_1=\frac{1}{3}\begin{pmatrix}-1\\ -2\\ 2\end{pmatrix},\quad \boldsymbol{p}_2=\frac{1}{\sqrt{5}}\begin{pmatrix}2\\ 0\\ 1\end{pmatrix},\quad \boldsymbol{p}_3=\frac{1}{3\sqrt{5}}\begin{pmatrix}-2\\ 5\\ 4\end{pmatrix}.$$

因此所求的正交矩阵为

$$\boldsymbol{P}=(\boldsymbol{p}_1,\boldsymbol{p}_2,\boldsymbol{p}_3)=\begin{pmatrix}-\frac{1}{3} & \frac{2}{\sqrt{5}} & -\frac{2}{\sqrt{45}}\\ -\frac{2}{3} & 0 & \frac{\sqrt{5}}{3}\\ \frac{2}{3} & \frac{1}{\sqrt{5}} & \frac{4}{\sqrt{45}}\end{pmatrix},$$

此时对角矩阵为

$$\boldsymbol{P}^{-1}\boldsymbol{A}\boldsymbol{P}=\begin{pmatrix}-7 & 0 & 0\\ 0 & 2 & 0\\ 0 & 0 & 2\end{pmatrix}.$$

7. (1) 由于 f 含有平方项,可以先合并、配方含有 x_1 的项,

$$f = x_1^2 - 2x_2^2 + 3x_3^2 - 4x_1x_3 + 4x_2x_3 = (x_1 - 2x_3)^2 - 2x_2^2 - x_3^2 + 4x_2x_3,$$

右端除第一项外不再含 x_1,下面对含 x_2 的项进行配方,

$$f = (x_1 - 2x_3)^2 - 2(x_2 - x_3)^2 + x_3^2$$

取线性变换,

$$\begin{cases} y_1 = x_1 - 2x_3 \\ y_2 = x_2 - x_3 \\ y_3 = x_3 \end{cases},\quad 即\begin{cases} x_1 = y_1 + 2y_3 \\ x_2 = y_2 + y_3 \\ x_3 = y_3 \end{cases}.$$

二次型 f 化为标准形 $f = y_1^2 - 2y_2^2 + y_3^2$,所取可逆变换为 $\boldsymbol{x} = \boldsymbol{C}\boldsymbol{y}$,其中

$$\boldsymbol{C} = \begin{pmatrix} 1 & 0 & 2 \\ 0 & 1 & 1 \\ 0 & 0 & 1 \end{pmatrix}(|\boldsymbol{C}| = 1 \neq 0).$$

(2) 二次型 f 的秩为 $r=3$,正惯性指数为 $p=2$,负惯性指数为 $q=1$.

四、证明题

利用初等行变换,将系数矩阵化为阶梯形矩阵

$$\boldsymbol{A} = \begin{pmatrix} 1 & 2 & -1 \\ 2 & -1 & 0 \\ 3 & 1 & -1 \end{pmatrix} \to \begin{pmatrix} 1 & 2 & -1 \\ 0 & -5 & 2 \\ 0 & 0 & 0 \end{pmatrix}.$$

因此 $R(\boldsymbol{A})=2$,于是齐次线性方程组的基础解系所含解向量的个数为 $3-2=1$,故 $R(\boldsymbol{B}) \leqslant 1$,因而 $|\boldsymbol{B}|=0$.

模拟试题四详解

一、填空题

(1) -16; **提示** $\begin{vmatrix} -2a_{11} & -2a_{12} & -2a_{13} \\ -2a_{21} & -2a_{22} & -2a_{23} \\ -2a_{31} & -2a_{32} & -2a_{33} \end{vmatrix} = -8\begin{vmatrix} a_{11} & a_{12} & a_{13} \\ a_{21} & a_{22} & a_{23} \\ a_{31} & a_{32} & a_{33} \end{vmatrix}$.

(2) 0; **提示** $A_{12}+A_{22}+A_{32}+A_{42} = \begin{vmatrix} 1 & 1 & -1 & 2 \\ 6 & 1 & 1 & 2 \\ 3 & 1 & 1 & 2 \\ 6 & 1 & 3 & 2 \end{vmatrix}$.

(3) 无关;

(4) 0; **提示** $|2\boldsymbol{A}-\boldsymbol{B}| = |(2\boldsymbol{\alpha}_1, 2\boldsymbol{\alpha}_2, 2\boldsymbol{\alpha}_3) - (\boldsymbol{\beta}_1, \boldsymbol{\alpha}_2, \boldsymbol{\alpha}_3)| = |2\boldsymbol{\alpha}_1 - \boldsymbol{\beta}_1, \boldsymbol{\alpha}_2, \boldsymbol{\alpha}_3| = 2|\boldsymbol{A}| - |\boldsymbol{B}|$.

(5) $\boldsymbol{A}-\boldsymbol{E}$; **提示** $\boldsymbol{A}^2 - 2\boldsymbol{A} = \boldsymbol{O}$,所以 $\boldsymbol{A}^2 - 2\boldsymbol{A} + \boldsymbol{E} = \boldsymbol{E}$,所以$(\boldsymbol{A}-\boldsymbol{E})(\boldsymbol{A}-\boldsymbol{E}) = \boldsymbol{E}$.

(6) 8;

(7) $|\boldsymbol{A}| \neq 0$ 或 $R(\boldsymbol{A}) = n$;

(8) 24; **提示** $\boldsymbol{A}+\boldsymbol{E}$ 的特征值为 $\lambda+1$.

(9) $(\boldsymbol{A}-\boldsymbol{B})^{-2}$；**提示** $\boldsymbol{AXA}+\boldsymbol{BXB}=\boldsymbol{AXB}+\boldsymbol{BXA}+\boldsymbol{E}$，所以

$$\boldsymbol{AXA}+\boldsymbol{BXB}-\boldsymbol{AXB}-\boldsymbol{BXA}=\boldsymbol{E},\quad \boldsymbol{AX}(\boldsymbol{A}-\boldsymbol{B})-\boldsymbol{BX}(\boldsymbol{A}-\boldsymbol{B})=\boldsymbol{E},$$

从而$(\boldsymbol{A}-\boldsymbol{B})\boldsymbol{X}(\boldsymbol{A}-\boldsymbol{B})=\boldsymbol{E}$.

(10) $-\sqrt{\frac{5}{3}}<t<\sqrt{\frac{5}{3}}$；

提示 二次型对应的矩阵为$\begin{pmatrix}2 & t & -1\\ t & 1 & 0\\ -1 & 0 & 3\end{pmatrix}$，则$2-t^2>0$，且$5-3t^2>0$.

二、单项选择题

(1) (D)；　(2) (C)；　(3) (B)；　(4) (B)；

(5) B；**提示** $\boldsymbol{A}$ 的特征方程为$|f(\lambda)|=\lambda(\lambda-3)^2$，即特征值为 3,3,0.

三、计算题

1. $$D_n=\begin{vmatrix}a & b & \cdots & b\\ b & a & \cdots & b\\ \vdots & \vdots & & \vdots\\ b & b & \cdots & a\end{vmatrix}=[a+(n-1)b]\begin{vmatrix}1 & b & \cdots & b\\ 1 & a & \cdots & b\\ \vdots & \vdots & & \vdots\\ 1 & b & \cdots & a\end{vmatrix}$$

$$=[a+(n-1)b]\begin{vmatrix}1 & b & \cdots & b\\ 0 & a-b & \cdots & 0\\ \vdots & \vdots & & \vdots\\ 0 & 0 & \cdots & a-b\end{vmatrix}[a+(n-1)b](a-b)^{n-1}.$$

2. 令

$$\boldsymbol{A}_1=\begin{pmatrix}1 & -2\\ -2 & 4\end{pmatrix},\quad \boldsymbol{A}_2=\begin{pmatrix}1 & 2\\ 0 & 1\end{pmatrix},$$

按矩阵分块有$\boldsymbol{A}=\begin{bmatrix}\boldsymbol{A}_1 & \boldsymbol{O}\\ \boldsymbol{O} & \boldsymbol{A}_2\end{bmatrix}$，从而$\boldsymbol{A}^n=\begin{bmatrix}\boldsymbol{A}_1^n & \boldsymbol{O}\\ \boldsymbol{O} & \boldsymbol{A}_2^n\end{bmatrix}$. 由

$$\boldsymbol{A}_1=\begin{pmatrix}1 & -2\\ -2 & 4\end{pmatrix}=\begin{pmatrix}1\\ -2\end{pmatrix}(1,-2),$$

有

$$\boldsymbol{A}_1^n=\begin{pmatrix}1\\ -2\end{pmatrix}(1,-2)\cdots\begin{pmatrix}1\\ -2\end{pmatrix}(1,-2)=5^{n-1}\boldsymbol{A}_1.$$

由

$$\boldsymbol{A}_2^2=\begin{pmatrix}1 & 2\\ 0 & 1\end{pmatrix}\begin{pmatrix}1 & 2\\ 0 & 1\end{pmatrix}=\begin{pmatrix}1 & 2\times 2\\ 0 & 1\end{pmatrix},\quad \boldsymbol{A}_2^3=\begin{pmatrix}1 & 2\times 2\\ 0 & 1\end{pmatrix}\begin{pmatrix}1 & 2\\ 0 & 1\end{pmatrix}=\begin{pmatrix}1 & 3\times 2\\ 0 & 1\end{pmatrix},\cdots,$$

有

$$\boldsymbol{A}_2^n=\begin{pmatrix}1 & 2\times 2\\ 0 & 1\end{pmatrix}\begin{pmatrix}1 & 2\\ 0 & 1\end{pmatrix}=\begin{pmatrix}1 & 2n\\ 0 & 1\end{pmatrix},$$

代入得

$$A^n=\begin{pmatrix}5^{n-1}&-2\times5^{n-1}&0&0\\-2\times5^{n-1}&4\times5^{n-1}&0&0\\0&0&1&2n\\0&0&0&1\end{pmatrix}.$$

3. 由于

$$\begin{pmatrix}1&0&2&1&1\\-1&3&-5&5&-2\\2&1&3&4&2\\4&2&6&8&0\end{pmatrix}\to\begin{pmatrix}1&0&2&1&1\\0&3&-3&6&-1\\0&1&-1&2&0\\0&2&-2&4&-4\end{pmatrix}\to\begin{pmatrix}1&0&2&1&0\\0&1&-1&2&0\\0&0&0&0&1\\0&0&0&0&0\end{pmatrix},$$

因此 $R(\boldsymbol{\alpha}_1,\boldsymbol{\alpha}_2,\boldsymbol{\alpha}_3,\boldsymbol{\alpha}_4,\boldsymbol{\alpha}_5)=3$，其极大线性无关组可以取为 $\boldsymbol{\alpha}_1,\boldsymbol{\alpha}_2,\boldsymbol{\alpha}_5$，且 $\boldsymbol{\alpha}_3=2\boldsymbol{\alpha}_1-\boldsymbol{\alpha}_2+0\boldsymbol{\alpha}_5$，$\boldsymbol{\alpha}_4=\boldsymbol{\alpha}_1+2\boldsymbol{\alpha}_2+0\boldsymbol{\alpha}_5$.

4. 由于 $|\lambda\boldsymbol{E}-\boldsymbol{A}|=\begin{vmatrix}\lambda+1&2&0\\-2&\lambda-3&0\\-2&0&\lambda-2\end{vmatrix}=(\lambda-1)^2(\lambda-2)$，所以 $\boldsymbol{A}$ 的所有特征值为 $\lambda_1=\lambda_2=1,\lambda_3=2$.

对于 $\lambda_1=\lambda_2=1$，由于

$$(\boldsymbol{E}-\boldsymbol{A})=\begin{pmatrix}2&2&0\\-2&-2&0\\-2&0&-1\end{pmatrix}\to\begin{pmatrix}2&2&0\\0&2&-1\\0&0&0\end{pmatrix},$$

$R(\boldsymbol{E}-\boldsymbol{A})=2\neq3-2$，所以 $\boldsymbol{A}$ 不能与对角矩阵相似.

5. $$\bar{\boldsymbol{A}}=\begin{pmatrix}1&1&1&\lambda\\\lambda&1&1&1\\1&1&\lambda&1\end{pmatrix}\xrightarrow[r_3-r_1]{r_2-\lambda r_1}\begin{pmatrix}1&1&1&\lambda\\0&1-\lambda&1-\lambda&1-\lambda^2\\0&0&\lambda-1&1-\lambda\end{pmatrix},$$

当 $\lambda\neq1$ 时，由于

$$\begin{pmatrix}1&1&1&\lambda\\0&1-\lambda&1-\lambda&1-\lambda^2\\0&0&\lambda-1&1-\lambda\end{pmatrix}\xrightarrow[r_3\div(\lambda-1)]{r_2\div(1-\lambda)}\begin{pmatrix}1&1&1&\lambda\\0&1&1&1+\lambda\\0&0&1&-1\end{pmatrix}\xrightarrow[r_1-r_3]{r_2-r_3}\begin{pmatrix}1&1&0&\lambda+1\\0&1&0&2+\lambda\\0&0&1&-1\end{pmatrix}$$

$$\xrightarrow{r_1-r_2}\begin{pmatrix}1&0&0&-1\\0&1&0&2+\lambda\\0&0&1&-1\end{pmatrix},$$

有 $R(\boldsymbol{A})=R(\bar{\boldsymbol{A}})=3$，方程组有唯一解，其解为 $x_1=-1,x_2=2+\lambda,x_3=-1$.

当 $\lambda=1$ 时，由于

$$\begin{pmatrix}1&1&1&\lambda\\0&1-\lambda&1-\lambda&1-\lambda^2\\0&0&\lambda-1&1-\lambda\end{pmatrix}=\begin{pmatrix}1&1&1&1\\0&0&0&0\\0&0&0&0\end{pmatrix},$$

有 $R(\boldsymbol{A})=R(\bar{\boldsymbol{A}})=1$，方程组有无穷多解，返回方程 $x_1=-x_2-x_3$ 及 $x_1=1-x_2-x_3$，取基

础解系为$\boldsymbol{\xi}_1=\begin{pmatrix}-1\\1\\0\end{pmatrix}$，$\boldsymbol{\xi}_2=\begin{pmatrix}-1\\0\\1\end{pmatrix}$，特解为$\boldsymbol{\eta}^*=\begin{pmatrix}1\\0\\0\end{pmatrix}$.

通解为$\boldsymbol{\eta}=\boldsymbol{\eta}^*+c_1\boldsymbol{\xi}_1+c_2\boldsymbol{\xi}_2$，其中 $c_1,c_2\in R$.

6. 二次型矩阵$\boldsymbol{A}=\begin{pmatrix}2&0&0\\0&2&1\\0&1&a\end{pmatrix}$，由于$\lambda=1$是$\boldsymbol{A}$的特征值，因此$|\boldsymbol{E}-\boldsymbol{A}|=(2-\boldsymbol{a})=0$，所以$a=2$. 对二次型配方得

$$f(x_1,x_2,x_3)=2x_1^2+2x_2^2+2x_3^2+2x_2x_3=2x_1^2+2\left(x_2+\frac{1}{2}x_3\right)^2+\frac{3}{2}x_3^2,$$

令$y_1=x_1$，$y_2=x_2+\frac{1}{2}x_3$，$y_3=x_3$，二次型化为标准形

$$f=2y_1^2+2y_2^2+\frac{3}{2}y_3^2.$$

可逆线性变换为$\begin{cases}x_1=y_1\\x_2=y_2-\frac{1}{2}y_3\\x_3=y_3\end{cases}$.

四、证明题

(1) 因为$\boldsymbol{B}\neq\boldsymbol{O}$，所以齐次线性方程组有非零解，故其方程组的系数行列式

$$\begin{vmatrix}1&2&-1\\2&-1&\lambda\\3&1&-1\end{vmatrix}=5\lambda=0,$$

所以$\lambda=0$.

(2) 由于

$$\boldsymbol{A}=\begin{pmatrix}1&2&-1\\2&-1&0\\3&1&-1\end{pmatrix}\rightarrow\begin{pmatrix}1&2&-1\\0&-5&2\\0&0&0\end{pmatrix},$$

因此$R(\boldsymbol{A})=2$，因此齐次线性方程组的基础解系所含解的个数为$3-2=1$，故$R(\boldsymbol{B})\leqslant 1$，因而$|\boldsymbol{B}|=0$.

模拟试题五详解

一、填空题

(1) 48； (2) $\dfrac{\boldsymbol{A}-2\boldsymbol{E}}{3}$； (3) -3； (4) n； (5) $\begin{pmatrix}a_1&a_3&a_2\\b_1&b_3&b_2\\c_1&c_3&c_2\end{pmatrix}$；

(6) $(1,2,1,1)^{T}+c(1,-1,1,0)^{T},c\in R$； (7) 24； (8) 8； (9) 3；
(10) $c>2$.

二、单项选择题

(1) (C)； (2) (B)； (3) (C)； (4) (D)； (5) (D).

三、计算题

1. $$D_n=\begin{vmatrix}1&2&3&\cdots&n-1&n\\1&-1&0&\cdots&0&0\\0&2&-2&\cdots&0&0\\\vdots&\vdots&\vdots&&\vdots&\vdots\\0&0&0&\cdots&2-n&0\\0&0&0&\cdots&n-1&1-n\end{vmatrix}$$

$$\xlongequal[\substack{\cdots\\c_1+c_2}]{\substack{c_{n-1}+c_n\\c_{n-2}+c_{n-1}}}\begin{vmatrix}\sum\limits_{i=1}^{n}i&2&3&\cdots&(n-1)+n&n\\0&-1&0&\cdots&0&0\\0&0&-2&\cdots&0&0\\\vdots&\vdots&\vdots&&\vdots&\vdots\\0&0&0&\cdots&2-n&0\\0&0&0&\cdots&0&1-n\end{vmatrix}$$

$$=(-1)^{n-1}(n-1)!\frac{n(n+1)}{2}=(-1)^{n-1}\frac{(n+1)!}{2}.$$

2. 由 $\boldsymbol{P}^{-1}\boldsymbol{AP}=\boldsymbol{D}$，整理有 $\boldsymbol{A}=\boldsymbol{PDP}^{-1}$，进而 $\boldsymbol{A}^n=\boldsymbol{PD}^n\boldsymbol{P}^{-1}$，

其中 $\boldsymbol{D}^n=\begin{pmatrix}(-1)^n&0\\0&2^n\end{pmatrix}$，$\boldsymbol{P}^{-1}=\frac{1}{|\boldsymbol{P}|}\boldsymbol{P}^*=\frac{1}{3}\begin{pmatrix}1&4\\-1&-1\end{pmatrix}$，

所以

$$\boldsymbol{A}^n=\frac{1}{3}\begin{pmatrix}-1&-4\\1&1\end{pmatrix}\begin{pmatrix}(-1)^n&0\\0&2^n\end{pmatrix}\begin{pmatrix}1&4\\-1&-1\end{pmatrix}=\frac{1}{3}\begin{pmatrix}(-1)^{n+1}+2^{n+2}&4(-1)^{n+1}+2^{n+2}\\(-1)^n-2^n&4(-1)^n-2^n\end{pmatrix}$$

3. 由 $\boldsymbol{AX}=\boldsymbol{A}+2\boldsymbol{X}$ 经整理有 $\boldsymbol{X}=(\boldsymbol{A}-2\boldsymbol{E})^{-1}\boldsymbol{A}$，由

$$(\boldsymbol{A}-2\boldsymbol{E}\,\vdots\,\boldsymbol{A})=\left(\begin{array}{ccc:ccc}2&2&3&4&2&3\\1&-1&0&1&1&0\\-1&2&1&-1&2&3\end{array}\right)\xrightarrow[r_2\leftrightarrow r_3]{r_1\leftrightarrow r_2}\left(\begin{array}{ccc:ccc}1&-1&0&1&1&0\\-1&2&1&-1&2&3\\2&2&3&4&2&3\end{array}\right)$$

$$\xrightarrow[r_2+r_1]{r_3+2r_2}\left(\begin{array}{ccc:ccc}1&-1&0&1&1&0\\0&1&1&0&3&3\\0&6&5&2&6&9\end{array}\right)\xrightarrow{r_3-6r_2}\left(\begin{array}{ccc:ccc}1&-1&0&1&1&0\\0&1&1&0&3&3\\0&0&-1&2&-12&-9\end{array}\right)$$

$$\xrightarrow[r_1+r_2]{r_2+r_3}\left(\begin{array}{ccc:ccc}1&0&0&3&-8&-6\\0&1&0&2&-9&-6\\0&0&-1&2&-12&-9\end{array}\right)\rightarrow\left(\begin{array}{ccc:ccc}1&0&0&3&-8&-6\\0&1&0&2&-9&-6\\0&0&1&-2&12&9\end{array}\right),$$

故

$$\boldsymbol{X}=\begin{pmatrix}3&-8&-6\\2&-9&-6\\-2&12&9\end{pmatrix}.$$

4. 由

$$(\boldsymbol{\alpha}_1,\boldsymbol{\alpha}_2,\boldsymbol{\alpha}_3,\boldsymbol{\alpha}_4)=\begin{pmatrix}2&-1&3&8\\1&1&1&5\\1&7&-1&9\\1&10&-2&11\end{pmatrix}\longrightarrow\begin{pmatrix}1&1&1&5\\0&3&-1&2\\0&0&0&0\\0&0&0&0\end{pmatrix}\longrightarrow\begin{pmatrix}1&0&\frac{4}{3}&\frac{13}{3}\\0&1&-\frac{1}{3}&\frac{2}{3}\\0&0&0&0\\0&10&0&0\end{pmatrix},$$

可知向量组$\boldsymbol{\alpha}_1,\boldsymbol{\alpha}_2,\boldsymbol{\alpha}_3,\boldsymbol{\alpha}_4$的秩为2,极大线性无关组可取$\boldsymbol{\alpha}_1,\boldsymbol{\alpha}_2$,且有

$$\boldsymbol{\alpha}_3=\frac{4}{3}\boldsymbol{\alpha}_1-\frac{1}{3}\boldsymbol{\alpha}_2,\quad \boldsymbol{\alpha}_4=\frac{13}{3}\boldsymbol{\alpha}_1+\frac{2}{3}\boldsymbol{\alpha}_2.$$

5. $$\overline{\boldsymbol{A}}=\begin{pmatrix}1&1&1&1&4\\1&-2&1&-3&-3\\2&-1&2&-2&a\end{pmatrix}\xrightarrow[r_3-2r_1]{r_2-r_1}\begin{pmatrix}1&1&1&1&4\\0&-3&0&-4&-7\\0&-3&0&-4&a-8\end{pmatrix}$$

$$\xrightarrow{r_3-r_2}\begin{pmatrix}1&1&1&1&4\\0&-3&0&-4&-7\\0&0&0&0&a-1\end{pmatrix}.$$

当$a=1$时,由于

$$\begin{pmatrix}1&1&1&1&4\\0&-3&0&-4&-7\\0&0&0&0&0\end{pmatrix}\xrightarrow[r_1-r_2]{r_2\div(-3)}\begin{pmatrix}1&0&1&-\frac{1}{3}&\frac{5}{3}\\0&1&0&\frac{4}{3}&\frac{7}{3}\\0&0&0&0&0\end{pmatrix},$$

有$R(\overline{\mathbf{A}})=R(\mathbf{A})=2$,方程组有无穷多解.

由$\begin{cases}x_1=-x_3+\frac{1}{3}x_4\\x_2=-\frac{4}{3}x_4\end{cases}$,取基础解系为$\boldsymbol{\xi}_1=\begin{pmatrix}-1\\0\\1\\0\end{pmatrix}$,$\boldsymbol{\xi}_2=\begin{pmatrix}\frac{1}{3}\\-\frac{4}{3}\\0\\1\end{pmatrix}$.

由$\begin{cases}x_1=\frac{5}{3}-x_3+\frac{1}{3}x_4\\x_2=\frac{7}{3}-\frac{4}{3}x_4\end{cases}$,取特解$\boldsymbol{\eta}^*=\begin{pmatrix}\frac{5}{3}\\\frac{7}{3}\\0\\0\end{pmatrix}$.

故通解为$\boldsymbol{\eta}=\boldsymbol{\eta}^*+c_1\boldsymbol{\xi}_1+c_2\boldsymbol{\xi}_2(c_1,c_2\in R)$.

6. 由 $|\lambda\boldsymbol{E}-\boldsymbol{A}|=\begin{vmatrix}\lambda-1 & -2 & -2\\ -2 & \lambda-1 & -2\\ -2 & -2 & \lambda-1\end{vmatrix}=(\lambda+1)^2(\lambda-5)$，解得特征值 $\lambda_1=-1$（2 重），$\lambda_2=5$.

将 $\lambda_1=-1$ 代入 $(\lambda\boldsymbol{E}-\boldsymbol{A})\boldsymbol{x}=\boldsymbol{0}$，解得属于 -1 的特征向量 $\boldsymbol{\eta}_1=\begin{pmatrix}-1\\1\\0\end{pmatrix}$，$\boldsymbol{\eta}_2=\begin{pmatrix}-1\\0\\1\end{pmatrix}$.

将 $\lambda_2=5$ 代入 $(\lambda\boldsymbol{E}-\boldsymbol{A})\boldsymbol{x}=\boldsymbol{0}$，解得属于 5 的特征向量 $\boldsymbol{\eta}_3=\begin{pmatrix}1\\1\\1\end{pmatrix}$.

对特征向量 $\boldsymbol{\eta}_1,\boldsymbol{\eta}_2$ 进行正交化，令

$$\boldsymbol{\alpha}_1=\boldsymbol{\eta}_1,\quad \boldsymbol{\alpha}_2=\boldsymbol{\eta}_2-\frac{(\boldsymbol{\eta}_2,\boldsymbol{\eta}_1)}{(\boldsymbol{\eta}_1,\boldsymbol{\eta}_1)}\boldsymbol{\eta}_1=\begin{pmatrix}-1\\0\\1\end{pmatrix}-\frac{1}{2}\begin{pmatrix}-1\\1\\0\end{pmatrix}=\frac{1}{2}\begin{pmatrix}-1\\-1\\2\end{pmatrix},$$

再进行单位化，令

$$\boldsymbol{\beta}_1=\frac{\boldsymbol{\alpha}_1}{\|\boldsymbol{\alpha}_1\|}=\begin{pmatrix}\frac{-1}{\sqrt{2}}\\ \frac{1}{\sqrt{2}}\\ 0\end{pmatrix},\quad \boldsymbol{\beta}_2=\frac{\boldsymbol{\alpha}_2}{\|\boldsymbol{\alpha}_2\|}=\begin{pmatrix}\frac{-1}{\sqrt{6}}\\ \frac{-1}{\sqrt{6}}\\ \frac{2}{\sqrt{6}}\end{pmatrix},\quad \boldsymbol{\beta}_3=\frac{\eta_3}{\|\eta_3\|}=\begin{pmatrix}\frac{1}{\sqrt{3}}\\ \frac{1}{\sqrt{3}}\\ \frac{1}{\sqrt{3}}\end{pmatrix},$$

令 $\boldsymbol{C}=(\boldsymbol{\beta}_1,\boldsymbol{\beta}_2,\boldsymbol{\beta}_3)$，则 $\boldsymbol{C}$ 为正交矩阵，且 $\boldsymbol{C}^{\mathrm{T}}\boldsymbol{AC}=\begin{pmatrix}-1 & & \\ & -1 & \\ & & 5\end{pmatrix}$.

7. 由配方法

$$\begin{aligned}f(x_1,x_2,x_3)&=x_1^2+5x_2^2-x_3^2+4x_1x_2+2x_1x_3\\&=x_1^2+2x_1(2x_2+x_3)+(2x_2+x_3)^2-(2x_2+x_3)^2+5x_2^2-x_3^2\\&=(x_1+2x_2+x_3)^2+x_2^2-4x_2x_3-2x_3^2\\&=(x_1+2x_2+x_3)^2+x_2^2-4x_2x_3+4x_3^2-6x_3^2\\&=(x_1+2x_2+x_3)^2+(x_2-2x_3)^2-6x_3^2,\end{aligned}$$

令 $\begin{cases}y_1=x_1+2x_2+x_3\\ y_2=x_2-2x_3\\ y_3=x_3\end{cases}$，则线性变换为 $\begin{cases}x_1=y_1-2y_2-5y_3\\ x_2=y_2+2y_3\\ x_3=y_3\end{cases}$，变换矩阵 $\boldsymbol{C}=\begin{pmatrix}1 & -2 & -5\\ 0 & 1 & 2\\ 0 & 0 & 1\end{pmatrix}$ 可逆.

四、证明题

由 $R(\boldsymbol{A})=n-1$，及秩的定义有矩阵 $\boldsymbol{A}$ 存在 $n-1$ 阶非零子式，进而存在非零的代数余子式，故 $\boldsymbol{A}^*$ 为非零矩阵，从而有 $R(\boldsymbol{A}^*)\geqslant 1$.

另外，由 $R(\boldsymbol{A})=n-1$，有 $|\boldsymbol{A}|=0$，从而 $\boldsymbol{AA}^*=|\boldsymbol{A}|\boldsymbol{E}=\boldsymbol{O}$，由矩阵秩的性质（若 $\boldsymbol{A}_{m\times n}\boldsymbol{B}_{n\times l}=\boldsymbol{O}$，则 $R(\boldsymbol{A})+R(\boldsymbol{B})\leqslant n$）可知 $R(\boldsymbol{A}^*)\leqslant n-R(\boldsymbol{A})=n-(n-1)=1$.

综上有 $R(\boldsymbol{A}^*)=1$.

模拟试题六详解

一、填空题

(1) 15； (2) -3；

(3) 0；**提示** 根据行列式按列展开法则，$A_{12}+A_{22}+A_{32}+A_{42}$等于用“1,1,1,1”替代$D$中的第2列元素后所得的行列式，即

$$A_{12}+A_{22}+A_{32}+A_{42}=\begin{vmatrix}1&1&-1&2\\6&1&1&2\\0&1&4&2\\5&1&3&2\end{vmatrix}=0.$$

(4) 4；

(5) $^{2015}\begin{pmatrix}0&1&0\\1&0&0\\0&0&1\end{pmatrix}$；

提示 由于$\boldsymbol{A}^2=\begin{pmatrix}0&x&0\\x&0&0\\0&0&x\end{pmatrix}\begin{pmatrix}0&x&0\\x&0&0\\0&0&x\end{pmatrix}=x^2\boldsymbol{E}$，$\boldsymbol{A}^4=\boldsymbol{A}^2\cdot\boldsymbol{A}^2=x^4\boldsymbol{E}$，由数学归纳法原理，

$$\boldsymbol{A}^{2015}=\boldsymbol{A}^{2014}\cdot\boldsymbol{A}=\boldsymbol{x}^{2014}\boldsymbol{E}\cdot\boldsymbol{A}=x^{2015}\begin{pmatrix}0&1&0\\1&0&0\\0&0&1\end{pmatrix}.$$

(6) -2； (7) 1；(8) $\dfrac{|\boldsymbol{A}|}{\lambda}$； (9) $-\dfrac{2}{3}$；$\dfrac{1}{3}$；$\dfrac{1}{3}$； (10) 2；1.

二、单项选择题

(1) (A)；

(2) (B)；**提示** 由于增广矩阵$\boldsymbol{B}=(\boldsymbol{A},\boldsymbol{b})$为$m\times(n+1)$阶，因此

$$m=R(\boldsymbol{A})\leqslant R(\boldsymbol{B})\leqslant\min\{m,n+1\},$$

故$R(\boldsymbol{A})=R(\boldsymbol{B})=m$.因此选项(A)错误，选项(B)正确.

选项(C)和选项(D)也不正确.因为若$m=n$，则由$R(\boldsymbol{A})=m$，可知矩阵$\boldsymbol{A}$可逆，故$\boldsymbol{A}_{m\times n}\boldsymbol{x}=\boldsymbol{0}$只有零解；若$m<n$，则$\boldsymbol{A}_{m\times n}\boldsymbol{x}=\boldsymbol{0}$的方程的个数小于未知量的个数，因此方程有无穷多解，由于题目没有给出m和n的大小关系，所以选项(C)和选项(D)均不正确.

(3) (C)；

提示 选项(A)错误，反例为：$\boldsymbol{\alpha}_1=\begin{pmatrix}1\\1\\2\end{pmatrix}$，$\boldsymbol{\alpha}_2=\begin{pmatrix}1\\1\\1\end{pmatrix}$，即$m=2$，$n=3$，但$\boldsymbol{\alpha}_1$，$\boldsymbol{\alpha}_2$线性无关.

选项(B)错误.反例为$\boldsymbol{\alpha}_1=\begin{pmatrix}1\\1\end{pmatrix}$，$\boldsymbol{\alpha}_2=\begin{pmatrix}0\\1\end{pmatrix}$，$\boldsymbol{\alpha}_1$，$\boldsymbol{\alpha}_2$线性无关，但$m=n=2$.选项(D)错误.反例

为$\boldsymbol{\alpha}_1=\begin{pmatrix}1\\1\end{pmatrix}$,$\boldsymbol{\alpha}_2=\begin{pmatrix}0\\1\end{pmatrix}$,$\boldsymbol{\alpha}_3=\begin{pmatrix}1\\0\end{pmatrix}$,其分量均不对应成比例.

(4) (B); (5) (C).

三、计算题

1. 将行列式按第一列展开得

$$D_n=\begin{vmatrix} a & b & 0 & \cdots & 0 & 0\\ 0 & a & b & \cdots & 0 & 0\\ 0 & 0 & a & \cdots & 0 & 0\\ \vdots & \vdots & \vdots & & \vdots & \vdots\\ 0 & 0 & 0 & \cdots & a & b\\ b & 0 & 0 & \cdots & 0 & a \end{vmatrix}=a\begin{vmatrix} a & b & 0 & \cdots & 0\\ 0 & a & b & \cdots & 0\\ \vdots & \vdots & \vdots & & \vdots\\ 0 & 0 & 0 & \cdots & b\\ 0 & 0 & 0 & \cdots & a \end{vmatrix}_{(n-1)}$$

$$+(-1)^{n+1}b\begin{vmatrix} b & 0 & \cdots & 0 & 0\\ a & b & \cdots & 0 & 0\\ \vdots & \vdots & & \vdots & \vdots\\ 0 & 0 & \cdots & b & 0\\ 0 & 0 & \cdots & a & b \end{vmatrix}_{(n-1)}$$

$$=a^n+(-1)^{n+1}b^n.$$

2. 由题意$|\boldsymbol{A}|=-1$,

因此 $$\boldsymbol{A}^{-1}=\frac{1}{|\boldsymbol{A}|}\boldsymbol{A}^*=\frac{1}{|\boldsymbol{A}|}\begin{pmatrix}2 & -3\\ -1 & 1\end{pmatrix}=\begin{pmatrix}-2 & 3\\ 1 & -1\end{pmatrix}.$$

又因为$|\boldsymbol{B}|=1$,

因此 $$\boldsymbol{B}^{-1}=\frac{1}{|\boldsymbol{B}|}\boldsymbol{B}^*=\frac{1}{|\boldsymbol{B}|}\begin{pmatrix}1 & -1 & 0\\ 0 & 1 & -1\\ 0 & 0 & 1\end{pmatrix}=\begin{pmatrix}1 & -1 & 0\\ 0 & 1 & -1\\ 0 & 0 & 1\end{pmatrix}.$$

根据分块矩阵的逆矩阵求解方法,有

$$\boldsymbol{C}^{-1}=\begin{pmatrix}\boldsymbol{O} & \boldsymbol{B}^{-1}\\ \boldsymbol{A}^{-1} & \boldsymbol{O}\end{pmatrix}=\begin{pmatrix}0 & 0 & 1 & -1 & 0\\ 0 & 0 & 0 & 1 & -1\\ 0 & 0 & 0 & 0 & 1\\ -2 & 3 & 0 & 0 & 0\\ 1 & -1 & 0 & 0 & 0\end{pmatrix}.$$

3. $$(\boldsymbol{A}\,\vdots\,\boldsymbol{E})=\left(\begin{array}{ccc:ccc}1 & 3 & 2 & 1 & 0 & 0\\ -2 & -5 & -3 & 0 & 1 & 0\\ 1 & 2 & 0 & 0 & 0 & 1\end{array}\right)\xrightarrow[r_3-r_1]{r_2+2r_1}\left(\begin{array}{ccc:ccc}1 & 3 & 2 & 1 & 0 & 0\\ 0 & 1 & 1 & 2 & 1 & 0\\ 0 & -1 & -2 & -1 & 0 & 1\end{array}\right)$$

$$\xrightarrow{r_3+r_2}\left(\begin{array}{ccc:ccc}1 & 3 & 2 & 1 & 0 & 0\\ 0 & 1 & 1 & 2 & 1 & 0\\ 0 & 0 & -1 & 1 & 1 & 1\end{array}\right)\xrightarrow[r_1+2r_3]{r_2+r_3}\left(\begin{array}{ccc:ccc}1 & 3 & 0 & 3 & 2 & 2\\ 0 & 1 & 0 & 3 & 2 & 1\\ 0 & 0 & -1 & 1 & 1 & 1\end{array}\right)$$

$$\xrightarrow[r_3\times(-1)]{r_1-3r_2}\left(\begin{array}{ccc:ccc}1&0&0&-6&-4&-1\\0&1&0&3&2&1\\0&0&1&-1&-1&-1\end{array}\right).$$

因此 $\boldsymbol{A}^{-1}=\begin{pmatrix}-6&-4&-1\\3&2&1\\-1&-1&-1\end{pmatrix}$. 故

$$\boldsymbol{X}=\boldsymbol{B}\boldsymbol{A}^{-1}=\begin{pmatrix}1&0&2\\1&2&0\\-1&0&1\end{pmatrix}\begin{pmatrix}-6&-4&-1\\3&2&1\\-1&-1&-1\end{pmatrix}=\begin{pmatrix}-8&-6&-3\\0&0&1\\5&3&0\end{pmatrix}.$$

4.（1）利用初等行变换，将$(\boldsymbol{\alpha}_1,\boldsymbol{\alpha}_2,\boldsymbol{\alpha}_3,\boldsymbol{\alpha}_4,\boldsymbol{\alpha}_5)$化为阶梯形矩阵，

$$(\boldsymbol{\alpha}_1,\boldsymbol{\alpha}_2,\boldsymbol{\alpha}_3,\boldsymbol{\alpha}_4,\boldsymbol{\alpha}_5)=\begin{pmatrix}1&0&2&1&1\\-2&3&-3&5&-1\\2&-2&2&2&-2\\1&-3&1&-6&0\end{pmatrix}$$

$$\xrightarrow[r_4-r_1]{\substack{r_2+2r_1\\r_3-2r_1}}\begin{pmatrix}1&0&2&1&1\\0&3&1&7&1\\0&-2&-2&0&-4\\0&-3&-1&-7&-1\end{pmatrix}\xrightarrow[r_4\times(-1)]{r_3\div(-2)}\begin{pmatrix}1&0&2&1&1\\0&3&1&7&1\\0&1&1&0&2\\0&3&1&7&1\end{pmatrix}$$

$$\xrightarrow{r_4-r_2}\begin{pmatrix}1&0&2&1&1\\0&3&1&7&1\\0&1&1&0&2\\0&0&0&0&0\end{pmatrix}\xrightarrow{r_3\leftrightarrow r_2}\begin{pmatrix}1&0&2&1&1\\0&1&1&0&2\\0&3&1&7&1\\0&0&0&0&0\end{pmatrix}$$

$$\xrightarrow{r_3-3r_2}\begin{pmatrix}1&0&2&1&1\\0&1&1&0&2\\0&0&-2&7&-5\\0&0&0&0&0\end{pmatrix}.$$

因此 $R(\boldsymbol{\alpha}_1,\boldsymbol{\alpha}_2,\boldsymbol{\alpha}_3,\boldsymbol{\alpha}_4,\boldsymbol{\alpha}_5)=3$，最大线性无关组可以取为$\boldsymbol{\alpha}_1,\boldsymbol{\alpha}_2,\boldsymbol{\alpha}_3$.

（2）利用初等行变换，将$(\boldsymbol{\alpha}_1,\boldsymbol{\alpha}_2,\boldsymbol{\alpha}_3,\boldsymbol{\alpha}_4,\boldsymbol{\alpha}_5)$化为行最简形矩阵，

$$(\boldsymbol{\alpha}_1,\boldsymbol{\alpha}_2,\boldsymbol{\alpha}_3,\boldsymbol{\alpha}_4,\boldsymbol{\alpha}_5)\to\begin{pmatrix}1&0&2&1&1\\0&1&1&0&2\\0&0&-2&7&-5\\0&0&0&0&0\end{pmatrix}\xrightarrow{r_3\div(-2)}\begin{pmatrix}1&0&2&1&1\\0&1&1&0&2\\0&0&1&-\frac{7}{2}&\frac{5}{2}\\0&0&0&0&0\end{pmatrix}$$

$$\xrightarrow{r_3\div(-2)}\begin{pmatrix}1&0&2&1&1\\0&1&1&0&2\\0&0&1&-\frac{7}{2}&\frac{5}{2}\\0&0&0&0&0\end{pmatrix}\xrightarrow[r_1-2r_3]{r_2-r_3}\begin{pmatrix}1&0&0&8&-4\\0&1&0&\frac{7}{2}&-\frac{1}{2}\\0&0&1&-\frac{7}{2}&\frac{5}{2}\\0&0&0&0&0\end{pmatrix}.$$

因此$\boldsymbol{\alpha}_4=8\boldsymbol{\alpha}_1+\frac{7}{2}\boldsymbol{\alpha}_2-\frac{7}{2}\boldsymbol{\alpha}_3$，$\boldsymbol{\alpha}_5=-4\boldsymbol{\alpha}_1-\frac{1}{2}\boldsymbol{\alpha}_2+\frac{5}{2}\boldsymbol{\alpha}_3$.

5.（1）利用初等行变换将增广矩阵 $\boldsymbol{B}$ 化为阶梯形矩阵，

$$\boldsymbol{B}=(\boldsymbol{A},\boldsymbol{b})=\begin{pmatrix}1&-1&2&3&1\\1&0&0&1&3\\2&-1&-2&8&4\\1&-1&-5&10&a\end{pmatrix}\to\begin{pmatrix}1&-1&2&3&1\\0&1&-2&-2&2\\0&1&-6&2&2\\0&0&-7&7&a-1\end{pmatrix}$$

$$\to\begin{pmatrix}1&-1&2&3&1\\0&1&-2&-2&2\\0&0&-4&4&0\\0&0&-7&7&a-1\end{pmatrix}\to\begin{pmatrix}1&-1&2&3&1\\0&1&-2&-2&2\\0&0&1&-1&0\\0&0&7&-7&1-a\end{pmatrix}$$

$$\to\begin{pmatrix}1&-1&2&3&1\\0&1&-2&-2&2\\0&0&1&-1&0\\0&0&0&0&1-a\end{pmatrix}.$$

当 $a=1$ 时，$R(\boldsymbol{A})=R(\boldsymbol{B})=3$，方程组有解.

（2）当 $a=1$ 时，利用初等行变换将增广矩阵 $\boldsymbol{B}$ 化为行最简形矩阵，

$$\boldsymbol{B}=(\boldsymbol{A},\boldsymbol{b})\to\begin{pmatrix}1&-1&2&3&1\\0&1&-2&-2&2\\0&0&1&-1&0\\0&0&0&0&0\end{pmatrix}\to\begin{pmatrix}1&0&0&1&3\\0&1&-2&-2&2\\0&0&1&-1&0\\0&0&0&0&0\end{pmatrix}$$

$$\to\begin{pmatrix}1&0&0&1&3\\0&1&0&-4&2\\0&0&1&-1&0\\0&0&0&0&0\end{pmatrix}.$$

即得到

$$\begin{cases}x_1=3-x_4\\x_2=2+4x_4\\x_3=x_4\end{cases}(x_4\text{ 可任意取值}).$$

因此方程组的一个特解为$\boldsymbol{\eta}=(3,2,0,0)^{\mathrm{T}}$. 对应的齐次线性方程组$\begin{cases}x_1=-x_4\\x_2=4x_4\\x_3=x_4\end{cases}$的基础解系为$\boldsymbol{\eta}=(-1,4,1,1)^{\mathrm{T}}$. 于是所求的通解为

$$\begin{pmatrix}x_1\\x_2\\x_3\\x_4\end{pmatrix}=\begin{pmatrix}3\\2\\0\\0\end{pmatrix}+k\begin{pmatrix}-1\\4\\1\\1\end{pmatrix},$$

其中 $k\in R$.

6. 由于 $\boldsymbol{A}$ 与对角矩阵$\boldsymbol{\Lambda}$ 相似，故有 $\operatorname{tr}(\boldsymbol{A})=\operatorname{tr}(\boldsymbol{\Lambda})$，$|\boldsymbol{A}|=|\boldsymbol{\Lambda}|$，于是有 $3+a=4+b$，$2(a-1)=4b$，解得 $a=1,b=0$. 因此 $\boldsymbol{A}$ 的特征值为 $\lambda_1=\lambda_2=2,\lambda_3=0$.

当 $\lambda_1=\lambda_2=2$ 时，解方程 $(\boldsymbol{A}-2\boldsymbol{E})\boldsymbol{x}=\boldsymbol{0}$，解得基础解系 $\boldsymbol{\eta}_1=\begin{pmatrix}0\\1\\0\end{pmatrix}$，$\boldsymbol{\eta}_2=\begin{pmatrix}1\\0\\1\end{pmatrix}$.

当 $\lambda_3=0$ 时，求解 $(\boldsymbol{A}-0\boldsymbol{E})\boldsymbol{x}=\boldsymbol{0}$，解得基础解系 $\boldsymbol{\eta}_3=\begin{pmatrix}-1\\0\\1\end{pmatrix}$.

由于向量组 $\boldsymbol{\eta}_1,\boldsymbol{\eta}_2,\boldsymbol{\eta}_3$ 已经正交化，将其单位化得

$$\boldsymbol{p}_1=\begin{pmatrix}0\\1\\0\end{pmatrix},\quad \boldsymbol{p}_2=\frac{1}{\sqrt{2}}\begin{pmatrix}1\\0\\1\end{pmatrix},\quad \boldsymbol{p}_3=\frac{1}{\sqrt{2}}\begin{pmatrix}-1\\0\\1\end{pmatrix}.$$

因此所求的正交矩阵

$$\boldsymbol{P}=(\boldsymbol{p}_1,\boldsymbol{p}_2,\boldsymbol{p}_3)=\begin{pmatrix}0 & \frac{1}{\sqrt{2}} & -\frac{1}{\sqrt{2}}\\ 1 & 0 & 0\\ 0 & \frac{1}{\sqrt{2}} & \frac{1}{\sqrt{2}}\end{pmatrix},$$

满足 $\boldsymbol{P}^{-1}\boldsymbol{A}\boldsymbol{P}=\boldsymbol{\Lambda}$.

7. (1) 二次型矩阵

$$\boldsymbol{A}=\begin{pmatrix}0 & 2 & 1\\ 2 & 0 & -3\\ 1 & -3 & 0\end{pmatrix}.$$

(2) 由于二次型 f 不含平方项，因此需要先造平方项，取变换 $\boldsymbol{x}=\boldsymbol{C}_1\boldsymbol{y}$，

$$\begin{cases}x_1=y_1+y_2\\ x_2=y_1-y_2\\ x_3=y_3\end{cases}\quad 即\ \boldsymbol{C}_1=\begin{pmatrix}1 & 1 & 0\\ 1 & -1 & 0\\ 0 & 0 & 1\end{pmatrix}\ (|\boldsymbol{C}_1|=-2\neq 0).$$

二次型 f 化为

$$f=4y_1^2-4y_2^2-4y_1y_3+8y_2y_3.$$

首先合并、配方含有 y_1 的项，然后再合并、配方含有 y_2 的项，

$$\begin{aligned}f&=4\left(y_1-\frac{1}{2}y_3\right)^2-4y_2^2-y_3^2+8y_2y_3\\ &=4\left(y_1-\frac{1}{2}y_3\right)^2-4(y_2-y_3)^2+3y_3^2.\end{aligned}$$

取变换

$$\begin{cases}z_1=y_1-\frac{1}{2}y_3\\ z_2=y_2-y_3\\ z_3=y_3\end{cases}\quad 即\begin{cases}y_1=z_1+\frac{1}{2}z_3\\ y_2=z_2+z_3\\ y_3=z_3\end{cases}$$

即 $\boldsymbol{y}=\boldsymbol{C}_2\boldsymbol{z}$，其中

$$\boldsymbol{C}_2=\begin{pmatrix}1&0&\frac{1}{2}\\0&1&1\\0&0&1\end{pmatrix}\quad(|\boldsymbol{C}_2|=1\neq 0).$$

二次型 f 化为标准形 $f(z_1,z_2,z_3)=4z_1^2-4z_2^2+3z_3^2$，所取可逆变换为 $\boldsymbol{x}=\boldsymbol{C}\boldsymbol{z}$，其中

$$\boldsymbol{C}=\boldsymbol{C}_1\boldsymbol{C}_2=\begin{pmatrix}1&1&0\\1&-1&0\\0&0&1\end{pmatrix}\begin{pmatrix}1&0&\frac{1}{2}\\0&1&1\\0&0&1\end{pmatrix}=\begin{pmatrix}1&1&\frac{3}{2}\\1&-1&-\frac{1}{2}\\0&0&1\end{pmatrix}\quad(|\boldsymbol{C}|=-2\neq 0).$$

四、证明题

由于 $\boldsymbol{A}^2=\boldsymbol{A}$，因此 $\boldsymbol{A}^2-\boldsymbol{A}-2\boldsymbol{E}=-2\boldsymbol{E}$，于是 $(\boldsymbol{A}+\boldsymbol{E})(\boldsymbol{A}-2\boldsymbol{E})=-2\boldsymbol{E}$，故

$$(\boldsymbol{A}+\boldsymbol{E})\left(-\frac{1}{2}\boldsymbol{A}+\boldsymbol{E}\right)=\boldsymbol{E}.$$

由逆矩阵的定义可知矩阵 $\boldsymbol{A}+\boldsymbol{E}$ 可逆，且 $(\boldsymbol{A}+\boldsymbol{E})^{-1}=-\frac{1}{2}\boldsymbol{A}+\boldsymbol{E}$.

模拟试题七详解

一、填空题

(1) 负； (2) 4； (3) 0； (4) 0； (5) $6^4\begin{pmatrix}1&1&1\\2&2&2\\3&3&3\end{pmatrix}$；

(6) $\boldsymbol{\eta}_1+c(\boldsymbol{\eta}_2+\boldsymbol{\eta}_3-2\boldsymbol{\eta}_1),c\in R$； (7) 2，−3；

(8) −1；**提示** 由 $\boldsymbol{A}$ 的特征值为 1，−1，2，求得 $\boldsymbol{A}^*$ 特征值为 −2，2，−1，进而

$$A_{11}+A_{22}+A_{33}=\operatorname{tr}(\boldsymbol{A}^*)=-1.$$

(9) −5； (10) −3.

二、单项选择题

(1) (D)； (2) (A)； (3) (D)； (4) (D)； (5) (C).

三、计算题

1. $$D_{n+1}=\begin{vmatrix}x&y_1&y_2&y_3&\cdots&y_n\\y_1&x&y_2&y_3&\cdots&y_n\\y_1&y_2&x&y_3&\cdots&y_n\\\cdots&\cdots&\cdots&\cdots&\cdots&\cdots\\y_1&y_2&y_3&y_4&\cdots&x\end{vmatrix}$$

$$\xlongequal{c_1+\cdots+c_{n+1}}\left(x+\sum_{i=1}^{n}y_i\right)\begin{vmatrix}1&y_1&y_2&y_3&\cdots&y_n\\1&x&y_2&y_3&\cdots&y_n\\1&y_2&x&y_3&\cdots&y_n\\\cdots&\cdots&\cdots&\cdots&\cdots&\cdots\\1&y_2&y_3&y_4&\cdots&x\end{vmatrix}$$

$$\xlongequal[\substack{\cdots \\ c_{n+1}-y_nc_1}]{\substack{c_2-y_1c_1 \\ c_3-y_2c_1}}\left(x+\sum_{i=1}^n y_i\right)\begin{vmatrix} 1 & 0 & 0 & 0 & \cdots & 0 \\ 1 & x-y_1 & 0 & 0 & \cdots & 0 \\ 1 & y_2-y_1 & x-y_2 & 0 & \cdots & 0 \\ \vdots & \vdots & \vdots & \vdots & & \vdots \\ 1 & y_2-y_1 & y_3-y_2 & y_4-y_3 & \cdots & x-y_n \end{vmatrix}$$

$$=\left(x+\sum_{i=1}^n y_i\right)\prod_{j=1}^n (x-y_j).$$

2\. $|\boldsymbol{A}|=\begin{vmatrix} 1 & 2 \\ 1 & 3 \end{vmatrix}\begin{vmatrix} 0 & 2 \\ -1 & 0 \end{vmatrix}=2$,

$$|\boldsymbol{A}^{-1}+\boldsymbol{A}^*|=|\boldsymbol{A}^{-1}|\,|\boldsymbol{E}+|\boldsymbol{A}|\boldsymbol{E}|=|\boldsymbol{A}^{-1}|\,|3\boldsymbol{E}|=\frac{3^4}{2};\quad |\boldsymbol{A}^4|=|\boldsymbol{A}|^4=2^4.$$

3\. (1) 由 $\boldsymbol{AB}+\boldsymbol{B}-2\boldsymbol{A}=3\boldsymbol{E}$,有 $(\boldsymbol{A}+\boldsymbol{E})(\boldsymbol{B}-2\boldsymbol{E})=\boldsymbol{E}$,从而 $\boldsymbol{B}-2\boldsymbol{E}$ 可逆.

(2) 进一步整理有 $\boldsymbol{B}=(\boldsymbol{A}+\boldsymbol{E})^{-1}+2\boldsymbol{E}$,

由

$$(\boldsymbol{A}+\boldsymbol{E} \vdots \boldsymbol{E})=\left(\begin{array}{ccc:ccc} 1 & 1 & 2 & 1 & 0 & 0 \\ 0 & 2 & -2 & 0 & 1 & 0 \\ 0 & 0 & 2 & 0 & 0 & 1 \end{array}\right)\to\left(\begin{array}{ccc:ccc} 1 & 0 & 0 & 1 & -\frac{1}{2} & -\frac{3}{2} \\ 0 & 1 & 0 & 0 & \frac{1}{2} & \frac{1}{2} \\ 0 & 0 & 1 & 0 & 0 & \frac{1}{2} \end{array}\right)$$

有 $(\boldsymbol{A}+\boldsymbol{E})^{-1}=\begin{pmatrix} 1 & -\frac{1}{2} & -\frac{3}{2} \\ 0 & \frac{1}{2} & \frac{1}{2} \\ 0 & 0 & \frac{1}{2} \end{pmatrix}$

从而

$$\boldsymbol{B}=(\boldsymbol{A}+\boldsymbol{E})^{-1}+2\boldsymbol{E}=\begin{pmatrix} 3 & -\frac{1}{2} & -\frac{3}{2} \\ 0 & \frac{5}{2} & \frac{1}{2} \\ 0 & 0 & \frac{5}{2} \end{pmatrix}.$$

4\. 由于

$$\begin{pmatrix} 1 & -1 & -1 & 2 \\ 1 & -2 & 1 & 4 \\ -2 & 2 & -6 & 4 \\ 7 & -9 & 6 & 9 \end{pmatrix}\to\begin{pmatrix} 1 & -1 & -1 & 2 \\ 0 & -1 & 2 & 2 \\ 0 & 0 & 1 & -1 \\ 0 & 0 & 0 & 0 \end{pmatrix}\to\begin{pmatrix} 1 & 0 & 0 & -3 \\ 0 & 1 & 0 & -4 \\ 0 & 0 & 1 & -1 \\ 0 & 0 & 0 & 0 \end{pmatrix}$$

有 $\boldsymbol{\alpha}_1,\boldsymbol{\alpha}_2,\boldsymbol{\alpha}_3,\boldsymbol{\alpha}_4$ 秩为 3,可取极大线性无关组为 $\boldsymbol{\alpha}_1,\boldsymbol{\alpha}_2,\boldsymbol{\alpha}_3$,并且 $\boldsymbol{\alpha}_4=-3\boldsymbol{\alpha}_1-4\boldsymbol{\alpha}_2-\boldsymbol{\alpha}_3$.

5. 由 $|\boldsymbol{A}|=\begin{vmatrix}\lambda & 1 & 1\\ 1 & \lambda & 1\\ 1 & 1 & \lambda\end{vmatrix}=(\lambda-1)^2(\lambda+2)$，可知当 $\lambda\neq1,\lambda\neq-2$ 时，方程组有唯一解；

当 $\lambda=-2$ 时，由于

$$\bar{\boldsymbol{A}}=\begin{pmatrix}-2 & 1 & 1 & 1\\ 1 & -2 & 1 & -2\\ 1 & 1 & -2 & 4\end{pmatrix}\rightarrow\begin{pmatrix}1 & 1 & -2 & 4\\ 0 & 1 & -1 & 2\\ 0 & 0 & 0 & 1\end{pmatrix},$$

故 $R(\boldsymbol{A})\neq R(\bar{\boldsymbol{A}})$，方程组无解；

当 $\lambda=1$ 时，由于

$$\bar{\boldsymbol{A}}=\begin{pmatrix}1 & 1 & 1 & 1\\ 1 & 1 & 1 & 1\\ 1 & 1 & 1 & 1\end{pmatrix}\rightarrow\begin{pmatrix}1 & 1 & 1 & 1\\ 0 & 0 & 0 & 0\\ 0 & 0 & 0 & 0\end{pmatrix},$$

故 $R(\boldsymbol{A})=R(\bar{\boldsymbol{A}})=1<3$，方程组有无穷多解；

由方程 $x_1=1-x_2-x_3$，解得特解为 $\boldsymbol{\eta}^*=(1,0,0)^{\mathrm{T}}$，

由方程 $x_1=-x_2-x_3$，解得基解为 $\boldsymbol{\xi}_1=(-1,0,1)^{\mathrm{T}},\boldsymbol{\xi}_2=(-1,1,0)^{\mathrm{T}}$，

所以方程组的通解为 $\boldsymbol{\eta}=c_1\boldsymbol{\xi}_1+c_2\boldsymbol{\xi}_2+\boldsymbol{\eta}^*\quad(c_1,c_2\in R)$.

6. 由矩阵 $\boldsymbol{A}$ 的特征多项式

$$|\lambda\boldsymbol{E}-\boldsymbol{A}|=\begin{vmatrix}\lambda-1 & -a & 3\\ 1 & \lambda-4 & 3\\ -1 & 2 & \lambda-5\end{vmatrix}=(\lambda-2)(\lambda^2-8\lambda+10+a)=0,$$

若 2 为重根，则 $\lambda^2-8\lambda+10+a$ 中含有的因子 $\lambda-2$，于是 $\lambda^2-16+10+a=0$，解得 $a=2$. 此时 $|\lambda\boldsymbol{E}-\boldsymbol{A}|=(\lambda-2)^2(\lambda-6)$，有矩阵的 3 个特征值为 2,2,6，由

$$(2\boldsymbol{E}-\boldsymbol{A})=\begin{pmatrix}1 & -2 & 3\\ 1 & -2 & 3\\ -1 & 2 & -3\end{pmatrix}\xrightarrow[r_3+r_1]{r_2-r_1}\begin{pmatrix}1 & -2 & 3\\ 0 & 0 & 0\\ 0 & 0 & 0\end{pmatrix},$$

有 $R(2\boldsymbol{E}-\boldsymbol{A})=1$，故特征值 2 存在两个线性无关的特征向量，因此 $\boldsymbol{A}$ 能对角化.

若 2 不是重根，则 $\lambda^2-8\lambda+10+a$ 是完全平方，解得 $a=6$，此时 $|\lambda\boldsymbol{E}-\boldsymbol{A}|=(\lambda-2)(\lambda-4)^2$，有矩阵的 3 个特征值为 2,4,4，由

$$(4\boldsymbol{E}-\boldsymbol{A})=\begin{pmatrix}3 & -6 & 3\\ 1 & 0 & 3\\ -1 & 2 & -1\end{pmatrix}\xrightarrow[r_3+\frac{1}{3}r_1]{r_2-\frac{1}{3}r_1}\begin{pmatrix}3 & -6 & 3\\ 0 & 2 & 2\\ 0 & 0 & 0\end{pmatrix},$$

有 $R(4\boldsymbol{E}-\boldsymbol{A})=2$，故特征值 4 只有一个线性无关的特征向量，所以 $\boldsymbol{A}$ 不能对角化.

7. 由已知，两个二次型的矩阵分别为 $\boldsymbol{A}=\begin{pmatrix}4 & -1 & -b\\ -1 & 4 & -1\\ -b & -1 & a\end{pmatrix}$ 及 $\boldsymbol{B}=\begin{pmatrix}2 & & \\ & 5 & \\ & & 5\end{pmatrix}$，且 $\boldsymbol{A}$ 与 $\boldsymbol{B}$ 相似，从而有 $\mathrm{tr}(\boldsymbol{A})=\mathrm{tr}(\boldsymbol{B})$，$|\boldsymbol{A}|=|\boldsymbol{B}|$，可解得 $a=4,b=1,b=-\dfrac{3}{2}$（舍），显然 $\boldsymbol{A}$ 有特征值 $\lambda_1=2,\lambda_2=5$（2 重）.

将 $\lambda_2=5$ 代入 $(\lambda E-A)x=0$，解得特征向量为 $\eta_1=(-1,1,0)^T$，$\eta_2=(-1,0,1)^T$.

将 $\lambda_1=2$ 代入 $(\lambda E-A)x=0$，解得特征向量为 $\eta_3=(1,1,1)^T$.

对特征向量 η_1，η_2 进行正交化，令

$$\alpha_1=\eta_1,\quad \alpha_2=\eta_2-\frac{(\eta_2,\eta_1)}{(\eta_1,\eta_1)}\eta_1=\begin{pmatrix}-1\\0\\1\end{pmatrix}-\frac{1}{2}\begin{pmatrix}-1\\1\\0\end{pmatrix}=\frac{1}{2}\begin{pmatrix}-1\\-1\\2\end{pmatrix},$$

再进行单位化，令

$$\beta_1=\frac{\alpha_1}{\|\alpha_1\|}=\begin{pmatrix}\frac{-1}{\sqrt{2}}\\\frac{1}{\sqrt{2}}\\0\end{pmatrix},\quad \beta_2=\frac{\alpha_2}{\|\alpha_2\|}=\begin{pmatrix}\frac{-1}{\sqrt{6}}\\\frac{-1}{\sqrt{6}}\\\frac{2}{\sqrt{6}}\end{pmatrix},\quad \beta_3=\frac{\eta_3}{\|\eta_3\|}=\begin{pmatrix}\frac{1}{\sqrt{3}}\\\frac{1}{\sqrt{3}}\\\frac{1}{\sqrt{3}}\end{pmatrix},$$

令 $C=(\beta_3,\beta_1,\beta_2)$，则 C 为正交矩阵，所用的正交变换为 $x=Cy$.

四、证明题

由 $A+B+AB=O$，可知 $E+A+B+AB=E$，从而 $E+A+(E+A)B=E$，故

$$(E+A)(E+B)=E.$$

因此 $E+A$ 与 $E+B$ 均可逆，且互为逆矩阵，从而

$$(E+A)(E+B)=E=(E+B)(E+A),$$

上式两端展开化简后有 $AB=BA$，故 A,B 可交换.

模拟试题八详解

一、填空题

(1) -4；　(2) -1；　(3) $3E-A$；　(4) $6^5A=6^5\begin{pmatrix}1&-2&1\\-2&4&-2\\1&-2&1\end{pmatrix}$；

(5) $\begin{pmatrix}3&2\\7&6\end{pmatrix}$；　(6) $=$；

(7) -1；**提示**

$$A\to\begin{pmatrix}1&0&0&2\\0&1&0&2\\0&1&1&4\\0&1&k&0\\0&1&0&2\end{pmatrix}\to\begin{pmatrix}1&0&0&2\\0&1&0&2\\0&0&1&2\\0&0&k&-2\\0&0&0&0\end{pmatrix}\to\begin{pmatrix}1&0&0&2\\0&1&0&2\\0&0&1&2\\0&0&0&-2-2k\\0&0&0&0\end{pmatrix}.$$

(8) 1；**提示**

$$\begin{pmatrix}a&1&1\\1&a&1\\1&1&a\end{pmatrix}\to\begin{pmatrix}1&1&a\\1&a&1\\a&1&1\end{pmatrix}\to\begin{pmatrix}1&1&a\\0&a-1&1-a\\0&1-a&1-a^2\end{pmatrix}\to\begin{pmatrix}1&1&a\\0&a-1&1-a\\0&0&(1-a)(2+a)\end{pmatrix}.$$

(9) 1；**提示** $\lambda^2=\lambda$，且 $\lambda\neq 0$.

(10) -3；**提示** $y+6=3$.

二、单项选择题

(1) (B)； (2) (D)； (3) (C)； (4) (B)；

(5) (D)；**提示** 因为二次型对应的矩阵为 $\begin{pmatrix}1 & 0 & 0\\ 0 & 1 & -\frac{t}{2}\\ 0 & -\frac{t}{2} & 4\end{pmatrix}$，则 $4-\frac{t^2}{4}>0$，$t^2<16$.

三、计算题

1. $$D_n \xlongequal{\text{按最后1行展开}} (-1)^{n+1}\begin{vmatrix}0 & 0 & 0 & \cdots & 0 & 1\\ a & 0 & 0 & \cdots & 0 & 0\\ 0 & a & 0 & \cdots & 0 & 0\\ \vdots & \vdots & \vdots & & \vdots & \vdots\\ 0 & 0 & 0 & \cdots & a & 0\end{vmatrix}_{(n-1)\times(n-1)}$$

$$+(-1)^{2n}\cdot a\begin{vmatrix}a & & \\ & \ddots & \\ & & a\end{vmatrix}_{(n-1)(n-1)}$$

$$\xlongequal{\text{按第1行展开}} (-1)^{n+1}\cdot(-1)^{n}\begin{vmatrix}a & & \\ & \ddots & \\ & & a\end{vmatrix}_{(n-2)(n-2)}+a^n=a^n-a^{n-2}=a^{n-2}(a^2-1).$$

2. 由 $\boldsymbol{P}^{-1}\boldsymbol{AP}=\boldsymbol{D}$，得 $\boldsymbol{A}=\boldsymbol{PDP}^{-1}$，从而 $\boldsymbol{A}^5=\boldsymbol{PD}^5\boldsymbol{P}^{-1}$，因此

$$\boldsymbol{A}^5=\begin{pmatrix}-1 & -4\\ 1 & 1\end{pmatrix}\begin{pmatrix}-1 & 0\\ 0 & 2\end{pmatrix}^5\frac{1}{3}\begin{pmatrix}1 & 4\\ -1 & -1\end{pmatrix}$$
$$=\begin{pmatrix}-1 & -4\\ 1 & 1\end{pmatrix}\begin{pmatrix}-1 & 0\\ 0 & 32\end{pmatrix}\frac{1}{3}\begin{pmatrix}1 & 4\\ -1 & -1\end{pmatrix}$$
$$=\frac{1}{3}\begin{pmatrix}1 & -128\\ -1 & 32\end{pmatrix}\begin{pmatrix}1 & 4\\ -1 & -1\end{pmatrix}=\begin{pmatrix}43 & 44\\ -11 & -12\end{pmatrix}.$$

3. 由 $\boldsymbol{AB}=\boldsymbol{A}+2\boldsymbol{E}$，有 $\boldsymbol{B}=\boldsymbol{A}^{-1}(\boldsymbol{A}+2\boldsymbol{E})=\boldsymbol{E}+2\boldsymbol{A}^{-1}$

$$(\boldsymbol{A}\mid\boldsymbol{E})=\left(\begin{array}{ccc:ccc}1 & 0 & 1 & 1 & 0 & 0\\ 1 & 1 & 0 & 0 & 1 & 0\\ 0 & 1 & 1 & 0 & 0 & 1\end{array}\right)\xrightarrow[r_3-r_2]{r_2-r_1}\left(\begin{array}{ccc:ccc}1 & 0 & 1 & 1 & 0 & 0\\ 0 & 1 & -1 & -1 & 1 & 0\\ 0 & 0 & 2 & 1 & -1 & 1\end{array}\right)$$

$$\xrightarrow{r_3\div 2}\left(\begin{array}{ccc:ccc}1 & 0 & 1 & 1 & 0 & 0\\ 0 & 1 & -1 & -1 & 1 & 0\\ 0 & 0 & 1 & \frac{1}{2} & -\frac{1}{2} & \frac{1}{2}\end{array}\right)\xrightarrow[r_1-r_3]{r_2+r_3}\left(\begin{array}{ccc:ccc}1 & 0 & 1 & \frac{1}{2} & \frac{1}{2} & -\frac{1}{2}\\ 0 & 1 & 0 & -\frac{1}{2} & \frac{1}{2} & \frac{1}{2}\\ 0 & 0 & 1 & \frac{1}{2} & -\frac{1}{2} & \frac{1}{2}\end{array}\right)$$

故 $\boldsymbol{B}=\boldsymbol{E}+2\boldsymbol{A}^{-1}=\begin{pmatrix}2&1&-1\\-1&2&1\\1&-1&2\end{pmatrix}$.

4. (1) 利用初等行变换,将$(\boldsymbol{\alpha}_1,\boldsymbol{\alpha}_2,\boldsymbol{\alpha}_3,\boldsymbol{\alpha}_4)$化为阶梯形矩阵,

$$(\boldsymbol{\alpha}_1,\boldsymbol{\alpha}_2,\boldsymbol{\alpha}_3,\boldsymbol{\alpha}_4)=\begin{pmatrix}1&-1&-1&2\\1&-2&1&4\\-2&2&-6&4\\6&-8&-2&16\end{pmatrix}\xrightarrow[r_4-6r_1]{\substack{r_2-r_1\\r_3+2r_1}}\begin{pmatrix}1&-1&-1&2\\0&-1&2&2\\0&0&-8&8\\0&-2&4&4\end{pmatrix}$$

$$\xrightarrow[r_4-2r_2]{r_3\div(-8)}\begin{pmatrix}1&-1&-1&2\\0&-1&2&2\\0&0&1&-1\\0&0&0&0\end{pmatrix},$$

因此向量组$\boldsymbol{\alpha}_1,\boldsymbol{\alpha}_2,\boldsymbol{\alpha}_3,\boldsymbol{\alpha}_4$ 的秩为 3,最大线性无关组可取为$\boldsymbol{\alpha}_1,\boldsymbol{\alpha}_2,\boldsymbol{\alpha}_3$.

(2) 利用初等行变换,将$(\boldsymbol{\alpha}_1,\boldsymbol{\alpha}_2,\boldsymbol{\alpha}_3,\boldsymbol{\alpha}_4,\boldsymbol{\alpha}_5)$化为行最简形矩阵,

$$(\boldsymbol{\alpha}_1,\boldsymbol{\alpha}_2,\boldsymbol{\alpha}_3,\boldsymbol{\alpha}_4)\rightarrow\begin{pmatrix}1&-1&-1&2\\0&-1&2&2\\0&0&1&-1\\0&0&0&0\end{pmatrix}\xrightarrow[r_1+r_3]{r_2-2r_3}\begin{pmatrix}1&-1&0&1\\0&-1&0&4\\0&0&1&-1\\0&0&0&0\end{pmatrix}$$

$$\xrightarrow{r_1-r_2}\begin{pmatrix}1&0&0&-3\\0&-1&0&4\\0&0&1&-1\\0&0&0&0\end{pmatrix}\xrightarrow{r_2\times(-1)}\begin{pmatrix}1&0&0&-3\\0&1&0&-4\\0&0&1&-1\\0&0&0&0\end{pmatrix}.$$

因此$\boldsymbol{\alpha}_4=-3\boldsymbol{\alpha}_1-4\boldsymbol{\alpha}_2-\boldsymbol{\alpha}_3$.

5. 由于

$$\overline{\boldsymbol{A}}=\left(\begin{array}{ccccc:c}1&1&1&1&1&a\\3&2&1&1&-3&0\\0&1&2&2&6&b\\5&4&3&3&-1&2\end{array}\right)\rightarrow\left(\begin{array}{ccccc:c}1&0&-1&-1&-5&-2a\\0&1&2&2&6&3a\\0&0&0&0&0&b-3a\\0&0&0&0&0&2-2a\end{array}\right),$$

因此当 $b-3a=0,2-2a=0$ 时,即 $a=1,b=3$ 时方程组有解. 得到与原方程组同解的方程组为

$$\begin{cases}x_1=-2+x_3+x_4+x_5\\x_2=3+x_3+x_4+x_5\end{cases},$$

特解$\boldsymbol{\eta}=(-2,3,0,0,0)^{\mathrm{T}}$,导出组的基础解系为

$$\boldsymbol{\xi}_1=(1,-2,1,0,0)^{\mathrm{T}},\quad\boldsymbol{\xi}_2=(1,-2,0,1,0)^{\mathrm{T}},\quad\boldsymbol{\xi}_3=(5,-6,0,0,1)^{\mathrm{T}},$$

故非齐次方程组的通解为 $\boldsymbol{x}=\boldsymbol{\eta}+c_1\boldsymbol{\xi}_1+c_2\boldsymbol{\xi}_{\xi2}+c_3\boldsymbol{\xi}_3$,其中 c_1,c_2,c_3 为任意常数.

6. 由于$\boldsymbol{A}$的 3 个特征值互不相同,则$\boldsymbol{A}$必可对角化. 即则存在可逆矩阵 $\boldsymbol{P}=(\boldsymbol{\alpha}_1,\boldsymbol{\alpha}_2,\boldsymbol{\alpha}_3)$,使得

$$P^{-1}AP=\begin{pmatrix}1&0&0\\0&0&0\\0&0&-1\end{pmatrix}=\Lambda,$$

从而

$$A=P\Lambda P^{-1}=\begin{pmatrix}1&2&-2\\2&-2&-1\\2&1&2\end{pmatrix}\begin{pmatrix}1&0&0\\0&0&0\\0&0&-1\end{pmatrix}\frac{1}{9}\begin{pmatrix}1&2&2\\2&-2&1\\-2&-1&2\end{pmatrix}=\begin{pmatrix}-\frac{1}{3}&0&\frac{2}{3}\\0&\frac{1}{3}&\frac{2}{3}\\\frac{2}{3}&\frac{2}{3}&0\end{pmatrix}.$$

7. 利用配方法，有

$$\begin{aligned}f(x_1,x_2,x_3)&=x_1^2+2x_2^2+x_3^2+2x_1x_2+2x_1x_3+4x_2x_3\\&=x_1^2+2x_1(x_2+x_3)+(x_2+x_3)^2+x_2^2+2x_2x_3\\&=(x_1+x_2+x_3)^2+(x_2+x_3)^2-x_3^2,\end{aligned}$$

令

$$\begin{cases}y_1=x_1+x_2+x_3\\y_2=x_2+x_3\\y_3=x_3\end{cases},$$

即

$$\begin{cases}x_1=y_1-y_2\\x_2=y_2-y_3,\\x_3=y_3\end{cases}$$

可将二次型化为标准形 $f=y_1^2+y_2^2-y_3^2$.

四、证明题

由于 $A-B^{-1}=AE-B^{-1}=ABB^{-1}-B^{-1}=(AB-E)B^{-1}$，故 $A-B^{-1}$ 可逆. 又因为

$$\begin{aligned}(A-B^{-1})^{-1}-A^{-1}&=(A-B^{-1})^{-1}AA^{-1}-(A-B^{-1})^{-1}(A-B^{-1})A^{-1}\\&=(A-B^{-1})^{-1}[A-(A-B^{-1})]A^{-1}=(A-B^{-1})^{-1}(A-A+B^{-1})A^{-1}\\&=(A-B^{-1})^{-1}B^{-1}A^{-1},\end{aligned}$$

因此 $(A-B^{-1})^{-1}-A^{-1}$ 也可逆.

模拟试题九详解

一、填空题

(1) $a=6$， $b=3$；

(2) 12；

提示 $D=\begin{vmatrix}1&1&1&1\\2&3&4&5\\4&9&16&25\\8&27&64&125\end{vmatrix}=(5-4)(5-3)(5-2)(4-3)(4-2)(3-2).$

(3) $\begin{pmatrix}1&2&3\\2&4&6\\3&6&9\end{pmatrix}$;

(4) $\begin{pmatrix}1&0&0\\-1&1&0\\0&-1&1\end{pmatrix}$;

提示 $(\boldsymbol{A}+2\boldsymbol{E} \vdots \boldsymbol{E})=\left(\begin{array}{ccc:ccc}1&0&0&1&0&0\\1&1&0&0&1&0\\1&1&1&0&0&1\end{array}\right)\rightarrow\left(\begin{array}{ccc:ccc}1&0&0&1&0&0\\0&1&0&-1&1&0\\0&0&1&0&-1&1\end{array}\right)$;

(5) 相关；**提示** 设$\boldsymbol{\beta}_1=-2\boldsymbol{\alpha}_1+\boldsymbol{\alpha}_2+\boldsymbol{\alpha}_3,\boldsymbol{\beta}_2=\boldsymbol{\alpha}_1-2\boldsymbol{\alpha}_2+\boldsymbol{\alpha}_3,\boldsymbol{\beta}_3=\boldsymbol{\alpha}_1+\boldsymbol{\alpha}_2-2\boldsymbol{\alpha}_3$，且$\boldsymbol{\beta}_1+\boldsymbol{\beta}_2+\boldsymbol{\beta}_3=\boldsymbol{0}$.

(6) 2；**提示** $(\boldsymbol{\alpha}_1,\boldsymbol{\alpha}_2,\boldsymbol{\alpha}_3)=\begin{pmatrix}-1&2&-1\\2&0&2\\-4&3&-4\\1&2&1\end{pmatrix}\rightarrow\begin{pmatrix}-1&2&-1\\0&4&0\\0&-3&0\\0&4&0\end{pmatrix}\rightarrow\begin{pmatrix}-1&2&-1\\0&1&0\\0&0&0\\0&0&0\end{pmatrix}$.

(7) $\frac{1}{48}$；**提示** $\boldsymbol{A}^*=|\boldsymbol{A}|\boldsymbol{A}^{-1}$，所以 $\left|\boldsymbol{A}^{-1}-\frac{1}{2}|\boldsymbol{A}|\boldsymbol{A}^{-1}\right|=\left|\boldsymbol{A}^{-1}-\frac{3}{2}\boldsymbol{A}^{-1}\right|=\left|\left(-\frac{1}{2}\right)\boldsymbol{A}^{-1}\right|=\left(-\frac{1}{2}\right)^4|\boldsymbol{A}^{-1}|$.

(8) 6；0；

(9) -32；**提示** 矩阵$\boldsymbol{B}$的特征值为$\lambda^3-3\lambda^2$，即$-2,-4,-4$.

(10) $-\frac{2\sqrt{3}}{3}<t<\frac{2\sqrt{3}}{3}$.

二、单项选择题

(1) D；**提示** $|\boldsymbol{AB}|(\boldsymbol{AB})^{-1}=|\boldsymbol{A}||\boldsymbol{B}|\boldsymbol{B}^{-1}\boldsymbol{A}^{-1}=|\boldsymbol{B}|\boldsymbol{B}^{-1}|\boldsymbol{A}|\boldsymbol{A}^{-1}$.

(2) C；

(3) C；**提示** $\begin{vmatrix}\lambda&1&1\\1&\lambda&1\\1&1&\lambda\end{vmatrix}=(\lambda-1)(\lambda+2)$.

(4) D；

(5) C；**提示** 二次型对应的矩阵为

$$\boldsymbol{A}=\begin{pmatrix}5&-1&3\\-1&5&-3\\3&-3&k\end{pmatrix}.$$

由初等行变换，有

$$\boldsymbol{A}\rightarrow\begin{pmatrix}-1&5&-3\\5&-1&3\\3&-3&k\end{pmatrix}\rightarrow\begin{pmatrix}-1&5&-3\\0&24&-12\\0&12&k-9\end{pmatrix}\rightarrow\begin{pmatrix}-1&5&-3\\0&2&-1\\0&12&k-9\end{pmatrix}\rightarrow\begin{pmatrix}-1&5&-3\\0&2&-1\\0&0&k-3\end{pmatrix}.$$

三、计算题

1. $$D=\begin{vmatrix}\sum_{i=1}^{n}a_i+b & a_2 & \cdots & a_n\\ \sum_{i=1}^{n}a_i+b & a_2+b & \cdots & a_2\\ \vdots & \vdots & & \vdots\\ \sum_{i=1}^{n}a_i+b & a_2 & \cdots & a_2+b\end{vmatrix}$$

$$=\begin{vmatrix}\sum_{i=1}^{n}a_i+b & a_2 & \cdots & a_n\\ 0 & b & \cdots & 0\\ \vdots & \vdots & & \vdots\\ 0 & 0 & \cdots & b\end{vmatrix}=\left(\sum_{i=1}^{n}a_i+b\right)b^{n-1}.$$

2. 由 $\boldsymbol{AB}+\boldsymbol{E}=\boldsymbol{A}^2+\boldsymbol{B}$ 可知，$\boldsymbol{AB}-\boldsymbol{B}=\boldsymbol{A}^2-\boldsymbol{E}$，故$(\boldsymbol{A}-\boldsymbol{E})\boldsymbol{B}=(\boldsymbol{A}-\boldsymbol{E})(\boldsymbol{A}+\boldsymbol{E})$. 又因为 $|\boldsymbol{A}-\boldsymbol{E}|=\begin{vmatrix}0&0&1\\0&1&0\\-1&0&0\end{vmatrix}=1$，因此矩阵 $\boldsymbol{A}-\boldsymbol{E}$ 可逆，故

$$\boldsymbol{B}=\boldsymbol{A}+\boldsymbol{E}=\begin{pmatrix}1&0&1\\0&2&0\\-1&0&1\end{pmatrix}+\boldsymbol{E}=\begin{pmatrix}2&0&1\\0&3&0\\-1&0&2\end{pmatrix}.$$

3. (1) $$\boldsymbol{AB}^{\mathrm{T}}=\begin{pmatrix}1&0&1\\2&1&0\\-3&2&-5\end{pmatrix}\begin{pmatrix}1&-1&0\\-2&3&5\\3&0&2\end{pmatrix}=\begin{pmatrix}4&-1&2\\0&1&5\\-22&9&0\end{pmatrix},$$

(2) 由于

$$(\boldsymbol{A}\vdots\boldsymbol{B})=\left(\begin{array}{ccc:ccc}1&0&1&1&-2&3\\2&1&0&-1&3&0\\-3&2&-5&0&5&2\end{array}\right)$$

$$\xrightarrow{r}\left(\begin{array}{ccc:ccc}1&0&0&-\frac{7}{2}&\frac{11}{2}&-\frac{17}{2}\\0&1&0&6&-8&17\\0&0&1&\frac{9}{2}&-\frac{15}{2}&\frac{23}{2}\end{array}\right),$$

因此

$$\boldsymbol{X}=\boldsymbol{A}^{-1}\boldsymbol{B}=\frac{1}{2}\begin{pmatrix}-7&11&-17\\12&-16&34\\9&-15&23\end{pmatrix}.$$

4. $A=(\alpha_1,\alpha_2,\alpha_3,\alpha_4,\alpha_5)=\begin{pmatrix}1&2&1&1&3\\-1&1&2&-1&0\\0&5&5&-2&7\\4&6&2&0&14\end{pmatrix}$

$$\to\begin{pmatrix}1&2&1&1&3\\0&3&3&0&3\\0&5&5&-2&7\\0&10&10&-4&14\end{pmatrix}\to\begin{pmatrix}1&0&-1&0&2\\0&1&1&0&1\\0&0&0&1&-1\\0&0&0&0&0\end{pmatrix},$$

故向量组的一个极大线性无关组为$\alpha_1,\alpha_2,\alpha_4$，且$\alpha_3=-\alpha_1+\alpha_2+0\cdot\alpha_4,\alpha_5=2\alpha_1+\alpha_2-\alpha_4$

5. 首先将矩阵 A 对角化，

$$|A-\lambda E|=\begin{vmatrix}2-\lambda&3\\1&-\lambda\end{vmatrix}=\lambda^2-2\lambda-3=(\lambda+1)(\lambda-3),$$

因此 A 的特征值为$\lambda_1=-1,\lambda_2=3$.

当$\lambda_1=-1$时，求解$(A+E)x=0$，解得基础解系为

$$\eta_1=\begin{pmatrix}-1\\1\end{pmatrix}.$$

当$\lambda_2=3$时，求解$(A-3E)x=0$，解得基础解系为$\eta_2=\begin{pmatrix}3\\1\end{pmatrix}$；取$P=\begin{pmatrix}-1&3\\1&1\end{pmatrix}$，则有

$$P^{-1}AP=\Lambda=\begin{pmatrix}-1&0\\0&3\end{pmatrix}.$$

从而

$$A^{2015}=P\Lambda^{2015}P^{-1}=P\begin{pmatrix}(-1)^{2015}&0\\0&3^{2015}\end{pmatrix}P^{-1}=\frac{1}{4}\begin{pmatrix}-1&3\\1&1\end{pmatrix}\begin{pmatrix}-1&0\\0&3^{2015}\end{pmatrix}\begin{pmatrix}-1&3\\1&1\end{pmatrix}$$

$$=\frac{1}{4}\begin{pmatrix}3^{2016}-1&3^{2016}+3\\3^{2015}+1&3^{2015}-3\end{pmatrix}.$$

6. 由于$R(A)=2$，因此四元齐次线性方程组 $Ax=0$ 的基础解系中包含 2 个解向量. 而

$$\alpha_2-\alpha_1=(\alpha_2-2\alpha_1)+\alpha_1=\begin{pmatrix}4\\0\\-1\\0\end{pmatrix}+\begin{pmatrix}-3\\2\\0\\1\end{pmatrix}=\begin{pmatrix}1\\2\\-1\\1\end{pmatrix}$$

和

$$\alpha_3-\alpha_1=(\alpha_1-\alpha_2+\alpha_3)+(\alpha_2-2\alpha_1)=\begin{pmatrix}5\\-8\\-1\\2\end{pmatrix}+\begin{pmatrix}4\\0\\-1\\0\end{pmatrix}=\begin{pmatrix}9\\-8\\-2\\2\end{pmatrix}$$

均为齐次线性方程组 $Ax=0$ 的解，又因为$\alpha_2-\alpha_1$ 和$\alpha_3-\alpha_1$ 的 4 个分量不成比例，因此α_2-

$\boldsymbol{\alpha}_1$ 和$\boldsymbol{\alpha}_3-\boldsymbol{\alpha}_1$ 线性无关.故 $\boldsymbol{Ax}=\boldsymbol{b}$ 的通解为

$$x=\boldsymbol{\alpha}_1+k_1(\boldsymbol{\alpha}_2-\boldsymbol{\alpha}_1)+k_2(\boldsymbol{\alpha}_3-\boldsymbol{\alpha}_1)=\begin{pmatrix}-3\\2\\0\\1\end{pmatrix}+k_1\begin{pmatrix}1\\2\\-1\\1\end{pmatrix}+k_2\begin{pmatrix}9\\-8\\-2\\2\end{pmatrix},$$

其中 $k_1,k_2\in R$.

7. (1) 二次型矩阵

$$\boldsymbol{A}=\begin{pmatrix}2&0&-1\\0&2-n&0\\-1&0&2n\end{pmatrix}.$$

由于

$$D_1=a_{11}=2>0,D_2=\begin{vmatrix}2&0\\0&2-n\end{vmatrix}=2(2-n),$$

$$D_3=|\boldsymbol{A}|=\begin{vmatrix}2&0&-1\\0&2-n&0\\-1&0&2n\end{vmatrix}=(2-n)(4n-1),$$

且二次型 f 正定,因此有 $2(2-n)>0,(2-n)(4n-1)>0$,解得$\frac{1}{4}<n<2$,故 $n=1$.

(2) 由于

$$|\boldsymbol{A}-\lambda\boldsymbol{E}|=\begin{vmatrix}2-\lambda&0&-1\\0&1-\lambda&0\\-1&0&2-\lambda\end{vmatrix}=(1-\lambda)^2(3-\lambda),$$

因此矩阵 $\boldsymbol{A}$ 的特征值为$\lambda_1=\lambda_2=1,\lambda_3=3$.

当 $\lambda_1=\lambda_2=1$ 时,解方程组$(\boldsymbol{A}-\boldsymbol{E})\boldsymbol{x}=\boldsymbol{0}$,得基础解系为$\boldsymbol{\eta}_1=\begin{pmatrix}1\\0\\1\end{pmatrix},\boldsymbol{\eta}_2=\begin{pmatrix}0\\1\\0\end{pmatrix}$.

当 $\lambda_3=3$ 时,解方程组$(\boldsymbol{A}-3\boldsymbol{E})\boldsymbol{x}=\boldsymbol{0}$,得基础解系为$\boldsymbol{\eta}_3=\begin{pmatrix}-1\\0\\1\end{pmatrix}$.

由于$\boldsymbol{\eta}_1,\boldsymbol{\eta}_2,\boldsymbol{\eta}_3$ 已经正交,将其单位化得

$$\boldsymbol{p}_1=\frac{1}{\sqrt{2}}\begin{pmatrix}1\\0\\1\end{pmatrix},\quad \boldsymbol{p}_2=\begin{pmatrix}0\\1\\0\end{pmatrix},\quad \boldsymbol{p}_3=\frac{1}{\sqrt{2}}\begin{pmatrix}-1\\0\\1\end{pmatrix}.$$

因此所求的正交变换矩阵为

$$\boldsymbol{P}=(\boldsymbol{p}_1,\boldsymbol{p}_2,\boldsymbol{p}_3)=\begin{pmatrix}\frac{1}{\sqrt{2}}&0&-\frac{1}{\sqrt{2}}\\0&1&0\\\frac{1}{\sqrt{2}}&0&\frac{1}{\sqrt{2}}\end{pmatrix},$$

所求的正交变换为 $\boldsymbol{x}=\boldsymbol{P}\boldsymbol{y}$，二次型化为 $f=y_1^2+y_2^2+3y_3^2$.

四、证明题

(1) 由于 $\boldsymbol{A},\boldsymbol{B}$ 都是 n 阶正交矩阵，故 $\boldsymbol{A}^{\mathrm{T}}\boldsymbol{A}=\boldsymbol{E},\boldsymbol{B}^{\mathrm{T}}\boldsymbol{B}=\boldsymbol{E}$，从而

$$(\boldsymbol{AB})^{\mathrm{T}}(\boldsymbol{AB})=\boldsymbol{B}^{\mathrm{T}}\boldsymbol{A}^{\mathrm{T}}\boldsymbol{AB}=\boldsymbol{B}^{\mathrm{T}}(\boldsymbol{A}^{\mathrm{T}}\boldsymbol{A})\boldsymbol{B}=\boldsymbol{B}^{\mathrm{T}}\boldsymbol{B}=\boldsymbol{E},$$

所以 $\boldsymbol{AB}$ 也是正交矩阵.

(2) 由于 $\boldsymbol{AB}=\boldsymbol{BA},\boldsymbol{AC}=\boldsymbol{CA}$，因此有

$$\boldsymbol{A}(\boldsymbol{B}+\boldsymbol{C})=\boldsymbol{AB}+\boldsymbol{AC}=\boldsymbol{BA}+\boldsymbol{CA}=(\boldsymbol{B}+\boldsymbol{C})\boldsymbol{A},$$

及

$$\boldsymbol{A}(\boldsymbol{BC})=(\boldsymbol{AB})\boldsymbol{C}=(\boldsymbol{BA})\boldsymbol{C}=\boldsymbol{B}(\boldsymbol{AC})=\boldsymbol{B}(\boldsymbol{CA})=(\boldsymbol{BC})\boldsymbol{A}.$$

模拟试题十详解

一、填空题

(1) $-a_{11}a_{25}a_{32}a_{43}a_{54}$； (2) $\sum\limits_{k=1}^{n}a_{jk}b_{ki}$； (3) $(\boldsymbol{E}-\boldsymbol{A})^{-1}$ (4) 5；1； (5) 2；(6) 6；

(7) -28； (8) $\sqrt{14}$； (9) 2； (10) 2；0.

二、单项选择题

(1) (B)； (2) (B)； (3) (D)； (4) (C)； (5) (B).

三、计算题

1. $$D_{n+1}\xlongequal[\substack{\cdots\\ r_{n+1}+r_n}]{\substack{r_2+r_1\\ r_3+r_2}}\begin{vmatrix}-x_1&0&0&\cdots&0&0\\0&-x_2&0&\cdots&0&0\\\vdots&\vdots&\vdots&&\vdots&\vdots\\0&0&0&\cdots&-x_n&0\\y&2y&3y&\cdots&ny&(n+1)y\end{vmatrix}=(-1)^n(n+1)y\prod_{i=1}^{n}x_i$$

2. 由 $\boldsymbol{AXA}^{-1}=\boldsymbol{XA}^{-1}+8\boldsymbol{E}$，整理有

$$\boldsymbol{X}=8(\boldsymbol{E}-\boldsymbol{A}^{-1})^{-1}=8\left(\boldsymbol{E}-\frac{1}{|\boldsymbol{A}|}\boldsymbol{A}^{*}\right)^{-1},$$

由 $|\boldsymbol{A}^{*}|=|\boldsymbol{A}|^3$，$|\boldsymbol{A}^{*}|=1$，有 $|\boldsymbol{A}|=1$，故

$$\boldsymbol{X}=8(\boldsymbol{E}-\boldsymbol{A}^{*})^{-1}=8\begin{pmatrix}-3&-3&&\\-1&0&&\\&&-1&-1\\&&-3&-1\end{pmatrix}^{-1}=8\begin{pmatrix}\begin{pmatrix}-3&-3\\-1&0\end{pmatrix}^{-1}&\\&\begin{pmatrix}-1&-1\\-3&-1\end{pmatrix}^{-1}\end{pmatrix}$$

$$=8\begin{pmatrix}\begin{pmatrix}0&-1\\-\frac{1}{3}&1\end{pmatrix}^{-1}&\\&\begin{pmatrix}\frac{1}{2}&-\frac{1}{2}\\-\frac{3}{2}&\frac{1}{2}\end{pmatrix}^{-1}\end{pmatrix}.$$

3. 将 $\boldsymbol{A}$ 按列分块记为 $\boldsymbol{A}=(\boldsymbol{\alpha}_1,\boldsymbol{\alpha}_2,\boldsymbol{\alpha}_3,\boldsymbol{\alpha}_4,\boldsymbol{\alpha}_5)$，由

$$\boldsymbol{A}=\begin{pmatrix}2&0&1&5&-3\\1&6&-4&-1&4\\3&2&0&5&0\\3&-2&3&6&-1\end{pmatrix}\xrightarrow{r_1\leftrightarrow r_2}\begin{pmatrix}1&6&-4&-1&4\\2&0&1&5&-3\\3&2&0&5&0\\3&-2&3&6&-1\end{pmatrix},$$

$$\xrightarrow[r_4-3r_1]{\substack{r_2-2r_1\\r_3-3r_1}}\begin{pmatrix}1&6&-4&-1&4\\0&-12&9&7&-11\\0&-16&12&8&-12\\0&-20&15&9&-13\end{pmatrix}\xrightarrow[r_3\leftrightarrow r_2]{r_3\div 4}\begin{pmatrix}1&6&-4&-1&4\\0&-4&3&2&-3\\0&-12&9&7&-11\\0&-20&15&9&-13\end{pmatrix}$$

$$\xrightarrow[r_4-5r_2]{r_3-3r_2}\begin{pmatrix}1&6&-4&-1&4\\0&-4&3&2&-3\\0&0&0&1&-2\\0&0&0&-1&2\end{pmatrix}\xrightarrow{r_4+r_3}\begin{pmatrix}1&6&-4&-1&4\\0&-4&3&2&-3\\0&0&0&1&-2\\0&0&0&0&0\end{pmatrix}$$

$$\xrightarrow[r_1+r_3]{r_2-2r_3}\begin{pmatrix}1&6&-4&0&2\\0&-4&3&0&1\\0&0&0&1&-2\\0&0&0&0&0\end{pmatrix}\xrightarrow[r_1-6r_2]{r_2\div 4}\begin{pmatrix}1&0&\frac{1}{2}&0&\frac{7}{2}\\0&1&-\frac{3}{4}&0&-\frac{1}{4}\\0&0&0&1&-2\\0&0&0&0&0\end{pmatrix},$$

有向量组 $\boldsymbol{\alpha}_1,\boldsymbol{\alpha}_2,\boldsymbol{\alpha}_3,\boldsymbol{\alpha}_4,\boldsymbol{\alpha}_5$ 的秩为 3，可取 $\boldsymbol{\alpha}_1,\boldsymbol{\alpha}_2,\boldsymbol{\alpha}_4$ 为一个极大线性无关组，并且

$$\boldsymbol{\alpha}_3=\frac{1}{2}\boldsymbol{\alpha}_1-\frac{3}{4}\boldsymbol{\alpha}_2,\quad \boldsymbol{\alpha}_5=\frac{7}{2}\boldsymbol{\alpha}_1-\frac{1}{4}\boldsymbol{\alpha}_2-2\boldsymbol{\alpha}_4.$$

4. 由已知方程组的系数矩阵秩为 2，

$$\boldsymbol{A}=\begin{pmatrix}1&-1&1&2\\3&a&-1&2\\5&3&b&6\end{pmatrix}\xrightarrow[r_3-5r_1]{r_2-3r_1}\begin{pmatrix}1&-1&1&2\\0&a+3&-4&-4\\0&8&b-5&-4\end{pmatrix},$$

解得 $a=5,b=1$，代入有

$$\begin{pmatrix}1&-1&1&2\\0&a+3&-4&-4\\0&8&b-5&-4\end{pmatrix}=\begin{pmatrix}1&-1&1&2\\0&8&-4&-4\\0&8&-4&-4\end{pmatrix}\xrightarrow[\frac{r_2}{8}]{r_3-r_2}\begin{pmatrix}1&-1&1&2\\0&1&-\frac{1}{2}&-\frac{1}{2}\\0&0&0&0\end{pmatrix}$$

$$\xrightarrow{r_1+r_2}\begin{pmatrix}1&0&\frac{1}{2}&\frac{3}{2}\\0&1&-\frac{1}{2}&-\frac{1}{2}\\0&0&0&0\end{pmatrix},$$

由方程组 $\begin{cases}x_1=-\frac{1}{2}x_3-\frac{3}{2}x_4\\x_2=\frac{1}{2}x_3+\frac{1}{2}x_4\end{cases}$ 解得基础解系为 $\boldsymbol{\xi}_1=(-1,1,2,0)^{\mathrm{T}},\boldsymbol{\xi}_2=(-3,1,0,2)^{\mathrm{T}}$，

故通解为$\boldsymbol{\xi}=c_1\boldsymbol{\xi}_1+c_2\boldsymbol{\xi}_2,c_1,c_2\in R$.

5. 由 $\bar{\mathbf{A}}=\begin{pmatrix} a & b & 2 & 1\\ 0 & b-1 & 1 & 1\\ a & b & 1-b & 2-b\end{pmatrix}\xrightarrow[r_3\times(-1)]{r_3-r_1}\begin{pmatrix} a & b & 2 & 1\\ 0 & b-1 & 1 & 1\\ 0 & 0 & b+1 & b-1\end{pmatrix}$,

当 $a\neq0,b\neq\pm1$ 时,$R(\mathbf{A})=R(\bar{\mathbf{A}})=3$,有唯一解;

当 $a\neq0,b=-1$ 时,$\begin{pmatrix} a & b & 2 & 1\\ 0 & b-1 & 1 & 1\\ 0 & 0 & b+1 & b-1\end{pmatrix}=\begin{pmatrix} a & -1 & 2 & 1\\ 0 & -2 & 1 & 1\\ 0 & 0 & 0 & -2\end{pmatrix}$,$R(\mathbf{A})\neq R(\bar{\mathbf{A}})$,方程组无解;

当 $a\neq0,b=1$ 时,$\begin{pmatrix} a & b & 2 & 1\\ 0 & b-1 & 1 & 1\\ 0 & 0 & b+1 & b-1\end{pmatrix}=\begin{pmatrix} a & 1 & 2 & 1\\ 0 & 0 & 1 & 1\\ 0 & 0 & 2 & 0\end{pmatrix}\xrightarrow{r_3-2r_2}\begin{pmatrix} a & 1 & 2 & 1\\ 0 & 0 & 1 & 1\\ 0 & 0 & 0 & -2\end{pmatrix}$,

由于 $R(\mathbf{A})\neq R(\bar{\mathbf{A}})$,方程组无解;

当 $a=0,b\neq\pm1$ 时,

$$\begin{pmatrix} 0 & b & 2 & 1\\ 0 & b-1 & 1 & 1\\ 0 & 0 & b+1 & b-1\end{pmatrix}\rightarrow\begin{pmatrix} 0 & b-1 & 1 & 1\\ 0 & 0 & b+1 & b-1\\ 0 & b & 2 & 1\end{pmatrix}$$

$$\xrightarrow[r_3\times(b-1)]{r_3-\left(\frac{b}{b-1}\right)r_1}\begin{pmatrix} 0 & b-1 & 1 & 1\\ 0 & 0 & b+1 & b-1\\ 0 & 0 & b-2 & -1\end{pmatrix}\xrightarrow{r_3-\left(\frac{b-2}{b+1}\right)r_2}\begin{pmatrix} 0 & b-1 & 1 & 1\\ 0 & 0 & b+1 & b-1\\ 0 & 0 & 0 & b^2-2b+3\end{pmatrix},$$

由于 $b^2-2b+3>0$,有 $R(\mathbf{A})\neq R(\bar{\mathbf{A}})$,方程组无解;

当 $a=0,b=1$ 时,$\begin{pmatrix} a & 1 & 2 & 1\\ 0 & 0 & 1 & 1\\ 0 & 0 & 0 & -2\end{pmatrix}=\begin{pmatrix} 0 & 1 & 2 & 1\\ 0 & 0 & 1 & 1\\ 0 & 0 & 0 & -2\end{pmatrix}$,$R(\mathbf{A})\neq R(\bar{\mathbf{A}})$,方程组无解;

当 $a=0,b=-1$ 时,

$$\begin{pmatrix} a & -1 & 2 & 1\\ 0 & -2 & 1 & 1\\ 0 & 0 & 0 & -2\end{pmatrix}=\begin{pmatrix} 0 & -1 & 2 & 1\\ 0 & -2 & 1 & 1\\ 0 & 0 & 0 & -2\end{pmatrix}\xrightarrow{r_2-2r_1}\begin{pmatrix} 0 & -1 & 2 & 1\\ 0 & 0 & -3 & -1\\ 0 & 0 & 0 & -2\end{pmatrix},$$

$R(\mathbf{A})\neq R(\bar{\mathbf{A}})$,方程组无解;

综上所述,方程组只有当 $a\neq0,b\neq\pm1$ 时存在唯一解,其他情况均无解.

6. 由

$$|\lambda\boldsymbol{E}-\boldsymbol{A}|=\begin{vmatrix} \lambda-5 & -1 & -2\\ -1 & \lambda-5 & 2\\ -2 & 2 & \lambda-2\end{vmatrix}=\lambda(\lambda-6)^2=0,$$

解得 $\boldsymbol{A}$ 的 3 个特征值 $\lambda_1=6$(2 重),$\lambda_2=0$.

$\lambda_1=6$ 代入$(\lambda\boldsymbol{E}-\boldsymbol{A})\boldsymbol{x}=\boldsymbol{0}$,解得线性无关的特征向量为$\boldsymbol{\eta}_1=(1,1,0)^{\mathrm{T}},\boldsymbol{\eta}_2=(2,0,1)^{\mathrm{T}}$.

$\lambda_2=0$ 代入$(\lambda\boldsymbol{E}-\boldsymbol{A})\boldsymbol{x}=\boldsymbol{0}$,解得线性无关的特征向量为$\boldsymbol{\eta}_3=(-1,1,2)^{\mathrm{T}}$.

对$\boldsymbol{\alpha}_1,\boldsymbol{\alpha}_2$ 进行正交化,令

$$\boldsymbol{\xi}_1=\boldsymbol{\eta}_1,\quad \boldsymbol{\xi}_2=\boldsymbol{\eta}_2-\frac{(\boldsymbol{\eta}_2,\boldsymbol{\eta}_1)}{(\boldsymbol{\eta}_1,\boldsymbol{\eta}_1)}\boldsymbol{\eta}_1=(1,-1,1)^{\mathrm{T}},\quad \boldsymbol{\xi}_3=\boldsymbol{\eta}_3$$

再对$\boldsymbol{\xi}_1,\boldsymbol{\xi}_2,\boldsymbol{\xi}_3$ 单位化，令 $\boldsymbol{\varepsilon}_i=\dfrac{\boldsymbol{\xi}_i}{\|\boldsymbol{\xi}_i\|}$，$i=1,2,3$，

则 $\boldsymbol{C}=(\boldsymbol{\varepsilon}_1,\boldsymbol{\varepsilon}_2,\boldsymbol{\varepsilon}_3)=\begin{pmatrix}\frac{1}{\sqrt{2}} & \frac{1}{\sqrt{3}} & -\frac{1}{\sqrt{6}}\\ \frac{1}{\sqrt{2}} & -\frac{1}{\sqrt{3}} & \frac{1}{\sqrt{6}}\\ 0 & \frac{1}{\sqrt{3}} & \frac{2}{\sqrt{6}}\end{pmatrix}$为所求，此时 $\boldsymbol{C}^{-1}\boldsymbol{A}\boldsymbol{C}=\begin{pmatrix}6 & & \\ & 6 & \\ & & 0\end{pmatrix}$.

7. (1) 二次型的矩阵为 $\boldsymbol{A}=\begin{pmatrix}t & 1 & 1\\ 1 & t & -1\\ 1 & -1 & t\end{pmatrix}$，由 $t>0$，$\begin{vmatrix}t & 1\\ 1 & t\end{vmatrix}>0$，$\begin{vmatrix}t & 1 & 1\\ 1 & t & -1\\ 1 & -1 & t\end{vmatrix}>0$，解得当 $t>2$ 时，二次型为正定二次型.

(2) $t=1$ 时，由配方法得

$$\begin{aligned}f(x_1,x_2,x_3)&=x_1^2+x_2^2+x_3^2+2x_1x_2+2x_1x_3-2x_2x_3\\&=x_1^2+2x_1(x_2+x_3)+(x_2+x_3)^2-(x_2+x_3)^2+x_2^2+x_3^2-2x_2x_3\\&=(x_1+x_2+x_3)^2-(x_2+x_3)^2+(x_2-x_3)^2\end{aligned}$$

令$\begin{cases}y_1=x_1+x_2+x_3\\ y_2=x_2+x_3\\ y_3=x_2-x_3\end{cases}$，即$\begin{cases}x_1=y_1-y_2\\ x_2=\frac{1}{2}y_2+\frac{1}{2}y_3\\ x_3=\frac{1}{2}y_2-\frac{1}{2}y_3\end{cases}$，由 $|\boldsymbol{C}|=\begin{vmatrix}1 & -1 & 0\\ 0 & \frac{1}{2} & \frac{1}{2}\\ 0 & \frac{1}{2} & -\frac{1}{2}\end{vmatrix}=-\frac{1}{2}\neq 0$，故线性变换为可逆变换.

四、证明题

(1) 由

$$\boldsymbol{BA}=\begin{pmatrix}1 & 1 & \cdots & 1\\ y_1 & y_2 & \cdots & y_m\end{pmatrix}\begin{pmatrix}1 & x_1\\ 1 & x_2\\ \vdots & \vdots\\ 1 & x_m\end{pmatrix}=\begin{pmatrix}m & \sum\limits_{i=1}^{m}x_i\\ \sum\limits_{i=1}^{m}y_i & \sum\limits_{i=1}^{m}x_iy_i\end{pmatrix},$$

$$|\boldsymbol{BA}|=\begin{vmatrix}m & \sum\limits_{i=1}^{m}x_i\\ \sum\limits_{i=1}^{m}y_i & \sum\limits_{i=1}^{m}x_iy_i\end{vmatrix}=m\sum_{i=1}^{m}x_iy_i-\left(\sum_{i=1}^{m}x_i\right)\left(\sum_{i=1}^{m}y_i\right),$$

且 $\boldsymbol{BA}$ 可逆与 $|\boldsymbol{BA}|\neq 0$ 等价，故命题成立.

(2) 由矩阵秩的性质，有 $R(\boldsymbol{AB})\leqslant\min(R(\boldsymbol{A}),R(\boldsymbol{B}))=2$，而 $\boldsymbol{AB}$ 为 $m(m>2)$阶方阵，故 $\boldsymbol{AB}$ 不可逆.

参考文献

[1] Larry Smith,Linear Algebra. Springer-Verlag: New York,1978.

[2] 王萼芳,石生明. 高等代数(第3版). 北京:高等教育出版社,2003.

[3] Gilbert Strang. Introduction To Linear Algebra(Fourth Edition),Wellesley-Cambridge Press,2009.

[4] 吴传生. 经济数学——线性代数(第2版). 北京:高等教育出版社,2009.

[5] 吴赣昌. 线性代数(第4版,理工类). 北京:中国人民大学出版社,2011.

[6] 吴赣昌. 线性代数(第4版,经管类). 北京:中国人民大学出版社,2011.

[7] 胡显佑. 线性代数(第2版). 北京:高等教育出版社,2012.

[8] 赵树嫄. 线性代数(第4版). 北京:中国人民大学出版社,2013.

[9] 上海交通大学数学系. 线性代数(第3版). 北京:科学出版社,2014.

[10] 同济大学数学系. 工程数学线性代数(第6版). 北京:高等教育出版社,2014.

[11] 张天德,宫献军. 线性代数习题精选精解. 济南:山东科学技术出版社,2014.

[12] Nicholas Loehr. Advanced Linear Algebra,CRC Press: Boca Raton,2014.

[13] Sheldon Axler. Linear Algebra Done Right(Third edition),Springer: San Francisco,2014.